EINFÜHRUNG
IN DIE PLASMAPHYSIK UND IHRE
TECHNISCHE ANWENDUNG

EINFÜHRUNG IN DIE PLASMAPHYSIK UND IHRE TECHNISCHE ANWENDUNG

Herausgegeben

von

GUSTAV HERTZ und ROBERT ROMPE

2., erweiterte Auflage

Mit 145 Abbildungen und 10 Tabellen

AKADEMIE-VERLAG · BERLIN

1968

Erschienen im Akademie-Verlag GmbH, 108 Berlin, Leipziger Straße 3–4

Lizenznummer: 202 · 100/438/68
Gesamtherstellung: VEB Druckerei „Thomas Müntzer", 582 Bad Langensalza
Bestellnummer: 5588 · ES 18 B 7

VORWORT

In den letzten zwei Jahrzehnten hat sich die Plasmaphysik zu einer selbständigen und sehr fruchtbaren Forschungsrichtung entwickelt. Diese Entwicklung ist zweifellos stark gefördert worden durch die Hoffnung, mit ihrer Hilfe die Fusion leichter Atomkerne zu realisieren und damit der Menschheit eine praktisch unerschöpfliche Energiequelle zu erschließen. Das hat zur Folge gehabt, daß in neueren zusammenfassenden Darstellungen die Plasmaphysik wesentlich unter dem Gesichtspunkte der Kernfusion behandelt wird. Auf diese Weise entsteht der irrtümliche Eindruck, die Bedeutung der Plasmaphysik erschöpfe sich in der Möglichkeit ihrer Anwendung auf die Kernfusion.

In Wirklichkeit ist die Lage völlig anders: Während die Versuche zur Kernfusion trotz großer aufgewandter Mittel bisher nur geringe Erfolge aufzuweisen haben, gibt es eine Reihe von technischen Anwendungen der Plasmaphysik, an deren Entwicklung mit Erfolg gearbeitet wird und welche zweifellos schon in nächster Zeit Bedeutung erlangen werden. Neben den bisherigen traditionellen Anwendungsgebieten, den elektrischen Lichtquellen, der Spektroskopie und der Strahlentherapie, ist hierbei vor allem an die neuartige Technik der Materialbearbeitung mittels Plasmastrahlen gedacht sowie an das wichtige Problem der unmittelbaren Stromerzeugung aus heißen Gasen. Weiterhin ist die Plasmaphysik mit Erfolg zur Erklärung der vielfältigen Erscheinungen in den höchsten Schichten unserer Atmosphäre und im interstellaren Raum herangezogen worden, welche für die Nachrichtenübermittlung und für die Raumfahrt von größter Bedeutung sind.

Aus diesen vielfachen Anwendungsmöglichkeiten ergibt sich eine Vielzahl von Problemen, an deren Lösung in zahlreichen Laboratorien der Welt zur Zeit intensiv gearbeitet wird. Mit dem Ziel, einen größeren Kreis für diese Probleme zu interessieren und mit den Begriffen und Gedankengängen der Plasmaphysik bekannt zu machen, haben wir Anfang 1964 im Rahmen der Forschungsgemeinschaft der Deutschen Akademie der Wissenschaften eine Vortragsreihe über diesen Gegenstand veranstaltet. Das Interesse, welches diese Vortragsreihe gefunden hat, ließ es erwünscht erscheinen, den Inhalt der Vorträge auch gedruckt vorzulegen, was hiermit geschieht. Wir haben uns jedoch nicht darauf beschränkt, den Wortlaut der Vorträge abzudrucken, der Text ist vielmehr, besonders in den theoretischen Teilen, erweitert worden. Wir hoffen, daß auf diese Weise eine zusammenfassende Darstellung der Plasmaphysik entstanden ist, welche alle wesentlichen Seiten dieses Gebietes berücksichtigt und damit eine in der Literatur vorhandene Lücke ausfüllt.

Der erste Vortrag hat einführenden Charakter und ist für Leser bestimmt, denen die Plasmaphysik noch fremd ist. Er behandelt die atomphysikalischen Grundlagen und die fundamentalen Eigenschaften des Plasmas. Jeder der übrigen Vorträge behandelt ein in sich abgeschlossenes Teilgebiet, ihre Themen sind so gewählt, daß sie zusammen ein in seinen wesentlichen Zügen vollständiges Bild der Plasmaphysik ergeben. Begonnen wird mit einem Überblick über die Physik der Gasentladungen, da diese das wichtigste Mittel zur Erzeugung eines Plasmas darstellen. Die nächsten beiden Vorträge behandeln die unter dem Namen Plasmadiagnostik zusammengefaßten experimentellen Methoden zur Bestimmung der für ein Plasma charakteristischen Kenngrößen und die technische Plasmaphysik. Hier wird neben der Anwendung des Plasmas in Lichtquellen und Schaltorganen vor allem die neuere Entwicklung der Plasmastrahlen und der magnetohydrodynamischen Generatoren besprochen. Gegenstand eines weiteren Vortrages ist eine Einführung in die Theorie des Plasmas. Als typisches Vielteilchensystem kann das Plasma bevorzugt mit statistischen Methoden theoretisch behandelt werden. Neben diesen Methoden werden die wichtigsten Ergebnisse der Theorie bezüglich des Verhaltens der Einzelteilchen in äußeren Feldern, der Plasmaschwingungen und der Relaxationserscheinungen besprochen. Die beiden letzten Vorträge behandeln zwei besonders interessante und extrem verschiedene Beispiele eines Plasmas: das Hochtemperaturplasma, wie es zur Realisierung der Kernfusion benötigt wird, und unter der Überschrift „Kosmische Plasmaphysik" das sehr verdünnte, aber dafür über große Räume sich erstreckende Plasma im außerirdischen Raum.

Als Verfasser für die einzelnen Vorträge wurden erprobte jüngere Wissenschaftler gewonnen, welchen das jeweils von ihnen zu behandelnde Teilgebiet aus ihrer täglichen Arbeit unmittelbar und genau bekannt ist. Diesem Vorteil gegenüber wurde auf eine einheitliche Darstellung des Gesamtgebietes bewußt verzichtet.

Selbstverständlich konnte es nicht unsere Absicht sein, innerhalb des gegebenen Rahmens das gesamte auf die Plasmaphysik bezügliche Tatsachenmaterial nach seinem heutigen Stande wiederzugeben. Unser Ziel war vielmehr, die typischen Begriffe und Arbeitsmethoden herauszuarbeiten und das Gemeinsame an den sehr verschiedenen Erscheinungsformen des Plasmas hervorzuheben. Entsprechend dem Zweck der Vortragsreihe, einen größeren Kreis für die Plasmaphysik zu interessieren, ist die Darstellung so gehalten, daß sie nicht nur für Physiker, sondern auch für wissenschaftlich interessierte Ingenieure ohne weiteres verständlich ist. Auf den Nachweis von Originalliteratur ist weitgehend verzichtet worden, dagegen sind einige zur weiteren Orientierung geeignete zusammenfassende Darstellungen angeführt worden. Es ist uns klar, daß dieser erste Versuch noch mit manchen Mängeln behaftet ist. Für Anregungen und Hinweise aus dem Kreise interessierter Leser würden wir dankbar sein.

Herrn Dr. H. Wolff sind wir für seine besondere Mitwirkung zu Dank verpflichtet.

G. Hertz R. Rompe

VORWORT ZUR ZWEITEN AUFLAGE

Aus der Tatsache, daß schon nach kurzer Zeit eine neue Auflage notwendig geworden ist, glauben wir schließen zu dürfen, daß das Buch in seiner vorliegenden Form einem Bedürfnis entspricht. Das Gebiet der Plasmaphysik ist inzwischen durch wichtige neue Erkenntnisse bereichert worden, seine Grundlagen aber haben sich nicht geändert. Deshalb konnte unsere der Einführung in dieses Gebiet dienende Darstellung im wesentlichen unverändert in die neue Auflage übernommen werden. Jedoch wurden sämtliche Abschnitte genau durchgesehen, stehen gebliebene Fehler oder Unklarheiten beseitigt, sowie kleinere Ergänzungen eingefügt, um neuere Entwicklungen zu berücksichtigen.

Neu hinzugefügt wurde ein Abschnitt über den elektrischen Funken. Er enthält eine Übersicht über die beim Funken-Durchschlag ablaufenden physikalischen Vorgänge sowie über die wichtigsten technischen Anwendungen des Funkens. Kurz besprochen wird: die Bedeutung des Funkens in der Hochspannungstechnik, seine Verwendung zur Erzeugung von Hochspannungsimpulsen großer Frontsteilheit, seine Verwendung als Impulslichtquelle sowie die Funkenkammer zur Registrierung von Bahnen hochenergetischer Teilchen. Damit ist eine in der ersten Auflage noch vorhandene Lücke geschlossen worden.

G. Hertz R. Rompe

INHALTSVERZEICHNIS

Prof. Dr. Gustav Hertz

PHYSIKALISCHE GRUNDLAGEN

1. *Einleitung*

In einem ionisierten Gase ist ein, meist nur geringer, Teil der Moleküle in positive Ionen und Elektronen zerlegt. Als Folge davon treten, besonders bei Anwesenheit von elektrischen oder magnetischen Feldern, neuartige Erscheinungen auf. Ein Gas, welches sich in einem solchen Zustande befindet und dessen Verhalten sich daher wesentlich von dem eines gewöhnlichen Gases unterscheidet, wird als ein Plasma bezeichnet. Der Bereich der Werte von Druck und Temperatur, bei denen der Plasmazustand beobachtet wird, umfaßt viele Größenordnungen. Da es außerdem verschiedene Möglichkeiten gibt, die für das Plasma charakteristische Ionisierung herbeizuführen, so sind die unter dem Namen Plasma zusammengefaßten Zustände in ihrer äußeren Erscheinungsform von Fall zu Fall sehr verschieden.

In Tabelle 1 sind für drei typische Plasmen die Werte von Druck und Temperatur angegeben sowie einige weitere charakteristische Größen, deren Bedeutung erst in den folgenden Abschnitten erläutert werden wird.

Tabelle 1

	Ionosphäre	Neon-Rohr	Quecksilber-Hochdrucklampe
Druck	0,01 Torr	5 Torr	10 at
Gas-Temperatur	250 °K	400 °K	7500 °K
Elektronen-Temperatur	250 °K	2500 °K	7500 °K
Ionisierungsgrad	10^{-8}	10^{-4}	$2 \cdot 10^{-4}$
Mittelwert des Mikrofeldes [V/cm]	0,018	500	80000
Relaxationsstrecke [cm]	740	1,6	0,0002
Debye-Radius [cm]	0,11	$5 \cdot 10^{-4}$	$6 \cdot 10^{-6}$

Die einfachste Form eines Plasmas ist das thermische Plasma. Es entsteht, wenn man eine beliebige Substanz auf genügend hohe Temperatur erhitzt. Unabhängig davon, in welchem Aggregatzustand die Substanz anfangs vorliegt, wird sie bei genügender Erwärmung zunächst in den Gaszustand übergehen. Bei weiterer Erhöhung der Temperatur werden die Moleküle dissoziieren, d. h. in Atome zerfallen, so daß oberhalb einer bestimmten Temperatur nur noch Atome vorhanden sind. Treibt man die Erhitzung jedoch noch weiter, so tritt eine teilweise Dissoziation der Atome in positive Ionen und Elektronen ein, und damit ist der Plasmazustand erreicht. Meist ist die Ausgangssubstanz ein chemisches Element, wie z. B. Wasserstoff oder Quecksilber. Dann enthält das Plasma nur eine Art von neutralen Atomen, eine Art von positiven Ionen und freie Elektronen. Es ist klar, daß der Ionisierungsgrad und damit die Eigenschaften hier eindeutig durch die Art der vorhandenen Atome, den Druck und die Temperatur bestimmt sind. Ein solches in thermischem Gleichgewicht befindliches Plasma finden wir im Inneren der Sonne und der Fixsterne und mit gewisser Annäherung auch in stromstarken elektrischen Lichtbögen bei hohem Druck. Es besteht großes Interesse daran, ein thermisches Plasma sehr hoher Temperatur auch auf der Erde herzustellen, um die Voraussetzungen für die Gewinnung von Energie mit Hilfe der Kernfusion zu schaffen, wie sie z. B. im Inneren der Sonne bestehen.

Neben diesem theoretisch einfachsten, aber praktisch am schwersten zu realisierenden Fall des thermischen Plasmas gibt es andere Formen des Plasmas, welche dadurch charakterisiert sind, daß die Ionisierung bei ihnen nicht als Folge einer hohen Temperatur auftritt, sondern durch andere Mittel erzeugt wird. Bei den sehr mannigfaltigen Erscheinungen der Gasentladungen, von der Glimmentladung bis zum Lichtbogen, erfolgt die Ionisierung durch die Stöße der durch das äußere elektrische Feld beschleunigten Ladungsträger. Die Gasentladung ist das wichtigste Hilfsmittel zur experimentellen Herstellung eines Plasmas, die Kenntnis ihrer Gesetzmäßigkeiten daher in diesem Zusammenhange von besonderer Bedeutung. Auch durch äußere Einstrahlung kann die Ionisierung bewirkt und dadurch der Zustand eines Plasmas erzeugt werden. Dies gilt zum Beispiel für die Ionosphäre, d. h. für die elektrisch leitenden Schichten der oberen Atmosphäre.

2. Einige Begriffe aus der kinetischen Theorie der Gase

Der Übersichtlichkeit wegen beschränken wir uns zunächt auf Plasmen in einatomigen Gasen oder Metalldämpfen, wie sie bei fast allen technischen Anwendungen vorliegen. Wir nehmen also an, daß die Moleküle des betrachteten Gases nicht zusammengesetzt sind, sondern aus einzelnen Atomen bestehen, wie dies zum Beispiel in den Edelgasen und im Quecksilberdampf der Fall ist. Wird ein solches Gas teilweise ionisiert, so kann das dadurch entstehende Plasma als ein Gemisch von drei Gasen aufgefaßt werden:

Die Moleküle des ersten Gases sind die neutralen Atome, die des zweiten die positiven Ionen und die des dritten die freien Elektronen. Je höher der Ionisierungsgrad, um so größer sind die Partialdrücke des Ionen- und des Elektronengases. Bei der theoretischen Behandlung des Plasmas treten Fragestellungen auf, welche denen der kinetischen Theorie der Gase sehr ähnlich sind. Bei ihrer Lösung wird von Begriffen und Ergebnissen dieser Theorie Gebrauch gemacht, von denen die für das Verständnis der Theorie des Plasmas wichtigsten hier kurz zusammengefaßt werden sollen.

1. Die Moleküle eines Gases bewegen sich ungeordnet im Raume mit einer mittleren kinetischen Energie, welche proportional der absoluten Temperatur ist:

$$\frac{m}{2}\overline{v^2} = \frac{3}{2} k T . \qquad (1)$$

k ist die BOLTZMANN-Konstante und hat den Wert $k = 1{,}38 \cdot 10^{-16}$ erg/grd. Mit der allgemeinen Gaskonstanten R und der LOSCHMIDTschen Zahl der Moleküle pro Mol L ist sie durch die Beziehung $k = R/L$ verbunden. Der Druck des Gases hat den Wert $p = n k T$, hierbei ist n die Zahl der Moleküle in der Volumeneinheit.

2. Die kinetische Energie ist nicht gleichmäßig auf die Moleküle verteilt. Der Bruchteil der Moleküle, für welche der Betrag ihrer Geschwindigkeit zwischen $v + dv$ liegt, ist

$$\frac{dN(v)}{N} = F(v)\, dv = \sqrt{\frac{2}{\pi}} \left(\frac{m}{k T}\right)^{3/2} v^2\, e^{-\frac{m u^2}{2 k T}}\, dv . \qquad (2)$$

Eine Verteilung der Moleküle auf die verschiedenen Geschwindigkeiten gemäß diesem Gesetz wird als MAXWELLsche Geschwindigkeitsverteilung oder kurz als MAXWELL-Verteilung bezeichnet. Sie ist in Abb. 1 dargestellt. Die zu dem Maximum der Kurve gehörige Geschwindigkeit heißt die wahrscheinlichste Geschwindigkeit und hat den Wert $\sqrt{\frac{2 k T}{m}}$. Die durchschnittliche Geschwindigkeit, d. h. das arithmetische Mittel aller Geschwindigkeiten, ist etwas größer, nämlich $\sqrt{\frac{8 k T}{\pi m}}$. Ein anderer gelegentlich benutzter Mittelwert der Geschwindigkeit ist

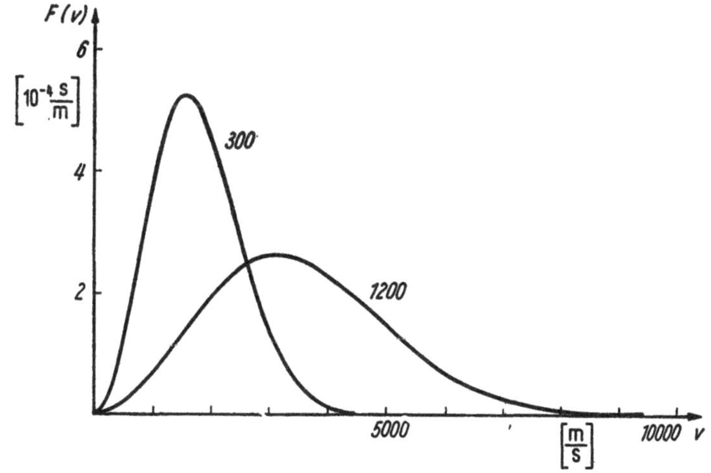

Abb. 1. Die MAXWELLsche Geschwindigkeitsverteilung. Von insgesamt N Molekülen haben $N\,F(v)\,dv$ eine Geschwindigkeit, deren Betrag zwischen v und $v + dv$ liegt. Die Abbildung zeigt die Funktion $F(v)$ für Wasserstoff bei der absoluten Temperatur von 300 bzw. 1200 °K

der quadratische Mittelwert. Er ist gleich der Wurzel aus dem Mittelwert des Geschwindigkeitsquadrats, also nach (1) gleich $\sqrt{\overline{v^2}} = \sqrt{\frac{3\,k\,T}{m}}$.

In vielen Fällen kommt es nicht auf den Betrag der Geschwindigkeit an, sondern auf die Größe ihrer Komponente in einer bestimmten Richtung. Für die Zahl derjenigen Moleküle, für welche die Komponente der Geschwindigkeit in der x-Richtung zwischen u und $u + du$ liegt, ergibt sich aus (2) unter Berücksichtigung der Tatsache, daß alle Richtungen der Geschwindigkeit im Mittel gleich oft vorkommen:

$$\frac{dN(u)}{N} = G(u)\,du = \sqrt{\frac{m}{2\,\pi\,k\,T}}\,e^{-\frac{m\,u^2}{2\,k\,T}}\,du\,. \tag{3}$$

Abb. 2 zeigt eine solche Verteilung. Die Kurve hat die Form einer GAUSSschen Glockenkurve (Normalverteilung).

3. Wegen der geringen Reichweite der zwischen den Molekülen wirkenden Kräfte bewegen sich die Moleküle fast die ganze Zeit als freie Teilchen. Nur wenn sich zwei Moleküle auf sehr geringen Abstand nähern, tauschen sie Energie und Impuls aus, wobei sich die Geschwindigkeiten beider Moleküle nach Größe und Richtung ändern. Einen solchen Vorgang nennt man einen

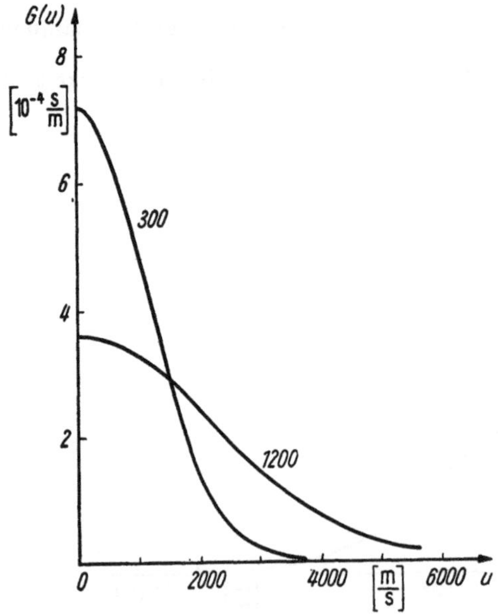

Abb. 2. Von insgesamt N Molekülen haben $N\ G(u)\ du$ eine x-Komponente der Geschwindigkeit mit einem Betrage zwischen u und $u + du$. Die Abbildung zeigt die Funktion $G(u)$ für Wasserstoff bei der absoluten Temperatur von 300 bzw. 1200 °K

Zusammenstoß. Die mittlere Länge des von einem Molekül zwischen zwei Zusammenstößen frei zurückgelegten Weges nennt man die mittlere Weglänge. Für das in der kinetischen Gastheorie oft benutzte anschauliche Modell eines

Gases, dessen Moleküle sich wie elastische Kugeln des Radius r verhalten, ergibt sich für die mittlere Weglänge der Wert

$$\lambda = \frac{1}{4\sqrt{2}\, n \pi r^2} \,. \tag{4}$$

Hierbei ist n die Zahl der Moleküle in der Volumeneinheit. Die Größe der mittleren Weglänge spielt besonders bei den sogenannten Transportvorgängen eine Rolle: bei der Diffusion, der inneren Reibung und der Wärmeleitung.

3. *Die stationären Zustände der Atome*

Um die Vorgänge im Plasma verstehen zu können, muß man die Gesetze der Wechselwirkung zwischen den Atomen, den Elektronen und der im Plasma stets anwesenden Strahlung kennen. Nach den Ergebnissen der Atomphysik kann die Energie eines Atoms nur bestimmte diskrete Werte annehmen, welche einer unendlichen Reihe von möglichen stationären Zuständen des Atoms entsprechen. Ein spontaner Übergang von einem Zustand höherer Energie in einen niedrigerer Energie ist mit der Emission der Energiedifferenz in Form eines Lichtquants, also mit der Emission einer Spektrallinie verbunden. Sind E_m bzw. E_n die Werte der Energie in den beiden Zuständen, so gilt für die Frequenz ν des beim Übergang ausgestrahlten Lichtes die Gleichung

$$h \nu = E_n - E_m \,. \tag{5}$$

Hierin bedeutet h das PLANCKsche Wirkungsquantum, $h = 6{,}625 \cdot 10^{-27}$ erg sec.

Andererseits lassen sich nach den Erfahrungen der Spektroskopie die Wellenzahlen sämtlicher Spektrallinien eines Atoms in der Form

$$\frac{\nu}{c} = \frac{1}{\lambda} = T_m - T_n \tag{6}$$

darstellen. Die Größen T_m und T_n werden Terme genannt. Ein Vergleich mit (5) ergibt

$$E_n = -h\, c\, T_n \,,$$

mit den Termwerten der Spektroskopie kennen wir also die Werte der Energie des Atoms in seinen stationären Zuständen. Für Atome oder Ionen mit nur einem Elektron, also insbesondere für das Wasserstoffatom, gilt für die Termwerte die einfache RYDBERGsche Formel

$$T_n = \frac{R}{n^2} \,, \quad \text{also für die Energiewerte} \quad E_n = -h\, c \frac{R}{n^2} \,. \tag{7}$$

Im Falle des Wasserstoffs ist R die sogenannte RYDBERG-Konstante.

Der Nullpunkt der Energieskala ist hier so gewählt, daß zu $n = \infty$ die Energie 0 gehört. Alle anderen Zustände haben kleinere Energie, daher sind die Energiewerte negativ. Der Zustand niedrigster Energie, hier der mit $n = 1$, wird als der Grundzustand des Atoms bezeichnet, alle Zustände höherer Energie heißen angeregte Zustände. Zu $n = \infty$ gehört der Grenzzustand, in welchem

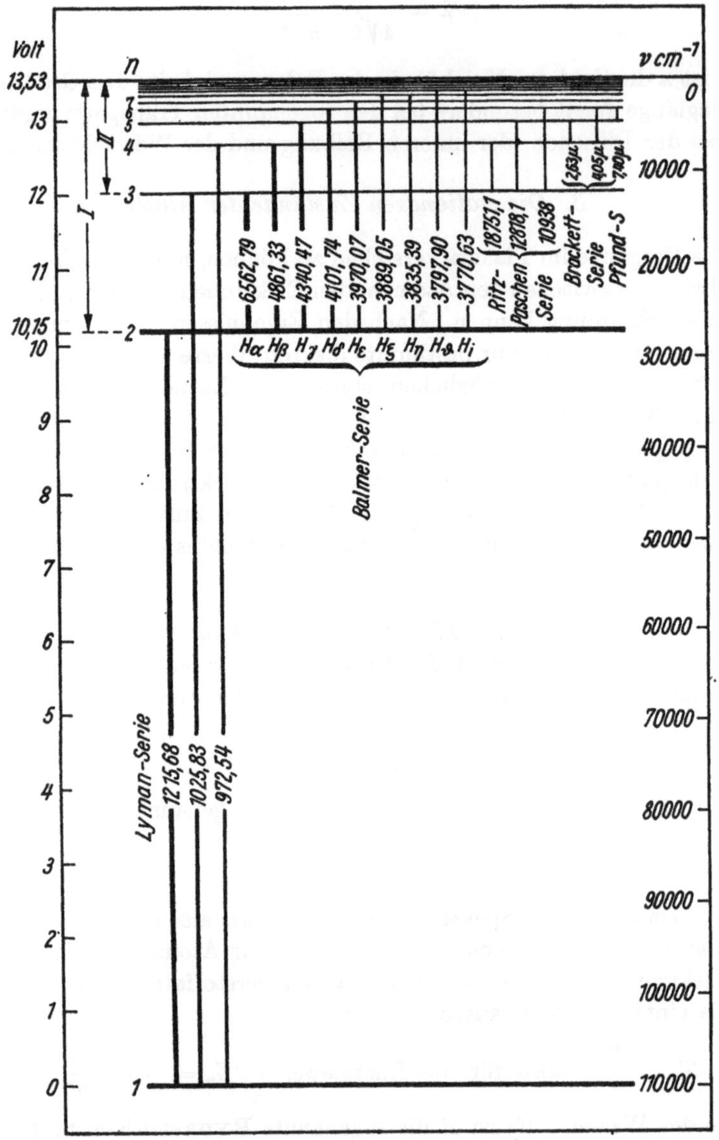

Abb. 3. Das Termschema des Wasserstoff-Atoms. Aus: GROTRIAN, W. R. W., Graphische Darstellung der Spektren von Atomen und Ionen, 1928, Bd. II, Seite 3

das Elektron sich ruhend in unendlicher Entfernung vom positiven Atomkern befindet, in allen anderen Zuständen ist das Elektron an den Kern gebunden, und zwar mit der Bindungsenergie E_n.

In Abb. 3 sind die Energiewerte für die stationären Zustände des Wasserstoffatoms als horizontale Gerade aufgetragen. Die senkrechten Geraden bedeuten die möglichen Übergänge zwischen diesen Energieniveaus, wobei sich die Frequenz der dabei ausgesandten Spektrallinien jeweils nach (5) berechnet. Die Gesamtheit aller bei Übergängen zum gleichen Endzustand ausgesandten Spektrallinien nennt man eine Serie. Im Falle des Wasserstoffatoms bilden alle auf den Grundzustand führenden Linien die im fernen Ultraviolett liegende LYMAN-Serie, die auf den zu $n = 2$ gehörigen Zustand führenden Linien die BALMER-Serie. Außerdem gibt es noch eine Reihe von Serien, welche im infraroten Gebiet liegen und zu höher angeregten Endzuständen gehören.

Die Tatsache, daß die Termwerte mit wachsendem n gegen den Wert 0 konvergieren, hat zur Folge, daß mit wachsendem n auch der Abstand aufeinanderfolgender Linien immer kleiner wird und daß ihre Frequenz gegen einen Grenzwert konvergiert. Die zu dieser Seriengrenze gehörige Wellenzahl ist durch den gemeinsamen Endterm der betreffenden Serie gegeben.

Bei Atomen mit mehreren Elektronen müssen mehrere Quantenzahlen bei der Charakterisierung der stationären Zustände berücksichtigt werden. Anstelle der einfachen Reihe der Wasserstoff-Terme treten hier zahlreiche Termfolgen auf, auch sind die genauen Werte der Terme nicht mehr theoretisch zu berechnen, sondern aus spektroskopischen Messungen abgeleitet. Abb. 4 zeigt eine graphische Darstellung der Terme des Quecksilber-Spektrums. Jeder Term ist durch eine kurze horizontale Linie dargestellt, deren Abstand vom oberen Rande der Figur den Wert des Terms angibt. Die schrägen Geraden, welche jeweils zwei Terme verbinden, kennzeichnen die Term-Kombinationen, welchen den wichtigsten Quecksilber-Linien entsprechen, also jeweils einem Übergang zwischen zwei stationären Zuständen. Die Wellenlänge der bei dem betreffenden Übergang emittierten Spektrallinie in Å ist jedesmal angegeben.

Auf die für die seitliche Anordnung der Terme maßgebenden quantenphysikalischen Gesichtspunkte kann hier nicht eingegangen werden. Man erkennt, daß hier nebeneinander eine ganze Reihe von Termfolgen vorhanden sind, von denen jede die typische Anordnung der Terme mit ihrer Häufung gegen die Seriengrenze zeigt. Der in der Figur am tiefsten liegende, mit $1\,S$ bezeichnete Term entspricht dem Zustand niedrigster Energie, also dem Grundzustand.

4. Emission und Absorption

Befindet sich ein Atom in einem bestimmten angeregten Zustand, so besteht für den spontanen Übergang in einen bestimmten anderen Zustand niedrigerer Energie eine bestimmte Übergangswahrscheinlichkeit. Für viele denkbare Übergänge ist diese Übergangswahrscheinlichkeit so klein, daß ein solcher Übergang unter normalen Bedingungen überhaupt nicht vorkommt. Die zugehörige Spek-

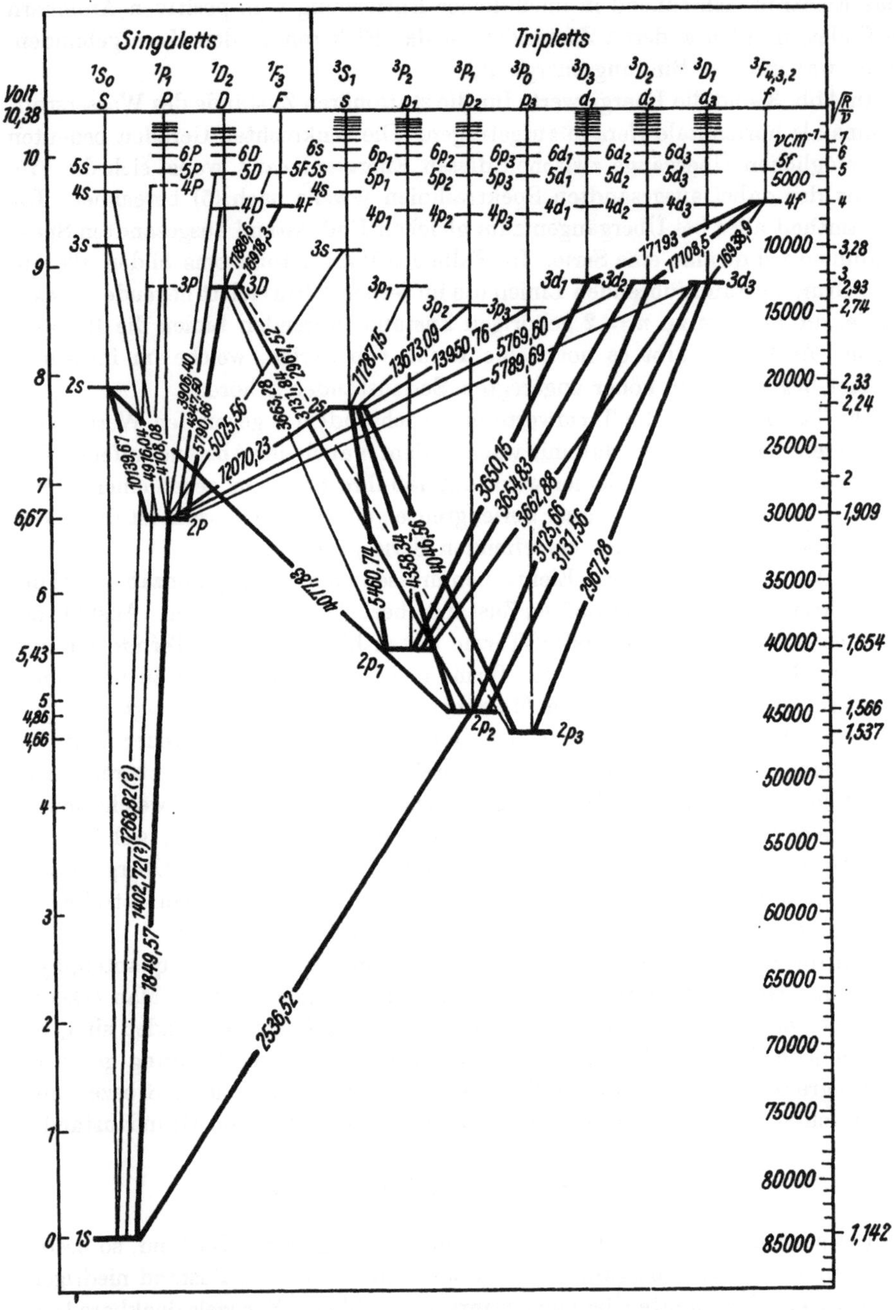

Abb. 4. Das Termschema des Quecksilber-Atoms. Aus: GROTRIAN, W. R. W., Graphische Darstellung der Spektren von Atomen und Ionen, 1928, Bd. II, Seite 79

trallinie, deren Wellenzahl gleich der Differenz der beiden ins Auge gefaßten Terme sein sollte, tritt also nicht auf. Solche Linien nennt man verbotene Linien. Die quantenphysikalischen Regeln, welche zu entscheiden erlauben, ob zwischen zwei Zuständen ein spontaner Übergang möglich ist, heißen Auswahlregeln. Im allgemeinen hat ein Atom, welches sich in einem angeregten Zustand befindet, die Möglichkeit, durch einen oder mehrere aufeinanderfolgende Übergänge in den Grundzustand zurückzukehren. Es gibt bei manchen Atomen jedoch einzelne Zustände, von denen aus ein mit Ausstrahlung verbundener Übergang in einen energetisch tiefer liegenden Zustand überhaupt unmöglich ist. Man bezeichnet solche Zustände als metastabil. Ein typisches Beispiel ist der mit $2\,p_3$ bezeichnete Term des Quecksilberspektrums in Abb. 4. Wie man sieht, gibt es nur einen einzigen Term, welcher energetisch tiefer liegt und zu dem ein Übergang denkbar wäre, nämlich der Grundterm. Dieser eine denkbare Übergang ist aber durch die Auswahlregeln ausgeschlossen, der Term $2\,p_3$ entspricht also einem metastabilen Zustand.

Der spontanen Emission steht als umgekehrter Vorgang die Absorption eines Lichtquants gegenüber. Ein solcher Absorptionsvorgang ist nur möglich, wenn die Energie $h\nu$ des auftreffenden Lichtquants gerade gleich derjenigen Energie ist, welche aufgewandt werden muß, um das Atom aus dem Zustande, in welchem es sich befindet, in einen der höher angeregten Zustände zu bringen. Außerdem können auch in der Absorption nur solche Übergänge vorkommen, welche durch die Auswahlregeln zugelassen werden. Für ein im Grundzustande befindliches Atom ergibt sich die Folgerung, daß nur diejenigen Spektrallinien gleichzeitig Absorptionslinien sind, deren Emission einen Übergang in den Grundzustand bedeutet. Beispielsweise sind für das Wasserstoffatom nach Abb. 3 sämtliche Linien der Lyman-Serie Absorptionslinien, aber keine anderen. Es sei jedoch schon hier darauf hingewiesen, daß unter den Bedingungen eines Plasmas stets Atome in allen möglichen Anregungszuständen vorhanden sind, so daß hier sämtliche Emissionslinien auch Absorptionslinien sind.

Absorption tritt auf, wenn Licht mit der Frequenz einer Spektrallinie auf Atome fällt, welche sich im unteren der beiden zugehörigen stationären Zustände befinden. Befinden sich die Atome jedoch im oberen der beiden Zustände, so bewirkt das gleiche Licht zusätzliche Übergänge in den unteren Zustand, also eine zusätzliche Emission der betreffenden Spektrallinie. Diese Erscheinung nennt man induzierte Emission.

5. *Anregung und Ionisierung durch Elektronenstoß*

Von grundlegender Bedeutung für das Verständnis der Vorgänge in den Gasentladungen ist die Wechselwirkung zwischen Elektronen und Atomen, insbesondere die Anregung und die Ionisierung durch Elektronenstöße. Wir beschränken uns dabei auf einatomige Gase, also Edelgase und Metalldämpfe. Bei diesen sind die negativen Ladungsträger ausschließlich Elektronen. Unsere Frage lautet: Was geschieht, wenn Elektronen einer bestimmten kinetischen

Energie auf Atome einer bestimmten Art auftreffen? Bei der experimentellen Untersuchung dieser Erscheinung wird die kinetische Energie der Elektronen in der Regel durch eine Spannung U bestimmt, welche sie frei durchlaufen haben, und zwar nach der Gleichung

$$\frac{m}{2} v^2 = U e , \tag{8}$$

wobei m die Masse, v die Geschwindigkeit und e die Ladung des Elektrons bedeutet. Es ist daher üblich, für die kinetische Energie der Elektronen eine Energieeinheit zu benutzen, in welcher die Energie zahlenmäßig gleich der durchlaufenen Spannung in Volt ist. Diese Elektronvolt (abgekürzt eV) benannte Einheit ist gleich der kinetischen Energie eines Elektrons, welches durch eine Spannung von 1 V beschleunigt worden ist. Ihre Größe ergibt sich durch Multiplikation des elektrischen Elementarquantums mit der Spannug von 1 V zu

$$1 \text{ eV} = 1{,}602 \; 10^{-19} \text{ Ws} = 1{,}602 \cdot 10^{-12} \text{ erg}.$$

Diese Einheit der Energie wird in der Atomphysik allgemein benutzt. Auf der linken Seite unserer Abb. 4 ist eine in eV geteilte Skala angebracht, welche unmittelbar abzulesen erlaubt, um wieviel eV die Energie eines angeregten Zustandes höher ist als die des Grundzustandes. Wir können aus der Figur ablesen, daß der kleinste Energiebetrag, den ein Quecksilberatom aufnehmen kann, 4,66 eV ist. Diese Energie nennt man die Anregungsarbeit des Atoms oder auch die erste Anregungsarbeit, wenn man sie von der Anregungsarbeit für die höher angeregten Zustände unterscheiden will. Ist die kinetische Energie eines stoßenden Elektrons kleiner als die Anregungsarbeit, so besteht keine Möglichkeit, dem Atom durch Stoß Energie zuzuführen, d. h., der Zusammenstoß verläuft elastisch. Merkmal eines elastischen Zusammenstoßes ist, daß sich die kinetische Energie der Stoßpartner nach dem Zusammenstoß vollständig als kinetische Energie wiederfindet. Wegen der geringen Masse des Elektrons im Verhältnis zu derjenigen des Atoms wird dabei nach dem Impulssatz nur ein verschwindender Bruchteil seiner kinetischen Energie in kinetische Energie des Atoms umgewandelt. Ein Elektron, dessen Energie kleiner ist als die erste Anregungsarbeit, wird also bei einem Zusammenstoß praktisch ohne Energieverlust reflektiert.

Steigern wir die kinetische Energie der stoßenden Elektronen, so treten nach Überschreiten der ersten Anregungsenergie unelastische Stöße auf mit dem Erfolg, daß ein Teil der Atome angeregt wird. Mit wachsender Elektronenenergie werden immer höhere Anregungszustände auftreten, nachdem auch für diese die zu ihrer Anregung notwendige, aus der Figur abzulesende Energie überschritten ist. Als Folge der Anregung wird es zur Emission von Spektrallinien kommen. Es ist ohne weiteres ersichtlich, daß die zur Anregung der Emission einer bestimmten Spektrallinie notwendige Mindestenergie gleich der Anregungsenergie des höheren der beiden zu dieser Linie gehörigen Zustände ist. Im Falle des Quecksilbers wird nach dem Überschreiten der ersten Anregungsspannung bei 4,66 eV zunächst keine Lichtemission eintreten, es wird nur ein Teil der Atome in den oben erwähnten metastabilen Zustand überführt. Von 4,86 eV an aber besteht die Möglichkeit der Anregung des mit $2p_2$ bezeichneten Zustandes und damit der Emission der Linie 2536,5 Å. Solange die Energie der stoßenden Elektronen diesen Betrag nicht wesentlich überschreiten, wird von dem gesamten Quecksilberspektrum nur diese einzige Linie, die sogenannte Resonanzlinie, emittiert.

Wie bereits gesagt, entspricht das Energieniveau, gegen welches am oberen Ende unserer Figur die Energiewerte der Zustände konvergieren, dem Zustande, in welchem ein Elektron des Atoms bis ins Unendliche entfernt worden ist und dort ruht. Der Unterschied der Energie dieses Zustandes gegenüber dem Grundzustand ist also die Arbeit, welche notwendig ist, um ein Elektron vollständig von dem Atom abzutrennen, also das Atom zu ionisieren. Es ist gleichzeitig die kinetische Energie, welche ein Elektron mindestens haben muß, um das Atom durch Stoß zu ionisieren, die sogenannte Ionisierungsarbeit. Für das Quecksilberatom ergibt sie sich aus dem Termschema zu 10,38 eV. Allgemein erhält man die Ionisierungsarbeit aus dem Grundterm T_0 durch die einfache Beziehung

$$E_I = h\,c\,T_0\,.$$

Neben den Begriffen Anregungsarbeit und Ionisierungsarbeit werden oft auch die Begriffe Anregungsspannung und Ionisierungsspannung benutzt. Damit ist jeweils diejenige Spannung gemeint, welche ein ursprünglich ruhendes Elektron frei durchlaufen muß, um die zur Anregung bzw. Ionisierung notwendige Energie zu erlangen. In Volt ausgedrückt sind diese Spannungen zahlenmäßig gleich der in Elektronvolt ausgedrückten Anregungs- bzw. Ionisierungsarbeit. In Tabelle 2 sind für einige Elemente die Anregungs- und Ionisierungsspannungen zusammengestellt.

Tabelle 2

	Erste Anregungsspannung [V]	Ionisierungsspannung [V]
Wasserstoff (atomar)	10,2	13,6
Helium	19,7	24,6
Neon	16,6	21,6
Argon	11,5	15,8
Quecksilber	4,7	10,4

6. *Der Wirkungsquerschnitt*

Hat ein stoßendes Elektron eine zur Anregung eines bestimmten Zustandes ausreichende Energie, so führt der Zusammenstoß trotzdem nur mit einer gewissen, oft nur kleinen Wahrscheinlichkeit zur Anregung. Diese Anregungswahrscheinlichkeit hängt von der kinetischen Energie des Elektrons ab. Sie ist Null, solange die Energie des Elektrons kleiner ist als die Anregungsarbeit, nach Überschreiten dieser Grenze wächst sie meist schnell zu einem Maximum an und nimmt dann bei größeren Elektronenenergien wieder ab. Die so definierte Anregungswahrscheinlichkeit ist indessen zur quantitativen Beschreibung des Vorganges nicht geeignet, weil, besonders für Elektronen höherer Energie, der Begriff des Zusammenstoßes nicht scharf definiert ist. Man verwendet daher eine Größe, welche unmittelbar die Häufigkeit angibt, mit welcher eine bestimmte Wirkung, z. B. die Anregung eines bestimmten Zustandes, auftritt, wenn ein Bündel von Elektronen bestimmter Geschwindigkeit einen Raum durchsetzt, in welchem sich Atome befinden. Lassen wir Z Elektronen in der x-Richtung einen kurzen Weg dx zurücklegen in einem Raum, welcher unregelmäßig verteilt n Atome pro cm^3 enthält, so wird der Bruchteil $\frac{dZ}{Z}$ dieser Elektronen, welcher durch Wechselwirkung mit je einem Atom eine bestimmte Wirkung hervorruft, proportional sein der Zahl der im cm^3 enthaltenen Atome und der Länge des durchlaufenen Weges, also

$$\frac{dZ}{Z} = \sigma\, n\, dx\,. \tag{10}$$

Aus der Dimension von n ergibt sich für die Proportionalkonstante σ die Dimension einer Fläche, man bezeichnet σ daher als den Wirkungsquerschnitt. Sind als Folge der Wechselwirkung verschiedene Wirkungen möglich, wie z. B. elastische Streuung, Anregung verschiedener Zustände und Ionisierung, so gibt es für jede dieser möglichen Wirkungen einen charakteristischen Wirkungsquerschnitt. Die Summe aller dieser Wirkungsquerschnitte heißt der totale Wirkungsquerschnitt. Die mittlere Weglänge, d. h. die mittlere Länge eines von einem Elektron ohne irgendwelche Wechselwirkung mit Atomen zurückgelegten Weges, hängt mit dem totalen Wirkungsquerschnitt σ_t durch die einfache Beziehung

$$\lambda = \frac{1}{n\,\sigma_t} \tag{11}$$

zusammen.

Die Wirkungsquerschnitte für Anregung und für Ionisierung, kurz Anregungs- bzw. Ionisierungsquerschnitt genannt, hängen stark von der Energie der stoßenden Elektronen ab. Die Funktionen, welche diese Abhängigkeit darstellen, nennt man Anregungsfunktion bzw. Ionisierungsfunktion.

7. *Stöße zweiter Art*

Ebenso wie der Emission eines Lichtquants als umgekehrter Vorgang die Absorption gegenübersteht, gibt es auch zur Anregung eines Atoms durch Elektronenstoß einen umgekehrten Vorgang, welchen man als Stoß zweiter Art bezeichnet. Hierbei trifft ein Elektron auf ein Atom, welches sich in einem angeregten Zustand befindet. Das Atom geht in einen energetisch tieferen Zustand über, die dabei freiwerdende Energie wird jedoch nicht abgestrahlt, sondern an das Elektron übertragen, dessen kinetische Energie sich dementsprechend erhöht. Zu den Stößen zweiter Art rechnet man auch Vorgänge, bei denen die Anregungsenergie eines angeregten Atoms beim Zusammenstoß mit einem anderen Atom oder Molekül an dieses übertragen wird und zur Anregung oder Ionisierung des zweiten Teilchens führt. Derartige Stöße zweiter Art spielen bei Gasentladungen in Gasgemischen eine Rolle. So erfolgt z. B. in einem Gemisch aus Argon mit sehr wenig Quecksilberdampf die Ionisierung der Quecksilberatome dadurch, daß ihnen von metastabil angeregten Argonatomen durch Stöße zweiter Art die Ionisierungsenergie geliefert wird.

Die Umkehrung des Vorganges der Ionisierung ist die Rekombination oder die Wiedervereinigung eines Elektrons und eines positiven Ions zu einem neutralen Atom. Die dabei freiwerdende Energie kann dabei nach der Art eines Stoßes zweiter Art an ein anderes in der Nähe befindliches Elektron abgegeben werden. Sie kann aber auch ausgestrahlt werden. Hatte das rekombinierende Elektron die Geschwindigkeit Null, so ist die freiwerdende Energie gleich der Ionisierungsarbeit, die Wellenzahl der ausgesandten Strahlung ist daher nach (5) gleich dem Grundterm des Spektrums, also gleich der Wellenzahl der Seriengrenze. Hat das Elektron vor der Rekombination jedoch eine von Null verschiedene kinetische Energie, so wird der ausgestrahlte Energiebetrag um diese kinetische Energie größer, das ausgestrahlte Licht daher etwas kurzwelliger als die Seriengrenze. Da alle Werte der kinetischen Energie der Elektronen möglich sind, ergibt sich auf diese Weise ein kontinuierliches Spektrum, welches sich von der Seriengrenze nach der kurzwelligen Seite hin erstreckt. Seine Intensität nimmt mit abnehmender Wellenlänge verhältnismäßig schnell ab, weil die Rekombinationswahrscheinlichkeit mit zunehmender Geschwindigkeit der Elektronen schnell abnimmt. Dieses kontinuierliche Spektrum nennt man das Grenzkontinuum. Dieses Grenzkontinuum tritt auch im Absorptionsspektrum in Erscheinung. Es handelt sich dabei um einen Absorptionsakt, bei welchem die Energie des absorbierten Lichtquants benutzt wird, um das im Grundzustand befindliche Atom in ein positives Ion und ein Elektron mit von Null verschiedener kinetischer Energie zu zerlegen. Diese Erscheinung, welche als ein Photoeffekt am einzelnen Atom aufgefaßt werden kann, wird als Photoionisierung bezeichnet.

8. Das Plasma im thermischen Gleichgewicht

Im Plasma verlaufen gleichzeitig so viele der bisher besprochenen Elementarvorgänge nebeneinander, daß eine theoretische Behandlung der im Plasma ablaufenden Vorgänge nur nach den Methoden der statistischen Physik möglich ist. Am übersichtlichsten sind die Verhältnisse im thermischen Plasma, also in einem Plasma, welches sich im thermischen Gleichgewicht befindet. Beim thermischen Gleichgewicht handelt es sich um ein statistisches Gleichgewicht zwischen Vorgängen entgegengesetzter Art. So muß zum Beispiel im Plasma der in der Zeiteinheit vorkommenden Zahl von Vorgängen der Anregung eines Atoms in einen bestimmten Zustand eine gleiche Zahl von Vorgängen gegenüberstehen, welche die Rückkehr eines Atoms aus diesem angeregten Zustand in den Grundzustand bewirken. Darüber hinaus gilt jedoch das Prinzip des detaillierten Gleichgewichts. Es besagt, daß jede einzelne Art von Wechselwirkung zwischen den Teilchen des Systems mit dem dazugehörigen umgekehrten Vorgang im statistischen Gleichgewicht sein muß. Für das Plasma bedeutet das, daß Stöße von Elektronen bestimmter Energie, welche zur Anregung eines bestimmten Zustandes führen, genauso oft vorkommen müssen wie solche Stöße zweiter Art, welche die genaue Umkehrung dieses Vorgangs darstellen. Das gleiche gilt für die Übergänge zwischen zwei Zuständen mit Emission bzw. Absorption eines Lichtquants sowie einzeln für die verschiedenen Möglichkeiten der Ionisierung durch Stoß von Elektronen verschiedener Energie oder durch Lichtabsorption. Dieses Prinzip des detaillierten Gleichgewichts ist für die Theorie des thermischen Plasmas von großer Bedeutung.

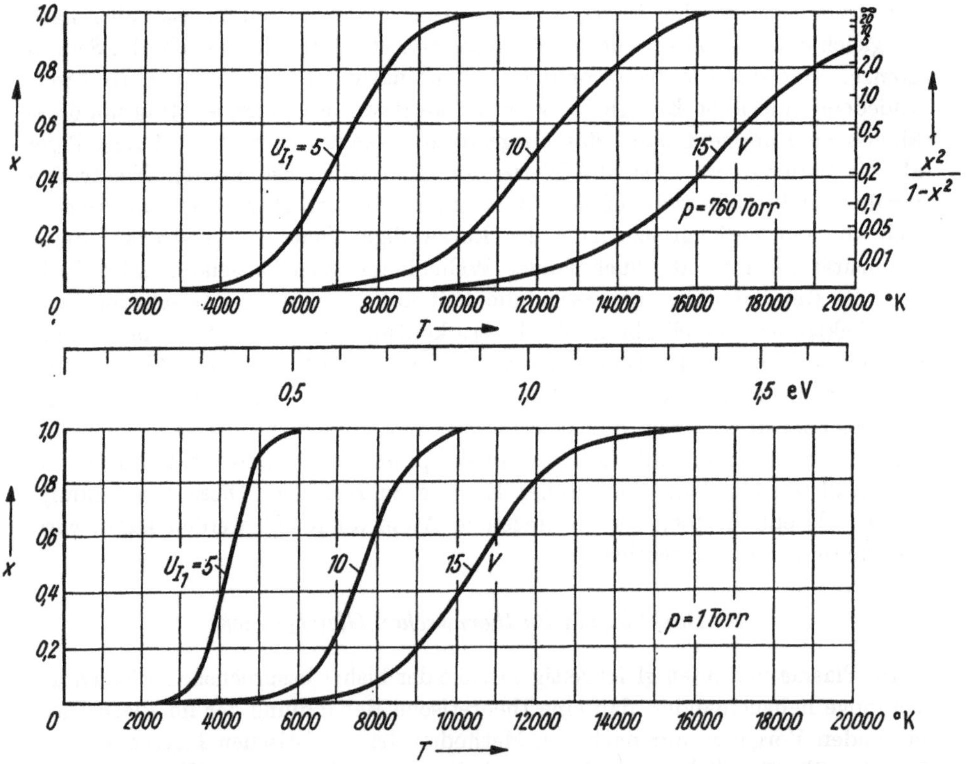

Abb. 5. Die Kurven zeigen den nach der SAHA-Gleichung berechneten Ionisierungsgrad in seiner Abhängigkeit von der absoluten Temperatur für die Drücke von 1 Torr und 760 Torr und Werte der Ionisierungsspannung von 5, 10 und 15 Volt. Aus: ARDENNE, M. v., Tabellen der Elektronenphysik, Ionenphysik und Übermikroskopie, Bd. I, Seite 497, VEB Deutscher Verlag der Wissenschaften, Berlin 1956

Sind die Voraussetzungen des thermischen Gleichgewichts für ein Plasma erfüllt, so können die Gesetze der statistischen Thermodynamik auf das Plasma angewandt werden. Auf diese Weise erhalten wir grundlegend wichtige Aussagen über die Häufigkeit der verschiedenen angeregten Zustände sowie über den Ionisierungsgrad, beides in Abhängigkeit von der Temperatur. In einem in thermischem Gleichgewicht befindlichen Plasma seien N_0 bzw. N_a die Anzahl der Atome, welche sich im Grundzustand bzw. in einem angeregten Zustande befinden, dessen Energie um E_a über derjenigen des Grundzustandes liegt. Für die Häufigkeit dieses angeregten Zustandes ergibt die Statistik

$$\frac{N_a}{N_0} = \frac{g_a}{g_0} e^{-\frac{E_a}{kT}}. \tag{12}$$

$e^{-\frac{E_a}{kT}}$ ist der sogenannte BOLTZMANN-Faktor, g_0 und g_a sind Größen, welche mit dem quantenmechanischen Charakter der beiden Zustände zusammenhängen. Zu einem bestimmten Energiewert E_a gehören in Wirklichkeit mehrere quantentheoretisch verschiedene angeregte Zustände, was sich z. B. durch den ZEEMAN-Effekt, also die Aufspaltung der Spektralterme im Magnetfeld, bemerkbar macht. Die Anzahl der Zustände, welche tatsächlich in einem scheinbar einheitlichen Zustand der Anregungsenergie E_A enthalten sind, nennt man das statistische Gewicht dieses Zustandes. Die Größen g_0 und g_a bedeuten die statistischen Gewichte der beiden Zustände. Bei schwacher Anregung, solange $k\,T$ klein ist gegen die niedrigste Anregungsenergie, kann man N gleich der Gesamtzahl der vorhandenen Atome setzen, so daß (12) unmittelbar die Häufigkeit des angeregten Zustandes in ihrer Abhängigkeit von der Temperatur ergibt. Bei höheren Temperaturen werden die Verhältnisse komplizierter, weil dann die Zahl der im Grundzustand befindlichen Atome merklich abnimmt, und zwar sowohl durch die Zunahme der Zahl der angeregten Atome als auch durch die Ionisierung.

Für den Ionisierungsgrad x, d. h. das Verhältnis der Zahl der positiven Ionen zur Gesamtzahl der im kalten Zustande vorhandenen Atome, ergibt die statistische Thermodynamik die für die Plasmaphysik fundamentale SAHA-Gleichung:

$$\frac{x^2}{1 - x^2} = \frac{2 g_p}{g_g} \left(\frac{2 \pi m}{h^2}\right)^{3/2} \frac{(k\,T)^{5/2}}{p} e^{-\frac{E_i}{kT}}. \tag{13}$$

Hierbei bedeutet m die Masse des Elektrons, k die BOLTZMANN-Konstante, T die Temperatur, h die PLANCKsche Konstante, p den Druck und E_i die Ionisierungsarbeit, sowie g_g und g_p die statistischen Gewichte des Grundzustandes des Atoms bzw. des positiven Ions. Mit einer merklichen thermischen Ionisierung ist hiernach nur zu rechnen, wenn die Größe $k\,T$ vergleichbar ist mit der Ionisierungsarbeit. Einsetzen der Zahlwerte ergibt, daß dies erst oberhalb von einigen 1000 °K der Fall ist. In Abb. 5 ist der Ionisierungsgrad x für verschiedene Werte des Druckes und der Ionisierungsarbeit in seiner Abhängigkeit von der Temperatur dargestellt.

9. *Das Plasma im unvollständigen Gleichgewicht*

Als Plasma im unvollständigen Gleichgewicht bezeichnen wir zum Unterschied vom thermischen ein Plasma, in welchem durch Energiezufuhr von außen her eine hohe Energie der Elektronen aufrechterhalten wird, ohne daß es zu einem thermischen Gleichgewicht zwischen Elektronen und Atomen kommt. Beispiele für ein solches Plasma finden wir vor allem in verschiedenen Formen der Gasentladung, besonders bei niedrigen Drücken. Es ist seit langem bekannt, daß in der Gasentladung die für die Stromleitung notwendige Ionisierung durch die ionisierenden Stöße der durch das äußere elektrische Feld beschleunigten Elektronen aufrechterhalten wird. Auf Grund der Vorstellung, daß die kinetische Energie der Elektronen nur durch das von ihnen durchlaufene äußere Feld bestimmt werden und daß sie nur bei Zusammenstößen mit anderen Teilchen in Wechselwirkung treten, konnten manche Erscheinungen der Gasentladung, insbesondere der Zündvorgang, gut verstanden werden. Dagegen zeigten stromstarke Entladungen Erscheinungen, welche auf diese Weise nicht zu erklären waren. So erwies es sich als möglich, in Quecksilberdampf einen Lichtbogen aufrechtzuerhalten mit einer Spannung unterhalb der ersten Anregungsspannung, also unter Bedingungen, unter welchen ein Elektron aus dem äußeren Feld niemals die zur Anregung oder Ionisierung notwendige Energie erwerben konnte. Es mußte der Schluß gezogen werden, daß tatsächlich Elektronenenergien vorkommen, welche die aus der äußeren Feldstärke und den Elektronenwegen berechneten wesentlich übertreffen.

Daß dies wirklich der Fall ist, wurde von LANGMUIR mit der nach ihm benannten Sonde experimentell bewiesen. Unter einer Sonde versteht man eine Elektrode geringer geometrischer Abmessungen, meist in der Form eines kurzen Drahtes, welche an geeigneter Stelle in den Entladungsraum gebracht wird. Man hat solche Sonden ursprünglich zur Untersuchung der Potentialverteilung im Entladungsraum benutzt in der Annahme, daß eine solche Sonde sich auf denjenigen Wert des Potentials einstellen würde, welcher ohne Vorhandensein der Sonde an der betreffenden Stelle herrschen würde. Diese Annahme trifft jedoch nicht zu. Das Potential, auf welches sich eine isolierte Sonde einstellt, ist nämlich dasjenige, bei welchem in der Zeiteinheit eine gleiche Anzahl von Elektronen und Ionen auf die Sonde trifft. Solange sich die Sonde auf dem zu dem betreffenden Punkt des Raumes gehörigen Potential befindet, werden jedoch die Elektronen wegen ihrer sehr viel größeren Geschwindigkeit in viel größerer Anzahl auf die Sonde gelangen als die positiven Ionen. Die Sonde wird sich also dem *Raumpotential* gegenüber so weit *negativ* aufladen, daß durch das vor ihrer Oberfläche entstehende Feld die Mehrzahl der Elektronen daran gehindert wird, die Sonde zu erreichen. Erst die von LANGMUIR eingeführte Aufnahme der *Sondencharakteristik*, d. h. die Messung des auf die Sonde gelangenden Stromes in seiner Abhängigkeit vom Potential der Sonde, ermöglicht eine Bestimmung des Raumpotentials und gibt gleichzeitig Aufschluß über die Geschwindigkeiten der Elektronen und der Ionen. Da die Zahl der auf die

Sonde auftreffenden Elektronen dadurch bestimmt wird, wie viele von den Elektronen ausreichende kinetische Energie besitzen, um gegen das verzögernde Feld die Oberfläche der Sonde zu erreichen, kann, wie in späteren Vorträgen näher gezeigt werden wird, aus der Sondencharakteristik die *Geschwindigkeitsverteilung* der Elektronen abgeleitet werden. Überraschenderweise ergab sich dabei in den meisten Fällen für die Elektronen eine MAXWELL*sche Geschwindigkeitsverteilung* mit einer mittleren Energie von einigen Elektronvolt. Rechnet man gemäß der Gleichung (1) die Temperatur aus, bei welcher die mittlere kinetische Energie der Gasmoleküle diesen Wert haben würde, so erhält man eine Temperatur von vielen 1000 Grad. Man bezeichnet sie als die Elektronentemperatur. Sie ist in einem derartigen Plasma bedeutend höher als die Gastemperatur (vgl. Tabelle 1).

10. Die Wechselwirkung der Elektronen und Ionen im Plasma

Zum Unterschied vom thermischen Plasma besteht bei dem hier betrachteten Gasentladungsplasma kein thermisches Gleichgewicht zwischen den drei Teilgasen, aus denen wir uns das Plasma zusammengesetzt denken können. Jedes dieser Teilgase, von denen das erste aus den neutralen Atomen, das zweite aus den positiven Ionen und das dritte aus den Elektronen besteht, ist für sich im thermischen Gleichgewicht, aber jedes bei einer anderen Temperatur. Dies ist der Grund dafür, daß man im Gegensatz zum thermischen Plasma ein solches Plasma als ein Plasma im *unvollständigen Gleichgewicht* bezeichnet. Die Möglichkeit eines solchen unvollständigen Gleichgewichts erklärt sich aus der schon erwähnten Tatsache, daß bei Zusammenstößen zwischen Elektronen und Atomen nur ein äußerst geringer Bruchteil der Elektronenenergie in kinetische Energie des gestoßenen Atoms umgewandelt werden kann. Die Elektronen können ihre ihnen durch das äußere Feld zugeführte Energie aber in Form von Anregungs- oder Ionisierungsarbeit an die Atome abgeben. Die positiven Ionen dagegen tauschen ihre kinetische Energie leicht mit den neutralen Atomen aus. Ihre Temperatur liegt daher in der Regel nur wenig oberhalb der Gastemperatur.

Vom Standpunkt der kinetischen Gastheorie aus, welche annimmt, daß die Gasmoleküle nur bei Zusammenstößen Energie austauschen, ist das Zustandekommen der MAXWELLschen Geschwindigkeitsverteilung bei den Elektronen der Gasentladung nicht zu verstehen. In Wirklichkeit stehen die Elektronen aber als geladene Teilchen infolge der großen Reichweite der elektrostatischen Kräfte dauernd in Wechselwirkung miteinander, so daß der Energieaustausch zwischen ihnen viel schneller vor sich geht. Da jedes Elektron gleichzeitig mit zahlreichen anderen Elektronen und einer ungefähr ebenso großen Zahl von positiven Ionen in Wechselwirkung steht, trifft die theoretische Behandlung dieser Vorgänge auf große Schwierigkeiten. Man faßt die Wirkungen aller in der Umgebung vorhandenen Ladungsträger in dem von ihnen am Orte des Elektrons erzeugten elektrischen Felde zusammen. Dieses sogenannte *Mikrofeld* überlagert sich dem äußeren Felde. Die Berechnung seiner Größe und seiner örtlichen und zeitlichen Schwankungen ist eine wichtige Aufgabe der Theorie des Plasmas.

Für die Wechselwirkung des Elektrons mit dem von den anderen Elektronen und den positiven Ionen hervorgerufenen Mikrofeld verliert der Begriff des Zusammenstoßes und damit auch der der mittleren freien Weglänge seinen Sinn. An seine Stelle tritt hier eine als Relaxationsstrecke bezeichnete Größe. Nehmen wir an, an einem Punkte des Plasmas würde ein Bündel von Elektronen gleicher und gleich gerichteter Geschwindigkeit in das Plasma eingeführt. Durch die Wechselwirkung mit dem Mikrofeld werden die Elektronen beim Durchlaufen des Plasmas ihre Geschwindigkeit nach Größe und Richtung in unregelmäßiger Weise ändern, bis ihre Geschwindigkeitsverteilung mit der MAXWELL-Verteilung übereinstimmt, welche zu der im Plasma bestehenden Elektronentemperatur gehört. Die Strecke, welche die Elektronen im Mittel durchlaufen müssen, um sich auf diese Weise mit der MAXWELL-Verteilung der Plasma-Elektronen ins Gleichgewicht zu setzen, wird als Relaxationsstrecke bezeichnet. Sie ist eine für die experimentelle Plasmaphysik wichtige Größe, weil sie ein Maß dafür ist, bis zu welcher Entfernung eine an einem Orte vorhandene Störung sich im umgebenden Plasma bemerkbar macht. Experimentell ergeben sich für die Relaxationsstrecke überraschend kleine Werte, das heißt: der durch das Mikrofeld vermittelte Energieaustausch zwischen den Elektronen ist wesentlich wirksamer als man ihn vom Standpunkte der kinetischen Gastheorie aus erwarten würde.

Ein weiterer für das Verständnis der Wechselwirkung zwischen den Teilchen des Plasmas wichtiger Begriff stammt aus der Theorie der Elektrolyte. Infolge der Anziehung zwischen ungleich geladenen und der Abstoßung zwischen gleich geladenen Teilchen besteht in der Umgebung eines geladenen Teilchens im zeitlichen Mittel ein Überschuß an Teilchen mit einer Ladung des entgegengesetzten Vorzeichens. Auf diese Weise entsteht im zeitlichen Mittel eine Raumladung, welche das Teilchen umgibt und seine Ladung nach außen teilweise abschirmt. Infolge dieser Abschirmung fällt das Potential des von der Ladung des Teilchens erzeugten Feldes nicht wie im Vakuum mit $1/r$, sondern wie $1/r\, e^{-\frac{r}{D}}$ ab. Für die Länge D, welche als DEBYEscher Radius bezeichnet wird, ergibt die Theorie die Beziehung:

$$D = \sqrt{\frac{k\, T_e}{4\, \pi\, n\, e^2}}\,. \tag{14}$$

Hier bedeutet T_e die Elektronentemperatur und n die Zahl der Elektronen in der Volumeneinheit. In einer Entfernung, welche groß ist gegenüber dem DEBYE-Radius, ist die Ladung des betrachteten Teilchens durch die umgebende Raumladung vollständig abgeschirmt.

11. Die Quasineutralität des Plasmas

Ein Plasma, welches in der Volumeneinheit die gleiche Zahl von Elektronen und positiven Ionen enthält, ist nach außen elektrisch neutral. Ein Überschuß der einen oder der anderen Trägerart ergibt eine Raumladung. Solche Raumladungen und die durch sie hervorgerufenen Veränderungen des elektrischen Feldes spielen bei Gasentladungen, besonders bei Vorgängen in der Nähe von Elektroden, eine wesentliche Rolle. Da im Falle des Plasmas die Zahl der in der Volumeneinheit vorhandenen Ladungsträger groß ist, so würde, wie eine Rechnung zeigt, schon ein relativ kleiner Überschuß von Elektronen oder positiven Ionen zu unzulässig großen Raumladungen führen. Damit ist gemeint, daß die durch die Raumladungen erzeugten zusätzlichen elektrischen Felder den Entladungsvorgang unmöglich machen würden. Sofern also in einem Plasma ein Überschuß der einen oder anderen Trägerart vorhanden sein sollte, so ist die Zahl der überschüssigen Träger in jedem Falle sehr klein im Verhältnis zur Gesamtzahl. Diese Eigenschaft des Plasmas bezeichnet man als Quasineutralität.

Mit der Quasineutralität eng zusammen hängt die Erscheinung der ambipolaren Diffusion. Neben der Bewegung im elektrischen Feld spielt in der Gasentladung die Diffusion der Ladungsträger eine große Rolle. Nehmen wir an, in einem quasineutralen Plasma bestehe ein Gefälle in der Trägerkonzentration. Dann werden sowohl Elektronen als auch positive Ionen in der Richtung des Gefälles diffundieren. Nach den Vorstellungen der kinetischen Gastheorie sollte man erwarten, daß die Elektronen wegen ihrer viel höheren Geschwindigkeit viel schneller diffundieren als die Ionen. Das ist aber nicht der Fall. Die ersten voraneilenden Elektronen führen eine negative Raumladung mit sich, welcher im Bereich der zurückbleibenden positiven Ionen eine positive gegenübersteht (vgl. Abb. 6). Diese beiden Raumladungen erzeugen ein Feld,

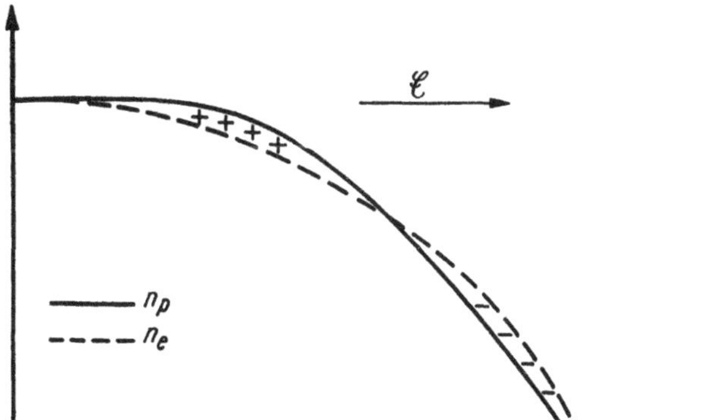

Abb. 6. Zur Erklärung der ambipolaren Diffusion: n_p bzw. n_e ist die Zahl der im cm^3 vorhandenen positiven Ionen bzw. Elektronen. Bei $x = 1$ soll $n_p = n_e = 0$ sein, wie dies beispielsweise an der Wand eines Entladungsrohres der Fall ist. In dem hierdurch bedingten Konzentrationsgefälle diffundieren Ionen und Elektronen zur Wand. Die anfänglich schnellere Diffusion der Elektronen führt zum Auftreten von Raumladungen. Diese erzeugen ein elektrisches Feld, welches das weitere Voraneilen der Elektronen verhindert und gleichzeitig die Wanderungsgeschwindigkeit der positiven Ionen vergrößert

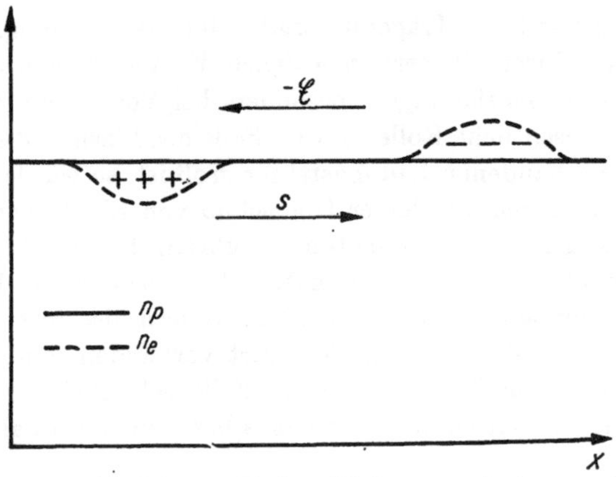

Abb. 7. Zur Erklärung der elektrostatischen Elektronenschwingung: Eine räumlich begrenzte Verschiebung der Elektronen gegenüber den positiven Ionen führt zum Auftreten von Raumladungen. Das von diesen erzeugte elektrische Feld wirkt auf die Elektronen als rückführende Kraft

welches so gerichtet ist, daß es der Diffusion der Elektronen entgegenwirkt, und dessen Stärke so lange ansteigt, bis der durch die Wirkung des Feldes verminderte Diffusionsstrom der Elektronen gerade gleich dem durch das Feld etwas vergrößerten Diffusionsstrom der positiven Ionen geworden ist. Elektronen und positive Ionen diffundieren also nur gemeinsam, man nennt diese Erscheinung die ambipolare Diffusion. Sie gehorcht den üblichen Diffusionsgesetzen, wenn man als Diffusionskonstante die Konstante der ambipolaren Diffusion einsetzt, eine Größe, welche im Falle des thermischen Plasmas doppelt so groß ist wie der Wert, welcher sich nach der kinetischen Theorie aus Geschwindigkeit und mittlerer Weglänge für die Diffusionskonstante der positiven Ionen errechnet.

Bei jeder möglichen Verschiebung der Elektronen gegenüber den positiven Ionen, welche zu einer Verletzung der Quasineutralität führen würde, treten Raumladungen und damit elektrostatische Kräfte auf, welche auf die Elektronen als rückführende Kräfte wirken (vgl. Abb. 7). Zusammen mit der Trägheit der Elektronen ergeben diese Kräfte die Möglichkeit von periodischen Schwingungen. Durch Anwendung der POISSONschen Gleichung und der einfachen Bewegungsgesetze erhält man für die Frequenz dieser sogenannten elektrostatischen Elektronenschwingungen die einfache Beziehung

$$\omega_0 = 2\pi\nu_0 = \sqrt{\frac{4\pi e^2 n}{m}}\,. \tag{15}$$

Für die üblichen Plasmen liegt diese Frequenz etwa im Gebiet der Dezimeter- bis Zentimeterwellen. Bei diesen Schwingungen handelt es sich nicht etwa um fortschreitende Wellen, die Elektronen pendeln vielmehr mit der Plasma-Eigenfrequenz um eine Ruhelage, wobei man sich diese Pendelbewegung als der unregelmäßigen thermischen Bewegung der Elektronen überlagert zu denken hat.

12. Die elektrische Leitfähigkeit des Plasmas

Befindet sich das Plasma in einem elektrischen Felde, so überlagert sich der unregelmäßigen thermischen Bewegung der Elektronen eine Bewegung in der Richtung des elektrischen Feldes, welche eine Wanderung der Elektronen und damit einen Ladungstransport bedeutet. Aus der Wanderungsgeschwindigkeit $\mathfrak{w}$, der Zahl n der Elektronen in der Volumeneinheit und ihrer Ladung e ergibt sich die Stromdichte $\mathfrak{j} = n\,\mathfrak{w}\,e$. In den meisten Fällen können wir annehmen, daß die Wanderungsgeschwindigkeit proportional der elektrischen Feldstärke ist: $\mathfrak{w} = b\,\mathfrak{E}$. Die hierdurch definierte Größe b nennen wir die *Beweglichkeit* der Elektronen. Durch Einsetzen ergibt sich $\mathfrak{j} = n\,b\,e\,\mathfrak{E}$, also die Leitfähigkeit

$$\sigma = n\,b\,e\,. \tag{16}$$

Für geringe Elektronenkonzentrationen, bei welchen die Bewegung der Elektronen wesentlich durch die Zusammenstöße mit den neutralen Atomen bestimmt wird, kann man die Beweglichkeit berechnen, indem man sich die Wanderung im elektrischen Feld aus den Strecken zusammengesetzt denkt, welche das Elektron in den Zeiten zwischen den Zusammenstößen durch freien Fall im Felde zurücklegt. Ein elektrisches Feld der Feldstärke $\mathfrak{E}$ erteilt dem Elektron eine Beschleunigung $\frac{|\mathfrak{E}|\,e}{m}$. Nennen wir die mittlere Zeit zwischen zwei Zusammenstößen τ, so wird das Elektron in dieser Zeit durch freien Fall in der Richtung des elektrischen Feldes um das Stück $\frac{|\mathfrak{E}|\,e}{2\,m}\tau^2$ verschoben. Durch Multiplikation mit der mittleren Zahl der Zusammenstöße in der Zeiteinheit, der sogenannten Stoßfrequenz $\nu = \frac{1}{\tau}$, ergibt sich daraus die Strecke, um welche das Elektron in der Zeiteinheit in der Richtung des elektrischen Feldes wandert, zu $\frac{|\mathfrak{E}|\,e}{2\,m}\frac{1}{\nu}$. Indem wir nunmehr die Stoßfrequenz durch den Quotienten aus mittlerer Geschwindigkeit und mittlerer Weglänge ersetzen, $\nu = \frac{v}{\lambda}$, erhalten wir für die Wanderungsgeschwindigkeit im elektrischen Felde $\mathfrak{w} = \frac{\mathfrak{E}\,e}{2\,m}\frac{\lambda}{v}$. Eine strenge Rechnung ergibt $\mathfrak{w} = \frac{2\,\mathfrak{E}\,e}{\pi\,m}\frac{\lambda}{v}$, wobei v die durchschnittliche Geschwindigkeit, also das arithmetische Mittel der Geschwindigkeit bedeutet, oder für die Beweglichkeit:

$$b = \frac{2}{\pi}\frac{e}{m}\frac{\lambda}{v}\,. \tag{17}$$

Auf hochionisierte Plasmen kann diese Gleichung nicht angewandt werden, da hier der Begriff der freien Weglänge seinen Sinn verliert. In einem hochionisierten Plasma stehen die Elektronen dauernd durch Vermittlung des Mikrofeldes in Wechselwirkung mit den übrigen Elektronen und positiven Ionen. Der Begriff des Zusammenstoßes verliert seinen Sinn und damit auch der der freien Weglänge. Um dennoch die Gleichung (17) anwenden zu können, führt man den Begriff der effektiven Stoßzeit ein. Man versteht darunter diejenige Zeit, welche im Mittel verstreichen muß, damit die Richtung der Bewegung eines Elektrons sich unter dem Einfluß des Mikrofeldes um 90° ändert. Der reziproke Wert der effektiven Stoßzeit heißt effektive Stoßfrequenz. Sie tritt an die Stelle der Größe $\frac{v}{\lambda}$.

Bei der Ableitung von Gleichung (17) ist vorausgesetzt worden, daß die Stoßfrequenz durch das elektrische Feld nicht geändert wird. Dies gilt nur, solange der Energiezuwachs des Elektrons beim Durchlaufen eines freien Weges im elektrischen Felde klein ist gegenüber der Energie der ungeordneten Bewegung des Elektrons. Der Wirkungsquerschnitt für die Streuung von Elektronen an Atomen und vor allem an positiven Ionen nimmt mit zunehmender Elektronengeschwindigkeit stark ab. Eine wesentliche Erhöhung der Energie des Elektrons bewirkt daher eine Vergrößerung der mittleren Weglänge. Mit steigender Weglänge wächst aber der Energiezuwachs noch weiter an, und so kann es kommen, daß in starken elektrischen Feldern in einem Plasma schnelle Elektronen auftreten, deren Energie viel höher ist, als der Elektronentemperatur entsprechen würde. Sie werden als Runaway-Elektronen bezeichnet.

13. Die Strahlung des Plasmas

Zu einem Plasma in wahrem thermischen Gleichgewicht gehört außer den Atomen in ihren verschiedenen Anregungszuständen, den positiven Ionen und den Elektronen auch die zur Plasmatemperatur gehörige *schwarze Strahlung* mit ihrer durch das Plancksche Strahlungsgesetz gegebenen Energieverteilung. Ein solches echtes thermisches Gleichgewicht ist nur im Inneren der Sonne und der Fixsterne realisiert. Dort hat das Plasma eine so ungeheure räumliche Ausdehnung, daß praktisch alle im Inneren des Plasmas emittierte elektromagnetische Strahlung auch wieder innerhalb des Plasmas absorbiert wird, so daß sich auch zwischen der Strahlung einerseits und den Anregungszuständen der Atome und den Elektronen andererseits ein thermisches Gleichgewicht einstellen kann.

Jedes unter irdischen Bedingungen hergestellte Plasma gibt also einen Teil der ihm zugeführten Energie in Form von *Strahlung* nach außen ab. Der Hauptanteil der ausgestrahlten Energie entfällt dabei auf die diskreten Spektrallinien, welche beim Übergang eines Atoms aus einem höheren in einen niedrigeren Anregungszustand emittiert werden. Außerdem tritt ein kontinuierliches Spektrum auf, das sogenannte *Elektronenkontinuum.* Es wird durch zwei Vorgänge hervorgerufen, einerseits durch die bereits erwähnte Rekombination eines Elektrons mit von Null verschiedener Geschwindigkeit und andererseits durch die Emission elektromagnetischer Strahlung als Folge der unregelmäßigen Bewegung der Elektronen.

Der Energieverlust durch Strahlung bildet die größte Schwierigkeit bei den Versuchen zur Herstellung von Plasmen extrem hoher Temperatur, wie sie für die Herbeiführung der Kernfusion nötig sind. Es ist ein glücklicher Umstand, daß gerade beim Wasserstoff die Emission des Linienspektrums verschwindet, wenn die Temperatur so hoch geworden ist, daß das Plasma *vollständig ionisiert* ist. Es besteht dann nur noch aus Protonen und freien Elektronen; angeregte Atome, welche Spektrallinien emittieren könnten, sind nicht mehr vorhanden. Dies gilt jedoch nur für den Wasserstoff und seine Isotope. Bei den Elementen höherer Ordnungszahl enthält auch das positive Ion noch gebundene Elektronen. Daher existieren auch für das positive Ion angeregte Zustände und damit die Möglichkeit der Emission eines Linienspektrums, des sogenannten Funkenspektrums. Jede Verunreinigung des Wasserstoffs führt daher zu erhöhten Strahlungsverlusten.

Die Beobachtung der Strahlung des Plasmas ist ein wichtiges Hilfsmittel der sogenannten *Diagnostik* des Plasmas, welche das Ziel hat, auf Grund der Messung von beobachtbaren Größen die der Beobachtung nicht unmittelbar zugänglichen Kenngrößen des Plasmas zu ermitteln. So ermöglichen es Messungen der Intensitäten der verschiedenen Spektrallinien in *Emission* oder *Absorption* Aussagen über die Häufigkeit der verschiedenen angeregten Zustände zu machen. Die Auswertung solcher Messungen wird dadurch erschwert, daß die Spektrallinien eine endliche Breite haben und daß die Intensität in der Mitte der Linie und an ihren Rändern wegen verschiedener Absorption in verschiedener Weise durch die Dicke der beobachteten Schicht beeinflußt wird. Diese Schwierigkeit kann man vermeiden, indem man nicht das vom Plasma emittierte oder absorbierte Licht, sondern die *anomale Dispersion*, d. h. den Verlauf des Brechungsindex des Plasmas in der unmittelbaren Umgebung einer Spektrallinie beobachtet. Wie aus der Optik bekannt ist, ändert sich der Brechungsindex beim Durchgang durch eine Absorptionslinie in charakteristischer Weise, wobei er in der unmittelbaren Nachbarschaft der Linie auf der kurzwelligen Seite sehr hohe und auf der langwelligen Seite niedrige Werte annimmt.

Bekanntlich sind Spektrallinien in keinem Falle streng monochromatisch. Schon eine von einem ruhenden Atom in einem feldfreien Raum ausgesandte Spektrallinie zeigt in der Frequenzskala eine bestimmte Breite, die sogenannte *natürliche Linienbreite*. Dieser natürlichen Linienbreite gegenüber sind die von einem Plasma ausgesandten Spektrallinien meist stark verbreitert. Ursachen hierfür sind in erster Linie der Doppler-Effekt und der Stark-Effekt. Der Doppler-Effekt, also die Erscheinung, daß die Frequenz des ausgesandten Lichtes durch die Bewegung der Lichtquelle beeinflußt wird, hat zur Folge, daß die Frequenz einer in einer bestimmten Richtung ausgesandten Spektrallinie um einen Betrag verändert wird, welcher der Geschwindigkeitskomponente der thermischen Bewegung des emittierenden Atoms in der betreffenden Richtung proportional ist. Bei der Maxwell-Verteilung ist die Häufigkeit, mit welcher ein bestimmter Wert dieser Geschwindigkeitskomponente vorkommt, durch die Glockenkurve der Abb. 8 gegeben. Die gleiche Form hat also die

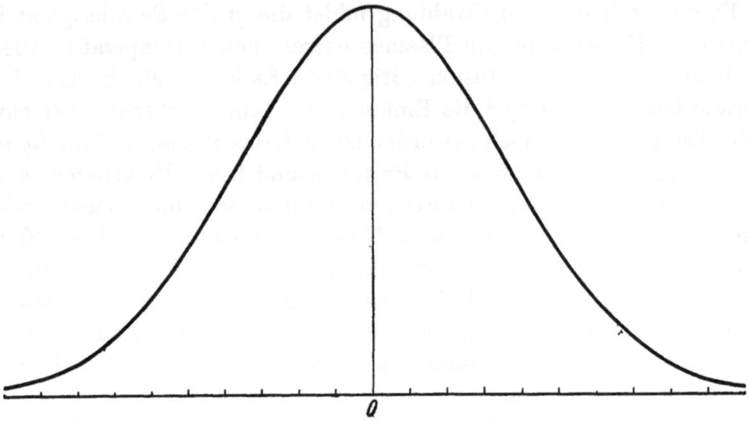

Abb. 8. Gausssche Glockenkurve

Intensitätsverteilung in einer durch den Doppler-Effekt verbreiterten Spektrallinie.

Der Stark-Effekt macht sich bekanntlich durch eine Aufspaltung der Spektrallinien bemerkbar, welche man beobachtet, wenn das emittierende Atom sich in einem elektrischen Felde befindet. Innerhalb des Plasmas stehen die emittierenden Atome unter der Wirkung des Mikrofeldes. Dieses zeitlich und örtlich unregelmäßig schwankende elektrische Feld wird ebenso unregelmäßig schwankende Aufspaltungen, also Änderungen der Frequenz der Spektrallinien, hervorrufen, mit dem Ergebnis, daß wiederum eine Linienverbreiterung auftritt. Im Gegensatz zum Doppler-Effekt läßt sich hier für die Form der Linie keine einfache Gesetzmäßigkeit angeben, da sie durch die statistischen Schwankungen des Mikrofeldes bestimmt wird. In der Nähe der Seriengrenze, wo der Abstand benachbarter Linien klein ist, führt die Linienverbreiterung durch den Stark-Effekt zu einem Zusammenfließen benachbarter Linien. Dies bedeutet, daß sich das normalerweise an der Seriengrenze beginnende Kontinuum in der Richtung zunehmender Wellenlänge erweitert. Damit verbunden ist eine Verringerung der Ionisierungsarbeit.

14. Das Plasma im Magnetfeld

Bei Anwesenheit eines Magnetfeldes ist die Bahn eines freien Elektrons nicht mehr eine Gerade, sondern im allgemeinen Falle eine Schraubenlinie. Steht die Richtung der Geschwindigkeit des Elektrons senkrecht auf derjenigen der magnetischen Feldstärke, so beschreibt das Elektron einen Kreis mit dem Radius

$$r_z = \frac{m\,v\,c}{e\,H}. \tag{18}$$

Die Umlauffrequenz dieser Kreisbewegung ist unabhängig von der Geschwindigkeit des Elektrons. Sie wird als Zyklotronfrequenz bezeichnet und hat die Größe

$$\nu_z = \frac{e\,H}{2\,\pi\,m\,c}. \qquad (19)$$

Bei gleichzeitiger Anwesenheit eines elektrischen und eines magnetischen Feldes treten kompliziertere Bahnen auf. Stehen Magnetfeld und elektrisches Feld aufeinander senkrecht, so ergibt sich für ein Elektron, welches sich in einer Ebene senkrecht zum Magnetfeld bewegt, eine zykloidenförmige Bahn. Hierbei schreitet das Elektron im Ganzen nicht in der Richtung des elektrischen Feldes, sondern senkrecht dazu fort. Es ist verständlich, daß infolgedessen die Erscheinungen der elektrischen Leitfähigkeit und der Diffusion durch ein Magnetfeld stark beeinflußt werden. Im Ganzen kann man ein hochionisiertes Plasma als eine gut leitende Flüssigkeit betrachten. Besteht in einer solchen Flüssigkeit ein Magnetfeld, so treten bei jeder Veränderung des Magnetfeldes und bei jeder Bewegung der Flüssigkeit Wirbelströme auf, welche eine enge Kopplung zwischen Flüssigkeit und Magnetfeld bewirken und zu einer neuen, als Magnetohydrodynamik bezeichneten Gruppe von Erscheinungen führt.

Literatur

Lehrbücher und Monographien

[1] Arzimowitsch, L. A., Gesteuerte thermonukleare Reaktionen. Berlin 1960.
[2] Engel, A. von, Ionized Gases. Oxford 1955.
[3] Engel, A. von, und Steenbeck, M., Elektrische Gasentladungen, ihre Physik und Technik, Bd. 1 und 2. Berlin 1932 und 1934.
[4] Granowski, W. L., Der elektrische Strom im Gas. Berlin 1955.
[5] Gänger, B., Der elektrische Durchschlag von Gasen. Berlin 1953.
[6] Glasstone, S., und Lovberg, R. H., Kontrollierte thermonukleare Reaktionen. München 1964.
[7] Linhart, J. G., Plasma Physics. Amsterdam 1961.
[8] Loeb, B. L., Fundamental Processes of Electrical Discharges in Gases. New York 1939.
[9] Meek, J. M., und Craggs, J. D., Electrical Breakdown of Gases. Oxford 1953.
[10] Rompe, R., und Steenbeck, M., Der Plasmazustand der Gase. Erg. exakt. Naturwiss. 18 (1939) 257–376.
[11] Rompe, R., und Weizel, W., Theorie elektrischer Lichtbögen und Funken. Leipzig 1949.
[12] Seeliger, R., Einführung in die Physik der Gasentladungen. Leipzig 1934.
[13] Spitzer jr., L., Physics of Fully Ionized Gases. New York 1962.

Dr. Erhard Hantzsche

Physikalisch-Technisches Institut
der Deutschen Akademie der Wissenschaften zu Berlin

KLASSISCHE GASENTLADUNGSPHYSIK

Einleitung

Für die Erzeugung von Plasmen zu experimentellen Untersuchungen oder technischen Anwendungen gibt es verschiedene Methoden. Beispielsweise kann man durch Ausnutzung chemischer oder nuklearer Energie, durch schnelle (adiabatische) Kompression oder durch Bremsung eines Teilchenstrahls und Absorption von Strahlung die Temperatur eines Gases soweit erhöhen, daß es in den Plasmazustand übergeht.

Eine besonders zweckmäßige und bequeme Methode zur Erzeugung von Plasmen ist die Verwendung elektrischer oder elektromagnetischer Energie: Der Stromtransport durch ein Gas (eine „elektrische Gasentladung") führt normalerweise zur Entstehung eines Plasmas. Diese Methode wird deshalb auch in den weitaus meisten Fällen angewendet, wenn Plasmen im Labor hergestellt und untersucht werden sollen. Alle Arten von Stromquellen und Generatoren, die eine nicht zu niedrige Spannung liefern, können dazu verwendet werden. Allerdings hat dieses „elektrische" Verfahren zur Erzeugung von Plasmen gegenüber dem „thermischen" einen Nachteil: Die Erhöhung der inneren Energie wird über den Umweg einer Beschleunigung in Feldrichtung erreicht; das entstehende Plasma ist deshalb — im Gegensatz zum thermischen Plasma — von vornherein anisotrop und nicht isotherm.

Auch historisch bildet die Physik der elektrischen Gasentladungen den Ausgangspunkt für die Entwicklung der modernen Plasmaphysik. Wir betrachten im folgenden die elektrischen Gasentladungen hauptsächlich als Mittel zur Erzeugung von Plasmen.

1. Ionisationsprozesse

Bei der Herstellung von Plasmen mittels elektrischer Felder entsteht noch eine weitere Schwierigkeit: Die Moleküle eines Gases sind unter Normalbedingungen ungeladen. Der Einfluß eines elektrischen Feldes ändert an diesem Zustand nichts (außer im Falle sehr starker Felder). Die neutralen Moleküle kommen durch das Feld weder in Bewegung, noch können sie Strom transportieren: Das Neutralgas ist ein elektrischer Isolator. Um im Gas einen Stromtransport und damit eine Gasentladung einzuleiten, müssen erst einmal geladene Teilchen (Ladungsträger) in den Entladungsraum gebracht oder dort erzeugt werden. Die Umwandlung des Gases aus einem Isolator in einen elektrischen Leiter heißt Zündung der Gasentladung (elektrischer Durchschlag). Der Zündvorgang leitet eine stationäre oder nichtstationäre Entladung ein (vgl. Abb. 6).

Da alle Arten von Gasentladungen auf eine ausreichende Nachlieferung von Ladungsträgern angewiesen sind, soll hier zunächst auf die wichtigsten Prozesse eingegangen werden, bei denen geladene Teilchen entstehen.

1.1. Direkte Erzeugung von Ladungsträgern

Im Raum einer Gasentladung können folgende Arten von geladenen Teilchen existieren:

1. Elektronen,
2. positiv geladene Ionen,
3. negativ geladene Ionen.

In Edelgasen und Metalldämpfen gibt es im allgemeinen nur atomare Ionen, während in anderen Gasen auch molekulare Ionen vorkommen. Die Ladung der positiven Ionen kann einfach oder mehrfach sein, die der negativen ist stets einfach. Andere Arten geladener Elementarteilchen (Positronen, Mesonen, Hyperonen usw.) erfordern so hohe Bildungsenergien, daß sie in üblichen Gasentladungen nicht auftreten.

Es gibt zahlreiche Möglichkeiten, Ladungsträger in ein Gas zu bringen. Die einfachste Methode wäre das Einschießen von Ionen oder Elektronen in den Gasraum. Weitaus wichtiger sind die Prozesse, bei denen die Elektronen und Ionen im Gas durch Ionisation der Gasmoleküle bzw. Gasatome gebildet oder durch Emission aus Grenzflächen des Entladungsraumes freigesetzt werden.

Um ein gebundenes Elektron aus dem Atomverband bzw. aus dem Festkörper zu lösen, kann man entweder die kinetische Energie des Elektrons durch einen Stoß vergrößern (Stoßionisation), oder man verringert die Potentialschwelle zum freien Raum durch ein starkes Feld, so daß die Elektronen durch den Tunneleffekt ausbrechen können (Feldionisation).

Schließlich kann die Ionisation entweder durch den Entladungsmechanismus selbst ausgelöst werden (Eigenionisation), oder es muß eine zusätzliche äußere Ionisationsquelle wirksam sein (Fremdionisation), z. B. ein eingeschossener Teilchenstrahl oder eine Lichtquelle. Tabelle 1 gibt einen Überblick der verschiedenen Möglichkeiten.

a) Stoßionisation

Wenn ein beliebiges geladenes oder ungeladenes Teilchen (z. B. ein Elektron, Ion, Atom oder Photon) auf ein Gasmolekül stößt, kann das letztere mit einer gewissen Wahrscheinlichkeit ionisiert werden. Voraussetzung ist nur, daß die kinetische Energie des stoßenden Teilchens genügend hoch ist. Die Größe dieser Wahrscheinlichkeit wird durch den Ionisierungsquerschnitt $\sigma_i(E)$ oder auch durch die mittlere Ionisierungsweglänge $\lambda_i = (n_0 \sigma_i)^{-1}$ beschrieben (n_0: Zahl der Gasmoleküle pro cm^3). Beide Größen sind noch Funktionen der Teilchenenergie E und hängen von der Art des Gases ab.

Betrachten wir nun ein Gas mit n_0 Molekülen pro cm³ (Druck $p \sim n_0$), in dem sich ein Elektron unter dem Einfluß eines homogenen elektrischen Feldes X bewegt. Das Elektron wird ständig in Feldrichtung beschleunigt, verliert aber durch elastische und unelastische Stöße mit Gasmolekülen in unregelmäßigen

Tabelle 1. Entstehung der elektrischen Leitfähigkeit (Schema)

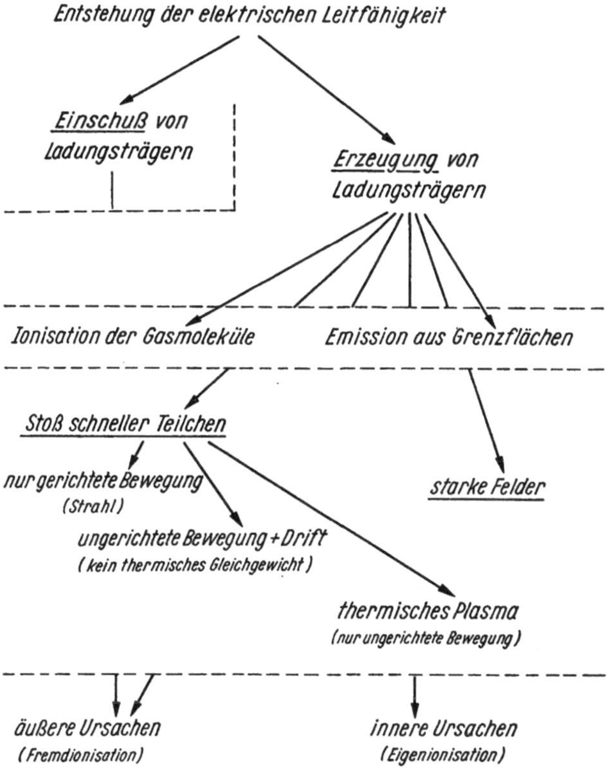

Abständen immer wieder einen Teil seiner Energie, wobei es außerdem seine Bewegungsrichtung ändert. Wenn das Feld X nicht zu stark ist, stellt sich ein statistisches Gleichgewicht zwischen Energiegewinn und -verlust ein; die Bewegung des Elektrons in Richtung des Feldes wird dann stationär mit einer mittleren Driftgeschwindigkeit v_D, die eine Funktion der „reduzierten Feldstärke" X/p ist (denn entscheidend für die mittlere Geschwindigkeit des Teilchens ist die pro mittlere freie Weglänge λ gewonnene Energie $e X \lambda$, wobei $\lambda \sim n_0^{-1} \sim p^{-1}$ ist). In schwachen Feldern ist die Driftgeschwindigkeit der Feldstärke proportional, es gilt also $v_D = b X$, wobei die Beweglichkeit b nur noch von der Art des Gases und vom Druck abhängt; man kann jedoch diese Gleichung auch schreiben: $v_D = b_0 X/p$, und jetzt ist $b_0 = b p$ druckinvariant[1]). In stärkeren Feldern wird b eine Funktion von X/p. Für die mittlere Geschwindigkeit der Elektronen $\bar{v}$ gilt stets $\bar{v} > v_D$. Analoge Beziehungen gelten auch für die Bewegung von Ionen unter der Einwirkung eines elektrischen Feldes.

Infolge dieser Driftbewegung, die der ungerichteten (thermischen) Bewegung überlagert ist, wird das Elektron bei einem Teil der Stöße die Gasmoleküle ionisieren und im Mittel α neue Ionenpaare pro cm Weg in Feldrichtung erzeugen. α ist der erste TOWNSENDsche Ionisierungskoeffizient. Er ist ebenfalls eine Funktion von X/p. Aus einer einfachen Modellrechnung erhält man

$$\alpha/p = A\,e^{-B\frac{p}{X}}, \tag{1}$$

wobei A und B vom Gas abhängige Konstanten sind. Dieser Ausdruck gilt allerdings nur näherungsweise in einem mittleren Bereich der X/p-Werte; vgl. Abb. 1. Auch in schwach inhomogenen Feldern $X(z)$ kann man noch mit (1) rechnen; α wird dann eine Funktion des Ortes z. Da N Elektronen auf der Strecke dz

$$dN = N\,\alpha\,dz \tag{2}$$

neue Elektronen bilden, wächst der Elektronenstrom durch den α-Prozeß $\sim e^{\int \alpha\,dz}$ an.

Nicht nur die Elektronen, sondern auch die Ionen werden durch das Feld zu einer Drift gezwungen. Dabei bilden sie pro cm Weg β neue Ionenpaare. Dieser zusätzliche TOWNSEND-Koeffizient β spielt jedoch normalerweise in Gasentladungen — wenn die anliegende Spannung einige kV nicht übersteigt — keine große Rolle, da die Ionen erst bei relativ hohen Energien (>1 keV) mit merklicher Wahrscheinlichkeit ionisieren können.

b) Thermische Ionisierung

Die Bewegung der Elektronen im elektrischen Feld einer Gasentladung setzt sich — wie oben beschrieben — aus einer Drift in Feldrichtung und einer überlagerten ungerichteten (thermischen) Bewegung zusammen. Welche dieser beiden Komponenten überwiegt, hängt wieder entscheidend von der reduzierten Feldstärke X/p ab.[1]) Wenn X/p groß ist, dominiert völlig die gerichtete Bewegung ($v_D \approx \bar{v}$), die bei sehr großem X/p nicht mehr stationär ist („Runaway-Effekt"). Die Teilchen bilden einen Strahl.

Ist umgekehrt X/p klein, so verursacht das Feld nur eine schwache Anisotropie der thermischen Geschwindigkeitsverteilung der Elektronen ($v_D \ll \bar{v}$). Bei genügend hohem Druck stehen außerdem nicht nur die Elektronen untereinander, sondern auch die Ionen und neutralen Moleküle mit den Elektronen im thermischen Gleichgewicht. Der Ionisierungsgrad x eines solchen thermischen Plasmas hängt noch vom Druck p und der Temperatur T ab und wird durch die

---

[1]) Das ist eine Folge der Ähnlichkeitsbeziehungen: Zwei Entladungen bei verschiedenem Druck p sind ähnlich, d. h., Spannung und Stromstärke sowie die mittlere Geschwindigkeit der Teilchen stimmen überein, wenn alle Lineardimensionen und die Zeit $\sim p^{-1}$, alle Stromdichten und die Raumladung $\sim p^2$ transformiert werden.

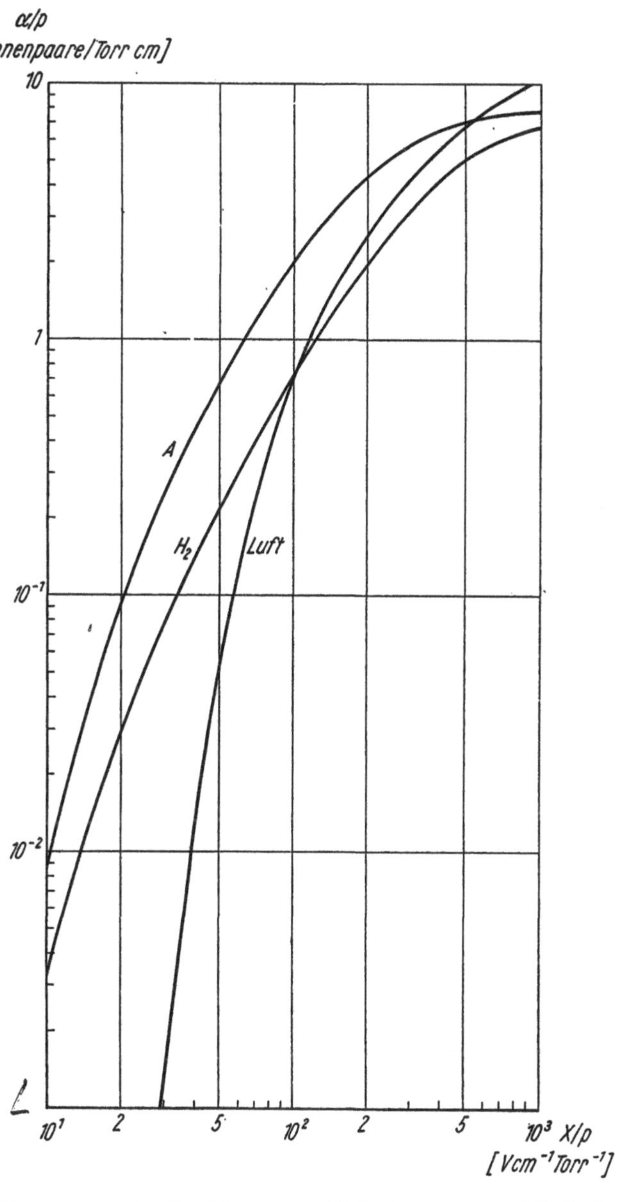

Abb. 1. Erster TOWNSENDscher Ionisierungskoeffizient, gemessene Werte in A, H_2, Luft

SAHA-Formel beschrieben (Abb. 2):

$$\frac{x^2}{1 - x^2} = \frac{Q_i}{Q_0} \frac{2\,(2\,\pi\, m_e)^{3/2}\,(k\,T)^{5/2}}{h^3\, p}\; e^{-\frac{E_i}{k\,T}}. \tag{3}$$

Dabei ist E_i die Ionisierungsenergie, m_e die Elektronenmasse; die Zustandssummen der Ionen Q_i und der neutralen Atome Q_0 darf man näherungsweise durch die statistischen Gewichte der Grundzustände g_i und g_0 ersetzen, solange die Temperatur nicht zu hoch ist. Bei sehr großer Elektronenkonzentration muß man beachten, daß dann nicht nur Q_i und Q_0, sondern auch E_i von p und T abhängig werden; in den meisten Gasentladungsplasmen kann diese Abhängigkeit jedoch unberücksichtigt bleiben. Die thermische Ionisierung im Plasma ist im wesentlichen ebenfalls als eine Stoßionisation aufzufassen (nämlich durch die schnellsten Elektronen der MAXWELL-Verteilung), doch spielen noch zahlreiche weitere Prozesse eine Rolle, z. B. die Photoionisation und Stufenionisationen (vgl. 1.2a). Alle Ionisations- und Rekombinationsprozesse (1.2c) stehen dabei im detaillierten Gleichgewicht (siehe 2.1).

Zwischen den beiden Grenzfällen des thermischen Plasmas und des Teilchenstrahls gibt es einen kontinuierlichen Übergang: Beispielsweise können die Elektronen bei etwas größerem X/p zwar noch unter sich, jedoch nicht mehr mit dem Ionen- und dem Neutralgas im thermischen Gleichgewicht stehen (wobei die Elektronentemperatur dann gewöhnlich höher ist als die Gas- und Ionentemperatur), oder die Elektronen befinden sich überhaupt nicht im statistischen Gleichgewicht, ihre Geschwindigkeitsverteilung weicht erheblich von der MAXWELL-Verteilung ab und ist stark anisotrop. Diese Fälle sind in Niederdruckentladungen häufig anzutreffen.

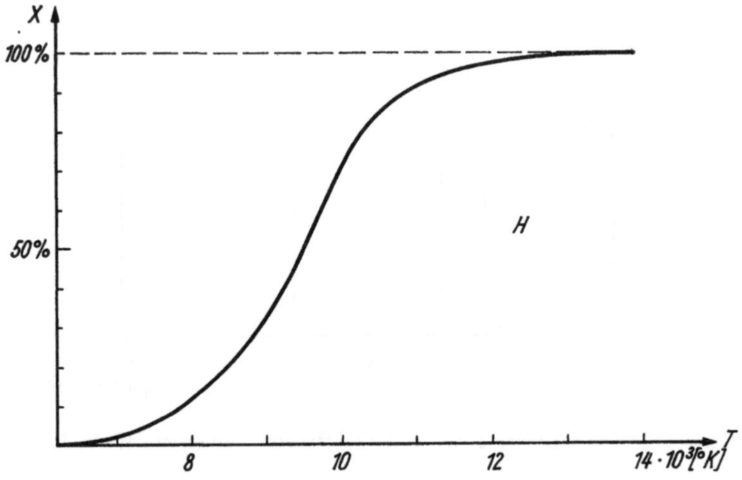

Abb. 2. SAHA-Gleichung; Grad der thermischen Ionisierung von H bei $p = 10^3$ dyn/cm$_2$

c) Sekundäremission

Nicht nur im Gas, sondern auch an den Begrenzungsflächen des Entladungsraumes können Ladungsträger ausgelöst werden. Durch Stoß genügend energiereicher Teilchen (Ionen, Elektronen, neutrale Atome oder Photonen) werden sekundäre Elektronen und z. T. auch Ionen aus dem Gitter des Festkörpers freigesetzt. Der Koeffizient der Sekundäremission γ_i beschreibt die Zahl der Elektronen, die z. B. durch ein auftreffendes Ion der Energie E im Mittel ausgelöst wird. Da E in homogenen elektrischen Feldern wieder nur von der reduzierten Feldstärke X/p abhängt, wird an der Katode (siehe Abb. 8) das Verhältnis des ausgelösten Elektronenstroms zum auftreffenden Ionenstrom

$$i_e/i_i = \gamma\,(X/p)\,. \tag{4}$$

γ ist der zweite TOWNSENDsche Ionisierungskoeffizient. Er ist größer als aus der Sekundäremissionsausbeute durch Ionen allein zu erwarten wäre, da — wie schon erwähnt — auch andere auftreffende Teilchen (z. B. Photonen und metastabile Atome) zur Elektronenemission mit beitragen. γ ist sowohl vom Gas als auch vom Material des Festkörpers (Elektrodenmetall) abhängig, siehe Abb. 3.

Für den Mechanismus des elektrischen Durchschlags und der stationären Entladungen ist der γ-Koeffizient von großer Bedeutung, da die Trägervermehrung über die Stoßionisation (α-Prozeß) allein nur eine einmalige Elektronenlawine erzeugen kann. Der γ-Prozeß bewirkt eine Rückkopplung dieser Lawine an der Katode, und erst das zyklische Zusammenspiel des α- und γ-Prozesses kann den laufenden Trägerbedarf einer selbständigen Entladung decken: TOWNSEND-Mechanismus.

Wird an der Katode durch eine äußere (d. h. von der Entladung unabhängige) Ionisierungsursache der Elektronenstrom i_0, durch Sekundäremission der Strom i_s ausgelöst, so bewirkt die Stoßionisation (erster TOWNSENDscher Koeffizient α) eine Zunahme des Stromes bis zur Anode auf

$$i = (i_0 + i_s)\, e^{\bar{\alpha} d}\,,$$

wenn d der Abstand der Elektroden ist. Der zur Katode fließende Ionenstrom

$$i_i = i - (i_0 + i_s)$$

löst dort den Sekundärelektronenstrom

$$i_s = \gamma\, i_i$$

aus. Durch Elimination von i_s erhält man für den Gesamtstrom

$$i = \frac{i_0\, e^{\bar{\alpha} d}}{1 - \gamma\,(e^{\bar{\alpha} d} - 1)}\,. \tag{5}$$

Infolge der Trägervermehrung durch den TOWNSEND-Mechanismus wird der Strom $i > i_0$.

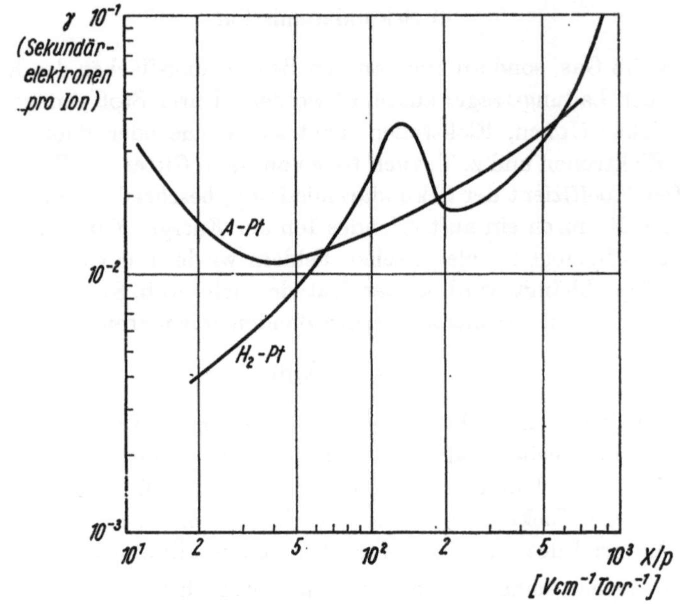

Abb. 3. Zweiter Townsendscher Ionisierungskoeffizient, gemessene Werte (H_2 bzw. A an einer Pt-Katode)

d) Glühemission und Feldemission

Für einige Typen der Gasentladung (Vakuumdurchschlag, Bogen) sind auch noch andere Effekte wichtig, die zu einer Emission von Ladungsträgern aus Grenzflächen des Entladungsraumes führen.

Wenn z. B. die Temperatur einer Elektrode so stark erhöht wird, daß die Energie der schnellsten Metallelektronen größer wird als die Bindungsenergie an

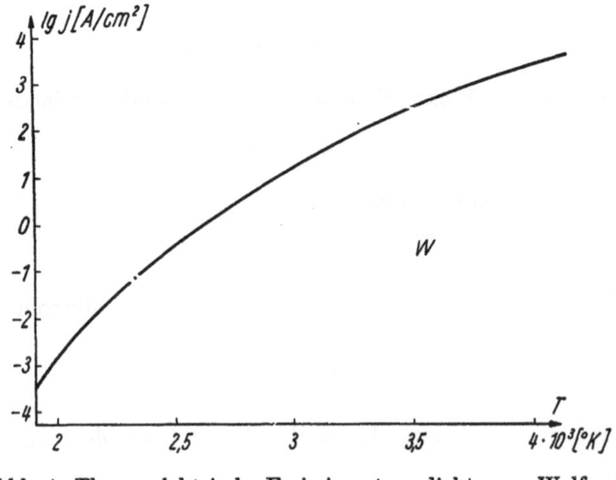

Abb. 4. Thermoelektrische Emissionsstromdichte von Wolfram

das Gitter, können diese Elektronen aus dem Festkörper austreten. Dadurch entsteht ein Thermoemissionsstrom

$$i = A\,T^2\,e^{-\frac{e\,V_a}{k\,T}} \tag{6}$$

(Richardson-Formel; A vom Metall abhängige Konstante, V_a Austrittsarbeit), vgl. Abb. 4. Die Glühemission ist ein Analogon zur thermischen Ionisierung im Gas. In weitaus geringerer Anzahl werden auch Ionen und neutrale Atome aus dem Gitter verdampft.

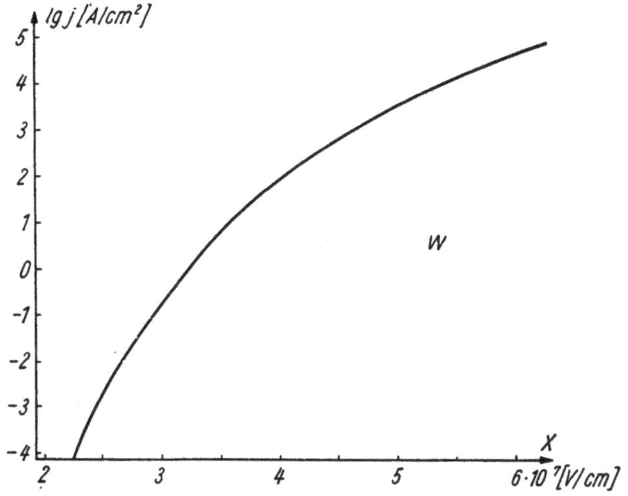

Abb. 5. Feldemissionsstromdichte von Wolfram

Eine weitere Möglichkeit, Metallelektronen freizusetzen, besteht in einer Senkung des Potentialverlaufs an der Oberfläche des Metalls durch ein starkes elektrisches Feld. Die energiereichsten Elektronen können dann durch den Tunneleffekt den Festkörper verlassen, wobei ein Feldemissionsstrom

$$i = B\,X^2\,e^{-\frac{b}{X}(e\,V_a)^{3/2}} \tag{7}$$

entsteht (Formel von Fowler und Nordheim; B und b vom Metall abhängige Konstanten). Erst oberhalb 10^7 V/cm ist eine merkliche Feldemission zu erwarten (Abb. 5), doch kann bei einer rauhen Oberfläche an einzelnen Punkten die elektrische Feldstärke wesentlich höher sein als im Mittel, wodurch die Feldemission bereits bei einem schwächeren äußeren Feld einsetzt.

1.2. Indirekte Erzeugung von Ladungsträgern

Die in Abschnitt 1a beschriebene Stoßionisation ist nur ein Beispiel für die zahlreichen unelastischen Stoßprozesse, die zwischen den Teilchen in einer Entladung auftreten können. Diese Stöße beeinflussen nicht nur die Bewegung der Teilchen ganz entscheidend, sondern können auch indirekt zur Bildung von zusätzlichen Ladungsträgern führen. Die wichtigsten Prozesse dieser Art sind:

a) Anregung

Durch Stoß eines schnellen Teilchens angeregte Atome oder Moleküle fallen in rund 10^{-8} s unter Aussendung eines Photons in den Grundzustand zurück, es sei denn, sie erleben inzwischen einen neuen Stoß, bei dem sie ihre Anregungsenergie abgeben können. Letzteres ist besonders wahrscheinlich bei hoher Gasdichte und beim Auftreten metastabiler Anregungszustände, deren Lebensdauer mindestens 10^4mal länger ist als die der gewöhnlichen angeregten Zustände. Wenn die Dichte dieser angeregten Moleküle im Gas genügend groß ist, besteht eine merkliche Wahrscheinlichkeit, daß sie miteinander zusammenstoßen und dabei ionisiert werden; dasselbe kann bei der Reabsorption eines der ausgesandten Photonen geschehen. Auch beim Stoß eines angeregten Atoms mit einem nicht angeregten ist die Ionisationswahrscheinlichkeit beträchtlich erhöht gegenüber der nur bei großen Energien merklichen Ionisation durch Wechselwirkung zwischen zwei nicht angeregten Atomen. Besonders wirkungsvoll tritt das in Erscheinung, wenn in einem Gasgemisch die Ionisierungsenergie der einen Komponente etwas niedriger ist als das metastabile Energieniveau der anderen (Penning-Effekt). Bei diesen Ionisationen handelt es sich um zweistufige Prozesse.

Anregungen führen auch zu einer höheren Ausbeute an Sekundärelektronen: Der γ-Koeffizient angeregter Atome ist höher als der von Atomen im Grundzustand, und außerdem können Elektronen auch durch Photoeffekt an den Grenzflächen ausgelöst werden.

b) Umladung

Die Umladung besteht in einer Änderung des Ladungszustandes zweier schwerer Teilchen durch Austausch von Elektronen, wobei jedoch keine freien Elektronen entstehen und der Austausch kinetischer Energie im Mittel unbedeutend ist. Dadurch können z. B. aus positiven Ionen neutrale Teilchen oder negative Ionen entstehen (Elektroneneinfang) und umgekehrt. In starken elektrischen Feldern wird auf diese Weise die Zahl der schnellen Teilchen, besonders die der schnellen Neutralen, vergrößert. Diese neutralen Moleküle können — wenn ihre Energie genügend groß ist — ihrerseits wieder im Gas anregen und ionisieren oder an den Grenzflächen Sekundärelektronen auslösen.

Die Verteilung der elektrischen Ladungen kann auch dadurch geändert werden, daß sich Elektronen oder Ionen an andere Moleküle und Atome anlagern. Alle diese Prozesse sowie die Dissoziation von Molekülen sind oft mit Anregungen und Ionisationen verbunden. Umgekehrt können von negativen Ionen Elektronen abgespalten werden.

c) Rekombination

Wichtig ist noch die Rekombination, der Umkehrprozeß zur Ionisation: Genügend langsame Elektronen können sich mit einem Ion vereinigen (Elektronenrekombination), wobei die überschüssige Energie und der überschüssige Impuls entweder von einem Photon aufgenommen wird (dadurch entsteht Rekombinationsstrahlung) oder an ein drittes Teilchen übergeht (Dreierstoß-Rekombination). Es ist auch möglich, daß dieses dritte Teilchen erst während der Rekombination gebildet wird (z. B. durch Dissoziation des Molekülions oder durch Doppelanregung und nachfolgende Elektronen- oder Photonenemission). Da die Zahl der Zusammenstöße mit dem Quadrat der Dichte n der geladenen Teilchen zunimmt — außer bei Dreierrekombination —, wird die Rekombinationsrate

$$dn = -\alpha_e n^2 dt . \tag{8}$$

Der Rekombinationskoeffizient α_e sinkt mit steigender Temperatur. Bei 300 °K liegt er (für verschiedene Gase) zwischen 10^{-8} und einigen 10^{-6} cm³/s.

Auch negative und positive Ionen können miteinander rekombinieren (Ionenrekombination); der Rekombinationskoeffizient α_i ist etwa von derselben Größenordnung wie α_e (rund 10^{-6} cm³/s) und hängt noch von der Teilchendichte ab. Die teilweise bei der Rekombination ausgesandten Photonen können wieder andere Gasmoleküle ionisieren oder an Grenzflächen Photoelektronen auslösen.

Neben die geschilderte Rekombination im Gas (Volumenrekombination) tritt — besonders in Niederdruckentladungen — die Rekombination an den Grenzflächen (Wandrekombination).

2. *Zündung*

2.1. Trägerbilanz

Eine fast unüberschaubare Vielfalt von Stoßprozessen läuft in jeder Entladung nebeneinander ab. Bei einem Teil der Stöße werden neue Ladungsträger produziert, bei einem anderen Teil werden sie wieder vernichtet. Auch die Elektroden entziehen der Entladung ständig Ladungsträger.

Man kann nun für jedes Volumenelement eine Trägerbilanzgleichung aufstellen. Sie beschreibt, wie sich die Zahl der Elektronen und Ionen in diesem Volumen zeitlich verändert, und zwar sowohl durch Stoßprozesse als auch durch Zu- und Abfluß der Ladungsträger. Wenn die Trägerbilanz positiv ist, wächst die Trägerzahl an, d. h. beispielsweise, daß die Ionisation die Rekombination überwiegt. Bei negativer Trägerbilanz sinkt die Zahl der Elektronen und Ionen. Wichtig ist noch der Grenzfall zwischen beiden Vorzeichen (ausgeglichene Bilanz); er tritt ein, wenn eine Entladung stationär brennt. Betrachtet man die Trägerbilanz der gesamten stationären Entladung, so erhält man die Stationaritätsbedingung. Sie besagt z. B., daß jedes Teilchen, das eine bestimmte Stelle des Entladungsraumes passiert, genau ein gleiches Teilchen an denselben Ort nachliefern muß, ganz unabhängig davon, wo, über welche anderen Teilchen und durch welche Stoßprozesse diese Reproduktion erfolgt. Lediglich im thermischen Plasma gilt darüber hinaus das Prinzip des detaillierten Gleichgewichts:

Die Umkehrprozesse finden genauso häufig statt wie die direkten Prozesse. Neben dieser Teilchenbilanz spielen auch noch andere Bilanzgleichungen, vor allem die Energiebilanz (zugeführte elektrische Leistung = abgeführte thermische und mechanische Leistung) in Entladungen eine Rolle.

Wenn man nun im Gas durch Anlegen einer Spannung an die Elektroden ein elektrisches Feld erzeugt, so wird es zu einem Durchschlag nur dann kommen, falls

1. eine äußere (von der Entladung unabhängige) Ionisierungsquelle ein paar primäre Ladungsträger im Gas auslöst und
2. die Trägerbilanz im Mittel positiv ist (oder: die Stationaritätsbedingung übererfüllt wird).

Die äußere Ionisierungsquelle kann z. B. sein:

1. kosmische Strahlung oder Strahlung radioaktiver Substanzen,
2. kurzwellige Photonenstrahlung (UV- oder R-Strahlung),
3. Einschuß eines Teilchenstrahles oder Erzeugung von Ladungsträgern durch eine Hilfsentladung,
4. Fremdheizung des Gases oder der Katode.

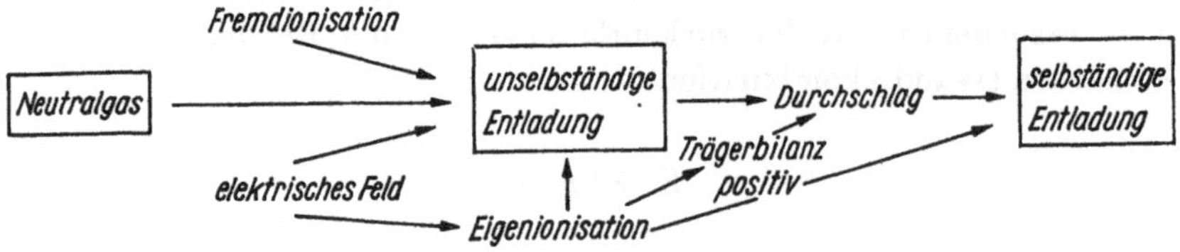

Abb. 6. Entwicklung einer Gasentladung (Schema)

Die primären Elektronen können sowohl im Gas wie an den Grenzflächen gebildet werden.

Wenn die zweite Bedingung für den Durchschlag nicht erfüllt ist, kann nur ein (im allgemeinen schwacher) Strom fließen, der durch die äußere Ionisierungsquelle gesteuert wird (unselbständige Entladung). Ist die erste Bedingung nicht erfüllt, so fließt überhaupt kein Strom, es sei denn, das elektrische Feld ist so stark, daß Feldemission einsetzt. Sind beide Bedingungen erfüllt, so wächst der Strom rasch an (etwa exponentiell), und es entsteht eine selbständige Entladung, siehe Abb. 6.

Durch das Zusammenspiel sehr vieler Elementarprozesse ist der elektrische Durchschlag eine außerordentlich komplizierte Erscheinung. Sie wird leichter überschaubar, wenn man einfache Modelle einführt, die nur einige der wichtigsten Prozesse zur Erklärung des Zündvorganges heranziehen. Dann wird es möglich, eine Theorie des Durchschlags aufzustellen und mit dem Experiment zu vergleichen. Zwei solche Modelle, die besonders häufig verwendet werden, sollen noch etwas genauer diskutiert werden: der Townsend-Mechanismus (Townsend 1915) und der Streamer-Mechanismus (Meek, Raether, Loeb 1940).

2.2. Niederdruck-Durchschlag

Der TOWNSENDsche Durchschlagsmechanismus (Lawinenzündung) ist ein Modell des Zündvorganges im Bereich kleiner Elektrodenabstände und bei niedrigem Druck. Er besteht im wesentlichen in einem Zusammenwirken von α- und γ-Prozessen; d. h., die durch das Feld beschleunigten Elektronen ionisieren im Gas und verstärken dadurch den Strom (Bildung einer Elektronenlawine); die gleichzeitig entstehenden Ionen wandern zur Katode und erzeugen dort sekundäre Elektronen, die wieder zur Verstärkung des Elektronenstroms führen, usw.

Der resultierende Strom (siehe Gl. 5) ist noch unselbständig, da eine zusätzliche äußere Ionisierungsquelle erforderlich ist, die i_0 erzeugt.

Wenn der Nenner des Ausdrucks (5) jedoch gleich Null wird, existiert keine endliche Gleichgewichts-Stromdichte i mehr; der Strom wächst deshalb mit der Zeit exponentiell an. Gleichzeitig wird er unabhängig vom Weiterbestehen der äußeren Ionisierungsquellen, die i_0 hervorrufen, da die Eigenproduktion an neuen Ladungsträgern größer geworden ist als der Bedarf. Demnach entsteht ein Durchschlag, wenn

$$\gamma\,(e^{\bar{\alpha}\,d} - 1) \geqq 1 \tag{9}$$

ist (TOWNSENDsches Durchschlagskriterium). Normalerweise gilt dann $e^{\bar{\alpha}\,d} \gg 1$, weshalb man auch schreiben kann $\gamma\, e^{\bar{\alpha}\,d} \geqq 1$. Daß der Strom nach einem Durchschlag schließlich doch einen begrenzten Wert annimmt, hat andere Ursachen (siehe Abschn. 3). Sowohl γ wie α (Gl. 1) nehmen mit wachsender Spannung bzw. mit wachsender Feldstärke zu. Deshalb ist eine gewisse Minimalspannung erforderlich, um einen Durchschlag herbeizuführen (Mindest-Durchbruchspannung U_0); auch die Durchbruchsfeldstärke muß oberhalb eines Minimalwertes liegen.

Charakteristisch für den TOWNSEND-Mechanismus ist der entscheidende Einfluß der Elektroden (γ-Koeffizient!), das Nebeneinander vieler Elektronenlawinen und die Aufeinanderfolge vieler Elektronengenerationen, die zu einem relativ langsamen Anwachsen des Stromes führen. Im Bereich kleiner $p\,d$-Werte ($p\,d <$ einige 10^2 Torr cm) beschreibt dieser Lawinenmechanismus befriedigend die Zündung einer Gasentladung. Der stationäre Endzustand wird im wesentlichen von den Parametern des äußeren Kreises und den Bedingungen im Entladungsraum bestimmt; bei genügend kleinem Druck entsteht meistens eine Glimmentladung (oder eine Korona bei inhomogenen Feldern). Durch Änderung des Potentials mittels einer Hilfselektrode kann die Zündung begünstigt werden (Gitterzündung).

2.3. Hochdruck-Durchschlag

Der TOWNSEND-Mechanismus erfordert Durchschlagszeiten von der Größenordnung der Ionenlaufzeit zwischen den Elektronen; außerdem ist er stark vom Katodenmaterial abhängig. Bei Niederdruck wird dies auch beobachtet, dagegen entspricht die Durchbruchszeit bei hohem Druck eher der Elektronenlaufzeit, und eine Abhängigkeit vom Katodenmaterial ist kaum noch feststellbar.

Die Streamer-Theorie des Durchschlages bei hohem Druck (Kanaldurchschlag) vermag diese Erscheinung zu erklären: Jedes durch äußere Ursachen ausgelöste Elektron erzeugt im elektrischen Feld durch den α-Mechanismus eine Elektronenlawine, mit der ein wachsender Raumladungs-Dipol zur Anode vorwächst. Die relativ langsamen Ionen bleiben hinter dem Lawinenkopf zurück. Die Lawine ist außerdem in zunehmendem Maße Quelle zahlreicher Photonen, die im umgebenden Gas Photoelektronen erzeugen. Wenn das Raumladungsfeld im Lawinenkopf genügend stark geworden ist, verursachen alle diese Photoelektronen sekundäre Lawinen, die sich mit der Hauptlawine vereinigen und deren Trägerdichte noch weiter erhöhen. Auf diese Weise entsteht ein ionisierter Kanal (Streamer), der sich über die sekundären Lawinen rasch in Richtung auf die Elektroden ausbreitet. Wenn er beide Elektroden erreicht hat, besteht eine leitende Brücke durch das Gas (Funkenkanal), über die ein hoher Strom fließen kann.

Der Streamer-Mechanismus setzt ein, wenn die Feldstärke am Kopf der Lawine etwa gleich der von außen angelegten Feldstärke geworden ist, woraus eine Durchschlagsbedingung (nach MEEK und LOEB) in der Form

$$\frac{c}{X}\sqrt{\frac{p}{d}}\,\bar{\alpha}\,e^{\bar{\alpha}\,d} \geqq 1 \tag{10}$$

ableitbar ist (c ist eine vom Gas abhängige Konstante). Die durch den Ionenschweif der Elektronenlawine entstehende positive Raumladungsverzerrung des Feldes hat einen wesentlichen Einfluß auf die Entwicklung des Streamers.

Charakteristisch für dieses Durchschlagsmodell ist, daß bereits *eine* Elektronenlawine (die zusammen mit den sekundären Lawinen den Streamer bildet) den Durchschlag herbeiführen kann, daß dabei ein relativ dünner Durchschlagskanal entsteht und daß der γ-Koeffizient in der Durchschlagsbedingung (10) nicht auftritt.

Der Streamer-Mechanismus ist hauptsächlich bei hohem Druck und großem Elektrodenabstand wirksam ($p\,d >$ einige 10^2 Torr cm). Wie die Durchschlagskriterien zeigen, ist hier in noch stärkerem Maße als beim TOWNSEND-Mechanismus die herrschende Feldstärke für den Durchbruch entscheidend.

Der Streamer-Mechanismus führt im Hochdruckgebiet normalerweise zur Entstehung eines Funkens oder einer Bogenentladung.

Die Einleitung von Entladungen, die mit thermischer Ionisation arbeiten, kann allerdings auch auf ganz anderem Wege, nämlich über eine genügende Erhitzung der Elektroden bzw. des Gases erfolgen. Dies geschieht z. B. bei der Abreißzündung eines Lichtbogens, wobei die OHMsche Erwärmung der Elektrodenspitzen ausgenutzt wird. Auch die Zündung einer Gasentladung mit Hilfe einer Drahtexplosion ist ein ähnlicher Vorgang.

2.4. PASCHEN-Kurve

Wir wollen nun noch einige bemerkenswerte Beziehungen der Durchschlagsspannung und der Durchbruchszeiten diskutieren. Die oben angeführten Zündkriterien ergeben, daß die Durchschlagsspannung lediglich eine Funktion von $p\,d$ ist:

$$U_0 = U_0(p\,d) \tag{11}$$

(Gesetz von PASCHEN). Diese Beziehung — eine Folge der Ähnlichkeitsgesetze — ist experimentell weitgehend bestätigt worden. Für die Funktion $U_0(p\,d)$, die PASCHEN-Kurve (Abb. 7), ist charakteristisch, daß sie ein Minimum bei etwa 0,1 Torr cm $< p\,d <$ 20 Torr cm besitzt, dessen Höhe, die minimale Durchbruchsspannung U_m, etwa im Bereich 100 V $< U_m <$ 500 V liegt. Diese Werte gelten für homogene Felder. Insgesamt ist der Verlauf der PASCHEN-Kurve abhängig von

1. der Ionisierungsspannung und dem Ionisierungsquerschnitt der Gasmoleküle,
2. der Austrittsarbeit und dem Sekundäremissionskoeffizienten der Elektroden,
3. der Form (Geometrie) der Elektroden und der Polarität der angelegten Spannung (da inhomogene Felder auftreten können),
4. der Reinheit des Gases (starker Einfluß von Beimischungen),
5. äußeren Einwirkungen (z. B. Bestrahlung, Einschuß oder Erzeugung von Ladungsträgern),
6. Magnetfeldern.

Beimischungen anderer Gase und eine starke äußere Ionisierungsquelle können die Zündspannung beträchtlich senken (verstärkte Ionisierung durch Stöße 2. Art und Stufenprozesse, Herabsetzung der Streuzeit (siehe unten), Entstehung von Feldverzerrungen durch Raumladungen).

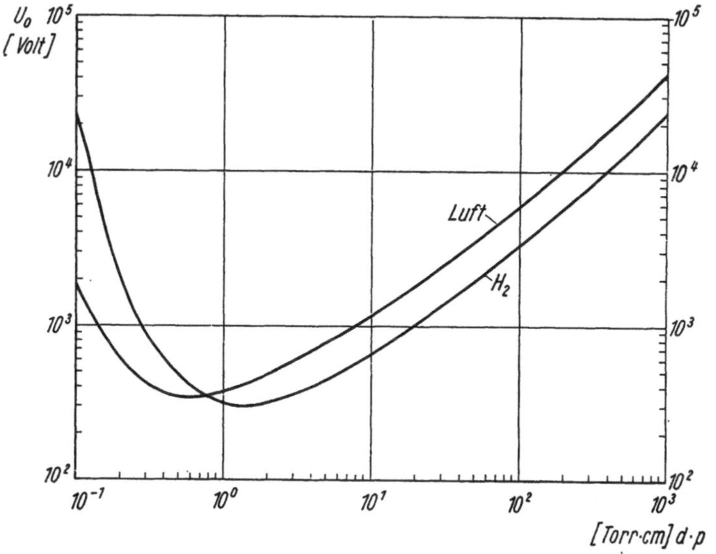

Abb. 7. Durchbruchsspannung in Luft und H_2 (PASCHEN-Kurven)

Für kleinere und größere $p\,d$-Werte muß die PASCHEN-Kurve ansteigen, da die Ausbeute der Stoßionisation in beiden Fällen geringer wird: bei kleinem $p\,d$ wegen der abnehmenden Zahl von Gasmolekülen, die ein Elektron unterwegs trifft und ionisieren kann, im zweiten Fall wegen der zunehmenden Zahl von Stößen aller Art, die die mittlere Energie der Elektronen und damit die Ionisierungsquerschnitte herabsetzen.

Für $U > U_m$ gibt es immer einen ganzen Bereich von $p\,d$-Werten, in dem ein Durchschlag zu erwarten ist, und man unterscheidet den Nahdurchschlag (in der Nähe des linken Astes der PASCHEN-Kurve) und den Weitdurchschlag (in der Nähe des rechten Astes). Im letzteren Fall ist U_0 etwa proportional $p\,d$, d. h., die Feldstärke ist maßgebend.

Abweichungen vom PASCHEN-Gesetz sind in geringem Maße bei allen $p\,d$ beobachtet worden, sie entstehen durch den Einfluß von Prozessen, die nicht den Ähnlichkeitsgesetzen folgen (Rekombinationen, zweistufige Prozesse). Beträchtlich werden die Abweichungen vor allem bei sehr hohem und bei sehr niedrigem $p\,d$. Bei großem Druck bzw. großem Elektrodenabstand ist (infolge des Streamer-Mechanismus) die erforderliche Durchbruchsfeldstärke um so niedriger, je größer p und je kleiner d ist (konstantes $p\,d > 10^4$ Torr cm vorausgesetzt). Bei sehr geringem Druck wird die Ionisation im Gas unwesentlich, und U_0 hängt kaum noch von p ab: Übergang zum Vakuumdurchschlag ($p\,d < 10^{-4}$ Torr cm), bei dem die Feldemission eine wesentliche Rolle spielt.

Die Zeitverzögerung zwischen dem Anlegen der Spannung an die Elektroden und dem erfolgten Durchbruch setzt sich aus einem statistischen Zündverzug t_s (Streuzeit) und der Aufbauzeit t_f der Entladung zusammen.

Der Mittelwert von t_s ist um so kleiner, je mehr Elektronen primär durch äußere Einwirkungen gebildet werden und je größer die Wahrscheinlichkeit ist, daß ein primäres Elektron eine genügend wirksame Lawine auslöst.

Die Aufbauzeit der Entladung ist näherungsweise

$$t_f = \frac{a}{U - U_0}\, e^{-b/U}\,, \tag{12}$$

dabei sind a und b Konstanten. Je höher die Spannung U über der Mindest-Durchbruchsspannung U_0 liegt, desto schneller vollzieht sich der Aufbau der Entladung. Je nach der Größe der Überspannung $U - U_0$ kann t_f zwischen etwa 10^{-9} und 10^{-3} s liegen. Wichtig ist auch der entstehende Entladungstyp.

3. *Stationäre Gasentladungen*

3.1. Entstehung stationärer Entladungsformen

Nach dem Anlegen einer Spannung an ein Elektrodensystem werden die durch zufällige äußere Einwirkungen erzeugten Ladungsträger einen gewissen (im allgemeinen sehr geringen) Strom transportieren. Dieser unselbständige Strom liegt z. B. in Luft bei größenordnungsmäßig 10^{-19} bis 10^{-14} A. Er steigt allmählich mit wachsender Spannung zunächst durch Absinken der Rekombinationsrate, dann weiter durch Anwachsen der Ionisationsprozesse, bis bei der Durchschlagsspannung, wenn die Zündbedingung erfüllt ist (d. h. wenn $U \geqq U_0$ entsprechend den Durchschlagskriterien), die Trägerzahl und damit der Stromtransport lawinenartig ansteigt. Die Entladung wird damit selbständig, d. h., sie ist jetzt nicht mehr von der äußeren Ionisationsquelle abhängig und existiert, solange die Spannung an den Elektroden bestehen bleibt (vgl. Abb. 6); sie kann stationär oder nichtstationär sein. Eine selbständige Entladung wird deshalb normalerweise durch eine unselbständige Entladung eingeleitet (außer z. B. bei der Abreißzündung), wobei die Brennspannung der Entladungen unter der Zündspannung liegt, da durch die Entstehung von Raumladungen bzw. durch die Aufheizung die Trägererzeugung begünstigt wird.

Die unselbständige Entladung ist auch physikalisch der einfachere Fall. Für sie stehen — abgesehen von den Parametern des Entladungsraumes selbst — zwei äußere willkürlich wählbare Größen zur Verfügung, die die Entladung bestimmen: die angelegte Spannung und die durch äußere Quellen ausgelöste Ionisierung. Bei selbständigen Entladungen ist nur noch die Spannung frei wählbar, und wenn die Entladung stationär brennen soll, muß sie sich so einstellen, daß sie die erforderliche Trägernachlieferung mit Hilfe dieser Spannung selbst organisiert, um damit die Stationaritätsbedingung zu erfüllen. Es ist verständlich, daß die Einhaltung dieser Bedingung nicht bei beliebigen Spannungen U und Strömen I möglich ist, und deshalb existiert eine Charakteristik der stationären selbständigen Entladungsformen, die alle möglichen Kombinationen von U und I verbindet.

Diese Charakteristik hängt selbstverständlich noch in starkem Maße vom Entladungsraum ab, von der Geometrie des Gefäßes und der Elektroden, vom Druck und der Art des Gases sowie vom Elektrodenmaterial. Die Stabilisierung des Entladungsstromes nach dem Durchschlag auf der Charakteristik stationärer Entladungszustände wird durch das Einspielen eines Gleichgewichts zwischen der Trägervermehrung und den mit der Stromstärke noch schneller wachsenden Trägerverlusten bedingt.

Weiterhin wird der im Entladungsraum fließende Strom Veränderungen im Gas und an den Grenzflächen hervorrufen, die ihrerseits wieder eine Rückwirkung auf den Entladungsmechanismus ausüben und den Charakter der Entladung völlig verändern können. Solche Wirkungen des Entladungsstromes sind (neben eventuellen chemischen und mechanischen Einflüssen):

1. Bildung von Raumladungen (und Wandladungen),
2. Ohmsche Erwärmung des Gases und der Elektroden,
3. Kompression durch das Eigenmagnetfeld.

Diese drei Effekte treten im allgemeinen mit wachsender Stromstärke bzw. Stromdichte in der angegebenen Reihenfolge auf, und die Stromstärken, bei denen sie wirksam werden, trennen vier Bereiche der Charakteristik und damit vier grundsätzlich verschiedene Entladungszustände (vgl. Tab. 2):

1. die praktisch raumladungsfreie Dunkelentladung (selbständige Townsend-Entladung), $10^{-14} \ldots 10^{-5}$ A,

2. die raumladungsbestimmte Glimmentladung (und Koronaentladung), $10^{-8}\cdots10^{1}$ A,
3. die thermisch bestimmte Bogenentladung, $10^{-1}\cdots10^{5}$ A,
4. die magnetfeldbestimmte Höchststromentladung (Pinchentladung), 10^{4} bis 10^{10} A.

Die angegebenen Stromstärken sollen nur eine Vorstellung von den Größenordnungen geben. Der Übergang von einem Entladungstyp zum nächsten mit wachsender bzw. sinkender Stromstärke erfolgt normalerweise kontinuierlich, d. h., es existieren Übergangsformen zwischen den beschriebenen Haupttypen.

Tabelle 2. Schema stationärer Gasentladungen

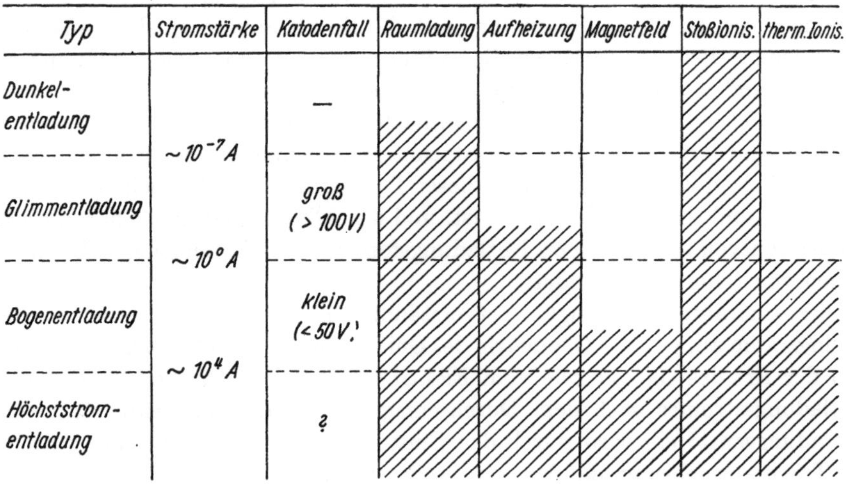

Der wichtigste Einschnitt besteht zwischen Typ 2 und Typ 3. Sowohl in der Dunkel- wie in der Glimmentladung läuft die Trägernachlieferung hauptsächlich über die Stoßionisation. Dazu sind Brennspannungen notwendig, die mindestens in der Größenordnung des Elektronen-Ionisierungsmaximums ($U_0 > 100\cdots500$ V je nach Gasart) liegen.

Dagegen bestreiten die Bogen- und die Höchststromentladung ihren Trägerbedarf hauptsächlich durch die wesentlich ergiebigere thermische Ionisation, die minimale Brennspannungen in der Größenordnung der Ionisierungsenergie erfordert, obwohl die Höhe der Brennspannungen nicht unmittelbar damit zusammenhängt ($U_0 > 10\cdots50$ V).

Diese Brennspannungen werden bei dem minimalen Abstand der beiden Elektroden erreicht, bei dem die Katoden- und Anodenmechanismen gerade noch ungehindert funktionieren können (s. Abschn. 3.2). Die Brennspannung, die sich tatsächlich einstellt, liegt im allgemeinen höher als diese Minimalwerte, da erstens die Ionisationsausbeute bei höheren Spannungen oft größer wird (die Entladung kann einen stärkeren Strom transportieren: ansteigende Charakteristik) und da zweitens der Abstand zwischen den Elektroden im allgemeinen größer ist als der minimale Abstand; dadurch entsteht ein zusätzlicher Spannungsbedarf für die energetische Speisung der dazwischenliegenden Plasmen.

Infolge der unterschiedlichen Brennspannung tritt beim Übergang von der Glimmentladung zur Bogenentladung ein beträchtlicher Spannungsabfall auf und damit ein schwer stabilisierbarer Entladungszustand mit fallender Charakteristik (Glimm-Bogen-Entladung). Ein ähnliches Übergangsgebiet mit fallender Charakteristik (die subnormale Glimmentladung) besteht noch zwischen der Dunkelentladung und der Glimmentladung, wobei die Brennspannung auf den für Stoßionisation möglichen Minimalwert absinkt.

Welcher dieser stationären (oder nichtstationären) Entladungszustände nach dem Durchschlag wirklich entsteht, hängt sowohl von den beschriebenen Eigen-

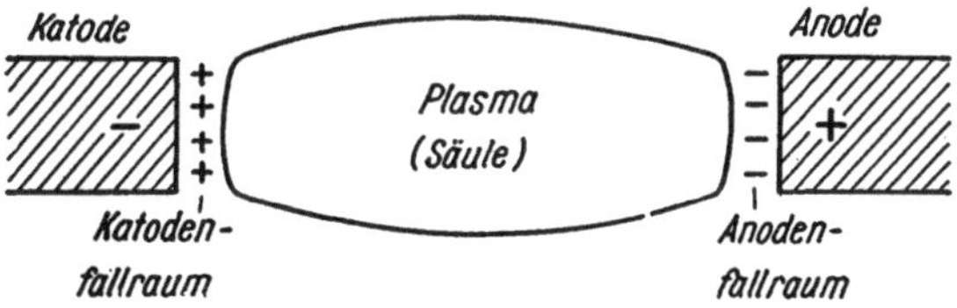

Abb. 8. Schema einer Gasentladung

schaften der Entladung selbst sowie vom Gasdruck, der Geometrie des Entladungsraumes usw. ab als auch vom äußeren Stromkreis, d. h. von der angelegten Spannung und dem Ohmschen Widerstand des Kreises. Letzterer begrenzt die Stromstärke der Entladung und hat damit wesentlichen Einfluß auf den Entladungstyp. Bei nichtstationären Entladungen ist auch die Kapazität und die Induktivität des Stromkreises wichtig.

Von der Dunkelentladung abgesehen, ist bei allen Entladungstypen die zwischen den Elektroden herrschende elektrische Feldstärke infolge von Raumladungen ortsabhängig. Im allgemeinen befindet sich im Entladungsraum ein mehr oder weniger ausgedehntes Gebiet, in dem nur eine relativ geringe Feldstärke besteht. Dort bildet sich ein Plasma aus, die „Säule" der Entladung. Dieses Plasma (Gasentladungsplasma) wird seitlich durch isolierende Wände des Entladungsgefäßes oder durch Neutralgas, in Längsrichtung durch die Elektroden begrenzt. Der Einfluß dieser Festkörper bedingt, daß sich an den Plasmagrenzen inhomogene Randschichten ausbilden, in denen sich die physikalischen Parameter (z. B. Temperatur, Trägerdichte) beträchtlich ändern. In den Randschichten herrscht außerdem — im Gegensatz zu dem quasineutralen Plasma — eine starke Raumladung (Abb. 8). Einen im Prinzip ähnlichen Aufbau haben auch unselbständige Entladungen größerer Stromstärke, z. B. Glühkatodenentladungen.

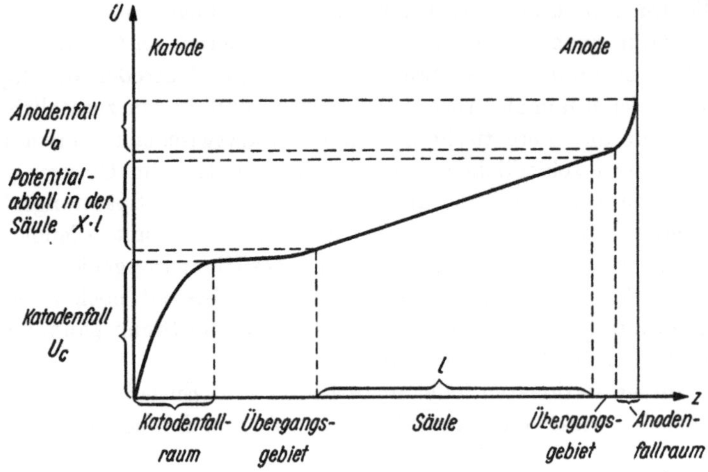

Abb. 9. Potentialverlauf in einer Gasentladung (schematisch)

Von besonderer Bedeutung sind die vor den Elektroden liegenden Randschichten. In ihnen wird durch Raumladungen eine hohe Feldstärke und damit auch ein erheblicher Potentialabfall hervorgerufen, der Katodenfall und der Anodenfall. Die in diesem Feld beschleunigten Ladungsträger erhalten eine so hohe Energie, daß sie im Raum vor der Elektrode (besonders vor der Katode) direkt durch Stoßionisation oder indirekt durch Aufheizung des Plasmas neue Ladungsträger freisetzen können. Der Katodenfall und in geringerem Maße auch der

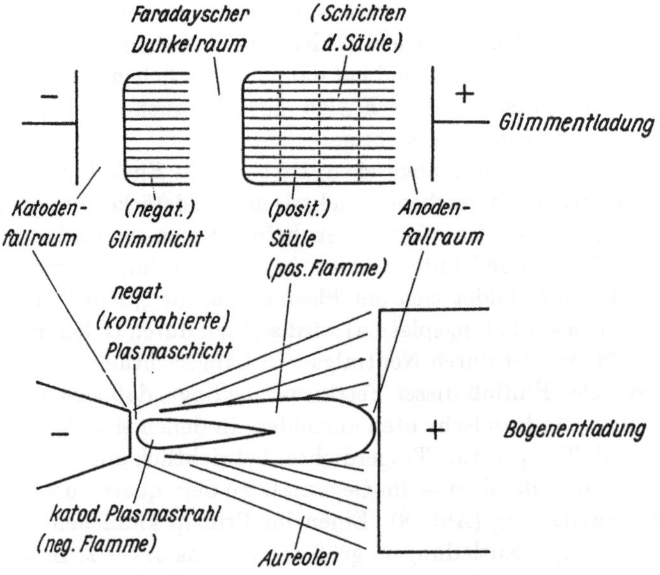

Abb. 10. Glimmentladung und Bogenentladung (Schichten)

Anodenfall sind deshalb für den Betrieb der Entladung (d. h. für die Erfüllung der Stationaritätsbedingung) und damit auch für die Entladungsplasmen von grundsätzlicher Bedeutung (vgl. Abb. 9).

Im folgenden soll noch auf einige Eigenschaften der Glimmentladung und der Bogenentladung eingegangen werden (Abb. 10). Diese beiden stationären Entladungstypen sind die bei weitem wichtigsten und wurden auch am häufigsten untersucht. Die Dunkelentladung hat wegen ihrer geringen Stromstärken und der Abwesenheit von Plasmen weit geringere Bedeutung, während die Höchststromentladung bisher nur kurzzeitig im Niederdruckgebiet und ohne ausgebildete Elektrodenmechanismen realisiert werden konnte (Pinchentladungen und ähnliche für Fusionsforschungen).

3.2. Elektroden-Randschichten

Die wichtige Rolle der Fallräume für die Teilchen- und Energiebilanz der Entladung wurde bereits geschildert.

Gemeinsame Eigenschaften aller Elektroden-Randschichten sind: positive Raumladung vor der Katode, negative vor der Anode (d. h. Bildung elektrischer Doppelschichten); die Länge der Fallräume verkleinert sich mit wachsendem Druck und steigender Stromstärke. Die Geschwindigkeitsverteilung der geladenen Teilchen weicht stark von der Verteilung im thermischen Gleichgewicht ab.

Während die Anodenfälle aller Entladungen wenigstens im Prinzip ähnlichen Charakter haben, unterscheiden sich die Katodenfälle der Glimm- und Bogenentladungen grundlegend; sie bilden das wichtigste Unterscheidungsmerkmal beider Entladungstypen.

a) Glimm-Katodenfall

Der Katodenfall der Glimmentladung (Crookesscher oder Hittorfscher Dunkelraum) muß — gemeinsam mit dem anschließenden Glimmlicht — über Stoßionisation im Gas und Sekundäremission an der Katode (α-γ-Mechanismus bzw. α-β-γ-Mechanismus) die Erfüllung der Stationaritätsbedingung ermöglichen. Dazu sind Mindestspannungen zwischen rund 70 und 500 V nötig (je nach Gas und Metall). Dies ist die Spannung des normalen Katodenfalles. Die reduzierte Länge des normalen Fallraumes beträgt etwa 0,2···1,5 Torr cm, und die reduzierte Stromdichte liegt zwischen einigen 10^{-6} und einigen 10^{-4} A/cm^2 Torr^2 (also I etwa $10^{-7}\cdots10^{-2}$ A, s. Abb. 11). Wichtig für die Trägerbilanz und damit für den Fallraummechanismus ist, daß aus dem Glimmlicht ein starker Strom von Ionen und Photonen in den Fallraum fließt, während umgekehrt die schnellen Elektronen das Glimmlicht speisen und über den Faradayschen Dunkelraum die positive Säule mit Ladungsträgern versorgen. Die Bewegung der Ionen wird durch Umladeprozesse bestimmt.

Bei Änderung der Stromstärke (Änderung des äußeren Widerstandes) bleiben die Fallraumspannung, die Fallraumlänge und die Stromdichte nahezu unge-

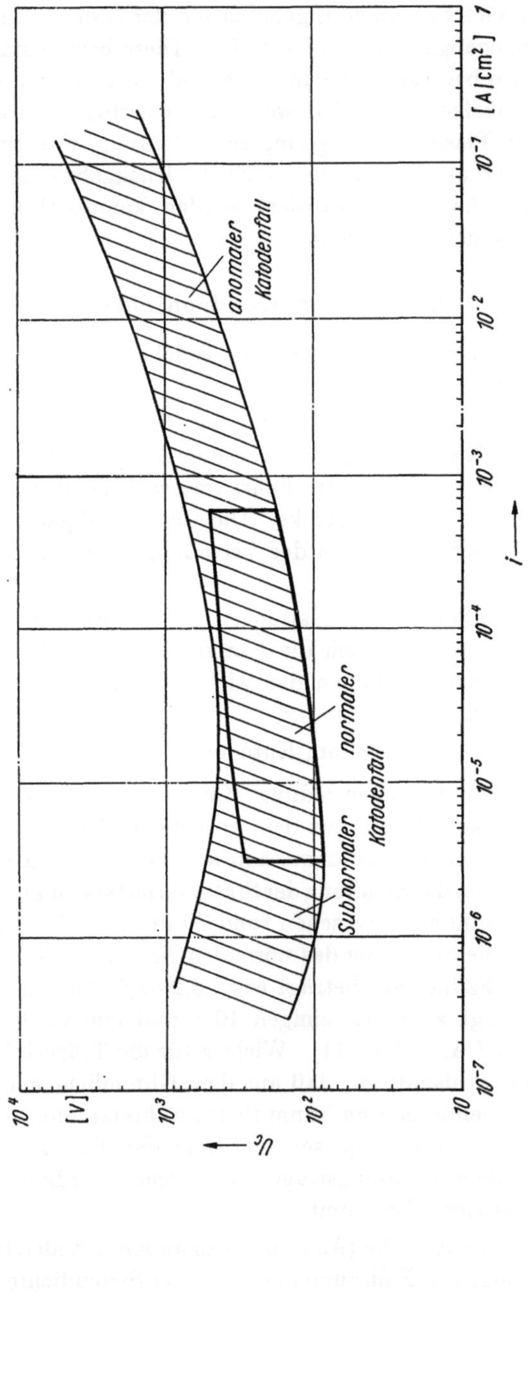

Abb. 11. Bereich der Katodenfälle der Glimmentladung (p = 1 Torr)

ändert, lediglich der Entladungskanal verbreitert oder verengt sich (HEHLsches Gesetz). Ist der Durchmesser dieses Kanals gleich dem der Katode geworden, so führt eine weitere Erhöhung der Stromstärke auch zu einer Vergrößerung der Fallraumspannung und der Stromdichte, während die Fallraumlänge abnimmt: anomaler Katodenfall. Die höheren Feldstärken bewirken, daß in zunehmendem Maße auch Ionen und schnelle Neutrale an der Trägernachlieferung im Gas beteiligt sind (β-Prozeß). Wenn deren Einfluß den der Elektronen überwiegt (bei $U_c > 2\cdots10$ kV etwa), bildet sich der hochanomale Katodenfall aus, dessen Entladungskanal sich zur Achse hin kontrahiert und dessen Länge wieder nahezu konstant ist; bei sehr hohen Spannungen und niedrigem Druck bezeichnet man diese Entladungsform als Kanalstrahlentladung. Andererseits degeneriert der normale Katodenfall bei sehr geringen Stromstärken, wenn der Durchmesser des Entladungskanals kleiner als die Fallraumlänge geworden ist, zum subnormalen Katodenfall, der wieder einen höheren Spannungsbedarf hat, da die seitliche Abdiffusion der Ladungsträger zur Wand die Trägerdichte verringert. Die Charakteristik $U_c(I)$ des Katodenfallraumes ist also zunächst fallend bzw. fast waagerecht, dann wieder steigend.

Der Strom wird im wesentlichen durch Ionen (normaler Fallraum) bzw. durch Elektronen (hochanomaler Fallraum) transportiert. Die Temperaturerhöhung der Katode und des Gases ist unwesentlich (außer bei hohem Gasdruck). Ähnlichkeitsbeziehungen sind weitgehend anwendbar.

b) Bogen-Katodenfall

Der Katodenfall der Bogenentladung hat eine erheblich niedrigere Spannung als der der Glimmentladung; die Brennspannung liegt zwischen rund 5 V und etwa 30 V (je nach Gas und Metall). Die Feldstärke im Bogenfallraum ist wesentlich höher als die des Glimmfallraums. Mit wachsender Stromstärke nimmt die Spannung ab, zumindest beim Niederstrombogen (1⋯50 A bei 1 at); die Fallraumspannung des Hochstrombogens ($\gtrapprox$ 100 A) bleibt nahezu konstant oder nimmt wieder etwas zu (Abb. 12). Die Fallraumlänge beträgt bei 1 at etwa $10^{-4}\cdots10^{-5}$ cm und sinkt mit wachsendem Druck.

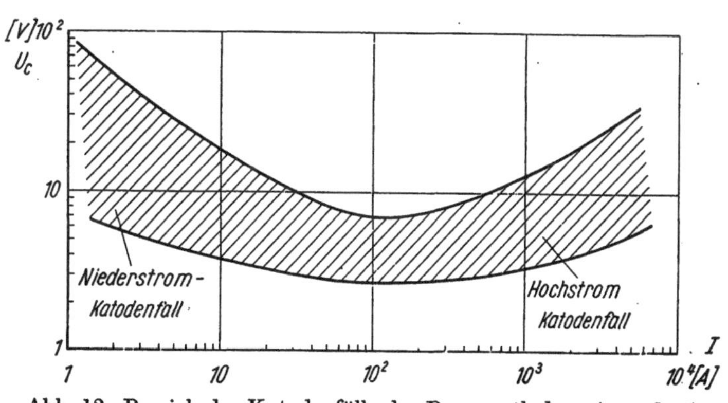

Abb. 12. Bereich der Katodenfälle der Bogenentladung ($p = 1$ at)

Der Katodenfallmechanismus, der die Stationarität der Entladung an der Katode sichern muß, ist beträchtlich komplizierter und vielseitiger als bei der Glimmentladung. Für die Trägernachlieferung sind folgende Prozesse von Bedeutung: thermische Emission der Katode; Feldemission der Katode; Sekundäremission durch Ionen, angeregte Neutrale und Photonen; thermische Ionisierung und Stoßionisierung der Plasmaschicht vor der Katode.

In verschiedenen Fällen (Kohlekatode, Metallelektroden bei hoher Temperatur) hat der Fallraum einen relativ großen Durchmesser, und die Stromdichte liegt zwischen etwa 10^2 und 10^4 A/cm^2: brennfleckloser Bogen mit nur geringer Kontraktion der Säule vor der Katode; hier sind wahrscheinlich die thermische und die Feldemission vorherrschend (thermischer Feldbogen). Dagegen kontrahiert sich bei Metallelektroden mit relativ niedriger Temperatur die Bogensäule vor der Katode so stark, daß im Katodenfall Stromdichten von 10^4 bis 10^7 A/cm^2 auftreten (1 at): Brennfleckbogen. Dieser Brennfleck kann sehr rasch auf der Katode hin und her springen, die Wanderungsgeschwindigkeit beträgt meist $10^3 \cdots 10^5$ cm/s, er kann sich auch in mehrere Brennflecke aufteilen. Bei Bildung eines Brennfleckes erfolgt die Trägernachlieferung hauptsächlich durch die katodische kontrahierte Plasmaschicht, die Elektronen zur Säule und Ionen zur Katode abgibt (Plasma-Kontraktionsbogen). Bei höheren Stromstärken geht er häufig sprungartig in den brennflecklosen Bogen über.

Im Hochstrombogen tritt von der Katode ein heißer Plasmastrahl mit Geschwindigkeiten zwischen 10^3 und 10^5 cm/s, die mit der Stromstärke anwachsen, in die Säule ein und erzeugt in ihr einen besonders heißen Kern. Vermutlich wird dieser Plasmastrahl durch magnetische Kräfte in der kontrahierten Säule vor der Katode erzeugt.

Der Strom im Fallraum wird größtenteils von Ionen getragen, außer beim thermischen Feldbogen.

Die Katodentemperatur hängt vom Material und von der Stromdichte ab; gewöhnlich liegt sie zwischen $2 \cdot 10^3$ und $5 \cdot 10^3$ °K (in jedem Falle bleibt sie unter der Siedetemperatur). Dabei kommt es stets zu einer mehr oder weniger starken Verdampfung des Katodenmaterials, die besonders bei niedrigem Gasdruck dazu führen kann, daß die gesamte Bogenentladung im wesentlichen im Metalldampf der Elektroden brennt (Vakuumbogen). Die Temperatur des Fallraumplasmas (soweit man dort von einer Temperatur sprechen kann) wächst mit zunehmendem Abstand von der Katode sehr rasch von der Oberflächentemperatur auf die Temperatur der kontrahierten Plasmaschicht an. Ähnlichkeitsbeziehungen sind nur bedingt anwendbar.

c) Anodenfall

Der Anodenfall der Glimm- und Bogenentladung ist von erheblich geringerer Bedeutung für den Entladungsmechanismus als der Katodenfall. Die Fallraumspannung beträgt normalerweise 1…40 V, kann u. U. aber auch noch größer werden. Die Fallraumlänge ist etwa gleich der Länge des Katodenfallraums; die Stromdichte ist bei der (normalen) Glimmentladung fast ebenso groß wie die katodische Stromdichte (etwa $10^{-5}\cdots10^{-4}$ A/cm² Torr²) bzw. ist merklich kleiner als die letztere bei der Bogenentladung ($10^{1}\cdots10^{5}$ A/cm² bei 1 at), da die Kontraktion der Säule vor der Anode geringer ist als vor der Katode.

Im Anodenfallraum werden durch Stoßionisation (Glimm- und Bogenentladung) und thermische Ionisation (Bogenentladung) Ionen für die Säule erzeugt. Der Strom wird hauptsächlich von Elektronen transportiert.

Bei größeren Stromstärken kann der anodische Brennfleck der Bogenentladung rasch hin- und herwandern (mit etwa 10^4 cm/s, zischender Bogen); außerdem entsteht bei stark verdampfenden Elektroden ein helleuchtender Anoden-Plasmastrahl (positive Flamme), dessen Impuls jedoch kleiner ist als der des katodischen Plasmastrahls. Bei der Glimmentladung größerer Stromstärke können sich kleine Anodenflecke bilden, in denen der Strom konzentriert ist. Die Anodentemperaturen unterscheiden sich nicht wesentlich von den Katodentemperaturen.

3.3. Entladungsplasmen

Die Entladungsplasmen (Glimmsäule, Bogensäule) sind keine lebensnotwendigen Bestandteile einer Gasentladung. Die Entladungen können auch ohne dieses Plasma existieren, solange der Katodenfallmechanismus noch funktioniert. Dagegen sind die Plasmen auf die Elektrodenfallräume angewiesen.

Da die Temperatur der Entladungsplasmen (zumindest: die Elektronentemperatur) hoch ist, geben sie ständig durch Strahlung, Wärmeleitung und Konvektion Energie an die Umgebung ab und verlieren Ladungsträger durch Diffusion (Abwanderung) und Rekombination. Im Plasma muß deshalb eine so große elektrische Feldstärke herrschen, daß der infolge dieses Feldes fließende Elektronenstrom alle Energie- und Trägerverluste laufend durch Ohmsche Aufheizung des Plasmas bzw. durch Ionisation wieder ausgleicht. Auch für das Entladungsplasma gilt eine Stationaritätsbedingung der Teilchenbilanz.

Weiterhin sorgen der Katoden- und der Anodenfall für die elektrodenseitige Speisung des Plasmas mit Ladungsträgern und vermitteln damit den Stromübergang Metall–Plasma (Abb. 13 zeigt schematisch die Trägerbilanz in der Entladung). Die Elektrodenrandschichten isolieren außerdem das Plasma thermisch von den relativ kalten Elektroden und verhindern durch ihre Raumladung, daß das elektrische Feld im Plasma zu groß wird (Bildung elektrischer Doppelschichten). Die Entladungsplasmen haben deshalb im wesentlichen akzessorischen Charakter, sie füllen den Raum zwischen den Elektroden und vermitteln dort den Stromtransport; ihre Ausdehnung richtet sich nach den Bilanzbeziehungen und nach der Geometrie des Entladungsraumes. Im Mechanismus der Entladung spielen sie eine mehr passive Rolle. Auf den Energie- und Teilchenhaushalt der gesamten Entladung haben sie jedoch erheblichen Einfluß, und für viele praktische Anwendungen sind sie der wichtigste Teil der Entladung.

a) Eigenschaften der Plasmen

Zwischen der Säule der Glimmentladung und der Säule der Bogenentladung bestehen — im Gegensatz zu den Katodenfallräumen — keine grundsätzlichen

Unterschiede. Wichtig ist lediglich die Unterscheidung zwischen Hochdrucksäule und Niederdrucksäule sowie die Abhängigkeit der Parameter von der Stromstärke.

Wegen der großen Beweglichkeit der Elektronen (ihre Driftgeschwindigkeiten sind rund 10^2mal größer als die der Ionen) wird der Strom im Plasma fast ausschließlich durch Elektronen transportiert.[1]) Die elektrische Feldstärke X, die diesen Strom unterhält, ist in Achsenrichtung praktisch konstant, so daß der Spannungsbedarf U einer Säule der Länge l gleich $X\,l$ ist. Die gemessenen Längsfeldstärken X liegen zwischen rund 0,1 und 50 V/cm bei Glimmentladungen (im wesentlichen Niederdruckbereich) und zwischen etwa 2 und 10^3 V/cm bei Bogenentladungen (im wesentlichen Hochdruckbereich); charakteristisch sind Werte zwischen 5 und 30 V/cm. Die Feldstärke wächst im allgemeinen mit zunehmendem Druck p und sinkt mit zunehmender Stromstärke I (fallende Charakteristik), doch gibt es zahlreiche Ausnahmen.

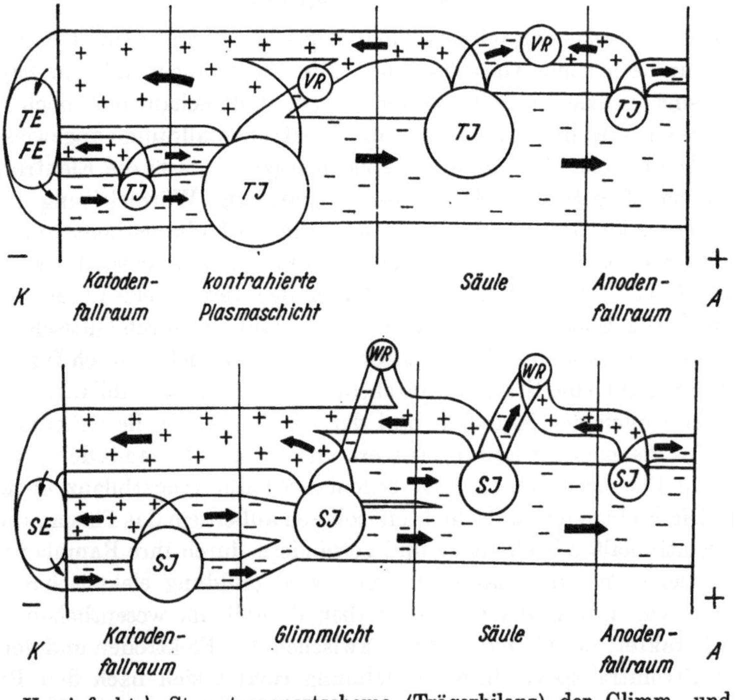

Abb. 13. Vereinfachtes Stromtransportschema (Trägerbilanz) der Glimm- und Bogenentladung

SE — Sekundäremission
TE — Thermoemission
FE — Feldemission
SJ — Stoßionisation
TJ — thermische Ionisation
VR — Volumenrekombination
WR — Wandrekombination

(Das Schema enthält nur die wichtigsten Ionisationsprozesse)

[1]) Auf die Ionen entfallen nur 0,2 bis 3% des Gesamtstromes.

Das elektrische Feld erzeugt nicht nur eine Drift, sondern heizt die Elektronen auch auf, da durch Stöße der Energiegewinn auf die anderen Freiheitsgrade mit verteilt wird. Die Elektronentemperaturen T_e liegen im Niederdruckgebiet sehr hoch, nämlich zwischen $5 \cdot 10^3$ und $200 \cdot 10^3$ °K, da die Elektronen bei den relativ wenigen Stößen, die sie erleben, wegen ihrer geringen Masse nur einen sehr kleinen Bruchteil ihrer Energie, der pro Stoß etwa die Größenordnung des Massenverhältnisses hat, an das Gas abgeben können. Die Ionen, die ebenfalls durch das Feld beschleunigt werden, übertragen dagegen ihre im Feld gewonnene Energie auch schon bei wenigen Stößen auf die Gasmoleküle; dadurch ist die Ionentemperatur T_i weitaus niedriger als die Elektronentemperatur und liegt nur wenig über der Gastemperatur T_g (etwas $3 \cdot 10^2$ bis 10^3 °K). Die Niederdrucksäule ist demnach ein nichtisothermes Plasma. Die Geschwindigkeitsverteilungsfunktion der Elektronen, die im Schwachstromgebiet hauptsächlich durch die Stöße der Elektronen mit den Gasmolekülen und durch das Feld beeinflußt wird, kann vor allem im Bereich großer Geschwindigkeiten stark von der MAXWELL-Verteilung abweichen (DRUYVESTEIN-Verteilung und ähnliche). Je höher die Teilchendichte ist, desto stärker wird der Energieaustausch durch Stöße, desto niedriger wird T_e, während T_i ansteigt, bis sich schließlich bei sehr hohem Druck die verschiedenen Temperaturen angeglichen haben: $T_e = T_i = T_g$. Die Hochdrucksäule ist deshalb bei großen Stromstärken ein nahezu isothermes Plasma, in dem die Geschwindigkeitsverteilungsfunktionen aller Komponenten MAXWELL-Verteilungen sind; aber selbst bei Atmosphärendruck liegt T_e immer noch ein wenig höher als T_i. Die gemittelte Säulentemperatur aller Plasmakomponenten, die im Niederdruckplasma nahezu gleich der Gastemperatur und im Hochdruckplasma gleich der gemeinsamen Plasmatemperatur ist, steigt mit dem Druck p und der Stromstärke I langsam an; die Achsentemperatur des Bogenplasmas liegt zwischen $4 \cdot 10^3$ und $50 \cdot 10^3$ °K.

Auch die Elektronendichte n_e und die Stromdichte i in der Säule wachsen mit p und I; n_e kann in Glimmentladungen (Niederdrucksäule) zwischen etwa 10^4 und 10^{12} cm^{-3} liegen, in Bogenentladungen (Hochdrucksäule) zwischen rund 10^{12} und 10^{20} cm^{-3}. Der Ionisationsgrad des Säulenplasmas hängt vom Druck und vor allem von der Stromdichte ab; in der positiven Säule von Glimmentladungen (bei Niederdruck) ist er gewöhnlich gering und liegt (in der Entladungsachse) größenordnungsmäßig bei $\lesssim 10^{-10}$ bis etwa 10^{-4}, während er in der Achse der (Hochdruck-) Bogensäule zwischen rund 10^{-6} und $\lesssim 1$ betragen kann. Außerhalb der Achse fällt die Elektronenkonzentration ab; je niedriger sie ist, desto stärkere Abweichungen von der Quasineutralität können auftreten. Während die Stromdichte i in der Glimmsäule ähnliche Werte wie im Katodenfallraum annimmt (etwa 10^{-7} bis 1 A/cm^2), ist die Stromdichte in der Bogensäule kleiner als an den Elektroden (1 bis 10^5 A/cm^2).

Eine bemerkenswerte Erscheinung der Niederdrucksäule sind die in gewissen Parameterbereichen von I und $p\,R$ (R = Radius der zylindrischen Wand) auftretenden hellen und dunklen Schichten, d. h., die Plasmaparameter, wie Feldstärke, Potential, Elektronentemperatur und Elektronenkonzentration, werden (meistens in der ganzen Säule) periodische Funktionen des Ortes und zum Teil auch der Zeit; bei manchen Gasen bleibt die Schichtung auf den katodenseitigen Teil der Säule beschränkt. Diese Schichten können ruhen oder mit Geschwindigkeiten zwischen 10^3 und 10^5 cm/s von der Anode zur Katode laufen, in einigen Fällen auch in umgekehrter Richtung. Es handelt sich dabei um selbsterregte Schwingungen des Säulenplasmas mit Frequenzen zwischen 10^2 und 10^4 Hz, deren Wellenlänge in der Größenordnung des Kanalradius liegt.

Wichtig ist der Einfluß der Wand auf die Plasmasäule. Wie eben festgestellt, ist im Niederdruckgebiet die Trägerkonzentration sehr klein, so daß die Volumenrekombination (die $\sim n_e^2$ bzw. $\sim n_e^3$ anwächst) keine Rolle spielt; dagegen wandern viele Ladungsträger durch ambipolare Diffusion zur Gefäßwand und rekombinieren dort (Wandrekombination). Je enger das Rohr, desto größer wird deshalb der Trägerverlust, desto höher muß die Feldstärke X und damit auch die Elektronentemperatur und die Stromdichte sein, um diesen Verlust wieder auszugleichen. Die Niederdrucksäule ist meistens wandstabilisiert. Bei höherem Druck kontrahiert die Säule und der Einfluß der Wände wird kleiner.

Im Hochdruckgebiet erfolgt die Rekombination hauptsächlich im Plasma selbst; hier ist jedoch wegen der großen Stromstärke die thermische Energieproduktion der Säule so groß, daß der Abtransport dieser Wärmemengen einen wesentlichen Einfluß auf die Plasmaparameter ausübt. Brennt die Bogensäule frei (d. h. ohne Wandeinfluß, strömungs- oder konvektionsbestimmter Bogen, bei kleinem Elektrodenabstand: elektrodenstabilisierter Bogen), so kann die Wärmeabgabe über Wärmeleitung, Konvektion und Strahlung stattfinden; ist die Bogensäule dagegen in einem Gefäß eingeschlossen (wandstabilisierter Bogen), so wird die Energieabgabe teils verringert (keine Konvektion), teils durch höhere Wärmeleitung verstärkt. Bei engen Rohren überwiegt der Einfluß des zweiten Effekts. Je enger das Rohr ist, desto höher muß deshalb die Achsentemperatur sein und desto größer ist auch die Feldstärke, um die hohe Stromdichte im Plasma noch transportieren zu können, die den Energieverlust deckt. Der Einfluß des Rohrdurchmessers ist also im Niederdruckgebiet qualitativ der gleiche wie im Hochdruckgebiet. Eine Stabilisierung der Hochdrucksäule ist ferner durch Zentrifugalkräfte erreichbar (Wälzbogen, Wirbelstabilisierung). Bei sehr großen Stromdichten muß auch der Einfluß des Magnetfeldes berücksichtigt werden, der zu einer Anisotropie der Transportkoeffizienten führt.

Wenn die Temperatur nicht zu hoch ist (etwa <10000 °K), ist das Plasma der Hochdrucksäule noch fast transparent, und die Strahlungsverluste liegen weit unter der eines schwarzen Strahlers. Bei großen Leistungsdichten und sehr hohen Temperaturen wird das Säulenplasma optisch dick und die Strahlungsdiffusion spielt eine entscheidende Rolle. In der Achse der Entladung bildet sich dann ein besonders heißer Kanal.

b) Theorie der Säule

Diesen Überlegungen entsprechend baut die Theorie der Säulenplasmen auf der Teilchen- bzw. Energiebilanz auf.

Die Theorie der Niederdrucksäule geht aus von der ambipolaren Diffusion der Ladungsträger zur Wand (SCHOTTKY), und verwendet weiterhin die Trägerbilanz, insbesondere die Erzeugung von Ladungsträgern durch Stoßionisation, und die Bewegungsgleichung der Elektronen. Dabei werden Quasineutralität und überall konstante Elektronentemperaturen vorausgesetzt. Auf dieser Grundlage erhält man für die radiale Verteilung der Trägerkonzentration bei Zylindergeometrie:

$$n(r) = n_0 J_0 \left(2{,}405 \frac{r}{R}\right) \tag{13}$$

(n_0: Trägerdichte in der Achse, $n_0 \sim i/X R^2$; J_0: BESSEL-Funktion nullter Ordnung). Die Trägerkonzentration fällt also von der Achse der Säule ($r = 0$) nach der Wand ($r = R$) monoton ab. Über eine Energiebilanz folgt für die Längsfeldstärke

$$X \sim \frac{1}{R} \sqrt{\frac{b_i}{b_e} T_e V_i} \tag{14}$$

(b_i, b_e sind die Beweglichkeiten der Ionen und Elektronen, V_i ist die Ionisierungsspannung) und weiterhin mit einigen Zusatzannahmen das radiale Feld, das durch die Wandladungen entsteht (es ist $X_r \sim T_e \, d \ln n/dr$), und die Elektronentemperatur. Bei sehr niedrigem Druck ist die Diffusion durch den freien Fall zur Wand zu ersetzen; bei höherem Druck sind Stufenionisationen und Volumenrekombinationen in die Theorie einzubeziehen. Die Strahlung des Plasmas entsteht hauptsächlich infolge von Anregungen durch Elektronenstoß (Linienstrahlung). Das Potential des Säulenplasmas ist — wegen der ambipolaren Diffusion — höher als das der Wand.

Wie bereits erwähnt, ist für die Theorie der Hochdrucksäule die Energiebilanz des thermischen Plasmas ($T_i = T_e$) von besonderer Bedeutung. Für ein Volumenelement lautet sie (unter Vernachlässigung der ambipolaren Diffusion):

$$\sigma X^2 = S(T) - \operatorname{div} \varkappa \operatorname{grad} T + \varrho C_p \mathfrak{v} \operatorname{grad} T \tag{15}$$

(ELENBAAS-HELLER-Gleichung). Die durch OHMsche Erwärmung des Plasmas (σ: elektrische Leitfähigkeit) freigesetzte Energie wird durch Strahlung, Wärmeleitung und Konvektion wieder abgeführt (C_p: spezif. Wärme). Bei wandstabilisierten Bögen ist $\mathfrak{v} = 0$, es gibt keine Konvektion. Das Strahlungsglied $S(T)$, das die Intensität sämtlicher Spektrallinien und des Kontinuums erfaßt, ist vielfach gegenüber dem Wärmeleitungsglied zu vernachlässigen; erst bei sehr hoher Stromdichte und hohem Druck wird die Strahlung schwarz. Sowohl die elektrische Leitfähigkeit σ wie die Wärmeleitfähigkeit $\varkappa$ des Plasmas hängen wesentlich von der Elektronentemperatur und der Elektronenkonzentration ab, wobei sich letztere über die SAHA-Gleichung (3) ebenfalls wieder auf die Temperatur zurückführen läßt. Die Gleichung (15) kann lediglich numerisch integriert werden, wobei man meistens Zylinder- oder Ellipsoidkoordinaten einführt. Man erhält von den Maximalwerten in der Achse nach den Rändern zu fallende Profile der Temperatur- und Stromdichteverteilung. Die radiale Feldstärke kann man aus einer Teilchenbilanzgleichung bestimmen.

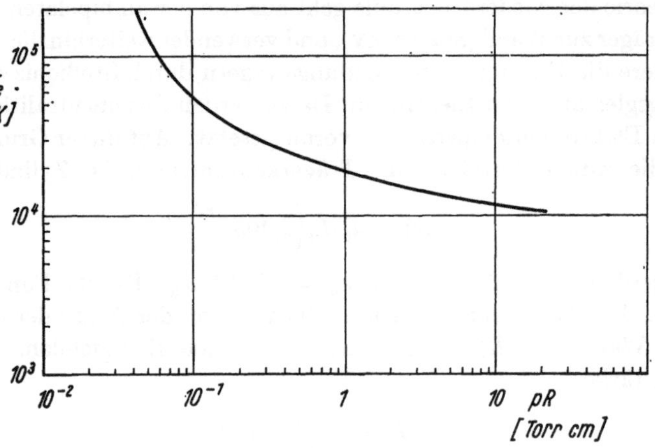

Abb. 14. Elektronentemperatur in der Niederdrucksäule (H_2) als Funktion von Druck · Rohrradius

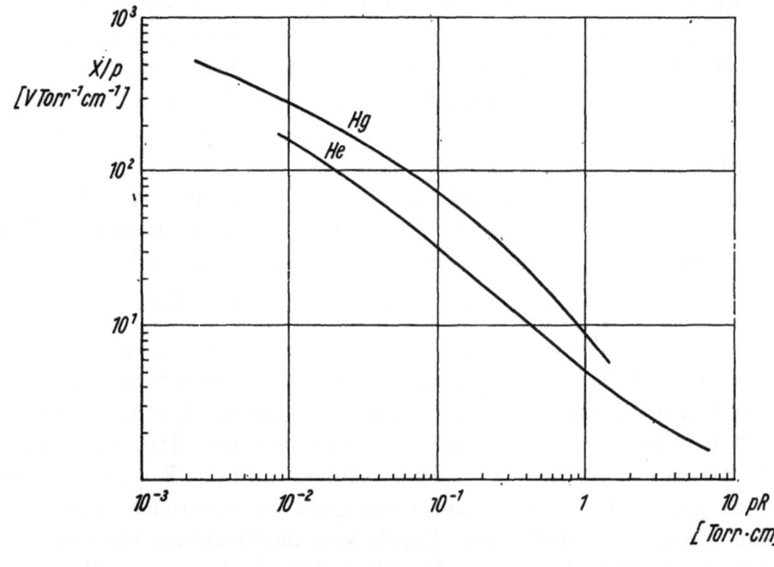

Abb. 15. Reduzierte Säulenfeldstärke (Niederdrucksäule) als Funktion von Druck · Rohrradius

Wesentlich einfacher ist das Kanalmodell der Hochdrucksäule: Im zylindrischen Kanal sollen einheitliche Temperatur und einheitliche Leitfähigkeit herrschen; letztere springt am Kanalrand (Radius R) auf Null, erstere fällt außerhalb des Kanals entsprechend der Wärmeleitungsgleichung ab. Da dieses Modell keine eindeutigen Lösungen ergibt, kann man es noch durch ein plausibles

Extremalprinzip ergänzen, z. B. $\delta X = 0$ in Abhängigkeit von R und bei gegebenem I (STEENBECKsches Minimumprinzip für die Feldstärke X).

Die Abbildungen 14 bis 19 geben Beispiele für die Werte der Plasmaparameter in der Niederdruck- und Hochdrucksäule. Sie wurden größtenteils aus Messungen zusammengestellt.

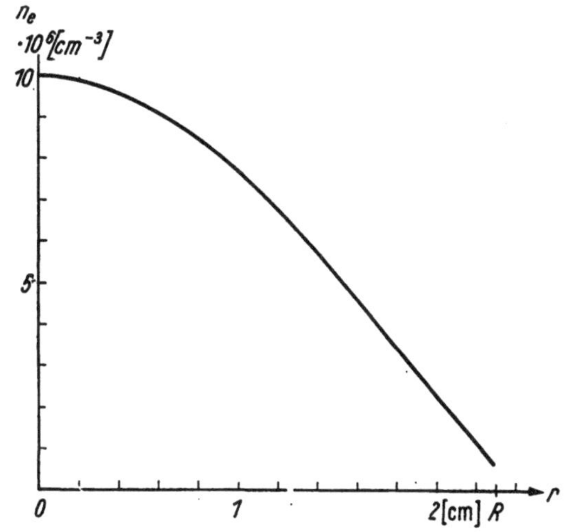

Abb. 16. Radiale Trägerdichteverteilung in der Niederdrucksäule ($R = 2{,}3$ cm), Beispiel

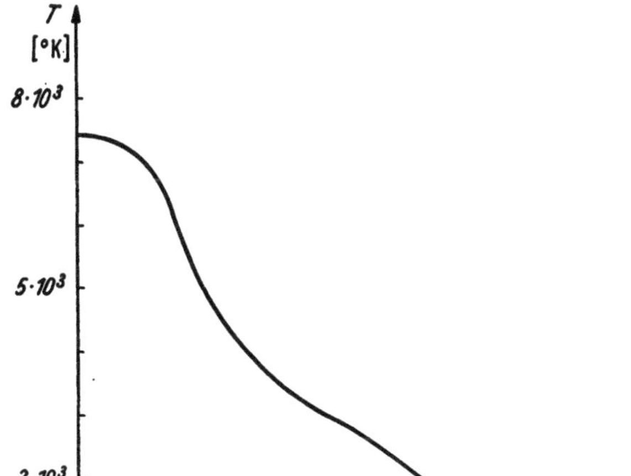

Abb. 17. Radiale Temperaturverteilung in der Hochdrucksäule, Beispiel

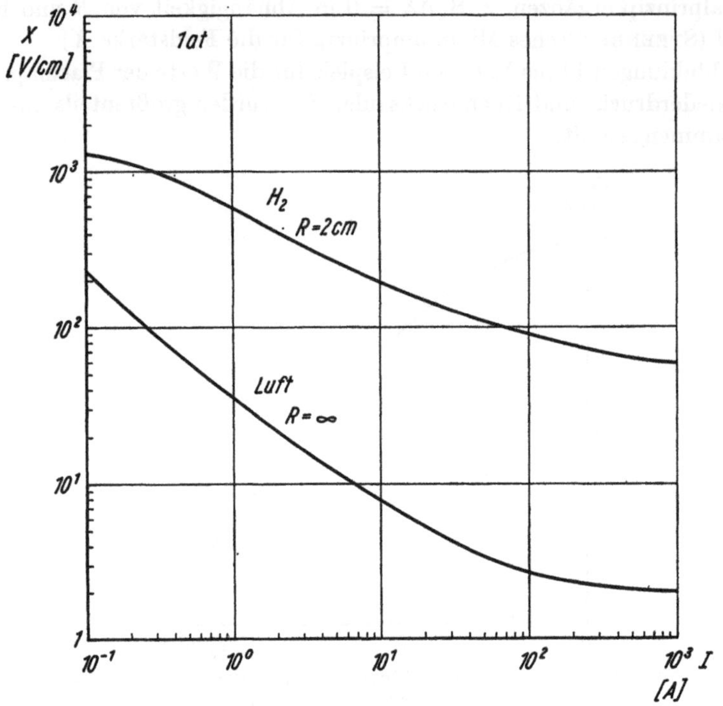

Abb. 18. Axiale Feldstärke in der Hochdrucksäule

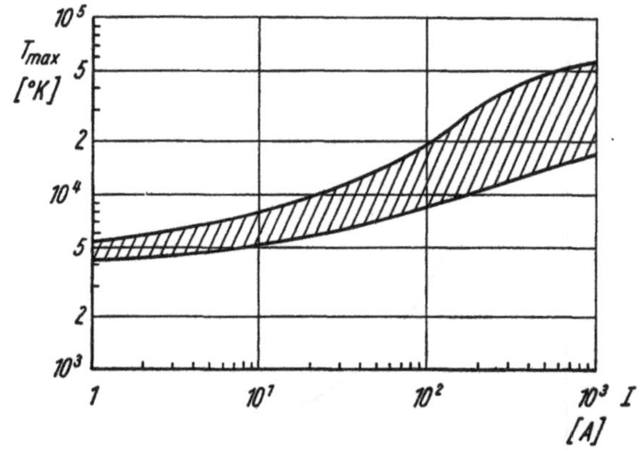

Abb. 19. Achsentemperatur in der Hochdrucksäule als Funktion der Stromstärke (Bereich für verschiedene Gase)

3.4. Gasentladungscharakteristik

Die Brennspannung der Entladung setzt sich additiv aus den Spannungen der Elektrodenfälle und dem Potentialabfall in der Säule zusammen:

$$U = U_c + U_a + X\,l\,. \tag{16}$$

Während die Charakteristik der Elektrodenfälle $U_c(I)$ bzw. $U_a(I)$ und die der Säule $X(I)$ außer vom Druck p und dem Kanalradius R nur noch von den Materialkonstanten abhängt, geht in die Gesamtcharakteristik $U(I)$ auch noch der Elektrodenabstand (über die Länge l der Plasmasäule) ein. Die Brennspannung der Entladung kann deshalb bei einer extrem langen Plasmasäule sehr hoch liegen, wobei dann die Elektrodenfälle nur einen unbedeutenden Beitrag liefern; umgekehrt kann bei einem sehr kleinen Elektrodenabstand die Säule fast völlig verschwinden, so daß die Brennspannung gleich der Summe der Elektrodenfälle oder (bei der Glimmentladung) überhaupt nur gleich dem Katodenfall ist. Das ist die minimale Brennspannung der Entladung. Bei noch kleinerem Abstand steigt die Brennspannung wieder, da die Elektrodenfallmechanismen dann nicht mehr normal funktionieren können (behinderte Entladung).

Abb. 20 zeigt schematisch die statische Charakteristik aller stationären selbständigen Entladungszustände. Sie beginnt nach dem Selbständigwerden des Stromes mit der noch relativ homogenen Dunkelentladung und mit Brennspan-

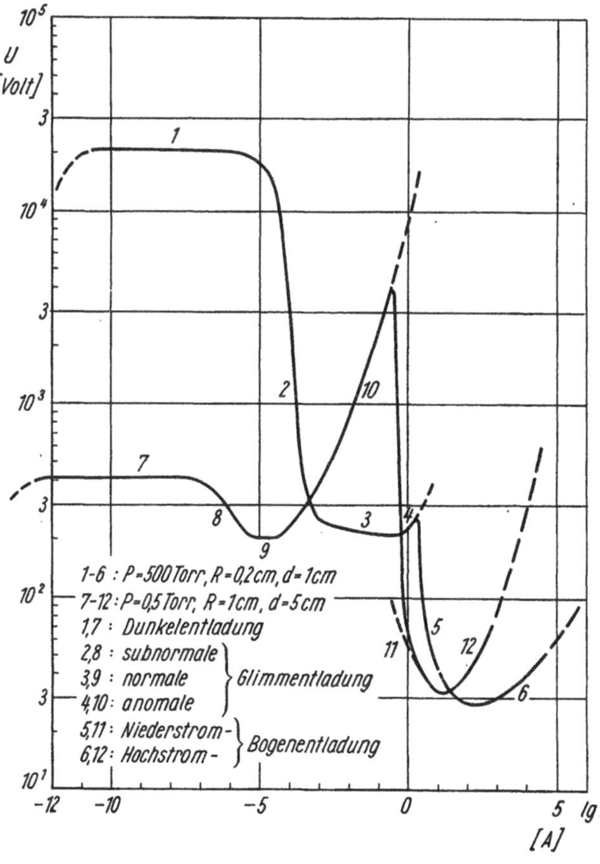

Abb. 20. Gesamtcharakteristik stationärer Gasentladungen für zwei Beispiele

nungen U zwischen größenordnungsmäßig 10^2 bis 10^5 V (U liegt um so höher, je größer der Druck ist) und führt dann bei wachsender Raumladungsschichtung über die subnormale zur normalen Glimmentladung (rund 10^2 bis 10^3 V) und zur Ausbildung des Glimmkatodenfalles. Hier ist auch bei stark inhomogenen Feldern die Korona-Entladung einzuordnen. Über die sich daran anschließende anomale und hochanomale Glimmentladung (etwa 10^3 bis 10^5 V), die nur bei niedrigem Druck gut ausgeprägt ist, läuft die Charakteristik mit zunehmender Aufheizung und Einsetzen des Bogenkatodenmechanismus zur Niederstrom- und Hochstrom-Bogenentladung (mit rund 10^1 bis 10^3 V), die schließlich in die z. T. noch nicht erreichten Bereiche der Höchststromentladung mündet (U bei 10^2 bis 10^5 V).

Die Charakteristik besitzt zwei deutlich ausgeprägte Minima, die durch die Erreichung der für die Trägererzeugung optimalen Raumladungsverteilung (Glimmentladung) bzw. durch die Einstellung der optimalen thermischen Ionisation (Bogenentladung) gekennzeichnet sind. Beide Minima werden über Entladungszustände mit fallender bzw. steigender Charakteristik erreicht, in denen eine höhere Brennspannung gebraucht wird, um die für die Stationarität erforderlichen Träger zu erzeugen. Lediglich bei sehr hohem Druck kann das erste Minimum unmittelbar in das zweite übergehen. Die für die Praxis wichtigsten Entladungsformen (normale Glimmentladung, Bogenentladung) haben eine fallende Charakteristik.

4. *Nichtstationäre Entladungen*

Unter verschiedenen Bedingungen treten oft nichtstationäre Entladungen auf, deren Parameter zeitabhängig sind. Die Ursachen dieser Erscheinung können sehr vielseitig sein.

4.1. Innere Ursachen der Nichtstationarität

Es kann sein, daß die Entladung aus Gründen, die im Entladungsmechanismus selbst liegen, nicht stabil brennt trotz konstanter äußerer Bedingungen (z. B. konstanter Brennspannung), so daß sich die Entladungsparameter zeitlich periodisch oder nichtperiodisch ändern.

a) Unausgeglichene Teilchenbilanz

Die Entladung brennt nicht stationär, wenn die Teilchenbilanz unausgeglichen ist, d. h., wenn die Stationaritätsbedingung nicht erfüllt wird. Dies ist der Fall bei sich aufbauenden Entladungen (während des Durchschlages bzw. der Zündung), wobei die Trägerbilanz übererfüllt wird, und ebenso bei erlöschenden Entladungen, wobei sie untererfüllt wird. Der Arbeitspunkt im U-I-Diagramm liegt dann oberhalb oder unterhalb der stationären Charakteristik. Solche Entladungszustände existieren gewöhnlich nur sehr kurzzeitig, da sich die Entladungen von selbst auf der stationären Charakteristik stabilisieren.

b) Fallende Charakteristik

Weiterhin kann eine Entladung infolge ihrer fallenden Charakteristik instabil sein. Beispiele sind die subnormale Entladung und die Glimmbogenentladung. Bei ungünstigen Verhältnissen im äußeren Stromkreis sind diese Teile der Charakteristik nicht erreichbar, die Entladung überspringt sie und stabilisiert sich in Arbeitspunkten, in denen die Charakteristik nicht mehr so stark fällt. Es kann vorkommen, daß die Entladung ständig zwischen zwei solchen stabilen Zuständen hin- und herspringt (intermittierende Entladung). Durch einen genügend großen Widerstand des äußeren Kreises (verbunden mit einer genügend hohen Spannung) und durch ein großes Verhältnis L/C lassen sich diese Bereiche mit fallender Charakteristik stets stabilisieren. Entladungen mit fallender Kennlinie können auch zur Schwingungsanregung im äußeren Kreis führen.

c) Schwingungen und Instabilitäten

Schließlich können Gasentladungen oder Teile von ihnen dadurch nichtstationär werden, daß von selbst Schwingungen oder auch nichtperiodische Bewegungen des Plasmas in ihnen auftreten. Typische Beispiele dafür sind die laufenden Schichten in der positiven Säule, in gewisser Hinsicht auch die Bewegungen des Katoden- und Anodenbrennfleckes bei der Bogenentladung sowie die durch Turbulenz entstehende Bewegung der freibrennenden Bogensäule. Außerdem können verschiedene Arten von Plasmaschwingungen in den Säulenplasmen sowie Instabilitäten in Höchststromentladungen auftreten, die durch die Wechselwirkung des starken Magnetfeldes mit dem stromführenden Plasma zustande kommen (beispielsweise magnetohydrodynamische Instabilitäten). Normalerweise werden durch solche inneren Vorgänge die Parameter der Gesamtentladungen im zeitlichen Mittel nicht wesentlich beeinflußt.

4.2. Äußere Ursachen der Nichtstationarität

Eine weitere Möglichkeit, nichtstationäre Entladungen zu erhalten, besteht darin, die Zeitabhängigkeit der (an sich stationären) Entladung durch willkürliche Änderung der Parameter des äußeren Stromkreises, z. B. der Brennspannung, zu erzwingen.

a) Unzureichende Ergiebigkeit der Stromquelle

Es kommt häufig vor, daß die verwendete Spannungsquelle zwar eine genügend hohe Spannung liefert, um einen Durchschlag herbeizuführen, daß aber dann wegen des zu hohen inneren Widerstandes ihre Ergiebigkeit nicht zur Abgabe des erforderlichen stationären Entladungsstromes ausreicht. Die Entladung muß sich auf einem anderen Arbeitspunkt niedrigerer Stromstärke bzw. auf einem anderen Entladungszustand stabilisieren, oder sie erlischt ganz. Besonders kraß ist dieser Fall, wenn es sich um eine Kondensatorentladung handelt, deren Stromergiebigkeit von sehr hohen Werten rasch gegen Null geht. Die Entladung wird in diesem Fall zwar aufgebaut, doch bleibt sie in einem gewissen unentwickelten Zustand stehen, bevor sie durch den Zusammenbruch der Spannung wieder erlischt. Insbesondere die durch Raumladungen und thermische Ionisierung im Gas bzw. thermische Emission der Katode bedingten Eigenschaften können sich nicht voll entwickeln, da ihre Ausbildung längere Zeit erfordert, als der Entladung zur Verfügung steht (siehe Abschnitt 2b). Alle stationären Entladungstypen können in einer solchen unentwickelten Form auftreten. Ein typisches Beispiel ist die Funkenentladung, die in den meisten Fällen als eine instationäre Bogenentladung ohne ausgebildete Elektrodenmechanismen und ohne vollentwickelte thermische Bogensäule anzusprechen ist. Analoges gilt für die Pinchentladungen und die durch induzierte Felder (z. B. in magnetischen Flaschen) erzeugten kurzzeitigen Entladungen hoher Stromstärke.

b) Nichtstationäre Spannungsquelle

Nichtstationäre Entladungen entstehen schließlich auch, wenn man eine nichtstationäre äußere Spannungsquelle verwendet. Besonders wichtig sind periodische Schwankungen des Feldes, z. B. sinusförmige Wechselspannungen. Auch gepulste Entladungen sind hier anzufügen. Ob und in welchem Maße die Entladung einer solchen Spannungsänderung folgen kann, hängt davon ab, ob die Aufbauzeit bzw. Abbauzeit der Entladung klein oder groß ist gegenüber der Schwingungsdauer des äußeren Feldes und wie hoch bei Spannungsumkehr die Zündspannung wird. Im allgemeinen werden alle Parameter der Entladung zwar auch periodisch sein, wenn die Brennspannung es ist, doch wird ihr zeitlicher Verlauf nur sehr verzerrt und mit merklicher Phasenverschiebung der Spannung folgen, d. h., es tritt meistens auch eine beträchtliche Hysterese auf. Die Entladungen folgen dabei einer dynamischen Charakteristik, die von der statischen merklich abweicht.

Entscheidend für das Verhalten von Wechselspannungsentladungen sind verschiedene makroskopische Zeitparameter (Relaxationszeiten), und zwar

1. die Photonenlaufzeit zwischen den Elektroden (etwa 10^{-10} bis 10^{-9} s),
2. die durchschnittliche Elektronenlaufzeit zwischen den Elektroden (etwa 10^{-6} bis 10^{-5} s),
3. die durchschnittliche Ionenlaufzeit zwischen den Elektroden (etwa 10^{-4} bis 10^{-3} s),
4. die Aufbauzeit der stationären Raumladung und der stationären Ionisation im nichtthermischen Plasma (rund 10^{-4} bis 10^{-2} s),
5. die Einstellzeit der stationären thermischen Energiebilanz und der thermischen Ionisation (rund 10^{-3} bis 10^{-1} s).

Diese Zeiten hängen natürlich noch von der Größe des Entladungsraumes u. a. ab. Der Durchschlag (die Zündung der Gasentladung) vollzieht sich nach der Zeitskala 3 und 2 (TOWNSEND-Mechanismus) bzw. einer Kopplung 2 und 1 (Streamer-Mechanismus).

Die Entstehung der stationären raumladungsbestimmten oder thermisch bestimmten Gasentladung läuft dann jedoch nach den langsameren Zeitskalen 4 und 5 ab. Wenn die Frequenz der Spannung genügend hoch ist, ändert sich an der Raumladungsverteilung, dem Ionisationsgrad und dem thermischen Zustand der Entladung während der Spannungsumkehr wenig, und eine Bogenentladung z. B. kann ständig brennen. Bei niedrigen Frequenzen (z. B. 50-Hz-Wechselspannung) werden jedoch in dieser Zeit die Raumladungen und das thermische Plasma teilweise abgebaut, die Elektrodentemperatur sinkt. In diesem Falle wird der Bogen bei jedem Nulldurchgang der Spannung erlöschen und dann mit umgekehrter Polarität wieder zünden (siehe Abb. 21). Die Zündspannung liegt um so höher über der Brennspannung, je niedriger die Frequenz ist, denn desto weiter ist der Abbau des Plasmas und der Raumladungen fortgeschritten.

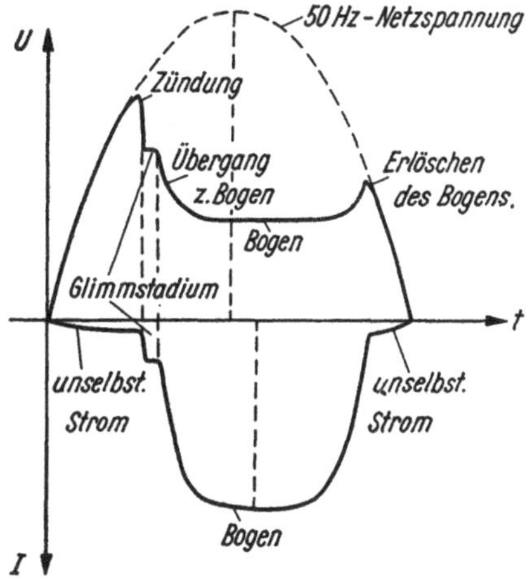

Abb. 21. Wechselstrombogen, Strom und Spannung (schematisch)

Besonders groß ist der Spannungsbedarf beim Brennfleckbogen. Analog sind die Verhältnisse im Falle der Glimmentladung. Auch sie zeigt Hysterese, und die Wiederzündung wird durch hohe Frequenz begünstigt.

Bei sehr hohen Frequenzen werden die Elektrodenprozesse unwesentlich, da die Ladungsträger nur noch um eine Ruhelage hin- und herschwingen können (elektrodenlose Entladungen). Diese Hochfrequenzentladungen und Mikrowellenentladungen brennen kontinuierlich (d. h. ohne Erlöschen z. Z. der Spannungsumkehr) mittels des α-Prozesses, wobei weder die Verteilung der Raumladungen noch die Ionisation des Plasmas merklich von der Phase des Feldes abhängen. Auch die elektrodenlosen Ringentladungen (durch induzierte Felder hervorgerufen) sind hier zu erwähnen. Im Gebiet höchster Frequenzen schließen sich die durch fokussierte Laserstrahlung erzeugten Entladungen an, die im wesentlichen durch Vielphotonen-Ionisation eingeleitet werden.

c) Veränderliche Fremdionisation

Bei unselbständigen Entladungen kann eine Zeitabhängigkeit auch durch eine veränderliche äußere Ionisationsquelle bedingt sein. Wenn beispielsweise die

Heizstromstärke in einer fremdgeheizten Katode oder die Lichtintensität bei einer Photokatode schwankt, entstehen naturgemäß nichtstationäre Entladungen. Dasselbe gilt bei der Ionisation durch Einschuß einzelner Teilchen (z. B. GEIGER-Zähler).

5. *Zusammenfassung*

Die in den vorigen Abschnitten beschriebenen Entladungen sowie die Entladungs- und Durchschlagsmechanismen stellen nur einen sehr kleinen Ausschnitt aus der Vielfalt der verschiedenartigen Erscheinungen und Gesetzmäßigkeiten dar, die beim Durchgang des elektrischen Stromes durch Gase und Plasmen auftreten. Infolge der Abhängigkeit der Entladungen von der Form, der Größe und dem Abstand der Elektroden sowie von der Form des Entladungsgefäßes, von den mechanischen, thermischen und elektrischen Eigenschaften der Elektroden, ihrer chemischen Zusammensetzung und der Zusammensetzung des Gases, durch die Abhängigkeit vom Gasdruck, der Spannung und der Stromstärke ist diese zunächst verwirrende Vielfalt verständlich und — zumindest im Prinzip — auch erklärbar.

Alle Erscheinungen lassen sich zurückführen auf das Zusammenwirken einer großen Anzahl verschiedener Elementarprozesse; man kann sie deshalb aus den atomphysikalischen Grundlagen heraus ableiten, obgleich in vielen Einzelfällen die quantitative Theorie der Entladungsvorgänge wegen ihrer Kompliziertheit noch große Schwierigkeiten bereitet. Wir mußten uns hier mit einer z. T. nur recht summarischen Schilderung derjenigen Erscheinungen begnügen, die für die Erzeugung von Plasmen in Gasentladungen wichtig sind.

Literatur

[1] BÄR, R., Die Glimmentladung. Handbuch der Physik **14** (1927).
[2] BROWN, S. C., Breakdown in Gases: Alternating and High-Frequency Fields. Handbuch der Physik **22** (1956) 531.
[2a] COBINE, J. B., Gaseous Conductors. 1958.
[3] DOSSE, J., und MIERDEL, G., Der elektrische Strom im Hochvakuum und in Gasen, Leipzig 1945.
[4] ECKER, G., Electrode Components of the Arc Discharge. Erg. d. exakten Naturwiss. **33** (1961) 1.
[5] ECKER, G., und MÜLLER, K. G., Electrode Components of the Glow Discharge. Techn. Rep. FTR 2 (1961).
[6] v. ENGEL, A., und STEENBECK, M., Elektrische Gasentladungen, ihre Physik und Technik. Berlin 1934.
[7] v. ENGEL, A., Ionized Gases. Oxford 1955.
[8] FINKELNBURG, W., Hochstromkohlebogen. Springer-Verlag, Berlin/Göttingen/Heidelberg 1948.
[9] FINKELNBURG, W., und MAECKER, H., Elektrische Bögen und thermisches Plasma. Handbuch der Physik **22** (1956) 254.
[10] FRANCIS, G., The Glow Discharge at Low Pressure. Handbuch der Physik **22** (1956) 53.
[11] GÄNGER, B., Der elektrische Durchschlag von Gasen. Springer-Verlag, Berlin/Göttingen/Heidelberg 1953.

[12] HAGENBACH, A., Der elektrische Lichtbogen. Handbuch der Physik **14** (1927).
[13] KAPZOW, N. A., Elektrische Vorgänge in Gasen und im Vakuum. VEB Deutscher Verlag der Wissenschaften, Berlin 1955.
[14] LLEWELLYN JONES, F., Ionization Growth and Breakdown. Handbuch der Physik **22** (1956) 1.
[14a] LOEB, L. B., und MEEK, J. M., The Mechanism of the Electric Spark. 1941.
[15] LOEB, L. B., Electrical Breakdown of Gases with Steady or Direct Current Impulse Potentials. Handbuch der Physik **22** (1956) 445.
[15a] LOEB, L. B., Electrical Coronas, 1965.
[16] MAECKER, H., Der elektrische Lichtbogen. Ergebn. d. exakten Naturwiss. **25** (1951) 293.
[17] MEEK, J. M., und CRAGGS, J. D., Electrical Breakdown of Gases. Oxford 1953.
[18] MIERDEL, G., und SEELIGER, R., Handbuch der Experimentalphysik **13** (1929) 3.
[19] PENNING, F. M., Electrical Discharges in Gases. Eindhoven 1957.
[20] RAETHER, H., Die Entwicklung der Elektronenlawine in den Funkenkanal. Ergebn. d. exakten Naturwiss. **22** (1949) 73.
[21] RAETHER, H., Die Elektronenlawine und ihre Entwicklung. Ergebn. d. exakten Naturwiss. **33** (1961) 173.
[22] SEELIGER, R., Einführung in die Physik der Gasentladungen. Leipzig 1934.
[22a] THOMSON, J. J., und THOMSON, G. P., Conduction of Electricity through Gases. 1933.
[23] WARBURG, E., Die stille Entladung in Gasen. Funkenentladung. Handbuch der Physik **14** (1927).
[24] WEIZEL, W., und ROMPE, R., Theorie elektrischer Lichtbögen und Funken. Leipzig 1949.

Dr. E. Hantzsche, Prof. Dr. R. Rompe, Dr. H. Wolff

DER ELEKTRISCHE FUNKEN

1. Beschreibung der Funkenentladung

Als Funken bezeichnet man gewöhnlich die durch einen kurzen Lichtblitz und charakteristischen Knall begleitete elektrische Entladung eines Kondensators oder ähnl. über eine Gasstrecke, z. B. in atmosphärischer Luft. Äußerlich ist für einen Funken die hohe Anstiegssteilheit des Stromes bzw. der schnelle Zusammenbruch der Spannung an den Elektroden und die Auslösung einer mehr oder weniger heftigen Stoßwelle im umgebenden Medium kennzeichnend. Im Spektrum der Funkenentladung finden sich meist intensive Linien höherer Ionisationsstufen (sog. Funkenlinien), die auf hohe Temperaturen im Funkenplasma schließen lassen.

Eine genauere Definition des Funkens und eine Abgrenzung gegenüber anderen instationären Entladungserscheinungen ist äußerst schwierig, da die Variation der bestimmenden Parameter wie u. a. Gasart, Druck, Spannung, Elektrodenabstand und Geometrie, äußerer Stromkreis, Magnetfelder usw. eine schwer überschaubare Vielfalt von Erscheinungsformen der Funkenentladung hervorbringen. Loeb und Meek versuchen, den Funken als ein instabiles, irreversibles kurzzeitiges elektrisches Entladungsphänomen zu definieren, welches den Übergang von einem mehr oder weniger stabilen Zustand des Stromes zwischen Elektroden im Gas zu einem anderen, stabileren kennzeichnet.

Außer als Überbrückung einer Gasstrecke kommen Funken vor an der Grenzfläche von Gasen und Isolatoren als *Gleitfunken*. Diese zeichnen sich durch eine niedrigere Durchbruchsspannung, durch stärkere Fronten und hellere Lichterscheinungen aus, an denen das Material des Isolators beteiligt ist. Auch unter Flüssigkeiten, wie Öl oder Wasser, können zwischen Elektroden Funken entstehen, die ebenfalls sehr große Frontsteilheit und Strahlungsintensität aufweisen. Die Unterflüssigkeitsfunken haben äußerst starke Stoßwellen.

Es soll hier nicht der Versuch unternommen werden, sämtliche Entladungsformen, die demnach als Funken angesehen werden können, zu beschreiben. Vielmehr sollen die physikalischen Vorgänge am Beispiel des typischen Funkens erläutert werden, wie er etwa in Luft bei Atmosphärendruck, Elektrodenabständen von einigen Millimetern bis Zentimetern, Spannungen von einigen zehn kV und Kapazitäten des äußeren Kreises bis zu wenigen μF zu beobachten ist.

Man kann bei der Entwicklung eines Funkens mehrere Phasen unterscheiden. Die erste Phase ist der elektrische Durchschlag der Zwischenelektrodenstrecke.

Nach Anlegung der Spannung (normalerweise im kV-Bereich) werden die im Gas zufällig vorhandenen oder auf andere Weise (Bestrahlung, Fremdionisation) freigesetzten Elektronen beschleunigt und erzeugen durch Stoßionisation und bei Anregung genügend energiereicher Terme durch Photoeffekt im Gas neue Ladungsträger. Wenn die angelegte Spannung oberhalb der Paschen-Kurve (Zündkennlinie) liegt, können sich die entstehenden Elektronenlawinen zu Streamern mit Raumladungsdipolen entwickeln (s. Klass. Gasentladungsphysik, S. 50), die rasch zu den Elektroden vorwachsen. Nach wenigen 10^{-9} s (Aufbauzeit, wenn die angelegte Spannung das $1^1/_2$- bis 2-fache der statischen Durchschlagsspannung beträgt; bei 10% bis 30% Überspannung einige 10^{-8} s) entsteht dadurch ein dünner leitfähiger Kanal (Durchmesser $\lesssim 0{,}1$ mm) zwischen den Elektroden mit relativ geringer Elektronenkonzentration (10^{12} bis 10^{13} cm^{-3}) und hoher Elektronentemperatur (20 bis 30 eV; innerhalb des Elektronengases herrscht schon nach 10^{-12} bis 10^{-11} s thermisches Gleichgewicht), während die Gastemperatur $\approx$ Ionentemperatur wegen der kleinen Elektronenmasse noch fast unverändert ist (nichtisothermes Plasma). Infolge geringer Elektronenkonzentration herrscht noch kein merklicher Überdruck im Funkenkanal.

Die Durchbruchsfeldstärke in Luft beträgt bei 1 at zwischen ebenen Elektroden etwa 30 bis 50 kV/cm und ist noch vom Elektrodenabstand abhängig (Abb. 1). Der Strom wächst schon während der Durchbruchsphase schnell an, ist jedoch noch so klein, daß fast keine Energie dem Kondensator entzogen wird. Die angelegte Spannung (= Kondensatorspannung) bleibt praktisch konstant, und der Widerstand des Kanals ist am Ende der Durchbruchsphase noch beträchtlich ($>10^5\ \Omega$/cm).

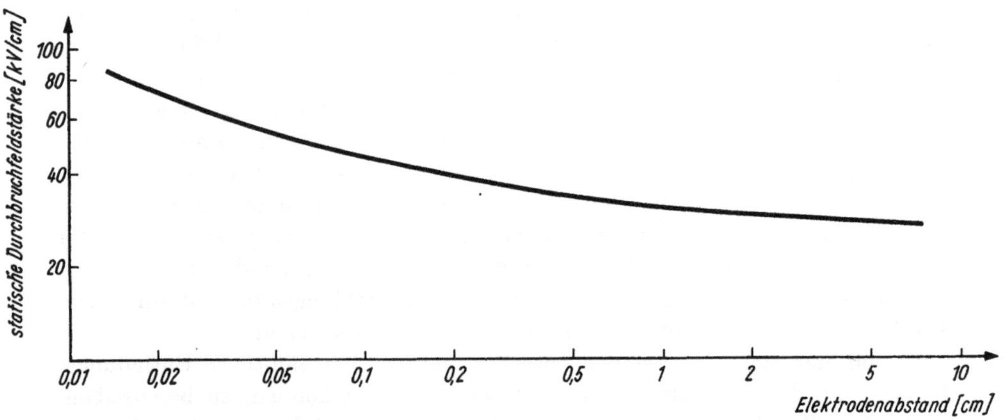

Abb. 1. Durchbruchsfeldstärke in Luft zwischen ebenen Elektroden als Funktion des Elektrodenabstandes (nach Gänger). Bei einer Kugelfunkenstrecke liegen die Durchbruchsfeldstärken höher (wegen der Inhomogenität des Feldes)

In der zweiten Phase der Funkenentwicklung steigt die Trägerdichte im Kanal hauptsächlich durch Stoßionisation rasch an, und es fließt ein sehr schnell wachsender Strom, durch den das Plasma im Kanal hochgeheizt wird. Die Zeitkonstante der Ionisation ist $<10^{-9}$ s (Luft bei 1 at), und nach wenigen 10^{-8} s ist der Widerstand des Kanals auf $<1\ \Omega/\mathrm{cm}$ abgesunken, wodurch die Elektrodenspannung zusammenbricht und auf Werte <100 V zurückgeht, die nicht wesentlich über der Brennspannung eines Bogens liegen. Gleichzeitig wird das Gas durch Elektronenstöße aufgeheizt, so daß sich die Temperatur der schweren Komponente der absinkenden Elektronentemperatur nähert. All diese Vorgänge, durch die das Funkenplasma aufgebaut wird, vollziehen sich demnach so schnell, daß Energieverluste durch Wärmeleitung, Konvektion oder Strahlung während dieser Phase keine wesentliche Rolle spielen. Die im Kondensator gespeicherte Energie wird deshalb größtenteils (über die OHMschen Verluste) in innere Energie des Funkenplasmas umgesetzt. Aus analogen Gründen bleibt der Kanalradius in diesem Stadium zunächst nahezu konstant (Strahlungsdiffusion und Trägerdiffusion sind zu langsam), doch setzt mit zunehmender Temperatur bereits eine radiale Beschleunigung des Gases ein. Der mit wachsender Elektronendichte und Temperatur schnell kleiner werdende OHMsche Widerstand des Kanals bestimmt im wesentlichen die Steilheit des Stromanstiegs, während die Parameter des äußeren Kreises zunächst unwesentlich sind.

Für diese zweite Phase ist das TOEPLERsche Funkengesetz anwendbar, eine empirische Beziehung, wonach der Widerstand R der durch den Kanal geflossenen Elektrizitätsmenge Q umgekehrt proportional ist:

$$R(t) = \frac{k\,l}{Q(t)}\,.$$

Dabei ist l die Kanallänge, und die Funkenkonstante k hat für Luft den Wert $k \approx 10^{-4}$ V/s cm^{-1}. Physikalisch besser begründet ist das Funkengesetz von ROMPE und WEIZEL, das aus einer Energiebilanz abgeleitet werden kann: Die Leitfähigkeit des Funkens ist der inneren Energiedichte u des Plasmas und damit der im Kanal umgesetzten Energie proportional, woraus folgt:

$$R(t) = \frac{2\,l^2\,p}{a\,C\,(U_0^2 - U^2)}\,.$$

C ist die Kapazität des Kondensators, U die Spannung, p der Druck, a ist nahezu konstant (für Luft ist $a/p \approx 20$ cm^2 s^{-1} V^{-2}).

Aus dem WEIZEL-ROMPEschen Funkengesetz lassen sich weitergehende physikalische Schlüsse ziehen. Auch für die praktische Anwendung wesentlich ist das Ergebnis, wonach bei gegebener Kondensatorspannung der Funken um so länger dauert, je größer der Elektrodenabstand ist; mit wachsendem Druck erhöht sich dagegen die Anstiegsgeschwindigkeit des Stromes, und die Spannung bricht schneller zusammen.

Ohne scharfe Grenze geht diese Phase des Funkens in das dritte Stadium über, in dem der Restwiderstand des Kanals durch Querschnittsvergrößerung so klein wird, daß die Parameter des äußeren Kreises (Kapazität C, Selbstinduktion L, äußerer Widerstand R_a) die weitere Entwicklung der Entladung bestimmen. Der Kondensator entlädt sich völlig, die Brennspannung des Funkens geht gegen den beim stationären Bogen beobachteten Wert, der Strom erreicht einen Maximalwert $I_{max} \approx U_0 \sqrt{\frac{C}{L}(1-\eta)}$ mit $\eta = 2\pi l r^2 u/U_0^2 C$ (z. B. $I_{max} = 10^2$ bis 10^4 A, r ist der Kanalradius) und wird dann wegen Erschöpfung des Kondensators wieder schnell kleiner. Lediglich bei stromschwachen Funken bestimmt der innere Widerstand anstelle der Selbstinduktion den weiteren Stromverlauf ($I_{max} \approx 2\,U_0/3\sqrt{3}\,R_m$, mit $R_m = R\,(U = 0)$). Je nach der Größe des Gesamtwiderstandes entsteht eine aperiodische Entladung oder eine gedämpfte Schwingung ($\omega \approx (L\,C)^{-1/2}$) mit erheblicher Phasenverschiebung zwischen Strom und Spannung und wenigen Oszillationen.

Die Plasmatemperatur wächst hierbei noch weiter an bis zu einem Maximum, das beträchtliche Zeit nach dem Strommaximum erreicht wird, also erst, nachdem die elektrische Entladung nahezu beendet ist. Da diese dritte Phase des Funkens länger dauert (bei einem typischen Funken in Luft z. B. einige 10^{-7} bis 10^{-5} s), können sich Elektronen- und Ionentemperatur einander angleichen, und es entsteht ein fast isothermes Plasma von ca. 30000 bis 50000 °K mit Elektronendichten von etwa 10^{17} bis 10^{18} cm^{-3}. Strahlung und andere Wärmeverluste sind im Vergleich zu der in dieser Phase im Kanal umgesetzten elektrischen Energie immer noch gering. Das Plasma des Funkenkanals ähnelt in diesem Stadium einer Bogensäule (s. Abschn. Klassische Gasentladungsphysik, S. 63).

Die Umsetzung der elektrischen Energie in sehr kurzer Zeit erfolgt zunächst in dem Gebiet höchster Leitfähigkeit. Durch Aufheizung der schweren Bestandteile, Atome und Ionen, entsteht ein Überdruck, ähnlich wie bei der Explosion eines Sprengstoffes. Es bildet sich eine radial nach außen laufende zylindrische Stoßwelle, die zunächst auch den Funkenkanal begrenzt. Ihre Geschwindigkeit beträgt anfangs 1—5 km/s, nimmt jedoch mit zunehmendem Radius der Welle allmählich bis zur Schallgeschwindigkeit ab. Ein wesentlicher Teil der dissipierten elektrischen Energie wird in der dritten Phase in kinetische Expansionsenergie umgewandelt; außerdem heizt die Stoßwellenfront das Gas auf. Kurze Zeit später löst sich die Stoßwelle von der Kanalwand, ab, und der Kanal dehnt sich dann nur noch wesentlich langsamer aus. Der größte Teil der elektrischen Energie ist bis zu diesem Zeitpunkt bereits umgesetzt worden. Gasdichte und -druck nehmen an der Stoßfront sprungartig zu, im Innern des Kanals ist die Dichte jedoch wesentlich kleiner als unter Normalbedingungen (Faktor 10^{-2} bis 10^{-3}), während der Druck bis ungefähr 10 at ansteigen kann; nach Ablösen der Stoßwelle sinkt er jedoch unter 1 at, und das Gas strömt zur Kanalachse zurück.

Die vierte und zeitlich längste Phase der Funkenentladung, das Nachleuchten des Funkens, beginnt dann, wenn die elektrische Entladung im wesentlichen beendet ist, und nach Ablösung der Stoßwelle vom Kanal. Durch ambipolare Diffusion des Plasmas, durch Wärmeleitung sowie durch Strahlungsdiffusion (die vom Plasma hauptsächlich emittierte UV-Strahlung wird im Gas stark absorbiert) dehnt sich der Kanal langsam weiter aus (Radius r einige mm), kühlt sich dabei ab und verliert vor allem durch Strahlung allmählich seine Energie, und zwar durch den langwelligen Anteil der Strahlung, der nicht im Gas reabsorbiert wird. Infolge der sinkenden Temperatur und Elektronenkonzentration wächst der elektrische Widerstand, und der restliche Entladungsstrom klingt rasch ab. Die den Kanal umgebende Hülle mit großem Dichtegradienten (zwischen Kanal und Stoßfront) löst sich auf.

Wegen der Vergrößerung der Oberfläche wird das Maximum der Kanalstrahlung erst kurz nach dem Temperaturmaximum erreicht. Das Spektrum dieser Strahlung ist „heißer" als das Bogenspektrum. Es enthält — neben einem kontinuierlichen Untergrund — Linien von 1- bis 2-fach ionisierten Gasatomen bzw. -molekülen sowie Linien von Ionen des Elektrodenmaterials, das teilweise verdampft wurde. Mit abnehmender Temperatur gerät ein immer größerer Anteil der Strahlung in den transparenten Frequenzbereich, die Abkühlung wird dadurch beschleunigt. Gleichzeitig wird das sich abbauende Plasma völlig isotherm.

Schließlich verschwindet das Plasma des früheren Funkenkanals, die Ladungsträger rekombinieren, die Strahlung klingt ab und die Temperatur geht allmählich auf den Ausgangswert zurück. Einzelne Ladungsträger können jedoch zurückbleiben, sie rekombinieren nur sehr langsam oder wandern durch Diffusion ab. Die Zündung eines neuen Funkens wird durch diese Restionisation begünstigt.

2. *Vorkommen und Anwendung des Funkens*

Die Variation der Parameter in weiten Grenzen bringt eine reiche Vielfalt von Erscheinungsformen der Funkenentladung hervor, die wegen ihrer spezifischen Eigenschaften interessante technische Anwendungen gefunden haben. Dabei gilt trotz der vielen äußerlichen Unterschiede im grundsätzlichen das im vorangegangenen Abschnitt gesagte. Lediglich die relative Bedeutung der einzelnen Phasen des Entladungsvorganges und ihr zeitlicher Verlauf verschieben sich (bzw. man bemüht sich, sie besonders zu züchten oder zu unterdrücken). Auch die Vorgänge zur Einleitung des Funkens gewinnen für die technische Anwendung erhöhte Bedeutung und können zu einer Klassifizierung in Durchschläge nahe der statischen Durchbruchsspannung, Durchschläge unter der Wirkung hoher Überspannungen und Durchschläge infolge intensiver Fremdionisation herangezogen werden.

In der Natur kommen Funken vor als großartiges Naturschauspiel des Blitzes. Der Blitz ist ein komplizierter Funken, der sich über viele Kilometer erstrecken kann. In seiner Stoßwelle ist sehr erhebliche mechanische Energie enthalten, die große Zerstörungen an Gebäuden und Bäumen anrichten kann.

Die Blitze sind Quelle ständiger Gefährdung der Energiefreileitungen. Durch den Blitzeinschlag in eine Freileitung wird häufig Kurzschluß der Hochspannungsleitung hervorgerufen. In früheren Jahren hat man sich durch Erdung über eine sog. Petersen-Drossel geholfen, die den Kurzschlußstrom zur Erde begrenzte. Seitdem man die Netze mit starrer Erde betreibt, muß jeder Kurzschluß durch Abschalten des betroffenen Netzteiles abgetrennt und unschädlich gemacht werden, was natürlich die Energieversorgung erheblich stört.

Die den Radio-Empfang mit wachsender Wellenlänge störenden „Atmospherics" — atmosphärisches Rauschen — gehen ebenfalls auf Blitze zurück. Durch Rahmenpeilungen konnte festgestellt werden, daß der Hauptanteil der Atmospherics auf die zahlreichen Blitze der täglichen tropischen Gewitter zurückgeht.

Die historisch erste technische Anwendung des Funkens war die Erzeugung von Hochfrequenzschwingungen durch Feddersen und H. Hertz. Hierbei wirkte der Zusammenbruch des Widerstandes der Funkenstrecke als Schalter für einen Schwingkreis, dessen Energie auf dem Kondensator gespeichert war. Diese Methode ist fast ganz aus der Technik verschwunden, da es damit nicht gelingt, schmalbandige, kohärente elektromagnetische Schwingungen zu erzeugen.

Dagegen sind ungewollte Funken an Schaltkontakten und Kollektoren von Elektromotoren sowie die Zündfunken in Otto-Motoren Quellen erheblicher Störstrahlung, die sich über große Wellenlängenbereiche (von einigen Kilometern bis zu wenigen Zentimetern Wellenlänge) erstreckt und zu deren Bekämpfung umfangreiche Schutzmaßnahmen erforderlich sind.

Die technischen Anwendungen der Funken erstrecken sich heute vorwiegend auf den Einsatz als Schalter, als Impulslichtquelle und zur Materialbearbeitung. Weiterhin sind einige Sonderanwendungen gebräuchlich, zu denen der Funken als spektroskopische Lichtquelle und seit einiger Zeit die Funkenkammern zur Sichtbarmachung der Spuren ionisierender Teilchen zählen.

Die Verwendung des Funkens als Schalter in der Hochspannungs-Impulstechnik geht hauptsächlich auf die Arbeiten von Ludwig Binder in den 30er Jahren zurück. Damals wurden bereits beachtliche Ergebnisse in der Mikrosekunden-Hochspannungs-Impulstechnik erzielt. Mit der raschen Entwicklung der physikalischen Forschung und der Technik ab 1950 waren ständig steigende Forderungen an die Hochspannungs-Impulstechnik verbunden, die in der Richtung kürzerer Impulse und höherer Amplituden lagen. Die Physik hoher Energien, die Technik der Teilchenbeschleuniger, die Forschungen zur gesteuerten Kernfusion und Plasmaphysik, die Untersuchung von Hochgeschwindigkeitsvorgängen in der Ballistik und Materialverformung, Drahtexplosionen, Durchschlagsphänomene in Halbleitern und Dielektrika und neuerdings die Laserphysik benötigen für ihre Experimente eine hochentwickelte Nanosekunden-Impulstechnik hoher Spannungsamplituden. Als Schaltelemente kommen für die Impulstechnik im wesentlichen nur das Wasserstoffthyratron und die Funkenstrecke in Betracht. Die Anwendung des Thyratrons ist sowohl hinsichtlich der schaltbaren Spannung und Ströme mit etwa

30 kV bzw. wenigen Kiloampere als auch hinsichtlich der erreichbaren Frontsteilheiten mit bestenfalls 10^{-8} s begrenzt. Mit Funkenstrecken erreicht man dagegen Schaltzeiten bis zu 10^{-10} s herab, es können Ströme im Megaampere-Bereich kommutiert werden, und man beherrscht Spannungen bis zu 10^6 Volt. Die Auslegung der Funkenstrecken muß den jeweils angestrebten Zielen entsprechend geschehen. Um beispielsweise Hochspannungsimpulse mit möglichst steiler Front zu erhalten, muß die 2. Phase der Funkenentwicklung, während der der Funkenwiderstand von praktisch unendlichen Werten auf die Größenordnung von einem Ω zurückgeht, möglichst kurzzeitig verlaufen. Bei erhöhtem Gasdruck und Betrieb der Funkenstrecke möglichst weit über der statischen Durchbruchsspannung und Wahl geeigneter Elektroden lassen sich die kürzesten Schaltzeiten erreichen (vgl. Funkengesetz von Rompe und Weizel). Die Dauer des 3. Funkenstadiums wird dann gewöhnlich durch den äußeren Kreis, das impulsformende Netzwerk bestimmt, wobei der Funkenwiderstand und seine Selbstinduktion bei geeigneter Konstruktion gegenüber den Werten des äußeren Kreises vernachlässigt werden können. Werden Impulse mit größerer Wiederholungsfrequenz verlangt, so muß auch der vierten Funkenphase, in der die Leitfähigkeit abklingt, Aufmerksamkeit geschenkt werden. Diese von Diffusions- und Rekombinationsvorgängen bestimmte Phase ist vor allem gasartabhängig, aber auch Druck, Elektrodenmaterial und -geometrie sowie die Größe der zuvor durch die Strecke hindurchgegangenen Ladung haben merklichen Einfluß. Die relativ langen Wiederverfestigungszeiten in Schaltfunkenstrecken lassen kaum 1 kHz übersteigende Schaltfrequenzen zu.

Weit verbreitet sind Anwendungen des Funkens als Impulslichtquelle. Schon Mitte des vorigen Jahrhunderts hat Fox Talbot mittels Funkenbeleuchtung erstmals schnellverlaufende Vorgänge fotografiert; bis heute hat dieses Verfahren seine Bedeutung behalten und wurde zu großer Vollkommenheit entwickelt. Es gelingt, Auflösungszeiten bis zu 10 ns herab zu erhalten, die neuerdings nur noch von Impulslasern geringfügig unterboten werden können. Nur in seltenen Fällen benutzt man heute noch offene Funken in Luft als Impulslichtquelle. Je nach Anwendungszweck hat man durch Wahl spezieller Gasgemische, Druckbereiche und Gefäßdimensionen Impulslichtquellen mit hoher Lichtausbeute, steiler Front und schnellem Abklingen des Leuchtvorganges, großer Leistung oder Energie und hoher Impulsfolge entwickelt. Impulslampen werden in verschiedenster geometrischer Form gebaut, die Verwendung finden in wissenschaftlichen und medizinischen Geräten, in Lichtblitzstroboskopen, Warnleuchten und Flugzeugbefeuerungen, in Kopierapparaten und Bildtelegrafen, in der Automatik, Nachrichtenübertragung und vielem mehr. Besonders sind die Impulslampen in der Fotografie unter der Bezeichnung „Elektronenblitz" bekanntgeworden. Zu den unerschöpflichen Anwendungsmöglichkeiten der Impulslampen ist seit einiger Zeit ihre Verwendung als Pumplichtquelle für Festkörper-Laser hinzugekommen, wodurch die Entwicklung von Lampen hoher Energiedichte forciert wurde.

Zur Erzielung sehr kurzer Lichtblitze benutzt man kurze Funken in Molekülgasen vorzugsweise bei höheren Drücken. Die mit sehr hohen Überspannungen zu zündenden Funken werden in induktionsarmen äußeren Kreisen mit geringem Ohmschen Widerstand betrieben. Man erhält so steile Vorderflanken des Lichtimpulses und eine kurze Abklingphase, wobei die dritte, quasistationäre Phase der Funkenentwicklung weitgehend unterdrückt wird. Begrenzt man das lawinenartige Anwachsen des Stromes z. B. durch den Kanalradius einschränkende Wände oder durch Verlängerung des Kanals, so bildet sich die quasistationäre Entladungsphase deutlicher aus. Noch ausgeprägter wird die quasistationäre Entladungsphase in Edelgasen, da dort wegen des Ramsauer-Effektes sehr bald die direkte Proportionalität zwischen Ionisierungsgrad und Stromdichte aufhört (bei Ionisierungsgraden von etwa 10^{-4}) und auf diese Weise der Stromanstieg gebremst wird. Die weit verbreiteten edelgasgefüllten röhrenförmigen Impulslampen, zu denen auch der „Elektronenblitz" zählt, haben eine lange, bei einigen Lampentypen bis 10 ms andauernde quasistationäre Entladungsphase. Das wird durch die Kanalbegrenzung und besonders durch den sehr großen Elektrodenabstand und den damit stark herabgesetzten Feldgradienten erreicht. Unter diesen Verhältnissen kann die Impulsentladung nur noch durch eine kurze Fremdionisierung, z. B. durch einen Hochspannungs- bzw. Hochfrequenzimpuls gezündet werden.

Zu den Entladungen mit künstlich verlängertem Kanal kann übrigens auch die Entladung im Metalldampf eines explodierenden Drahtes gezählt werden.

Die Lichtausbeute bei Lampen für kurze Lichtimpulse ist in grober Näherung dem Atomgewicht der Gase direkt proportional, während bei den röhrenförmigen, langsamen Impulslampen ähnliche Zusammenhänge wie bei Bogenentladungen gelten.

In den letzten Jahrzehnten ist der Funken in der Materialbearbeitungstechnik mit Erfolg eingesetzt worden. Es handelt sich hierbei im wesentlichen um die Ausnutzung der mechanischen Energie der Stoßwelle des Funkens. Zur spanlosen Schnellverformung von Metallen und sogar zur Zerkleinerung von Gestein benutzt man Unterwasserfunken, deren Stoßwelle besonders ausgeprägt ist. Die Funkenentladung findet dabei im Wasserdampf statt.

Die bei kurzen, stromstarken Funken merkliche Materialübertragung zwischen den Elektroden (Funkenerosion) wird z. B. zum Bohren feiner Löcher in Hartmetalle verwendet.

Aus der großen Zahl der bekannten Anwendungen sei schließlich noch die Funkenkammer zur Aufnahme der Bahnen schneller ionisierender Teilchen, z. B. Protonen oder μ-Mesonen, erwähnt. Tritt ein solches Teilchen quer durch zwei parallele Elektrodenplatten hindurch, so wird an der Stelle des Durchtritts das zwischen den Platten befindliche Gas ionisiert. Wird gleichzeitig eine geeignete Spannung angelegt so schlägt an dieser Stelle zwischen den beiden Platten ein Funke über. Die Funkenkammer besteht aus einer größeren Anzahl solcher paralleler und äquidistanter Platten, zwischen denen sich ein Gas von

Tabelle 1. Technische Daten einiger Blitzlampentypen

Typ	Firma/Land	Kolben-material	Kolbenform	Abmessungen des leucht. Teils [mm]	Energie [Joule]	Betriebs-spannung [V]	Blitzfolge [s]	Blitzdauer [ms]
ИФК 120	UdSSR	Glas	U-förmig	5 × 23 × 30	120	300	10	1
ИФК 80000	UdSSR	Quarz	Spirale	⌀ 132	70000	6000	4	5
ИФП 15000	UdSSR	Quarz	Gerade	⌀ 10 × 580	15000	2400	12	4,5
ИСП 70	UdSSR	Quarz	Gerade	⌀ 0,5 × 70	0,18	1200	0,002	0,025
ИСШ 300	UdSSR	Glas	Gerade	⌀ 1 × 6,5	0,75	6300	0,002	0,002
SF 1	England	Quarz	Spirale	⌀ 70 × 100	16000	4000	—	3
LSD 10	Mullard England	Quarz	Spirale	⌀ 60 × 30	10000	4000	—	—
LSD 5	Mullard England	Glas	Spirale	⌀ 64 × 130	1000	—	10	0,5
BL 855q	Osram BRD	Quarz	Spirale	⌀ 28 × 50	500	2000	10	0,3
XB 502	Pressler DDR	Glas	Spirale	⌀ 48 × 35	500	2500	—	—
103740	Philips Holland	Quarz	Ω-förmig	⌀ 6 × 28	500	—	30	1,5
LSD 24	Mullard England	Glas	U-förmig	⌀ 30 × 62	100	1000	10	0,15
BL 512	Osram BRD	Glas	Gerade	⌀ 5 × 40	70	500	6	1,5
XB 202	Pressler DDR	Glas	Spirale	⌀ 24 × 50	200	1000	—	—
LSD 18	Mullard England	Quarz	Gerade	⌀ 7 × 460	2500	2000	30	1,2
FT 17A	General Electric	Quarz	zylindr. Spirale	⌀ 65 × 105	384000	4000	4	4,2
FX 57	E. G. G.	Quarz	Gerade	⌀ 12 × 165	13000	—	—	3
FX 56	E. G. G.	Quarz	Gerade	⌀ 28 × 165	20000	—	—	3
S 597	Silvania	Glas	Gerade	⌀ 7 × 130	5	500 – 800	0,05	0,07
S 706	Silvania	Glas	Gerade	⌀ 2,5 × 26	0,035	425 – 600	—	0,005
FX 2	E. G. G.	Quarz	Spirale	⌀ 13 × 16	1,25	8000	100	0,002

etwa Atmosphärendruck befindet. Die zu untersuchenden Teilchen treten ungefähr senkrecht zur Ebene der Platten in die Kammer ein. Vorher durchlaufen sie zwei Koinzidenz-Zähler, welche bewirken, daß durch den Eintritt eines Teilchens ein Spannungsimpuls an das Plattensystem gelegt wird. Dieser löst in jeder der Gasschichten zwischen je zwei Platten einen Funken aus und zwar genau an der Stelle, an welcher die Bahn des Teilchens die betreffende Gasschicht durchsetzt. Alle gleichzeitig auftretenden Funken zusammen ergeben also ein Bild der Teilchenbahn. Besteht die Gasfüllung aus einem Edelgas-Gemisch, so können nebeneinander die Bahnen mehrerer die Kammer gleichzeitig durchlaufender Teilchen sichtbar gemacht werden.

Wegen der großen mittleren Materiedichte des aus Platten und Gasschichten bestehenden Raumes der Funkenkammer eignet sich diese besonders für Teilchen sehr hoher Energie. Das räumliche Auflösungsvermögen ist natürlich geringer als das der Nebel- oder Blasenkammer, immerhin gelingt es, die Ortskoordinaten einer Teilchenbahn auf etwa 0,5 mm genau zu bestimmen. Das von den Funken ausgehende Licht ermöglicht die fotografische Aufnahme der Teilchenbahnen ohne besondere Lichtquelle. Ein besonderer Vorteil der Funkenkammer liegt aber in der Möglichkeit, nicht das Licht, sondern die von den einzelnen Funken ausgehenden Stoßwellen zu ihrer Ortung zu benutzen. Zu diesem Zwecke werden mittels geeignet angebrachter Mikrophone die Laufzeiten der einzelnen Stoßwellen gemessen und an einen Elektronenrechner gegeben, welcher daraus sogleich die geometrischen Parameter der Teilchenbahnen berechnet. Auf diese Weise stehen die Ergebnisse der einzelnen Aufnahmen sofort zur Verfügung und der erhebliche Zeitaufwand, welcher bei Nebel- und Blasenkammern für die Entwicklung und Ausmessung der fotografischen Aufnahmen notwendig ist, fällt fort.

Literatur

[1] GÄNGER, B., Der elektrische Durchschlag von Gasen, Springer-Verlag Berlin 1953.
[2] MEEK und CRAGGS, Electric breakdown of gases. Clarendon Press, Oxford 1953.
[3] ROMPE, R., und WEIZEL, W., Theorie elektrischer Lichtbögen und Funken. J. A. Barth, Leipzig 1949.
[4] LLEWELLYN JONES, Ionization breakdown in gases. Methnen, London 1957.
[5] И. С. Маршак, Импульсные источники света. Москва-Ленинград 1963.
[6] Г. А. Воробьев, Г. А. Месяц, Техника формирования высоковольтных наносекундных импульсов. Госатомиздат, Москва 1963.
[7] LOEB und MEEK, The mechanism of the electric spark. Univ. Press, Stanford 1941.

Dr. Joachim Jäger

Institut für Biophysik der Deutschen Akademie der Wissenschaften zu Berlin, Berlin-Buch

PLASMADIAGNOSTIK

Die Plasmadiagnostik hat die Aufgabe, makroskopische Kenndaten eines Plasmas durch geeignete Methoden zu bestimmen. Zu diesen Daten gehören u. a.:

T_e, T_i und T_0	Elektronen-, Ionen- und Neutralgastemperatur
n_e, n_i und n_0	Elektronen-, Ionen- und Neutralgasdichte
ϱ und p	Massendichte und Druck
$\mathfrak{E}$ und $\mathfrak{B}$	elektrische und magnetische Feldstärke
$\mathfrak{j}$	Stromdichte
σ	elektrische Leitfähigkeit
$\mathfrak{b}_e$ und $\mathfrak{b}_i$	Elektronen- und Ionenbeweglichkeit
$\mathfrak{v}_e$, $\mathfrak{v}_i$ und $\mathfrak{v}_0$	Driftgeschwindigkeit der Elektronen, Ionen und Neutralteilchen
$\mathfrak{v}$	Massenströmungsgeschwindigkeit
$\varkappa$	Wärmeleitfähigkeit
ε	Dielektrizitätskonstante.

Es muß darauf hingewiesen werden, daß die Messung der aufgeführten Kenngrößen stationäre oder zumindest quasistationäre Zustände im Plasma voraussetzt. Andernfalls ist ein Teil der Parameter gar nicht definiert. Bei zeitlich variierenden Plasmen heißt das, die Einstellzeiten für die verschiedenen Freiheitsgrade im Plasma müssen klein sein gegenüber der Zeit, mit der sich die Plasmaparameter infolge äußerer Einwirkung ändern. In Plasmen hoher Dichte ist diese Bedingung selbstverständlich schneller erfüllt als in Niederdruckplasmen.

Wir wollen hier nicht diese einzelnen Größen der Reihe nach betrachten und die Möglichkeiten ihrer Bestimmung untersuchen, sondern von einzelnen diagnostischen Methoden ausgehen und dabei feststellen, welche Daten sich mit ihnen bestimmen lassen.

Demzufolge teilen wir diesen Beitrag in die folgenden Abschnitte:

1. einfache Messungen außerhalb des Entladungsraumes,
2. Messungen innerhalb des Entladungsraumes (Sondenmessungen),
3. photographische Methoden,

4. spektroskopische Methoden,
5. Mikrowellenmethoden,
6. energiereiche Strahlen aus Plasmen.

1. Einfache Messungen außerhalb des Entladungsraumes

Unter einfachen Messungen verstehen wir hier Messungen mit normalen Strom-Spannungsmeßinstrumenten. Da diese Messungen außerhalb des Entladungsraumes stattfinden, werden auf das Plasma keine störenden Einflüsse ausgeübt. Jedoch ist die Zahl der zu messenden Größen gering.

Der Gesamtstrom durch die Entladung und die Spannung zwischen Katode und Anode einer Entladung können auf die übliche Weise gemessen werden. Diese direkten Messungen versagen allerdings bei stromstarken Entladungen, die z. B. bei Hochtemperaturplasmen auftreten. Die Stromstärken liegen hier bei mehreren 100 kA bis zu einigen Millionen Ampere, wobei $\frac{dI}{dt}$-Werte von $10^9 - 10^{13}$ A/s auftreten. Diese Stromwerte werden mit Stromwandlern spezieller Bauart (ROGOWSKY-Spulen) gemessen. Die Arbeitsweise dieser ROGOWSKY-Spulen soll hier nicht näher behandelt werden. Es kann als bekannt vorausgesetzt werden, daß durch geeignete Methoden sowohl der Strom I als auch die zeitliche Änderung von I, $\frac{dI}{dt}$, gemessen werden kann.

Aus der Stromstärke und dem optischen Entladungsquerschnitt läßt sich einfach, wenn auch nicht sehr genau, die Stromdichte $\mathfrak{j}$ bestimmen.

Aus der gemessenen Spannung zwischen Katode und Anode erhält man einen Mittelwert für die elektrische Feldstärke $\mathfrak{E}$ im Plasma. Wenn man einen geschätzten Betrag für die Elektrodenfälle abzieht, erhält man auf diese Weise, z. B. bei einer Bogenentladung unter Voraussetzung von Zylindersymmetrie, in erster Näherung die Bogenspannung. Die Resultate werden um so genauer, je länger die Bogensäule ist, da die Elektrodenfälle nicht vom Abstand der Elektroden abhängen. Unter der Voraussetzung von Zylindersymmetrie ist das exakte Meßverfahren für $\mathfrak{E}$ einer Bogenentladung die Bestimmung der Brennspannungsänderung mit der Längenänderung. Aus der ermittelten Stromdichte $\mathfrak{j}$ und der Feldstärke $\mathfrak{E}$ kann eine effektive elektrische Leitfähigkeit bestimmt werden: $\mathfrak{j} = \sigma \mathfrak{E}$. Die auf diese Weise erhaltene Leitfähigkeit ist natürlich nur eine grobe Abschätzung, da sie auf der (meist nicht erfüllten) Voraussetzung strenger Homogenität beruht.

2. Messungen im Entladungsraum

Die Messungen im Entladungsraum werden mit Hilfe von Sonden durchgeführt.

Am bekanntesten ist die sog. LANGMUIR-Sonde, die bereits an anderer Stelle erwähnt ist (s. S. 26).

Wie dort gezeigt wurde, lädt sich eine isolierte Sonde auf ein Potential U_0 auf, das gegenüber dem Raumpotential U_p negativ ist. Der zur Sonde fließende Gesamtstrom (Elektronenstrom I_e und Ionenstrom I_i) ist gleich Null. Prägt man aber der Sonde gegenüber einer Bezugselektrode (Kathode, Anode) eine Spannung U_B auf, so ändert sich der Sondenstrom I_s in Abhängigkeit von der aufgeprägten Spannung — wir erhalten eine sog. Sondencharakteristik $I_s = f(U_B)$

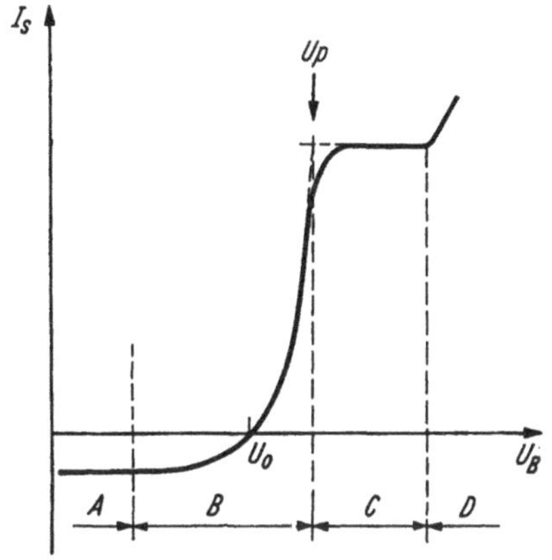

Abb. 1. Schema einer Sondenkennlinie (s. Text)

(Abb. 1). Die Sondencharakteristik besteht aus folgenden charakteristischen Bereichen:

Bereich A ($U_B \ll U_0$): Zur Sonde fließt nur der (positive) Ionenstrom (Ionensättigungsgebiet).

Bereich B ($U_B < U_0$ bis $U_B \leq U_p$): Dem Ionenstrom überlagert sich der Elektronenstrom; der Gesamtstrom nimmt ab, ändert schließlich sein Vorzeichen (bei U_0) und $|I_s|$ steigt rasch an (Anlaufgebiet).

Bereich C ($U_B > U_p$): Die Sonde beginnt, positive Ionen abzustoßen. Da die mittlere Geschwindigkeit der Ionen sehr viel kleiner ist als die der Elektronen, ist der Ionenstrom sehr viel kleiner als der Elektronenstrom — es fließt praktisch nur der Elektronenstrom (Elektronensättigungsgebiet).

Bereich D ($U_B \gg U_p$): Die Sonde saugt die Elektronen aus dem Plasma an, sie wird zur Anode.

Der Elektronenstrom wird im allgemeinen als positiver Sondenstrom bezeichnet.

Die Sondenkennlinie liefert also Informationen über das Plasmapotential U_p in der Sondenumgebung, die Ionen- und Elektronenstromdichten.

Auf eine Ableitung der Theorie der Sondencharakteristik und auf eine genaue Beschreibung der Auswertemethode muß im Rahmen dieses Beitrags verzichtet werden (s. z. B. GRANOWSKI, S. 288ff.).

Die Sondencharakteristiken unterscheiden sich je nach der verwendeten Sondenform. Liegt eine MAXWELL-Verteilung der Geschwindigkeiten vor, so gilt bei ebenen Sonden im Bereich A:

$$I_s = I_i = S \frac{e\, n_i}{4} \bar{v}_i \,,$$

S: Sondenfläche (einschließlich der sie umgebenden Schicht),

$\bar{v}_i = \sqrt{\frac{8\, k\, T_i}{\pi\, M}}$: mittlere Ionengeschwindigkeit (s. S. 13);

und im Bereich C:

$$I_s = I_e = S \frac{e\, n_e}{4} \bar{v}_e \,,$$

$\bar{v}_e = \sqrt{\frac{8\, k\, T_e}{\pi\, m}}$: mittlere Elektronengeschwindigkeit.

Bei der Zylinder- und der Kugelsonde sind die Ströme nicht mehr gesättigt; sie steigen mit wachsender bzw. fallender Sondenspannung weiter an.

Im Anlaufgebiet gilt jedoch unabhängig von der Sondenform

$$I_s = I_i + S \frac{e\, n_e}{4} \bar{v}_e\, e^{-\frac{e\,(U_p - U_B)}{k\, T_e}} .$$

Bei einer MAXWELL-Verteilung der Geschwindigkeiten liefert also die halblogarithmische Darstellung einen linearen Zusammenhang zwischen $\ln I_e = \ln (I_s - I_i)$ und $(U_p - U_B)$ (I_i kann aus dem Ionensättigungsgebiet ermittelt werden).

Die Neigung der Geraden beträgt $-\frac{e}{k\, T_e}$ und liefert die Elektronentemperatur T_e. Aus dem Elektronenstrom und der Elektronentemperatur läßt sich dann die Elektronendichte n_e bestimmen. Der Ionenstrom liefert die Ionentemperatur T_i.

Die allgemeine Beziehung zwischen dem Sondenstrom und der Sondenspannung lautet bei beliebiger Geschwindigkeitsverteilung der Elektronen für die Kugel- und ebene Sonde im Anlaufgebiet:

$$I_s = I_i + S \frac{e\, n_e}{4} \int\limits_{\sqrt{2\, e\, (U_p - U_B)/m}}^{\infty} v_e\, F(v_e) \left(1 - \frac{2\, e\, (U_p - U_B)}{m\, v_e^2}\right) dv_e \,,$$

$F(v_e)$: Geschwindigkeitsverteilung der Elektronen.

(Den Faktor $\left(1 - \frac{2\, e\, (U_p - U_B)}{m\, v_e^2}\right)$ liefert die Abhängigkeit vom Einfallswinkel der Elektronen.)

Das Einsetzen der MAXWELL-Verteilung (s. S. 13) liefert die oben aufgeführte Gleichung. Liegt keine lineare Abhängigkeit zwischen $\ln I_e$ und $(U_p - U_B)$ vor, so läßt sich die Geschwindigkeitsverteilung durch zweifache Differentiation der Sondenkennlinie ermitteln. Aus

$$\frac{d^2 (I_s - I_i)}{d^2 (U_p - U_B)} = S \frac{e^2 n_e}{4 m (U_p - U_B)} F\left(\sqrt{2 \frac{e}{m} (U_p - U_B)}\right)$$

oder

$$F\left(\sqrt{2 \frac{e}{m} (U_p - U_B)}\right) = \frac{4 m (U_p - U_B)}{e^2 n_e \cdot S} \frac{d^2 (I_s - I_i)}{d^2 (U_p - U_B)}$$

erhält man den Wert der Verteilungsfunktion für die entsprechende Teilchengeschwindigkeit $v_e = \sqrt{2 \frac{e}{m} (U_p - U_B)}$.

Nach dieser kurzen Zusammenfassung erscheint die LANGMUIR-Sondenmessung als die ideale Untersuchungsmethode für ein Plasma. Die Messungen können aber nur unter bestimmten Bedingungen durchgeführt werden, dadurch wird die Anwendbarkeit dieser Methode eingeschränkt.

Es muß gesichert sein, daß das Sondenvolumen (einschließlich der die Sonde umgebenden Ionenschicht) sehr viel kleiner ist als das Plasmavolumen. Der Sondenstrom muß sehr viel kleiner sein als der Entladungsstrom. Daraus folgt eine untere Begrenzung für den Druck, die Ladungsträgerkonzentration und die Stromdichte:

$$p \approx 10^{-4}\,\text{Torr}, \; n_i, n_e \approx 10^8\,\text{cm}^{-3} \quad \text{und} \quad j \approx 10^{-7} \text{ bis } 10^{-8}\,\text{A} \cdot \text{cm}^{-2}.$$

Ferner wird vorausgesetzt, daß die Elektronen, welche die Ionenschicht erreichen, auch die Sonde erreichen, ohne Stöße zu erleiden. Daraus ergibt sich aus der mittleren freien Weglänge der Elektronen als obere Grenze für den Druck $p \approx 1$ Torr.

Neben der Störung des Plasmas infolge Einbringung der Sonde, die unter den oben genannten Bedingungen aber vernachlässigbar ist, können andere Effekte die Sondenmessungen verfälschen. Angeregte Gasmoleküle (besonders metastabile), Photonen und schnelle Elektronen verursachen Sekundärelektronenemission an der Sondenoberfläche; Reflexionen treten auf, die nicht von der Sonde erfaßt werden; absorbierte Gasschichten verursachen Kontaktpotentiale, so daß das wirkliche Potential der Sondenoberfläche sich vom aufgeprägten unterscheidet.

Bei Anwesenheit von Magnetfeldern versagt die Methode wegen der starken Beeinflussung der Elektronen durch das magnetische Feld. Schließlich wird bei sehr hohen Elektronenströmen die Sonde heiß und damit selbst zu einem Elektronenemitter.

Bei der Auswertung von Sondenmessungen müssen die möglichen Fehlerquellen sorgfältig geprüft werden.

Die Sondentechnik ist in mancherlei Hinsicht erweitert worden, um die Anwendbarkeit zu vergrößern. Von den verschiedenen Abwandlungen soll hier nur die Doppelsondenmethode erwähnt werden. Bei der Doppelsonde handelt

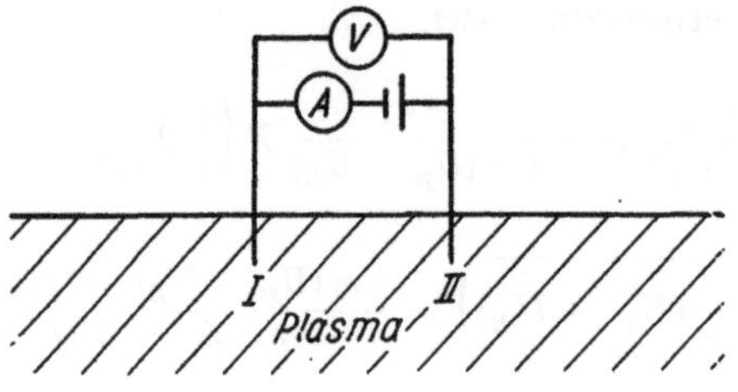

Abb. 2. Schema einer Doppelsonde

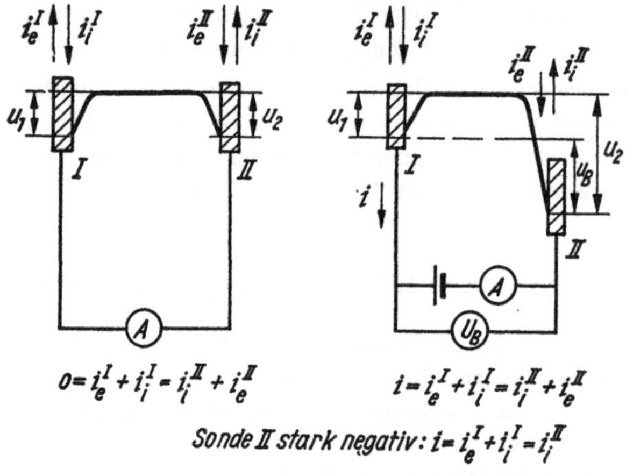

Abb. 2a und b. Arbeitsweise einer Doppelsonde

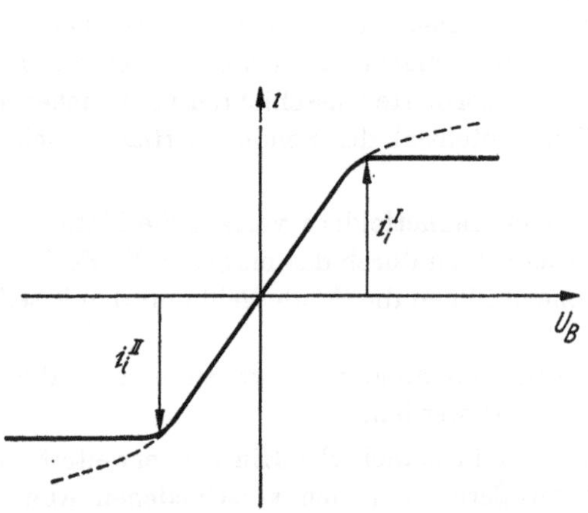

Abb. 2c. Strom-Spannungs-Charakteristik einer Doppelsonde

es sich um zwei LANGMUIR-Sonden in geringer Entfernung voneinander (Abb. 2). Diesen beiden Sonden wird eine Potentialdifferenz aufgeprägt; das ganze System ist jedoch nicht mit einer Elektrode (Katode, Anode) verbunden. Deshalb bezeichnet man diese Methode auch als Methode der „schwimmenden“ Sonden. Die Theorie der Sondencharakteristik unterscheidet sich von der für die Einzelsonde und macht Gebrauch vom KIRCHHOFFschen Stromgesetz, welches besagt, daß der Gesamtstrom $i_e + i_i$, der aus dem Plasma in den Stromkreis fließt, gleich Null sein muß. Wir wollen das an Hand der Abb. 2a — 2c verdeutlichen. Ist wie in Abb. 2a keine Potentialdifferenz vorhanden, so fließt im Kreis kein Strom, die Sonden laden sich, wie bei der Einzelsonde, negativ gegen das Plasmapotential auf ($U_1 = U_2$). Wird nun eine Spannung U_B angelegt, wie in Abb. 2b, so müssen sich die Sondenpotentiale so einstellen, daß das KIRCHHOFFsche Stromgesetz erfüllt ist: in unserem Fall erhält die Sonde II die Potentialdifferenz $-U_2$ gegenüber dem Plasmapotential, während sich Sonde I in positiver Richtung verschiebt ($U_2 - U_1 = U_B$). Sonde II kann jetzt nicht mehr so viel Elektronen aufnehmen wie I, es fließt ein Strom i. Wird die Spannung U_B vergrößert, so wird Sonde II so stark negativ gegenüber dem Plasmapotential, daß keine Elektronen Sonde II mehr erreichen können, der im Kreis fließende Strom ist gleich dem Ionenstrom zur Sonde II, und Sonde I nimmt den gesamten erforderlichen Elektronenstrom auf. Abb. 2c zeigt den Verlauf der Strom-Spannungs-Charakterstik, der natürlich symmetrisch ist zur Geraden $U_B = 0$. Aus dieser Charakteristik lassen sich etwa die gleichen Parameter bestimmen wie bei der Einzelsonde. Die ausgezogene Kurve stellt den idealen Verlauf dar, während die gestrichelten Teile den realen Verlauf zeigen. Die Doppelsondenmethode hat drei große Vorteile:

Der Sondenstrom ist maximal gleich dem Ionenstrom, d. h., er ist mindestens um eine Größenordnung kleiner als der einer Einzelsonde.

Da die Sonden „schwimmen“, können sie zur Messung des Potentials in einem veränderlichen Plasma benutzt werden, was mit einer Einzelsonde nicht möglich ist, da dort meist kein einfacher Zusammenhang mehr zwischen dem Potential des Plasmas am Sondenort und am Ort der Referenzelektrode besteht.

Da bei der Doppelsondenmethode die Ionen die hauptsächlichen Sondenstromträger sind, gestattet sie auch Messungen bei Anwesenheit stärkerer Magnetfelder.

Über die Störung eines Plasmas gilt bei der Doppelsondenmethode natürlich das bei der LANGMUIR-Sonde Gesagte. Damit wollen wir das Gebiet der elektrischen Sonden abschließen und uns einer weiteren Sondenmethode zuwenden.

Die Magnetfeldsonde

Als Magnetfeldsonden finden bei schnellen Entladungen kleine Induktionsspulen Verwendung (Abb. 3). Diese Spulen haben einen Durchmesser von 0,5 bis 1 mm und etwa 20—50 Windungen. Die Spulenfläche wird senkrecht zur interessierenden Feldkomponente orientiert und an verschiedenen Orten im

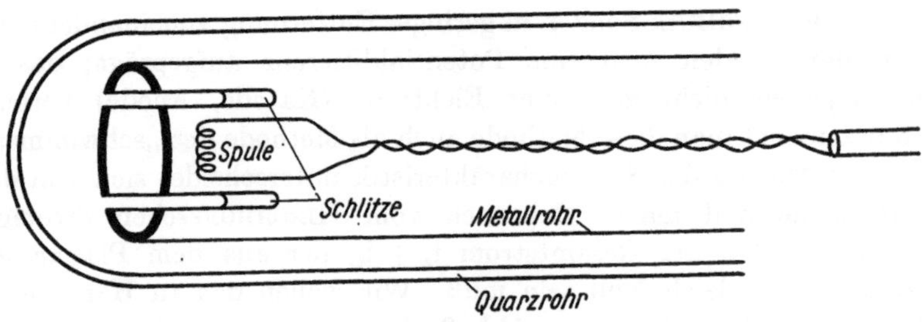

Abb. 3. Aufbau einer Magnetfeldsonde
(aus: FÜNFER, E., und LEHNER, G., Ergebn. exakt. Naturw. **34** (1962))

Plasma angebracht. Die Spule wird elektrisch abgeschirmt durch ein nichtferromagnetisches Metallrohr, das am Ort der Spule so geschlitzt ist, daß das Magnetfeld eindringen kann.

Der an der Spule auftretende elektrische Impuls ist der magnetischen Flußänderung in der Spule proportional. Durch Integration dieses Signals gewinnt man die Komponenten des Magnetfeldes $\mathfrak{B}$ am Sondenort in Abhängigkeit von der Zeit.

Aus den Messungen der Magnetfeldkomponenten lassen sich nun weitere Daten berechnen. Unter der Voraussetzung von Zylindersymmetrie (die Radialkomponente von B verschwindet überall) erhält man aus den MAXWELLschen Gleichungen die Komponenten der Stromdichte $\mathfrak{j}$:

$$\frac{4\pi}{c} j_z = \frac{1}{r} \frac{\partial}{\partial r}(r B_\theta), \quad \frac{4\pi}{c} j_\theta = -\frac{\partial B_r}{\partial r},$$

und des elektrischen Feldes $\mathfrak{E}$:

$$E_z(r) = \frac{1}{c} \int_0^r B_\theta(r')\, dr' + E_z(0), \quad E_\theta(r) = -\frac{1}{c\, r} \int_0^r B_z(r')\, dr'.$$

Das durch Sondenmessungen bestimmte E_z ist der erste Term im obigen Ausdruck. $E_z(0)$ kann aus der Gesamtspannung zwischen Katode und Anode, die ja gleich sein muß dem Produkt der Rohrlänge mit der gesamten E_z-Komponente, berechnet werden.

Ferner läßt sich mittels der Bewegungsgleichung der Plasmadruck p bestimmen:

Aus der berechneten Stromdichte $\mathfrak{j}$ und dem elektrischen Feld $\mathfrak{E}$ kann man die Leitfähigkeit σ berechnen. Dabei muß beachtet werden, daß die Leitfähigkeit im Magnetfeld anisotrop ist.

Die Druck- und Leitfähigkeitskalkulation ermöglichen zwei unabhängige Abschätzungen der Temperatur: einmal über die Kombination einer angenommenen Plasmadichteverteilung mit dem Druck, der bei einer bestimmten Temperatur zu erreichen ist, und zum anderen über die Beziehung zwischen Temperatur und Leitfähigkeit (s. Theorie des Plasmas, S. 213).

Natürlich läßt sich eine Störung des Plasmas durch die Magnetfeldsonde nicht vermeiden. So ist diese Methode in heißen Plasmen auf Grund der durch die Sonde bedingten Plasmaabkühlung und infolge der im Plasma aufkommenden Verunreinigung nicht anwendbar. Allgemein kann man sagen, daß die Anwendung von Magnetfeldsonden nicht kritisch ist, wenn die Sonde (und das durch sie verursachte Leitfähigkeitsloch) klein ist gegen die Ausdehnung des Plasmas und die Dicke der stromführenden Schicht.

Bei langsamen Entladungen liefert eine Sondenspule wegen der kleinen Flußänderungen zu geringe Spannungen. In diesem Fall verwendet man besser HALL-Generatoren, die das Magnetfeld direkt zu messen gestatten. Solche HALL-Sonden können in Größen $10\,\mu m \times 10\,\mu m$ hergestellt werden mit einer Empfindlichkeit bis zu 0,01 Gauss und einem Meßfehler von 1%.

Drucksonden

Zur direkten Messung des Druckes in einem Plasma werden besonders bei schnellen Druckänderungen Drucksonden verwendet. Unter Ausnutzung des piezoelektrischen Effektes sind Druckmessungen bis zu einigen Mikrosekunden prinzipiell möglich, doch sind die Schwierigkeiten zur Überwindung der Trägheit eines solchen Systems recht erheblich. In bisher veröffentlichten Ergebnissen wurden Bariumtitanatplättchen verwendet, die in einer Sonde isoliert gegen das Plasma und abgeschirmt gegen elektrische Störungen angeordnet sind (Abb. 4). Bei der Auswertung von piezoelektrischen Signalen muß beachtet werden, daß der Impuls auf die Sondenfläche gemessen wird, der sich aus gaskinetischen Druck und gerichteter Strömung zusammensetzt.

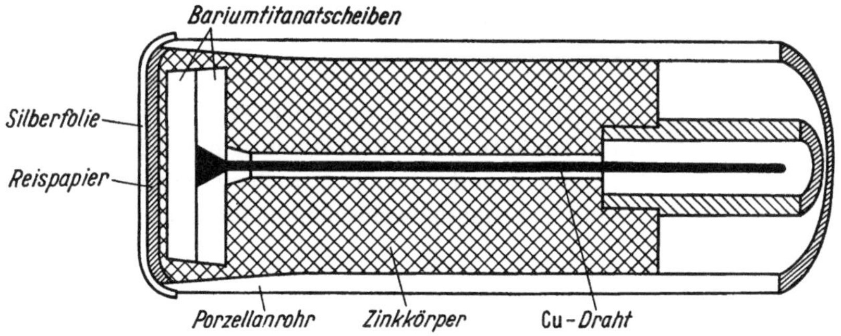

Abb. 4. Aufbau einer Drucksonde
(aus: FÜNFER, E., und LEHNER, G., l. c.)

Die Druckmessung bei konstantem Druck im Entladungsgefäß erfolgt durch Quarz-Membran- oder Quarz-BOURDON-Manometer, die an das Entladungsgefäß angeschlossen werden.

3. *Photographische Methoden*

Ein Plasma emittiert infolge der verschiedensten Prozesse Strahlung in einem sehr großen Frequenzbereich. Soweit die Strahlung im optischen Gebiet liegt, können mit photographischen Methoden Aussagen über die Bewegungsvorgänge einer Plasmakonfiguration gewonnen werden.

Die Bewegungsvorgänge im Plasma sind häufig sehr schnell. Dadurch ergeben sich besondere Anforderungen an die Aufnahmetechnik.

Wir müssen hier zwei verschiedene Methoden unterscheiden: die kontinuierliche Aufzeichnung des Bewegungsvorganges in einem eng begrenzten Plasmabereich und die Momentaufnahme der gesamten Plasmakonfiguration.

Die kontinuierliche Aufzeichnung wird mit sogenannten Schmierkameras ausgeführt. Die einfachste Anordnung ist eine Trommelkamera. Sie besteht aus einer rotierenden Trommel, in die ein Film eingelegt wird. Ein Spalt vor dem

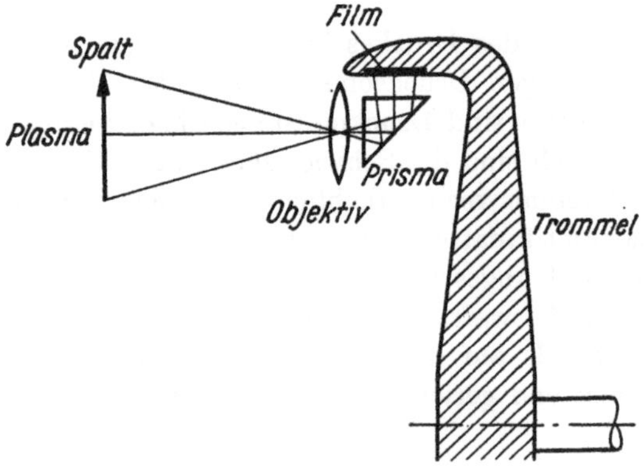

Abb. 5. Schema einer Trommelkamera
(aus: FÜNFER, E., und LEHNER, G., l. c.)

Plasma wird über ein Objektiv auf den rotierenden Film abgebildet (Abb. 5). Das zeitliche Auflösungsvermögen ohne Berücksichtigung der optischen Abbildungsfehler hängt dann nur von der Umfangsgeschwindigkeit des Films und der räumlichen Auflösung der photographischen Schicht ab; es ergibt sich demzufolge

$$A_t^{\mathrm{Tr}} = \frac{\mu}{v}\,[\mathrm{s}]\,,$$

μ räumliche Auflösung der photographischen Schicht [cm], v Umfangsgeschwindigkeit des Films $\left[\frac{\mathrm{cm}}{\mathrm{s}}\right]$.

Mit Trommelkameras erreicht man heute ein zeitliches Auflösungsvermögen von etwa 10^{-7} s.

Bei der Drehspiegel-Schmierkamera wird der Spalt über einen schnell rotierenden Spiegel auf einen ruhenden Film abgebildet. Im einfachsten Fall wird der Drehspiegel als abbildender Hohlspiegel ausgebildet (Abb. 6). Durch Vergrößerung des Strahlweges Film—Spiegel kann man die Bildgeschwindigkeit sehr groß machen im Vergleich zur Trommelkamera, wo sie durch die Umfangsgeschwindigkeit gegeben ist. Damit kann erreicht werden, daß die durch den Film bedingte räumliche Auflösung keine Rolle mehr spielt. Andererseits wird die Auflösung durch die Beugung am Spiegel begrenzt.

Mit den Bezeichnungen in Abb. 6 ist die Bildgeschwindigkeit in der Filmebene

$$v_b = 2\,\omega\, l\,,$$

wobei ω die Umlaufkreisfrequenz des Spiegels,

$$\omega = \frac{2\,v}{D}\,,$$

und v die Umfangsgeschwindigkeit des Spiegels ist.

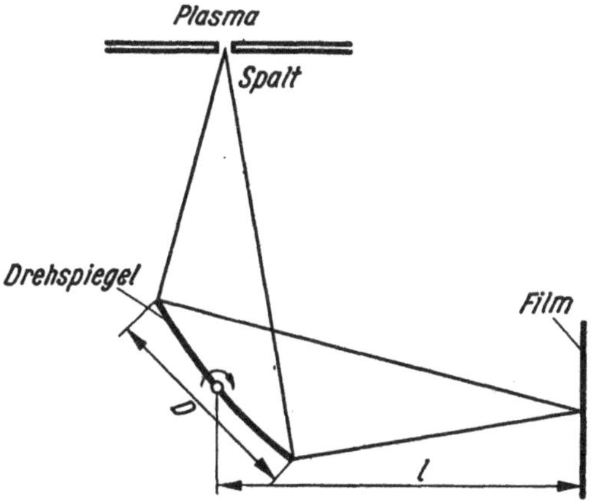

Abb. 6a. Schema einer Drehspiegelkamera

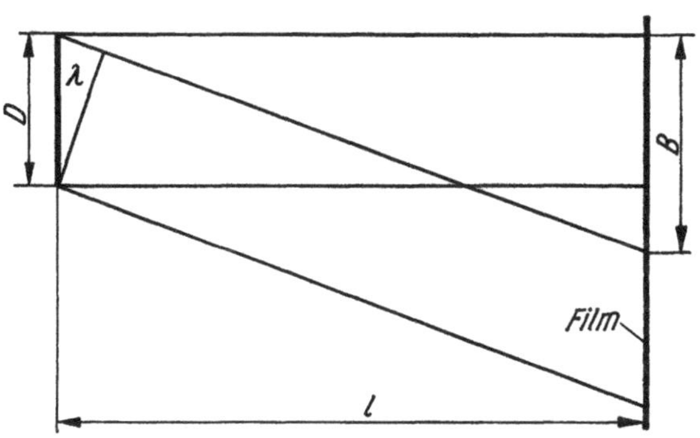

Abb. 6b. Zur Beugung an einer Drehspiegelkamera
(aus: Fünfer, E., und Lehner, G., l. c.)

Nimmt man als Beugungsunschärfe B den Abstand zwischen dem ersten und zweiten Beugungsmaximum, so ist

$$B = \frac{\lambda \cdot l}{D}$$

und damit die zeitliche Auflösung, wenn sie allein durch Beugung begrenzt wird,

$$A_t^D = \frac{B}{v_b}.$$

Ist jedoch das oben definierte räumliche Auflösungsvermögen größer als B, dann bestimmt dieses die zeitliche Auflösung, und es gilt wie oben

$$A_t^D = \frac{\mu}{v_s}.$$

Mit Drehspiegel-Schmierkameras wird eine zeitliche Auflösung von $\approx 5 \cdot 10^{-9}$ s erreicht.

Natürlich hängt in allen Fällen die Größe der zeitlichen Auflösung auch von der Lichtstärke der aufzunehmenden Vorgänge ab.

Mit Schmierkameras werden vorwiegend Kompressions- bzw. Stoßwellengeschwindigkeiten bestimmt.

Die Stoßwellenfront läßt sich oft durch das Auftreten von Leuchterscheinungen photographisch registrieren. Aus den gemessenen Geschwindigkeiten kann man dann u. a. die Dichte n_0 und die Gastemperatur T_0 des Plasmas aus den Grundgleichungen für Stoßwellen (RANKINE-HUGONIOT-Gleichungen) ableiten.

Will man von einer gesamten Plasmakonfiguration Momentaufnahmen machen, so benötigt man Kurzzeitverschlüsse mit Öffnungszeiten bis hinab zu 10^{-8} s, um die Bewegungsunschärfe genügend klein halten zu können. Mit zeitlich aufeinanderfolgenden Aufnahmen oder Aufnahmen von verschiedenen reproduzierbaren Entladungen zu verschiedenen Phasen des Vorgangs kann die Plasmabewegung kinematographisch festgehalten werden. Als Kurzzeitverschlüsse kommen KERR-Zellen, Drehspiegelanordnungen und elektronenoptische Bildwandler in Betracht.

Mit KERR-Zellen lassen sich Öffnungszeiten erreichen, die nur durch die Trägheit der Steuerschaltung begrenzt sind. Es werden Zeiten bis 10^{-8} s erreicht. Der KERR-Zellen-Verschluß besteht im Prinzip aus zwei Polarisatoren, zwischen denen sich ein Plattenkondensator in einer mit der KERR-Flüssigkeit (meist Nitrobenzol) gefüllten optischen Küvette befindet (Abb. 7). Ein Nachteil des Nitrobenzols ist seine starke Absorption unterhalb 4200 Å, vorteilhaft ist seine gegenüber anderen Substanzen hohe KERR-Konstante.

Eine Drehspiegelzeitlupe zeigt Abb. 8. Der aufzunehmende Vorgang wird mit einem Linsensystem auf den Drehspiegel abgebildet. Ein Linsenkranz, der konzentrisch zum Drehspiegel und zur außenliegenden Filmbahn angeordnet ist, bildet das Bild vom Drehspiegel auf den Film ab. Die Belichtungszeit ist

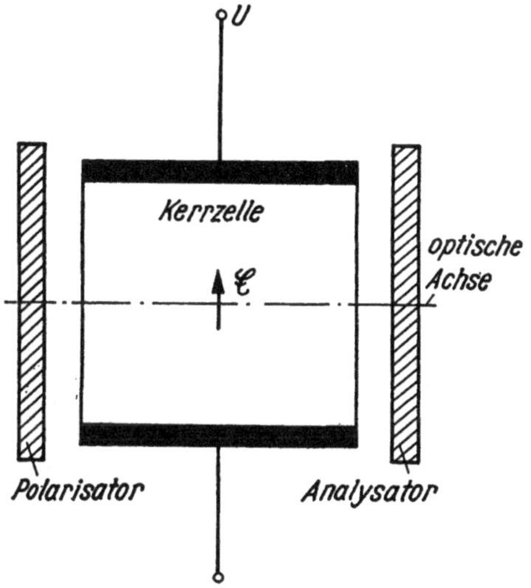

Abb. 7. Aufbau eines KERR-Zellen-Verschlusses
(aus: FÜNFER, E., und LEHNER, G., l. c.)

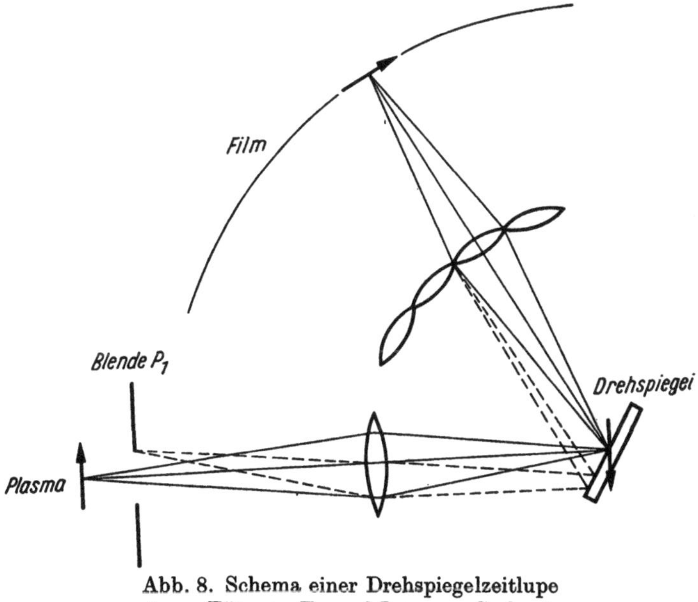

Abb. 8. Schema einer Drehspiegelzeitlupe
(aus: FÜNFER, E., und LEHNER, G., l. c.)

durch die Zeit gegeben, die ein Lichtstrahl zum Überstreichen einer Linse des Kranzes benötigt. Der zeitliche Bildabstand ist gleich der Laufzeit des Strahls von einer Linse zur Nachbarlinse. Es wurden Belichtungszeiten von $3 \cdot 10^{-5}$ s erreicht, die durch Vorschalten eines Kurzzeitverschlusses noch verkleinert werden können.

Auf die elektronenoptischen Bildwandler soll hier nicht eingegangen werden. Mit den beschriebenen kinematographischen Methoden können viele Vorgänge zeitlich aufgelöst werden. Eine große Bedeutung haben die kinematographischen Methoden zur Untersuchung zeitlich veränderlicher Plasmen in Verbindung mit spektralzerlegenden Elementen, da die über die Spektroskopie erhältlichen Informationen im allgemeinen erst sinnvolle Aussagen zu machen gestatten. Es seien auch andere Anwendungsbeispiele genannt. Will man z. B. die Massenströmungsgeschwindigkeit $\mathfrak{v}$ in einem Kohlebogen bestimmen, so kann man kleine Kohleteilchen einbringen und ihre Bewegung auf kinematographischen Dunkelfeldaufnahmen verfolgen.

Aus der Ausbreitung lokaler Leuchtdichteinhomogenitäten bei kurzzeitigem Kurzschließen ($\approx 0{,}7\ \mu s$) eines Hochstromkohlebogens, die mit Zeitlupenaufnahmen verfolgt werden, läßt sich ebenfalls die Massenströmungsgeschwindigkeit bestimmen.

Auf andere Anwendungsmöglichkeiten wird in dem Abschnitt „Spektroskopische Methoden" noch hinzuweisen sein.

4. Spektroskopische Methoden

Die spektroskopischen Methoden beruhen auf der Tatsache, daß ein Plasma elektromagnetische Wellen im sichtbaren, infraroten, ultravioletten und evtl. Röntgengebiet emittiert. Die Strahlung eines Plasmas und deren Ursachen sind bereits im ersten Beitrag behandelt worden. An dieser Stelle sollen die wesentlichen Punkte noch einmal zusammengefaßt werden, die zur Behandlung der diagnostischen Methoden erforderlich sind.

Folgende Strahlungsmechanismen werden betrachtet:

1. Linienstrahlung (gebunden — gebunden): Übergang angeregter Atome oder Ionen in einen Zustand niedriger Energie.
2. Rekombinationsstrahlung (frei — gebunden): Einfangen eines Elektrons durch ein positives Ion.
3. Bremsstrahlung (frei — frei): Abbremsung eines Elektrons im Feld der positiven Ionen.

Bevor wir uns der Messung und Auswertung dieser Strahlungsarten zuwenden, müssen wir noch einige Bemerkungen über Gleichgewichtsverhältnisse in einem Plasma anfügen.

Wir betrachten dazu das folgende Schema:

Anregung durch Photonen ($\sim n_0$)	Emission von Spektrallinien ($\sim n_{\text{angeregt}}$),
Ionisation durch Photonen ($\sim n_0$)	Strahlungsrekombination ($\sim n_{\text{ion}}\, n_e$),
Anregung durch Stöße ($\sim n_e\, n_0$)	Stöße 2. Art ($\sim n_e\, n_{\text{angeregt}}$),
Ionisation durch Stöße ($\sim n_e\, n_0$)	Dreierstoßrekombination ($\sim n_e\, n_{\text{ion}}$),

(n_0: Anzahl der Teilchen im Grundzustand/cm^3).

Im vollständigen thermischen Gleichgewicht befinden sich alle rechts stehenden

Prozesse mit den entsprechenden Prozessen links im Gleichgewicht. In diesem Fall können die Gesetze der Hohlraumstrahlung angewendet werden:

$$\frac{\varepsilon_\nu}{\varkappa_\nu} = I_\nu = B(\nu, T) \,. \tag{1}$$

Die Intensität I ist eine universelle Funktion von ν und T (KIRCHHOFFsches Gesetz).

ε_ν: Emissionskoeffizient,
$\varkappa_\nu$: Absorptionskoeffizient,
I_ν: Strahlungsintensität (Energie pro Raumwinkel-, Zeit- und Frequenzeinheit),
ν: Frequenz,
T: Temperatur.

Die Häufigkeit der Besetzung aller nur möglichen Energiezustände gehorcht der BOLTZMANN-Verteilung:

$$\frac{n_{r,s}}{n_r} = \frac{g_{r,s}}{u_r} e^{-\frac{\chi_{r,s}}{kT}} \,. \tag{2}$$

$n_{r,s}$: Dichte der Teilchen im r-ten Ionisationszustand im s-ten Anregungszustand,
n_r: Dichte der Teilchen im r-ten Ionisationszustand in allen Anregungszuständen,
$g_{r,s}$: statistisches Gewicht des Zustandes (r, s),
u_r: Zustandssumme,
$\chi_{r,s}$: Energie des s-ten Anregungszustands im r-ten Ionisationszustand.

Der Ionisationsgrad läßt sich aus der EGGERT-SAHA-Gleichung berechnen:

$$\frac{n_e n_i}{n_0} = 2 \frac{u_i}{u_0} \frac{(2 \pi m_e k T)^{3/2}}{h^3} e^{-\frac{\chi_i}{kT}} \,. \tag{3}$$

u_0, u_i: Zustandssumme des Ions bzw. der Neutralteilchen,
m_e: Elektronenmasse,
h: PLANCKsches Wirkungsquantum,
χ_i: Ionisierungsenergie.

Die Elektronen, Ionen und Neutralgasteilchen haben MAXWELL-Verteilung mit gleicher Temperatur.

Das vollständige thermische Gleichgewicht stellt einen Idealfall dar, der im Laboratorium meist nicht existiert. In der Regel ist die Strahlungsdichte kleiner als die Hohlraumstrahlungsdichte, und die Ionisation und Anregung durch Photonen ist daher kleiner um einen Faktor, der gleich dem Verhältnis der Strahlungsdichte im Plasma zur Strahlungsdichte im Hohlraum ist. Deshalb ist im realen Plasma die Dichte angeregter und ionisierter Teilchen kleiner als beim Plasma im vollständigen thermodynamischen Gleichgewicht. Es ist also die Frage zu stellen, unter welchen Bedingungen wir unter diesen Umständen mit der annähernden Gültigkeit der BOLTZMANN-Verteilung und der SAHA-Gleichung rechnen können.

Wenn das Plasma eine ausreichende optische Dicke ($\varkappa l$; $\varkappa$ = Absorptionskoeffizient, l = Länge) besitzt, verschafft es sich durch eine ausreichende Zahl von Emissions- und Absorptionsvorgängen die Hohlraumstrahlung selbst. Bei Resonanzlinien genügt oft eine Länge von Bruchteilen von mm. Bei Übergängen zwischen höher liegenden Termen ist aber im allgemeinen die Strahlungsdichte zu gering, so daß hier die Strahlung aus optisch dünner Schicht erfolgt. Betrachten wir aber ein Plasma mit hoher Teilchendichte, so sind alle unelastischen Stoßprozesse bedeutend häufiger als die Prozesse, an denen Photonen beteiligt sind, d. h., die Stoßfrequenz ist viel größer als die Übergangswahrscheinlichkeit ($\sim$ reziproke mittlere Lebensdauer). In diesem Fall sind die Anregungsstöße sehr zahlreich und werden zum größten Teil durch Stöße 2. Art rückgängig gemacht. Dann ist die Differenz beider Prozesse (das sind aber gerade die Emissionsprozesse) klein gegenüber den Stoßprozessen, und die Anzahl der angeregten Teilchen ist nur wenig abgesunken. In dem obigen Schema heißt das, es baut sich ein Gleichgewicht auf zwischen der Summe aller rechts stehenden Prozesse und den beiden links stehenden Stoßprozessen. Nach Berechnungen von FINKELNBURG und MAECKER kann man mit der BOLTZMANN-Verteilung der Terme in der Regel bei $n_e > 10^{14}$ cm^{-3} rechnen. Die Berechnung des Ionisationsgleichgewichts aus der EGGERT-SAHA-Formel ohne das Vorhandensein der Hohlraumstrahlung ist unter der Bedingung noch möglich, daß die Ionenverluste durch Strahlungsrekombination pro Volumen- und Zeiteinheit klein sind gegen die Erzeugungsrate durch Elektronenstoß. FINKELNBURG und MAECKER berechneten die erforderliche Elektronenkonzentration zu $n_e \geqq 7 \cdot 10^{15}$ cm^{-3}. Berücksichtigt man noch die Ionisation aus angeregten Termen, so ergeben sich niedrigere Elektronenkonzentrationen und es zeigt sich, daß bei Gültigkeit der BOLTZMANN-Verteilung für die Termbesetzung auch die Ionisation durch die SAHA-Gleichung beschrieben werden kann. Trägerverluste durch ambipolare Diffusion schränken den Gültigkeitsbereich der SAHA-Gleichung im allgemeinen nicht weiter ein. Für die Elektronen kann man weiterhin eine MAXWELL-Verteilung annehmen. Sind diese Bedingungen erfüllt, so bezeichnet man die Strahlung als thermisch.

Ganz anders ist die Situation, wenn die Teilchen- und Photonendichten sehr klein sind. Nehmen wir wieder an, daß Anregung und Ionisation praktisch nur durch Stöße stattfinden. Diese beiden Stoßprozesse sind nun im Gleichgewicht mit den beiden rechts stehenden Photoprozessen; denn infolge der kleinen Teilchendichten sind die Zahl der Stöße 2. Art und Dreierrekombinationen klein gegenüber ihren Konkurrenten. Wie oben treten im Unterschied zum thermischen Gleichgewicht Photoanregungen und Photoionisationen nicht auf. Die Häufigkeit aller möglichen Energiezustände kann nicht mehr aus der BOLTZMANN-Formel berechnet werden — die Strahlung ist nicht mehr thermisch. In diesen Fällen hat man die elementaren Stoßprozesse einzeln zu betrachten und kann daraus dann im stationären Zustand zu einer Ionisationsformel gelangen, indem man die verschiedenen Ionisierungs- und Rekombinationsprozesse miteinander ins Gleichgewicht setzt. Die allgemeine Ionisationsformel geht bei sehr stark verdünntem Strahlungsfeld und vernachlässigbarer Dreierstoßrekombination in ein von n_e unabhängiges Ionisationsgleichgewicht über, das u. a. von ELWERT auf die Sonnenkorona angewandt wurde (ELWERTsche Koronaformel).

Diese Bemerkungen zeigen, daß jede Abweichung vom thermischen Gleichgewicht sorgfältig betrachtet werden muß.

Wenn sich das Plasma nicht im vollständigen thermischen Gleichgewicht befindet, liefern die Messungen eine ganze Reihe von Temperaturen, z. B. Ionisationstemperatur, Anregungstemperatur und DOPPLER-Temperatur. Die Unterschiede zwischen diesen Temperaturen geben uns dann Hinweise auf die Abweichung des Plasmas vom thermodynamischen Gleichgewicht.

Wenden wir uns nun den möglichen Anwendungen spektroskopischer Methoden zu.

Es ist in jedem Fall zu prüfen, ob die Emission aus optisch dünner oder optisch dicker Schicht erfolgt.

Wir betrachten ein thermisch strahlendes Plasma endlicher Dicke (s. dazu Abb. 9).

Für die Intensität $I_\nu(1) - I_\nu(2) = dI_\nu(x)$ gilt:

$$dI_\nu(x) = \varkappa_\nu \left(1 - e^{-\frac{h\nu}{kT}}\right) B_\nu(T)\, dx + \varkappa_\nu\, e^{-\frac{h\nu}{kT}} I_\nu(x)\, dx - \varkappa_\nu\, I_\nu(x)\, dx\,.$$

Sie setzt sich also zusammen aus der spontanen Emission und der induzierten Emission abzüglich der Absorption.

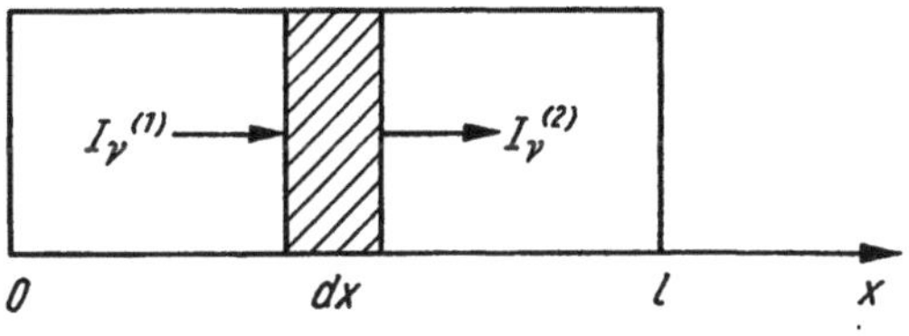

Abb. 9. Erläuterungen siehe Text

Durch Integration erhält man (mit $I_\nu(0) = 0$)

$$I_\nu(l)\, B_\nu(T)\, \{1 - e^{-\varkappa'_\nu \cdot l}\}\,, \tag{4}$$

wobei $\varkappa'_\nu = \varkappa_\nu \left(1 - e^{-\frac{h\nu}{kT}}\right)$ ist.

Die obere Grenze für die Intensität der thermischen Strahlung eines homogenen Plasmas ist die Intensität der Hohlraumstrahlung. Im Fall sehr starker Spektrallinien wird diese Grenze oft erreicht — das Plasma ist dann optisch dick.

Ändert man die Dicke eines strahlenden Plasmas, dann kann man entscheiden, ob eine Linie in diesem Sinne optisch dick ist oder nicht: wenn keine Zunahme der Intensität bei zunehmender Dicke erfolgt, ist das Plasma optisch dick, d. h. (s. (4))

$$\varkappa'_\nu\, l \gg 1 \quad \text{und} \quad I_\nu(T) = B_\nu(T)$$

(„Strahlungstemperatur" in der Astrophysik).

Der andere Grenzfall ist das sog. optisch dünne Plasma:

$$\text{mit} \quad \varkappa_\nu\, l \ll 1 \quad \text{folgt aus (4)}$$

$$I_\nu = \varkappa_\nu\, l\, B(\nu, T) \left(1 - e^{-\frac{h\nu}{kT}}\right).$$

Die Intensität nimmt mit wachsender Schichtdicke zu.

Man führt die Untersuchung so aus, daß man die geometrische Schichtdicke ändert und prüft, ob die auftretende Intensität proportional zur Schichtdicke anwächst. Bei zylindrischen Entladungsgefäßen beobachtet man einmal in Achsenrichtung (end-on) und einmal senkrecht zur Achse (side-on). Es ist allerdings dabei zu beachten, daß in einem zylindrischen Entladungsgefäß eine inhomogene Temperaturverteilung vorliegt, die im günstigsten Fall zylindersymmetrisch ist. Zur genauen Messung muß eine Umrechnung der beobachteten Querverteilung der Intensität auf den radialen Verlauf des Emissionskoeffizienten mit Hilfe der ABELschen Integralgleichung durchgeführt werden:

Nach Voraussetzung sollen der Emissions- und der Absorptionskoeffizient nur von r abhängen. Wir teilen das zylindrische Entladungsgefäß ein in konzentrische Zylinder mit verschiedenen Radien (s. Abb. 10). In jedem konzentrischen Ring gilt wie oben:

$$dI_\nu(r) = \varepsilon_\nu(r)\, dl - \varkappa'_\nu(r)\, I_\nu(r)\, dl = i_\nu(r)\, dl$$

(ε_ν ist der Emissionskoeffizient für spontane und induzierte Emission).

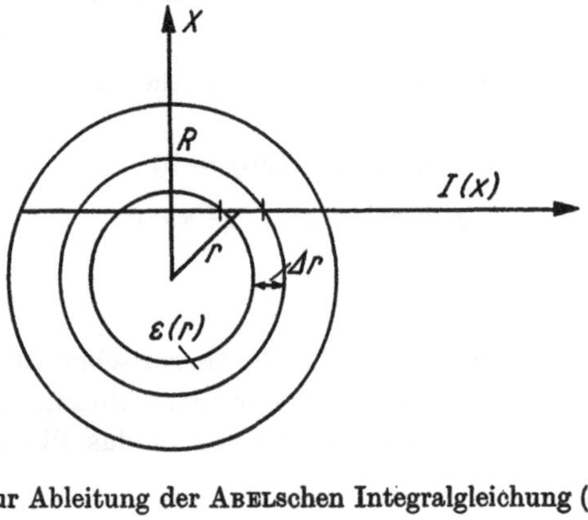

Abb. 10. Zur Ableitung der ABELschen Integralgleichung (siehe Text)

Dann gilt für die Intensität

$$I_\nu = \int\limits_{r=x}^{r=\sqrt{R^2-x^2}} i_\nu \frac{r\,dr}{\sqrt{r^2-x^2}} . \tag{5}$$

Im allgemeinen ist I_ν bekannt, die ABELsche Integralgleichung kann numerisch gelöst werden, und dadurch findet man i_ν in der interessierenden Schicht oder auf der Achse.

In den folgenden Betrachtungen setzen wir thermische Strahlung voraus. Zuerst behandeln wir die spektroskopischen Methoden bei Emission aus optisch dünner Schicht in einem homogenen Plasma. Für die Intensität einer (Spektral-) Linie gilt:

$$i_L = \frac{1}{4\pi} A_{r,t}^{r,s} n_{r,s} h\nu \left[\frac{\text{erg}}{\text{s} \cdot \text{cm}^3 \cdot \text{sr}}\right]$$

mit $A_{r,t}^{r,s}$: Übergangswahrscheinlichkeit $(r, s) \to (r, t)$,

$n_{r,s}$: Teilchen pro cm^3 im r-ten Ionisationszustand und s-ten Anregungszustand.

Unter Intensität einer Linie verstehen wir das Integral über die gesamte Linienbreite ($i_L = \int i_\nu\, d\nu$), da diese Größe im allgemeinen von den verschiedenen Verbreiterungsmechanismen nicht beeinflußt wird.

Wenn l cm^3 hintereinander stehen, ergibt sich

$$I_L = i_L\, l .$$

Mit der BOLTZMANN-Formel (2) erhalten wir:

$$I_L = \frac{1}{4\pi} A_{r,t}^{r,s} n_r \frac{g_{r,s}}{u_r} e^{-\frac{\chi_{r,s}}{kT}} h\nu\, l . \tag{6}$$

Um aus der Messung der Absolutintensität einer Linie die Temperatur (Anregungstemperatur) bestimmen zu können, muß die Abhängigkeit der Intensität von der Temperatur bekannt sein. Außer dem Exponenten sind die Teilchenzahl n_r und die Zustandssumme u_r (letztere allerdings sehr schwach) von der Temperatur abhängig. Vernachlässigt man die Temperaturabhängigkeit der Zustandssumme und berechnet die Abhängigkeit der Teilchenzahl n_r von der Temperatur aus dem Massenwirkungsgesetz, so läßt sich unter der Voraussetzung, daß alle anderen Größen bekannt sind, die Temperatur bestimmen. Da wir die Gültigkeit der BOLTZMANN-Formel vorausgesetzt haben, handelt es sich bei der Anregungstemperatur um die Elektronentemperatur.

In einem inhomogenen, aber zylindersymmetrischen Plasma kann die Länge l bei Beobachtung in Achsenrichtung direkt gemessen werden. Bei Beobachtung senkrecht zur Achse muß man mit der ABELschen Integralgleichung (5) umrechnen.

Die größte Schwierigkeit bei der Berechnung der Temperatur aus der Absolutintensität bereitet die Kenntnis oder, besser ausgedrückt, die Unkenntnis der Übergangswahrscheinlichkeiten. Außer für Wasserstoff, für den diese Größen genau berechnet werden können, sind sie nur noch für einige andere Elemente z. T. als Näherungswerte bekannt. Ist andererseits die Temperatur bekannt, so lassen sich aus der Messung der Absolutintensität die Übergangswahrscheinlichkeiten berechnen.

Auf Grund dieser Schwierigkeiten werden häufig die Relativmethoden angewendet. Diese erfordern nur die Kenntnis der relativen Übergangswahrscheinlichkeiten. Handelt es sich im Spektrum um verschiedene Linien des gleichen Elements, so kürzt sich in der Beziehung für das Intensitätsverhältnis zweier Spektrallinien der für beide Linien gemeinsame Faktor $\frac{1}{4\pi} n_r u_r h l$ heraus, so daß die Temperaturabhängigkeit lediglich noch im Exponenten vorhanden ist:

$$V = \frac{I_{Ls}}{I_{Lu}} = \frac{\nu_s A_{r,t}^{r,s}}{\nu_u A_{r,v}^{r,u}} \frac{g_{r,s}}{g_{r,u}} e^{-\frac{\chi_{r,s} - \chi_{r,u}}{kT}} .$$

Im Falle, daß die relative Intensität mehrerer Spektrallinien gemessen wurde, kann man diese durch den für jede Linie spezifischen Faktor $\nu g A$ dividieren und logarithmisch als Funktion der Anregungsenergie χ auftragen. Es ergibt sich hierbei eine Gerade mit einer Neigung, die proportional zu $-\frac{1}{T}$ ist, aus der die Temperatur bestimmt werden kann. Das Verfahren ist um so genauer, je stärker sich die Anregungsenergien der Spektrallinien voneinander unterscheiden.

Man kann auch die Linien verschiedener Elemente verwenden, allerdings müssen dann die Mischungsverhältnisse bekannt sein. Für das Intensitätsverhältnis zweier Linien der Elemente X und Y mit den Teilchendichten n_r^x und $n_{r'}^y$ in den Ionisationszuständen r und r' gilt dann:

$$V = \frac{I_{Ls}}{I_{Ls'}} = \frac{\nu_s}{\nu_{s'}} \frac{A_{r,t}^{r,s}}{A_{r',t'}^{r',s'}} \frac{n_r^x}{n_{r'}^y} \frac{g_{r,s}}{g_{r',s'}} \frac{u_{r'}}{u_r} e^{-\frac{1}{kT}(\chi_{r,s} - \chi_{r',s'})} .$$

Alle diese Messungen erfordern die Kenntnis des Spektrums eines Strahlungsnormals. Das Finden eines geeigneten Strahlungsnormals bereitet bei Plasmen mit hohen Temperaturen Schwierigkeiten, da eine solche Lichtquelle auch im fernen UV mit hinreichender Intensität strahlen muß.

In einem Plasma mit niedriger Temperatur, in dem die Moleküle noch nicht vollständig dissoziiert sind, kann die Elektronentemperatur auch aus den Rotationslinien des Bandenspektrums bestimmt werden. Man erhält dann bei logarithmischer Auftragung der Intensität in Abhängigkeit von der Anregungsenergie eine Gerade mit dem Anstieg $-\frac{1}{T}$.

Im Fall eines inhomogenen Plasmas kann man den Verlauf der Temperatur aus dem relativen Intensitätsverlauf ein und derselben Spektrallinie messen, wenn nur in irgendeinem Punkt die Temperatur festliegt. Bildet man nämlich das Verhältnis zwischen den Intensitäten der Linie an einer Stelle mit der

Temperatur T und der Stelle mit der bekannten Temperatur T_0, so ist

$$\frac{I(T)}{I(T_0)} = \frac{n_r(T)}{n_r(T_0)} \frac{u_r(T_0)}{u_r(T)} e^{-\frac{\chi_{r,s}}{kT}\left(\frac{1}{T} - \frac{1}{T_0}\right)}. \tag{7}$$

Dieses Verhältnis ist meßbar, und man kann daraus an jeder Stelle (z. B. in verschiedenen Abständen von der Achse) T ermitteln.

LARENZ baute diese Relativmethode zu einer Absolutmethode für hohe Temperaturen aus:

Wie wir schon oben erwähnten, wird die Temperaturabhängigkeit einer Linie bestimmt vom Exponenten, von der Temperaturabhängigkeit der Zustandssumme und der Teilchenzahl:

$$I_L(T) = K \frac{n_r(T)}{u_r(T)} e^{-\frac{\chi_{r,s}}{kT}}.$$

Bei steigender Temperatur nimmt die Intensität einerseits infolge des Exponentialfaktors zu, andererseits nimmt die Teilchenzahl ab (die emittierenden Teilchen werden ja durch Ionisation mehr und mehr vernichtet). Folglich hat die Intensität bei einer bestimmten Temperatur ein Maximum, für das die entsprechende Temperatur nach LARENZ (s. Literaturangabe am Schluß des Beitrags) exakt berechnet werden kann. Ist diese Temperatur ermittelt, kann nach (7) der relative Verlauf der Temperatur berechnet werden.

Dieses Verfahren stellt auch klar, wie die bekannten sog. Bogenaureolen zu erklären sind: mit von außen nach innen ansteigender Temperatur folgen nacheinander die Intensitätsmaxima der verschiedenen Teilchenarten mit ihren typischen Farben — die Aureolen sind in erster Näherung Isothermen.

Bevor die genauen Messungen gemacht werden, kann man aus dem Auftreten bestimmter Spektrallinien, die zu bestimmten Ionisationszuständen gehören, die Elektronentemperatur abschätzen. Man erhält als obere Grenze

$$\frac{3}{2} k\, T \leqq \frac{1}{7} \chi_r \, .$$ [1]

Die Ionisationsenergien können aus der Literatur entnommen werden.

Neben der Messung der Linienintensitäten kann man aus der Linienverschiebung und dem Linienprofil wichtige Informationen erhalten. Da die Lebenszeit eines angeregten Zustands eines Atoms oder Ions endlich ist, hat das Energieniveau eine bestimmte Breite. Diese natürliche Linienbreite ($\approx 10^{-4}$ Å) wird verändert durch (kinetische) DOPPLER-Verbreiterung und Verbreiterung infolge Wechselwirkung der Teilchen untereinander (STARK-Verbreiterung).

DOPPLER-Verbreiterung

Der DOPPLER-Effekt beruht auf der Tatsache, daß sich die leuchtenden Atome (Ionen) thermisch bewegen. Dadurch wird die Frequenz je nach der

---

[1]) Der Faktor 1/7 ist von BROUN-POGODIN-ALEXEJEW, Thermische Theorie des Schweißlichtbogens, Halle 1957, angegeben worden. Er hängt mit dem MAXWELL-Schwanz der Elektronen zusammen, die die Anregungen hervorrufen.

Geschwindigkeit relativ zum Beobachter verändert. Aus der DOPPLER-Verbreiterung kann man die Temperatur der angeregten Atome (Ionen) direkt bestimmen. Unter der Voraussetzung, daß die Atome (Ionen) eine MAXWELL-Verteilung besitzen, ist der Anteil von ihnen mit der x-Komponente der Geschwindigkeit zwischen v_x und $v_x + dv_x$ (s. Physikalische Grundlagen, S. 14).

$$\frac{dn}{n} = \frac{1}{\sqrt{\pi}} e^{-\frac{v_x^2}{v_w^2}} \frac{dv_x}{v_w}$$

mit der wahrscheinlichsten Geschwindigkeit

$$v_w = \sqrt{\frac{2\,k\,T}{m}} \qquad (m\text{: Atom-(Ionen-)Masse}).$$

Die DOPPLER-Beziehung lautet:

$$\frac{\Delta\lambda}{\lambda} = \frac{\Delta\nu}{\nu} = \frac{v_x}{c},$$

für v_w demzufolge

$$\frac{\Delta\lambda_D}{\lambda} = \frac{\Delta\nu_D}{\nu} = \frac{v_w}{c}.$$

Die Linienintensität ist der Teilchenzahl proportional, d. h.:

$$\frac{dn}{n} = \frac{dI_L}{I_L}.$$

Außerdem gilt

$$\frac{dI_L}{d(\Delta\nu)} = \frac{dI_L}{d\nu} = I_\nu,$$

so daß wir folgende Intensitätsverteilung bei reiner DOPPLER-Verbreiterung erhalten:

$$I_\nu\, d\nu = I_L \frac{1}{\sqrt{\pi}} e^{-\left(\frac{\Delta\nu}{\Delta\nu_D}\right)^2} \frac{d\nu}{\Delta\nu_D}.$$

Sie hat also die Form einer GAUSS-Kurve.

Aus

$$e^{-\left(\frac{\Delta'\nu}{\Delta\nu_D}\right)^2} = e^{-\left(\frac{\Delta'\lambda}{\Delta\lambda_D}\right)^2} = \frac{1}{2}$$

erhält man die Halbwertsbreite

$$2\,\Delta'\lambda = 2\sqrt{\ln 2}\,\Delta\lambda_D = 1{,}67 \cdot \Delta\lambda_D. \tag{8}$$

In der folgenden Tabelle sind einige Werte von $2\,\Delta'\lambda$ für eine Temperatur von 10^7 °K bei $\lambda = 1000$ Å angegeben:

Atom	A	$2\,\Delta'\lambda$ [Å]
Wasserstoff	1	2,28
Sauerstoff	16	0,57
Quecksilber	200	0,16

Wie man sieht, ist die DOPPLER-Breite im Verhältnis zur natürlichen Linienbreite sehr groß. Da aber die noch zu besprechenden Verbreiterungen infolge der Wechselwirkung der Teilchen untereinander in den meisten Fällen größer sind, erfordert das Messen der DOPPLER-Verbreiterung oft die genaue Auflösung des Linienprofils. Es zeigt sich dann, daß in der Linienmitte der Abfall nach der GAUSS-Verteilung überwiegt. Die Methode ist am besten geeignet bei hohen Plasmatemperaturen und niedrigen Drücken, da die DOPPLER-Breite in diesem Fall entsprechend groß ist und die Linienbreite bestimmt. Außerdem sind Linien gut geeignet, die inneren Elektronenübergängen entsprechen, weil die anderen Plasmapartner auf diese nur einen sehr geringen Einfluß ausüben.

Linienverbreiterung und Linienverschiebung infolge Wechselwirkung mit anderen Teilchen

Die Linienverschiebung und Linienverbreiterung auf Grund der Wechselwirkung der Plasmapartner untereinander läßt sich leider nicht in einer geschlossenen Form darstellen. Zwei Grenzfälle lassen sich angeben, die einer theoretischen Behandlung zugängig sind: im Fall geringer Teilchendichte die sogenannte Stoßverbreiterung und Druckverschiebung und im Fall hoher Dichte die statistische Wechselwirkung. Im Gebiet mittlerer Dichte ist keine der beiden Theorien anwendbar.

Eine ausführliche Behandlung der Theorien würde über den Rahmen dieses Beitrags hinausgehen, sie sollen nur in ihren Grundzügen dargestellt werden.[1])

Stoßdämpfungstheorie

Die Stoßdämpfungstheorie wurde im wesentlichen von LORENTZ, LENZ, WEISSKOPF und LINDHOLM entwickelt. Es wurden nur Zweierstöße betrachtet. Die Verbreiterung der Spektrallinien kommt dadurch zustande, daß die Schwingungen eines Oszillators (das emittierende Atom wird ersetzt durch ein oszillierendes Elektron) durch einen „Stoß“ mit einem anderen Teilchen entweder unterbrochen werden (Stoß zweiter Art) oder dadurch, daß die Frequenz während der „Stoßdauer“ so stark verändert wird, daß die Phase der Eigenfrequenz vor und nach dem Stoß nicht mehr übereinstimmt. Dadurch wird der Wellenzug im klassischen Bild in einzelne, voneinander unabhängige Stücke zerlegt. Die FOURIER-Analyse dieser Stücke liefert die auf $\int_{-\infty}^{\infty} I(\omega)\, d\omega = 1$ normierte Intensitätsverteilung

$$I(\omega) = \frac{1}{\pi \tau} \frac{1}{(\omega - \omega_0)^2 + \left(\frac{1}{\tau}\right)^2}. \tag{9}$$

τ: mittlere Zeit zwischen zwei Stößen,

ω_0: ungestörte Eigenfrequenz des Oszillators.

---

[1]) Näheres siehe UNSÖLD, BREENE, KOGAN.

Nach der kinetischen Gastheorie ist die Stoßfrequenz $\nu_{st} = \frac{1}{\tau}$ eine Funktion der Teilchendichte n, der Geschwindigkeit v und des Stoßquerschnitts ϱ_0:

$$\nu_{st} = \frac{1}{\tau} = \pi \varrho_0^2 n v . \tag{10}$$

(9) liefert die Halbwertsbreite $\left(I(\omega) = \frac{1}{2} I(\omega_0)\right)$ der Linie symmetrisch zu ω_0:

$$\Delta\omega_{1/2} = \gamma = \frac{2}{\tau} , \tag{11}$$

und aus (10) ist zu ersehen, daß diese sehr stark vom Stoßquerschnitt abhängt. Das wesentliche Problem der Stoßdämpfungstheorie besteht also in der Bestimmung von ϱ_0.

Die Stöße 2. Art wollen wir hier nicht näher betrachten. Diese Art von Stoßdämpfung kann nur durch Atome stattfinden, die auch auslöschend auf die Resonanzfluoreszenz der betreffenden Linie wirken. Da aber die Stoßdämpfungsverbreiterung auch bei Zusatz von nicht auslöschenden Gasen in gleicher Weise beobachtet wird, hat LENZ den zweiten Prozeß („Phasenstörungsstoß") als den für die Stoßverbreiterung wesentlichen Prozeß angesehen. Bei diesem „Stoß" wird während der „Stoßzeit" die Frequenz verändert oder, quantentheoretisch ausgedrückt, werden die Terme verstimmt.

Bezeichnet man mit $\Delta\omega$ die Frequenzänderung während der Stoßzeit t_s, so ist die Phasenänderung infolge eines Stoßes gegeben durch

$$\eta = \int_{t_s} d\omega \, dt . \tag{12}$$

LENZ und WEISSKOPF haben gezeigt, daß die Stöße wesentlich zur Verbreiterung beitragen, bei denen $\eta \geqq 1$ ist (das daraus resultierende ϱ_0 wird in der Literatur als WEISSKOPFscher Stoßradius bezeichnet).

Macht man die plausible Annahme, daß die Frequenzänderung $\Delta\omega$ eine Funktion des Abstandes vom Störteilchen ist:

$$\Delta\omega = \frac{2\pi C}{r^p} , \tag{13}$$

wo C und p von der jeweiligen Art der Wechselwirkung abhängen, so ergibt sich bei geradliniger Bewegung des Störteilchens mit dem kürzesten Abstand ϱ vom gestörten Teilchen

$$\eta(\varrho) = \int_{t_s} \Delta\omega \, dt = 2\pi \int_{-\infty}^{\infty} \frac{C \, dt}{(\varrho^2 + v^2 t^2)^{p/2}}$$

$$= \frac{2\pi C}{v \varrho^{p-1}} \pi \frac{\Gamma\left(\frac{p-1}{2}\right)}{\Gamma\left(\frac{p}{2}\right)} = 2\pi C \frac{c_p}{v \varrho^{p-1}} . \tag{14}$$

Der WEISSKOPFsche Stoßradius ergibt sich daraus für ein bestimmtes $\eta_0 \approx 1$:

$$\varrho_0 = \left(\frac{2\pi C c_p}{v\,\eta_0}\right)^{\frac{1}{p-1}},$$

und es sind alle Stöße mit Stoßparametern $\varrho \leqq \varrho_0$ zu zählen. Setzt man diesen Wert in (10) ein, so erhält man mit (11) die gesamte Halbwertsbreite γ:

$$\gamma = 2\pi n v \left(\frac{2\pi C c_p}{v\,\eta_0}\right)^{\frac{2}{p-1}}. \tag{15}$$

Die Formeln sind alle in der adiabatischen Näherung abgeleitet, die voraussetzt, daß die Stoßzeit t_s sehr klein ist gegen eine Schwingungsperiode, keine Amplitudenänderung auftritt und daß die Schwingungsphasen vor und nach dem Stoß vollkommen unabhängig voneinander sind.

LINDHOLM hat die letzte Forderung fallengelassen und außerdem verschiedene Phasenänderungen η berücksichtigt. Nach einer nicht allzu komplizierten Rechnung unter Berücksichtigung der Wahrscheinlichkeit für verschiedene η-Werte erhält er die allgemeine Intensitätsverteilung (auf Eins normiert)

$$I(\omega) = \frac{\alpha}{\pi}\,\frac{1}{(\omega - \omega_0 + \beta)^2 + \alpha^2} \tag{16}$$

mit einer (gesamten) Halbwertsbreite 2α und der Linienverschiebung $\omega_0 - \omega_m = \beta$ (ω_m ist die Frequenz bei maximalem $I(\omega)$).

Aus den beiden Größen α und β kann man Informationen über das Plasma erhalten, wenn über die Art der Wechselwirkung (s. (13)) Klarheit besteht.

Aus der Berechnung ergibt sich, daß für die Verbreiterung α im wesentlichen die Phasenänderungen $\eta \geqq 1$ verantwortlich sind, in Übereinstimmung mit der Definition des WEISSKOPFschen Stoßradius, und für die Linienverschiebung die Änderungen $\eta < 1$, also „Stöße" in einem Abstand $> \varrho_0$.

Wir wollen die plasmadiagnostische Auswertung der Gleichung (16) noch zurückstellen und uns erst einmal mit der statistischen Verbreiterung beschäftigen.

Statistische Theorie

Im Unterschied zur Stoßdämpfungstheorie, wo die Stoßzeit klein ist gegen die Schwingungsdauer, geht man in der statistischen Theorie davon aus, daß sich eine quasistationäre Störung einstellt, mit anderen Worten, es befinden sich immer Störteilchen innerhalb des WEISSKOPFschen Stoßradius. Die emittierenden Teilchen sind also dauernd unter dem Einfluß von Störfeldern. Den Hauptbeitrag zu diesen Störfeldern liefern die Ionen und Elektronen auf Grund der großen Reichweite der COULOMB-Felder. In erster Linie wirken diese Felder auf die gegen den STARK-Effekt empfindlichen Linien. Eine allgemeine quantitative Beschreibung der STARK-Effekt-Verbreiterung kann aber nicht angeführt werden, da sich für verschiedene Linien die Verbreiterung um Größenordnungen unterscheiden kann. Dies folgt aus der starken Abhängigkeit des STARK-Effektes von der Hauptquantenzahl der Linie und dem Atomgewicht.

Deshalb soll die STARK-Effekt-Verbreiterung hier nur am Beispiel des Wasserstoffatoms (linearer STARK-Effekt) gezeigt werden.

Die Aufgabe der statistischen Theorie ist es, die Wahrscheinlichkeit für das Auftreten einer bestimmten Feldstärke F (Mikrofeldstärke) am Ort der emittierenden Teilchen zu berechnen. Üblicherweise wird die zu ermittelnde Feldstärke F auf die aus dem mittleren Abstand der Ionen ($\sim n_i^{1/3}$) folgende Normalfeldstärke

$$F_0 = 2{,}61 \cdot e\, n_i^{2/3} \tag{17}$$

bezogen und die Wahrscheinlichkeit für das Auftreten der reduzierten Feldstärke

$$\beta = \frac{F}{F_0} \tag{18}$$

berechnet. Diese Berechnungen wurden zuerst von HOLTSMARK durchgeführt und liefern die sogenannte HOLTSMARKsche Wahrscheinlichkeitsverteilung $W(\beta)$ für die reduzierte Feldstärke (s. Abb. 11).

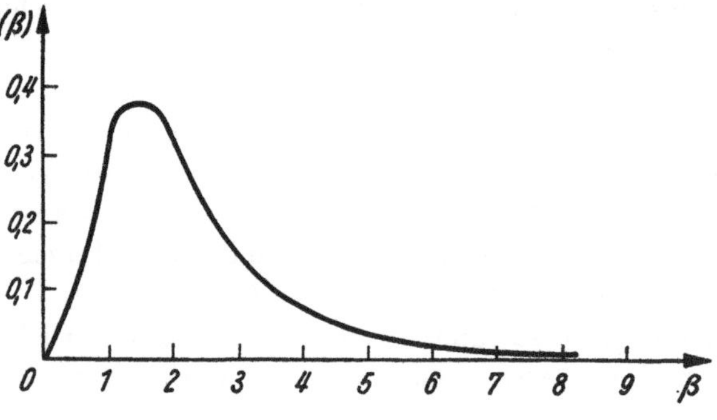

Abb. 11. HOLTSMARKsche Wahrscheinlichkeitsverteilung $W(\beta)$ über β

Die Wasserstofflinien zeigen im homogenen elektrischen Feld F eine Aufspaltung in mehrere Komponenten mit dem Abstand von der Linienmitte

$$\Delta\omega = c'\, F\,, \tag{19}$$

oder in Wellenlängen ausgedrückt:

$$\Delta\lambda = c\, F\,. \tag{20}$$

Für die k-te Komponente schreiben wir also

$$\Delta\lambda = c_k\, F\,,$$

wobei c_k von den Hauptquantenzahlen und der Wellenlänge abhängt, aber nicht von der Feldstärke. Die Intensität dieser Komponente sei I_k (wobei die Gesamtintensität der Linie = 1 gesetzt ist), sie liefert in dem Intervall $\Delta\lambda$ bis $\Delta\lambda + d\lambda$ den Beitrag $I_k\, W(\beta)\, d\beta$.

Führt man noch den Abstand α von der Linienmitte, bezogen auf Normalfeldstärke 1,

$$\alpha = \frac{\Delta\lambda}{F_0} \tag{21}$$

ein, so ist die relative Intensitätsverteilung der Linie gegeben durch

$$S(\alpha)\, d\alpha = \sum_k I_k\, W\left(\frac{\alpha}{c_k}\right) \frac{d\alpha}{C_k} \tag{22}$$

mit der Normierungsbedingung

$$\int_{-\infty}^{\infty} S(\alpha)\, d\alpha = 1 .$$

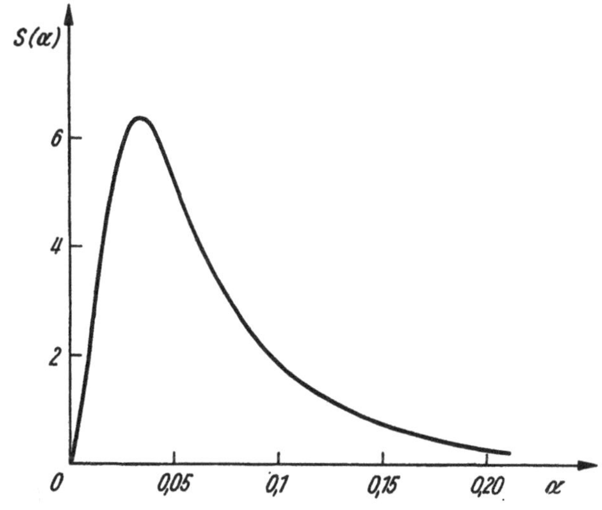

Abb. 12. $S(\alpha)$ als Funktion von α für die Wasserstofflinie H_β

Die Berechnung von $S(\alpha)$ wurde zuerst von VERWEY ausgeführt. Abb. 12 zeigt $S(\alpha)$ der Wasserstofflinie H_β als Funktion von α.

Bevor wir uns der Auswertung der erhaltenen Ergebnisse zuwenden, müssen wir noch auf die Gültigkeitsgrenzen der Stoßdämpfungs- bzw. der statistischen Theorie eingehen, die ja offensichtlich als Grenzfälle einer allgemeinen Theorie der Druckeffekte anzusehen sind.

Ganz allgemein läßt sich sagen, daß für hohe Temperaturen und niedrige Dichten die Stoßdämpfungstheorie gültig ist und bei niedrigen Temperaturen und hohen Dichten die statistische Theorie.

In der Praxis wird es jedoch so sein, daß sich das Linienprofil zusammensetzt aus einem Teil, der mit der Stoßdämpfungstheorie beschrieben werden kann, und einem Teil, der mit der statistischen Theorie erklärt werden kann. Eine genauere Betrachtung zeigt, daß die Stoßtheorie anwendbar ist auf den inneren Teil (Kern) der Linie und die statistische Theorie auf den Linienflügel auf der Seite, nach der die Verschiebung geht. Beim linearen STARK-Effekt ist die Aufspaltung symmetrisch, so daß die Richtung der Verschiebung keine Rolle spielt. Als Grenze kann man den Wert $\Delta\omega_g$ annehmen, welcher der Verschiebung $\Delta\omega = 2\pi C r^{-p}$ beim WEISSKOPF-Radius ϱ_0 entspricht; aus (15) findet man

$$\Delta\omega_g = \left(\frac{v^p}{2\pi C c_p^p}\right)^{\frac{1}{p-1}}. \tag{23}$$

Die Theorie für das Übergangsgebiet ist äußerst kompliziert; meist lassen sich aber die Kurvenäste mit genügender Genauigkeit graphisch aneinandersetzen.

Wir wollen nun auf die plasmadiagnostische Auswertung der Formeln (16) und (22) eingehen.

Die Größen α und β hängen von der speziellen Art der Wechselwirkung der Plasmapartner untereinander ab.

In Formel (13) entspricht $p = 2$ dem linearen STARK-Effekt, $p = 3$ der Wechselwirkung gleichartiger Teilchen (Resonanzwechselwirkung), $p = 4$ dem quadratischen STARK-Effekt und $p = 6$ der VAN-DER-WAALS-Wechselwirkung.

Wir beschränken uns auf $p = 2$ und zeigen die Anwendung der Ergebnisse auf die Wasserstofflinie H_β. Die dazu benötigten Daten entnehmen wir dem oben zitierten Buch von A. UNSÖLD. Die Wellenlänge der H_β-Linie beträgt 4861,3 Å. Die ganze Halbwertsbreite $\gamma = 2\alpha$ (s. (16)) ist nach der Stoßdämpfungstheorie (die in geschweiften Klammern stehenden Ausdrücke entsprechen dem η_0^{-2} in (15) und folgen aus der LINDHOLMschen Theorie)

$$\gamma = 2\pi^3 \frac{4\pi^2 C^2 n_i}{v} \left\{0{,}923 - \ln \left(\frac{4}{3}\right)^{1/3} \pi^{4/3} \frac{2\pi C}{v} n_i^{1/3} + \left(\frac{4}{3}\right)^{2/3} \pi^{8/3} \frac{4\pi^2 C^2}{v^2} n_i^{2/3}\right\}. \tag{24}$$

Setzen wir für $2\pi C$ den speziellen Wert für H_β,

$$2\pi C = \frac{3}{2} \frac{\hbar}{m} \bar{n}_k = 10{,}36\,,$$

(n_k ist eine Funktion der Hauptquantenzahlen des oberen und unteren Terms und beträgt 5,96 für H_β) in (24) ein, so erhalten wir

$$\gamma = 6652 \cdot \frac{n_i}{v} \left\{0{,}923 - \ln 42{,}06 \cdot \frac{n_i^{1/3}}{v} + 2{,}748 \frac{n_i^{2/3}}{v^2}\right\};$$

für $n_i = 10^{12}$ und verschiedene Ionen- (Protonen-) Temperaturen ist γ in der Tabelle 1 angegeben, dazu die DOPPLER-Breiten der Linie und in der letzten Spalte der Grenzwert von Stoßdämpfung und statistischer Theorie.

Die Stoßverbreiterung infolge von Elektronen können wir vernachlässigen; dies ist sofort ersichtlich, wenn man die entsprechenden Elektronengeschwindigkeiten in (24) einsetzt.

Tabelle 1

T	γ [Hz]	γ [Å]	DOPPLER-Breite Å	$\Delta\lambda_g$
10^4	$7{,}81 \cdot 10^9$	$9{,}79 \cdot 10^{-3}$	$3{,}45 \cdot 10^{-1}$	$5 \cdot 10^{-2}$
$5 \cdot 10^3$	$1{,}05 \cdot 10^{10}$	$1{,}32 \cdot 10^{-2}$	$2{,}44 \cdot 10^{-1}$	$3 \cdot 10^{-2}$
$3 \cdot 10^3$	$1{,}25 \cdot 10^{10}$	$1{,}57 \cdot 10^{-2}$	$1{,}89 \cdot 10^{-1}$	$2 \cdot 10^{-2}$

Es zeigt sich also, daß bei den angenommenen Temperaturen praktisch die ganze Linie mit der statistischen Theorie behandelt werden kann. Nur in der Linienmitte ist eine Überlagerung der DOPPLER- und der Stoßverbreiterung vorhanden; das daraus resultierende Profil erhält man durch Faltung des DOPPLER-(GAUSS-)Profils G mit dem Dispersion-Profil D, die bekanntlich zu einem VOIGT-Profil V führt:

$$V(\omega) = \int_{-\infty}^{\infty} D(\omega - \omega')\, G(\omega')\, d\omega' .$$

Bei bekannter Ionentemperatur kann man also durch Variation von n_i in (24) die Ionendichte n_i (und damit die Elektronendichte n_e) bestimmen.

Die Bestimmung der Ionendichte aus der statistischen Linienverbreiterung wird folgendermaßen durchgeführt (FINKELNBURG und MAECKER, Handbuch der Physik, Bd. 22 (1956) 374). Man zeichnet im doppelt logarithmischen Maßstab das auf 1 normierte theoretische Profil von H_β ($F_0 = 1$) nach Formel (22) (s. Abb. 12) und in willkürlichen Intensitätseinheiten das gemessene Profil ein. Durch Verschieben des gemessenen Profils werden beide Profile zur Deckung gebracht. Die Verschiebungskomponente in Abszissenrichtung ist das gesuchte F_0, aus dem nach (17) die Ionen (Elektronen-) dichte bestimmt werden kann.

Dieses Verfahren zur direkten Bestimmung der Elektronendichte ist wesentlich genauer als ihre Bestimmung aus der SAHA-Gleichung bei bekannter Temperatur, da sich geringe Fehler in der Temperaturmessung auf Grund der exponentiellen Abhängigkeit bei letzterer Methode sehr stark auswirken, während bei der statistischen STARK-Effekt-Verbreiterung die Elektronendichte nur mit der Potenz $\frac{3}{2}$ eingeht.

Die Wasserstofflinien eignen sich natürlich auf Grund ihres linearen STARK-Effektes besonders gut zur Bestimmung der Ladungsträgerkonzentration. Bei Linien mit quadratischem STARK-Effekt bereitet die Auswertung der Meßergebnisse weitaus größere Schwierigkeiten. Auf die Linienverschiebung β in (16) gehen wir hier nicht ein. Da beim linearen STARK-Effekt die Aufspaltung symmetrisch ist, spielt die Linienverschiebung hierbei keine Rolle.

Aus den auf diese Weise bestimmten Elektronendichten läßt sich natürlich jetzt über die SAHA-Gleichung die Elektronentemperatur bestimmen. Auf Grund der oben erwähnten empfindlichen Abhängigkeit der Elektronendichte von der Elektronentemperatur liefert diese indirekte Temperaturbestimmung sehr genaue Werte.

ZEEMAN-*Effekt*

Schließlich sei am Schluß noch auf die Aufspaltung der Linien im Magnetfeld hingewiesen (ZEEMAN-Effekt). Die Größe der Aufspaltung beträgt näherungsweise

$$\Delta\lambda = 4{,}2 \cdot 10^{-13} \lambda^2 B\,, \tag{25}$$

λ in Å,

B in Gauss.

Für die H_β Linie im Magnetfeld 10^4 Gauss erhalten wir mit (25)

$$\Delta\lambda \approx 10^{-1}\,\text{Å}\,.$$

Die ZEEMAN-Aufspaltung gestattet es teilweise, das Magnetfeld zu bestimmen.

Bevor wir uns der kontinuierlichen Strahlung zuwenden, muß noch erwähnt werden, daß in Hochtemperaturplasmen (z. B. Deuteriumplasma) die Messung von Linien nicht mehr möglich ist, da das Deuterium vollionisiert ist. Unter Umständen kann man sich dann so helfen, daß Linien von eingebrachten Fremdatomen gemessen werden. Allerdings ist dieses Verfahren in zweifacher Hinsicht unbefriedigend. Einmal bleibt die Frage offen, ob die Fremdatome mit den Deuteriumionen im thermischen Gleichgewicht stehen, und zum anderen sind bei Hochtemperaturplasmen Verunreinigungen mit schweren Atomen aus energetischem Grund gerade zu vermeiden.

Messung der kontinuierlichen Strahlung
(weiterhin optisch dünnes Medium)

a) Seriengrenzverschiebung

Ein Übergangsgebiet zwischen der Linienstrahlung und der kontinuierlichen Strahlung ist die Messung der Verschiebung der Seriengrenze infolge der Verbreiterung der Energieniveaus unter dem Einfluß der Mikrofelder. Diese Verschiebung der Seriengrenze vom theoretischen Grenzwert $n = \infty$ (n ist die Hauptquantenzahl) zu niedrigeren n-Werten gestattet ebenfalls die Bestimmung der Elektronendichte.

Nach einer einfachen Betrachtung von INGLIS und TELLER (s. UNSÖLD, l. c. S. 325) unter der Annahme, daß zwei Linien dann zusammenfließen, wenn die Termaufspaltung gleich dem halben Abstand zu den benachbarten Linien ist, erhält man für Wasserstofflinien (linearer STARK-Effekt)

$$\frac{3}{2}\, a_0\, n_m^2\, e\, F = \frac{e^2}{2\, a_0\, n_m^3}\,, \tag{26}$$

a_0: BOHRscher Radius,

n_m: Hauptquantenzahl des oberen Terms der letzten unterscheidbaren Linie,

e: Elektronenladung,

F: mittlere Mikrofeldstärke an der Stelle des emittierenden Atoms.

Setzt man für F den wahrscheinlichsten Wert aus der HOLTSMARK-Verteilung $F = 1{,}6\,F_0 = 4{,}2\,e\,n_e^{2/3}$ ein, so läßt sich aus der Existenz einer bestimmten Grenzlinie mit der oberen Hauptquantenzahl n_m die Elektronendichte leicht bestimmen.

b) Frei-frei- und Frei-gebunden-Strahlung

Wird ein Elektron im Feld eines positiven Ions abgebremst, so emittiert es nach der klassischen Theorie eine Strahlung, deren Gesamtenergie proportional ist dem Quadrat der Beschleunigung. Die Berechnung der Elektronenbahn (d. h. der Beschleunigung) liefert mit Hilfe einer FOURIER-Analyse die Frequenzverteilung der Bremsstrahlung. Nach der Abbremsung befindet sich das Elektron entweder noch im freien Zustand, dann erhält man die maximal emittierte Frequenz aus der Beziehung

$$\hbar\,\omega = \frac{m}{2}\,v_e^2\,,$$

oder es ist von dem Ion eingefangen worden und befindet sich in dem diskreten Zustand E_n, dann ergibt sich die maximal emittierte Frequenz aus

$$\hbar\,\omega = \frac{m}{2}\,v_e^2 + E_n\,.$$

Der erste Fall entspricht der Frei-frei-Strahlung und liefert das Bremskontinuum, letzterer der Frei-gebunden-Strahlung, sie liefert das Seriengrenzkontinuum.

Von einem Plasma werden beide Arten kontinuierlicher Strahlung emittiert. Setzen wir für die Elektronen die MAXWELLsche Geschwindigkeitsverteilung voraus, so erhalten wir den Emissionskoeffizienten der Bremsstrahlung

$$\varepsilon_\omega = \frac{32\,\pi^2\,Z^2\,e^6}{3\sqrt{3}\;c^3\,(2\,\pi\,m_e)^{3/2}}\,\frac{n_e\,n_i}{(k\,T)^{1/2}}\,e^{-\frac{\hbar\,\omega}{k\,T}}\,, \tag{27}$$

(Ze: Ionenladung).

Die Frei-gebunden-Strahlung (Rekombinationsstrahlung) läßt sich nicht in geschlossener Form zusammenfassen, da die verschiedenen Energiezustände E_n von der jeweiligen Art der Atome abhängen; ihre Behandlung setzt also die Kenntnis der speziellen Wellenfunktion der Atome voraus.

Wir beschränken uns auf Wasserstoff bzw. wasserstoffähnliche Atome und erhalten wiederum unter der Voraussetzung, daß die Elektronen eine MAXWELL-Verteilung haben, den Emissionskoeffizienten für den Einfang freier Elektronen in einen gebundenen Zustand mit der Hauptquantenzahl n:

$$\varepsilon_{w,n} = \frac{16\,\pi\,Z^4\,e^{10}\,m_e}{3\sqrt{3}\;c^3\,\hbar^3\,(2\,\pi\,m_e)^{3/2}}\,\frac{n_i\,n_e}{(k\,T)^{3/2}}\,\frac{1}{n^3}\,e^{-\frac{\hbar(\omega-\omega_n)}{k\,T}}\,. \tag{28}$$

$\hbar\,\omega_n$ ist die (von der Ionisierungsgrenze an gerechnete) Energie des Zustands mit der Hauptquantenzahl n. Auf der kurzwelligen Seite der Seriengrenze fällt also das Seriengrenzkontinuum wie das Bremskontinuum mit $e^{-\frac{\hbar\omega}{kT}}$ ab. Um den Emissionskoeffizienten für eine bestimmte Frequenz ω zu erhalten, müssen die Beiträge aller Seriengrenzen mit $\omega_n < \omega$ addiert werden.

Wie bereits erwähnt, beginnen die Seriengrenzkontinua nicht an der theoretischen Seriengrenze $n = \infty$, da die oberen Terme stark verbreitert sind. Bis zu einer gewissen Grenze (s. (26)) können wir also mit einem Termkontinuum rechnen.

Auf Grund der beiden Formeln (27) und (28) kann in einem optisch dünnen Plasma durch Messung der Intensität der kontinuierlichen Strahlung in Abhängigkeit von der Frequenz im Gebiet $\frac{\hbar\omega}{kT} \geqq 1$ bzw. $\frac{\hbar(\omega - \omega_n)}{kT} \geqq 1$ aus dem exponentiellen Abfall der Intensität die Elektronentemperatur bestimmt werden. Trägt man die Intensität logarithmisch über der Frequenz auf, so liefert der Anstieg der Geraden die Größe $-\frac{\hbar}{kT}$ bzw. $-\frac{\hbar(1 - \omega_n)}{kT}$.

Die Messungen werden erschwert durch die Tatsache, daß der Abfall des Bremskontinuums schon bei Temperaturen um 10000 °K im fernen UV liegt. Der Abfall des Seriengrenzkontinuums liegt allerdings zum Teil bei viel niedrigeren Frequenzen.

Ist eine Messung der Absolutintensität möglich, so läßt sich auf Grund des Faktors $n_e \cdot n_i$ auch die Ionen- und Elektronendichte bestimmen.

In extrem heißen Plasmen ist neben der Bremsstrahlung, die durch Elektronen-Ionen-Wechselwirkung hervorgerufen wird, auch der Einfluß der Elektronen-Elektronen-Wechselwirkung zu berücksichtigen.

Es muß noch einmal betont werden, daß es sich bei allen vorgenannten Methoden um Strahlung aus einem optisch dünnen Plasma handelt. Erfolgt die Strahlung aus optisch dicker Schicht, dann ist die Intensität nach dem KIRCHHOFFschen Gesetz (1) gleich der PLANCK-Funktion. Eine Absolutmessung der Intensität liefert also direkt die Temperatur.

Auf eine weitere Methode der Temperaturbestimmung aus der Messung der optischen Dicken soll an dieser Stelle nur hingewiesen werden.[1]

Bei der praktischen Durchführung aller spektroskopischen Messungen ist natürlich eine zeitliche und räumliche Auflösung der Strahlung erwünscht. Vor allem bei zeitlich schnell veränderlichen Plasmen ist eine spektroskopische Messung ohne zeitliche Auflösung wertlos. Die spektroskopischen Messungen werden mit den im vorhergehenden Abschnitt behandelten Kurzzeitmethoden gekoppelt, so daß die zeitliche Änderung der Kenngrößen verfolgt werden kann.

Die bisher behandelten spektroskopischen Methoden bestanden aus der Messung der Eigenstrahlung des Plasmas und lieferten im wesentlichen Aussagen über die Elektronen- und Ionendichten. Es lassen sich aber noch weitere Größen spektroskopisch bestimmen.

---

[1]) Zur Temperaturmessung aus Plasmaschichten mittlerer Absorption. Proc. 4th Int. Conf. Ion. Phen. Gases Uppsala 1959, Vol. II (Amsterdam 1960) p. 877.

Zum Beispiel kann die Wärmeleitfähigkeit $\varkappa$ eines zylindersymmetrischen Bogens bestimmt werden aus dem zeitlichen Abklingen des Bogenleuchtens eines abgeschalteten Bogens, das kinematographisch aufgenommen wird. Die Beobachtung der verschiedenen Aureolen liefert die zeitliche Temperaturabnahme, und die Berechnung von $\varkappa$ erfolgt aus der Energiegleichung.

Zum Schluß dieses Abschnitts sollen noch Methoden erwähnt werden, mit denen unter Benutzung von Fremdlicht verschiedene Plasmakenngrößen ermittelt werden können.

Die Dichte ϱ eines Plasmas läßt sich unter bestimmten Bedingungen aus dem Brechungsindex bestimmen. Der Brechungsindex wird entweder aus Interferenzmessungen oder Schlierenaufnahmen bestimmt. Diese Methoden sind natürlich nur anwendbar, wenn noch keine wesentliche Zerstörung der Teilchen stattgefunden hat, also bei relativ niedrigen Temperaturen. Ferner dient zur Dichtebestimmung die Röntgenstrahlabsorption oder auch die Absorption energiereicherer Strahlung (α-Strahlen, Elektronenstrahlen). Aus der so gemessenen Dichte lassen sich wiederum Rückschlüsse auf die Temperatur ziehen.

In der letzten Zeit wurden die optischen Meßmethoden durch die Anwendung von Lasern bereichert.

Auf Grund seiner hohen Lichtintensität in einem schmalen Spektralgebiet, die in einen kleinen Raumwinkel konzentriert ist, werden neue Methoden zur Bestimmung von Plasmaparametern ermöglicht. Mit der Lichtstreutechnik (THOMSON-Streuung) lassen sich lokale Plasmaparameter (Elektronendichte, -Temperatur, Ionentemperatur, Driftgeschwindigkeit) in einem sehr kleinen Volumen bestimmen, ohne das Plasma zu stören.

Die Laserstrahlung bekannter Intensität wird in ein Plasma fokussiert und das gestreute Licht in einem geeigneten Winkel zum Eingangsstrahl gemessen. Zur Theorie der Lichtstreuung im Plasma muß auf die Originalliteratur verwiesen werden (s. Literaturhinweise am Schluß).

Neben der Ausnutzung der thermischen Fluktuation ist es möglich, Dichteschwankungen durch intensive Laserstrahlen zu induzieren. Diese Dichteschwankungen liefern die Ursache zur Streuung in verschiedene Richtungen; die Intensität des gestreuten Lichts ist u. a. abhängig von der Plasmafrequenz ω_p und der Gyrofrequenz ω_z.

Bei einer besonders originellen Anwendung des Gaslasers wird das zu untersuchende Plasma direkt in den Resonator eines Gaslasers eingebracht. Dadurch ist es möglich, die Mittelwerte der Elektronendichte entlang jedes möglichen Weges durch das Plasma zu bestimmen.

Da der Laser als intensive Lichtquelle das Eigenleuchten des Plasmas übertrifft, wird er auch erfolgreich für die oben erwähnten Meßmethoden (Interferometrie, Schlieren-Photographie, Brechungsindexmessungen aus FARADAY-Rotation) benutzt.

Zum Schluß bringen wir eine tabellarische Übersicht über die in diesem Abschnitt besprochenen spektroskopischen plasmadiagnostischen Verfahren, aus der die Voraussetzungen zu entnehmen sind, die bei der Anwendung der Methoden erfüllt sein müssen, und in der die Plasmaparameter enthalten sind, die mit den genannten Methoden bestimmt werden können (Tabelle 2).

5. *Mikrowellenmethoden*

Wir wollen auch hier nur einen generellen Überblick geben, aus dem die verschiedenen Methoden abgeleitet werden können. In diesem Zusammenhang ist es nicht möglich, die Wellenausbreitung im Plasma unter Einbeziehung von Magnetfeldern ausführlich zu behandeln; vielmehr soll ein einfaches Modell gebracht werden, um die grundsätzlichen Beziehungen deutlich zu machen, auf denen die Mikrowellendiagnostik beruht.

Wir schreiben zu Beginn noch einmal die Grundbeziehungen für die Ausbreitung elektromagnetischer Wellen im Plasma auf.

Für die elektrische Feldstärke können wir schreiben:

$$\mathfrak{E} = \mathfrak{E}_0 \, e^{i k z - i \omega t} ; \tag{29}$$

k ist der Wellenzahlvektor ($|\mathfrak{k}| = 2\,\pi/\lambda$), der durch geeignete Wahl des Koordinatensystems nur eine Komponente in Richtung z habe. Aus dem Zusammenhang zwischen k und ω (der sog. Dispersionsformel $k = k(\omega)$) kann das Verhalten der elektromagnetischen Wellen im Plasma bestimmt werden.

Es gilt allgemein

für den Brechungsindex: $$n = \frac{c}{\omega} \operatorname{Re}(\mathfrak{k}) , \tag{30}$$

für den Absorptionsindex: $$\varkappa = \frac{c}{\omega} \operatorname{Im}(\mathfrak{k}) . \tag{31}$$

Setzen wir diese Werte in (29) ein, so erhalten wir

$$\mathfrak{E} = \mathfrak{E}_0 \, e^{i \omega \left(\frac{n z}{c} - t\right)} \, e^{-\omega \frac{\varkappa z}{c}} . \tag{32}$$

Wir gehen zuerst auf den Absorptionsindex $\varkappa$ ein. Dazu betrachten wir ein Plasma, das unendlich ausgedehnt ist (also ohne spezielle Randbedingungen), in dem Stöße vernachlässigt werden können und dessen Energie niedrig ist.

Zwei Größen bestimmen wesentlich das Verhalten der Mikrowellen im Plasma: die Plasmafrequenz (LANGMUIR-Frequenz)

$$\omega_p = \sqrt{\frac{4\,\pi\, n_e\, e^2}{m_e}} = 5{,}7 \cdot 10^4 \sqrt{n_e} \quad [\mathrm{Hz}] \tag{33}$$

und die Zyklotronelektronenresonanzfrequenz (Gyrofrequenz)

$$\omega_z = \frac{e\,B}{m_e} = 1{,}8 \cdot 10^7 \cdot B \quad [\mathrm{Hz}] \qquad (B \text{ in Gauss}) . \tag{34}$$

Wenn Magnetfelder existieren, ist die Wellenausbreitung im Plasma nicht mehr isotrop, da die Beweglichkeit eines Elektrons oder Ions im Magnetfeld eine

Tabelle 2. Spektroskopische Meßverfahren der Plasmadiagnostik

Meßverfahren	Bedingungen a: Elektronen: MAXWELL-Verteilung	b: Atome, Moleküle, Ionen: MAXWELL-Verteilung	c: Elektronenterme BOLTZMANN-Verteilung	d: Ionisationsgrad SAHA-Gleichung	e: Rotationstherme BOLTZMANN-Verteilung	f: $T_e = T_i = T_0 = T_M$	Meßart	Bestimmbare Parameter	Abhängigkeit des Meßwerts im thermischen Gleichgewicht von
1. Intensität von Atomspektrallinien in optisch dünner Schicht	×		×			erwünscht	Absolute Intensität Relative Intensität	T_e, n_0 T_e	T, p T
2. Intensität von Ionenspektrallinien in opt. dünner Schicht	×		×	erwünscht		erwünscht	Absolute Intensität Relative Intensität	T_e, n_i T_e	T, p T
3. Intensitätsverteilung im Bandenspektrum mit Rotationsstruktur		×			×		Relativmessungen	TM	T
4. DOPPLER-Profil von Spektrallinien		×					Gesamtes Profil Halbwertsbreite Verschiebung	Geschw.-Verteilung $n_0(v_x)$ u. $n_i(v_x)$ $\frac{T_0}{v_{0x}}, \frac{T_i}{v_{ix}}$	$n_0(v_x)$ u. $n_i(v_x)$ T
5. STARK-Verbreiterung einschließlich Eigendruck u. Fremddruckverbreiterung	erwünscht			erwünscht		erwünscht	Gesamtes Profil Linienbreite Linienverschiebung	n_e, n_i, n_0	T, p
6. ZEEMAN-Effekt							Verschiebung	H	H
7. Intensität des Elektronen-Ionen-Kontinuums	×			erwünscht		erwünscht	Absolute Intensität Intensitätsabfall nach kurzen Wellenlängen	T_e, n_e T_e	T, p T
8. Emissions- und Absorptionsvermögen (KIRCHHOFFsches Gesetz)	×		×	×			Absolutmessungen	T_e	T
9. Bestimmung des Brechungsindex bei einer oder mehreren Wellenlängen							Interferometer und Schlierenaufnahmen	n_0, n_e	T, p
10. Streuung von Licht (THOMSON-Streuung)	erwünscht						Messung der Streuintensität	n_e, T_e, T_i	T

Tensorgröße ist. Zur Vereinfachung der Behandlung unterscheiden wir vier verschiedene Typen von Wellen, die sich in einem Plasma ausbreiten bzw. von einem Plasma emittiert werden.

Als ordentliche Welle bezeichnen wir diejenige, die vom Magnetfeld nicht beeinflußt wird, der elektrische Vektor $\mathfrak{E}$ und der magnetische Vektor $\mathfrak{B}$ sind parallel, und die Ausbreitungsrichtung $\mathfrak{k}$ ist senkrecht zum Magnetfeld.

Liegt der Ausbreitungsvektor $\mathfrak{k}$ parallel zu $\mathfrak{B}$ und das elektrische Feld senkrecht zu $\mathfrak{k}$, so definieren wir eine „rechtszirkulare" oder eine „linkszirkulare" Welle, je nachdem, ob die Elektronen in gleicher oder entgegengesetzter Richtung zu $\mathfrak{E}$ rotieren.

Beim vierten Wellentyp schließlich, den wir als außerordentliche Welle bezeichnen, liegt der elektrische Vektor $\mathfrak{E}$ zwar senkrecht zum Magnetfeld, aber nicht senkrecht zur Ausbreitungsrichtung $\mathfrak{k}$ (er hat also eine Komponente in Ausbreitungsrichtung). Sie entsteht aus elektrischen Vektoren, die rechts und links um $\mathfrak{B}$ rotieren und eine Ellipse beschreiben in einer Ebene, in der auch $\mathfrak{k}$ liegt.

Das Strahlungs- und Absorptionsverhalten eines Plasmas im Magnetfeld zeigt nun Diskontinuitäten, die wir näher betrachten wollen.

Dazu betrachten wir eine dreidimensionale logarithmische Darstellung der Absorption in Abhängigkeit von der Stärke des Magnetfeldes und der Elektronendichte. Die vier Wellentypen werden getrennt behandelt (Abb. 13).

Nach rechts ist das Verhältnis zwischen Plasmafrequenz und Meßfrequenz aufgetragen und nach hinten das Verhältnis Zyklotronresonanzfrequenz zur Meßfrequenz. Der Absorptionskoeffizient ist in Neper/Wellenlänge angegeben und

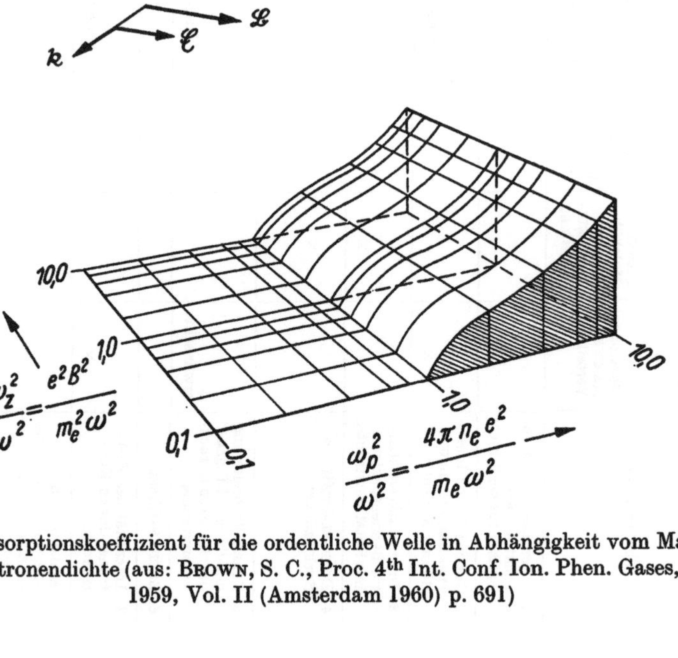

Abb. 13. Absorptionskoeffizient für die ordentliche Welle in Abhängigkeit vom Magnetfeld und der Elektronendichte (aus: BROWN, S. C., Proc. 4th Int. Conf. Ion. Phen. Gases, Uppsala 1959, Vol. II (Amsterdam 1960) p. 691)

ist natürlich proportional dem Emissionskoeffizienten, so daß diese Darstellungen auch für die Emission von Mikrowellen verwendet werden können.

Da die ordentliche Welle vom Magnetfeld nicht beeinflußt wird, ist die Absorption nur von der Elektronendichte abhängig. Sie liefert eine Diskontinuität, wenn die Meßfrequenz $\omega = \omega_P$ ist.

Die nächste Abbildung (Abb. 14) zeigt die Meßergebnisse der Rauschleistung (bei 3 GHz [10 cm]), die von einer Heliumentladung emittiert wird. Die Meßmethode sicherte, daß nur ordentliche Wellen aufgenommen wurden. Die gemes-

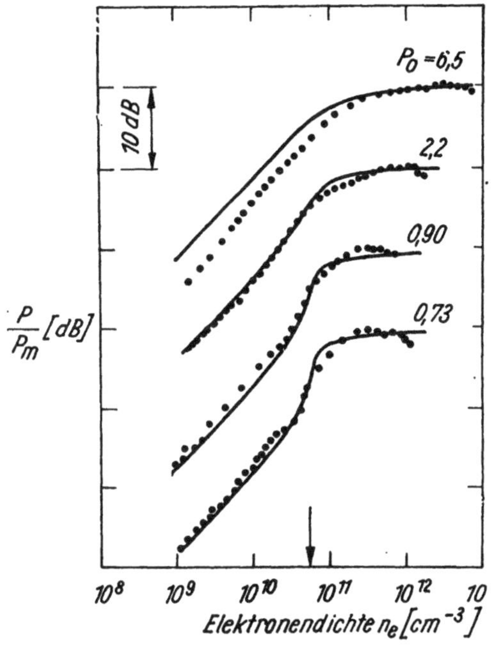

Abb. 14. Gemessenes Emissionsspektrum des ordentlichen Wellentyps von einem Heliumplasma (aus: Brown, S. C., l. c.)

sene Rauschleistung nimmt linear mit wachsender Elektronendichte zu bis zu der Elektronendichte, die der Plasmafrequenz bei der gemessenen Wellenlänge (3 GHz) entspricht, das Plasma ist transparent; dann folgt eine nichtlineare Zunahme, und schließlich wird bei hohen Dichten die Rauschleistung gleich der Strahlung eines schwarzen Körpers in dem entsprechenden Frequenzintervall. Dieses Verfahren ist also zur Messung von n_e geeignet.

Auf der nächsten Abbildung (Abb. 15) sehen wir das Absorptionsvermögen für die „rechtszirkulare" Welle.

Für $\mathfrak{B} \to 0$ geht diese Darstellung natürlich in die für die ordentliche Welle über, aber bei Zyklotronresonanz zeigt sich eine charakteristische Diskontinuität.

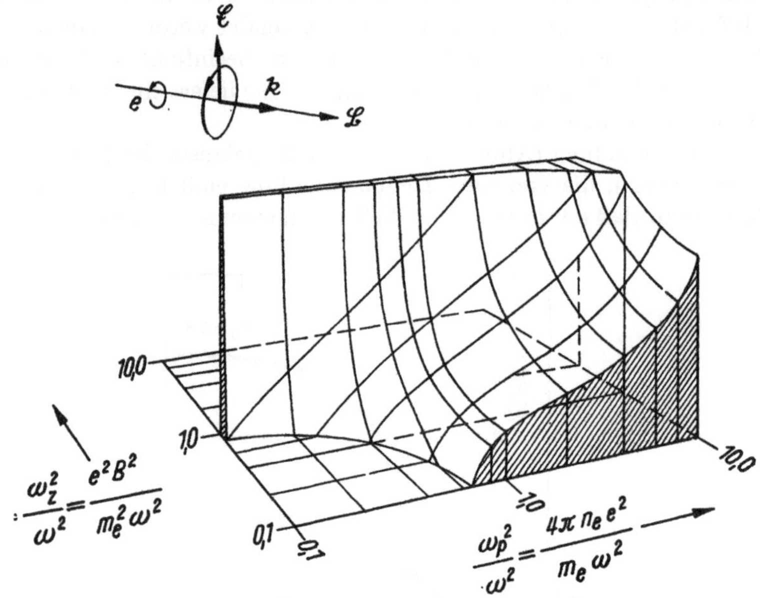

Abb. 15. Absorptionskoeffizient für den rechtszirkularen Wellentyp in Abhängigkeit vom Magnetfeld und der Elektronendichte (aus: BROWN, S. C., l. c.)

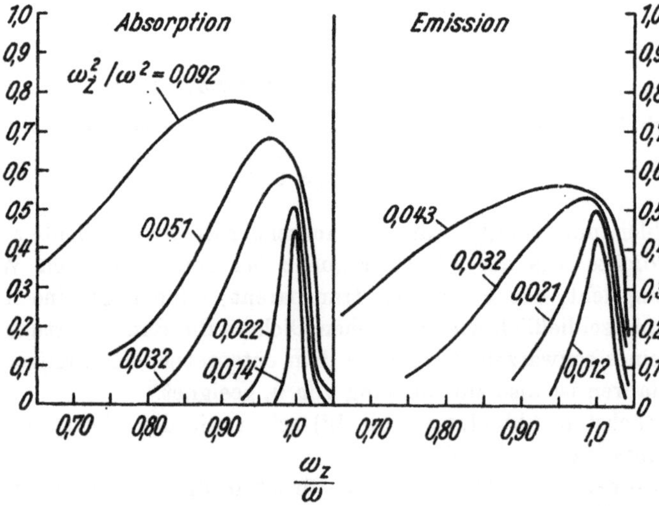

Abb. 16. Gemessene Absorption und Emissionscharakteristiken der rechtszirkularen Welle (aus: BROWN, S. C., l. c.)

Abb. 16 zeigt die entsprechenden Meßergebnisse, und zwar einmal eine Absorptionsmessung in Abhängigkeit vom Magnetfeld und einmal eine Emissionsmessung, in beiden Fällen ist die Elektronendichte Parameter. Deutlich ist das aus der vorhergehenden Abbildung bekannte charakteristische Verhalten in der Umgebung der Zyklotronresonanzfrequenz zu sehen. Diese Methode eignet sich also zur Messung von Magnetfeldern.

Wir kommen nun zur Betrachtung des außerordentlichen Wellentyps. Auf Abb. 17 ist die Absorption für diesen Wellentyp für Frequenzen unterhalb der Plasmafrequenz dargestellt. Abb. 18 zeigt die zugehörigen Messungen. Die Resonanz ist um so besser ausgebildet, je niedriger der Druck ist. Das Auftreten der Doppelresonanzen liegt an der Meßmethode.

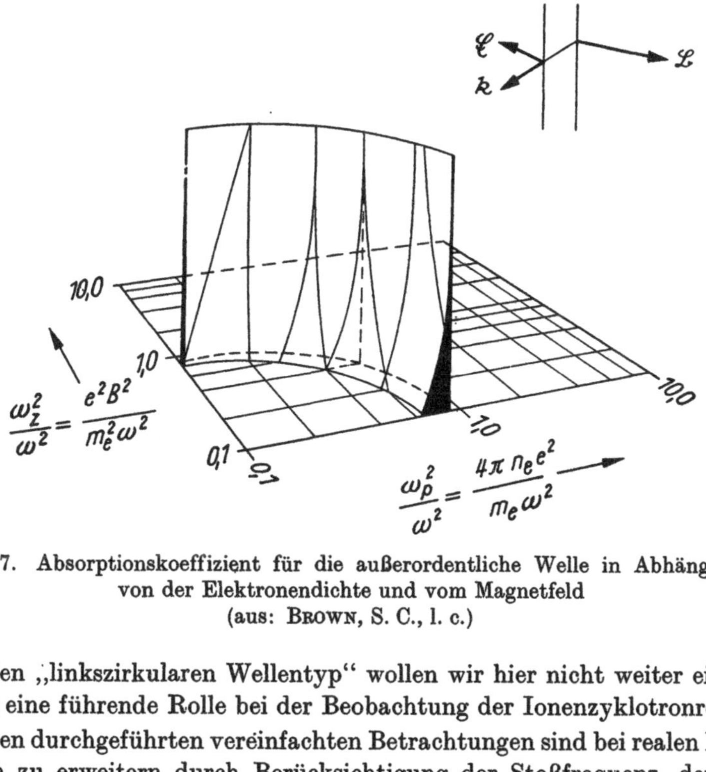

Abb. 17. Absorptionskoeffizient für die außerordentliche Welle in Abhängigkeit von der Elektronendichte und vom Magnetfeld (aus: BROWN, S. C., l. c.)

Auf den „linkszirkularen Wellentyp“ wollen wir hier nicht weiter eingehen; er spielt eine führende Rolle bei der Beobachtung der Ionenzyklotronresonanz.

Die eben durchgeführten vereinfachten Betrachtungen sind bei realen Plasmen natürlich zu erweitern durch Berücksichtigung der Stoßfrequenz, der Randbedingungen usw.

Die Stoßfrequenzen beeinflussen die Resonanzbreiten, deshalb lassen sich aus den Resonanzbreiten die Elektronen- und gegebenenfalls die Ionenstoßfrequenzen ν_{st}^e und ν_{st}^i ableiten und daraus die Elektronen- und Ionenbeweglichkeiten nach der Beziehung

$$b_{e,i} = \frac{e}{m_{e,i} \cdot \nu_{st}^{e,i}} . \tag{35}$$

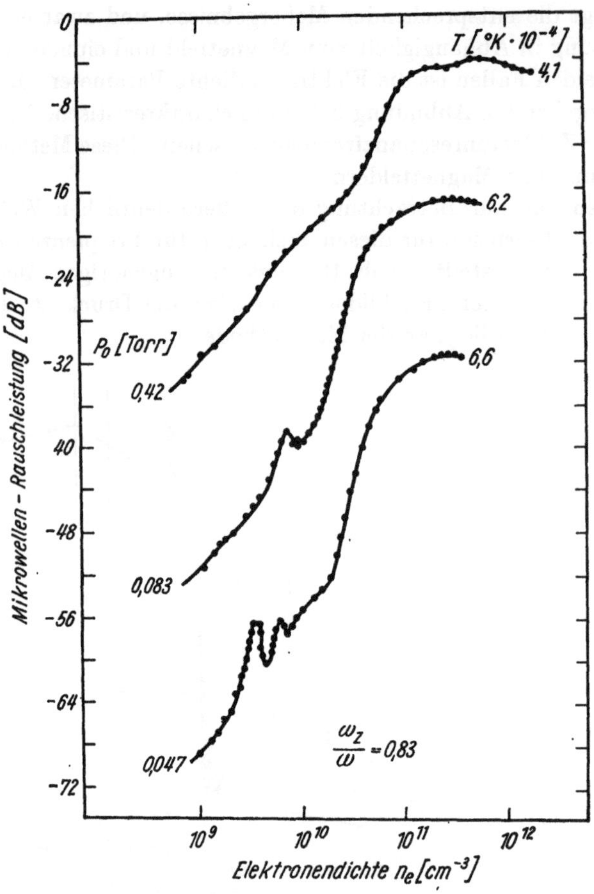

Abb. 18. Gemessene Resonanzen am außerordentlichen Wellentyp (aus: BROWN, S. C., l. c.)

Die Messung der Elektronendichte mit den oben erwähnten Methoden ist in Richtung größerer Elektronendichten begrenzt infolge Fehlens geeigneter Meßfrequenzen oberhalb 100 GHz.

Abb. 19 zeigt die prinzipielle Anordnung zur Messung der Rauschleistung mit einem Überlagerungsempfänger.

Wie der Absorptionsindex zeigt auch der Brechungsindex n ein unterschiedliches Verhalten in Abhängigkeit von der Ausbreitungsrichtung in einem Plasma im Magnetfeld.

Für zwei verschiedene Ausbreitungsrichtungen $\mathfrak{k}$ in bezug auf das Magnetfeld $\mathfrak{B}$ wollen wir n angeben. Für $\mathfrak{B} = 0$ oder $\mathfrak{B} \perp \mathfrak{k}$ erhalten wir die bekannte ECCLESsche Beziehung

$$\frac{k^2 c^2}{\omega^2} n^2 = 1 - \frac{\omega_p^2}{\omega^2} \tag{36}$$

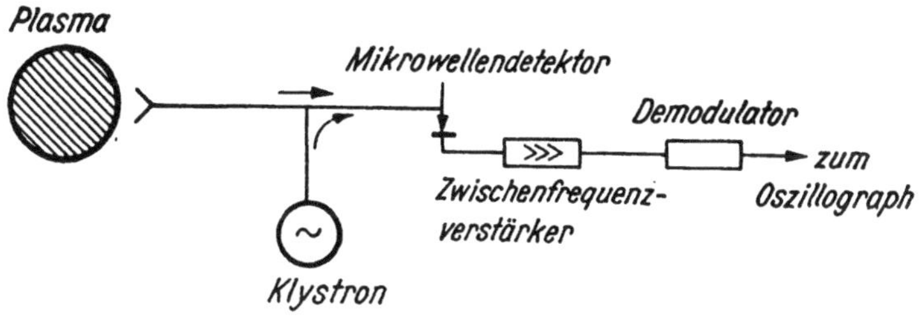

Abb. 19. Prinzipschaltung zur Messung der Rauschleistung mit einem Überlagerungsempfänger (aus: FÜNFER, E., und LEHNER, G., l. c.)

und für $\mathfrak{B} \| \mathfrak{k}$

$$\frac{k^2 c^2}{\omega^2} = n^2 \approx 1 - \frac{\omega_p^2}{\omega(\omega \pm \omega_z)} . \tag{37}$$

Aus (36) sieht man, daß k für $\omega < \omega_p$ rein imaginär wird, in das Plasma können nur Wellen mit $\omega \geqq \omega_p$ eindringen. Bei den Methoden, denen die Abhängigkeit des Brechungsindex von den Plasmaparametern zugrunde liegt, wird die Phasenänderung einer Meßwelle, die durch ein Plasma läuft bzw. an einem Plasma reflektiert wird, interferometrisch mit einer Vergleichswelle gemessen (Abb. 20).

Die Phasenverschiebung der durchgehenden Welle beträgt nach (32)

$$\Delta\varphi = \frac{\omega}{c}\left(Z - \int_0^Z n(z)\, dz\right). \tag{38}$$

Daraus läßt sich die Elektronendichte bestimmen.

Ist die Meßfrequenz $\omega \gg \omega_p$, so erhält man für $\mathfrak{B} = 0$ oder $\mathfrak{B} \perp \mathfrak{k}$ (s. (36)) mit (33)

$$\Delta\varphi = \frac{2\pi e^2}{m_e c} \frac{1}{\omega} \int_0^Z n_e(z)\, dz ,$$

also unmittelbar einen Mittelwert für die Elektronendichte. Im allgemeinen ist es aber auf Grund des nichtlinearen Zusammenhangs zwischen n und n_e nicht möglich, eine mittlere Elektronendichte zu bestimmen.

Eine weitere Möglichkeit der Messung der Elektronendichte ergibt sich aus der Ausnutzung des FARADAY-Effektes. Wie man aus (37) sieht, muß unterschieden werden zwischen einer rechts- und einer linkszirkular polarisierten Welle, die entsprechenden Brechungsindizes sind n_r bzw. n_l. Strahlt man eine linear polarisierte Welle ein, so wird bei vernachlässigbarer Absorption ihre Polarisationsrichtung um einen Winkel $\Delta\alpha$ gedreht:

$$\Delta\alpha = \frac{\omega}{c} \int_0^Z \frac{n_l - n_r}{2}\, dz .$$

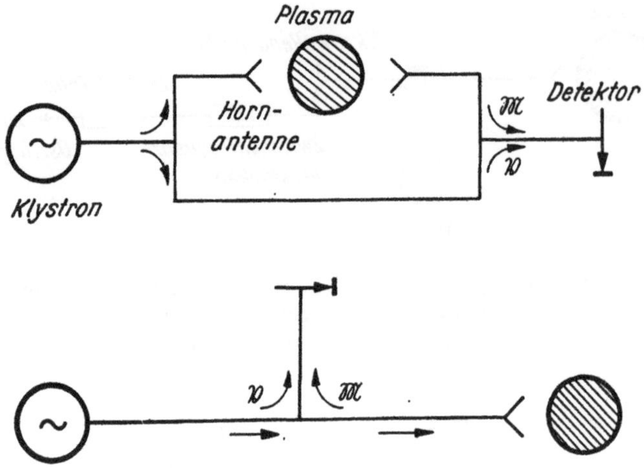

Abb. 20. Aufbau einer Interferometeranordnung zur Messung der Phasenverschiebung
a) Transmission b) Reflexion
(aus: FÜNFER, E., und LEHNER, G., l. c.)

Ist die Absorption unterschiedlich, ergibt sich eine elliptisch polarisierte Welle. Aus den Brechungsindizes läßt sich die Elektronendichte und gegebenenfalls aus ω_z das Magnetfeld $\mathfrak{B}$ berechnen.

An stromstarken Entladungen wurde beobachtet, daß sich das Plasma in der Umgebung der Plasmafrequenz wie ein schwarzer Strahler verhält. Diese Eigenschaft läßt sich zur Bestimmung der Elektronentemperatur ausnutzen; denn ein schwarzer Körper gibt in einem Frequenzintervall $\Delta\nu$ an einen Mikrowellenempfänger die Rauschleistung

$$\Delta E = kT\,\Delta\nu$$

ab, so daß man aus der Rauschleistung die Temperatur unmittelbar erhält.

Die bisher behandelten Verfahren beruhten alle auf der thermisch erzeugten Strahlung. Daneben tritt aber in einem Plasma im Magnetfeld auch anders erzeugte Strahlung auf. Vor allem ist hier die Zyklotronstrahlung zu nennen. Die Zyklotron- (oder Synchrotron-) Strahlung ist im Unterschied zur Bremsstrahlung nicht isotrop, sie ist polarisiert und gruppiert sich um die Gyrofrequenz und ihre Oberwellen (Harmonischen). Es ist theoretisch möglich, aus dem absoluten Betrag der Zyklotronstrahlung bei bekanntem Magnetfeld die Elektronendichte zu bestimmen — ein Verfahren, das auch in der Astrophysik Anwendung findet. Aus der Linienbreite läßt sich die Elektronenstoßfrequenz bestimmen und daraus wiederum nach der Beziehung $b_e = e/(m\,\nu_{st}^e)$ die Elektronenbeweglichkeit.

Auf andere auftretende nichtthermische Strahlung wollen wir hier nicht eingehen, da ihr Entstehungsmechanismus z. T. noch ungeklärt ist.

Wie bei den spektroskopischen Verfahren, muß natürlich auch bei den Mikrowellenmethoden eine räumliche und zeitliche Auflösung erfolgen.

6. Energiereiche Strahlung aus Plasmen

Durch Einbringen von radioaktiven Isotopen lassen sich ebenfalls Kenngrößen eines Plasmas bestimmen. In einem Quecksilberplasma arbeitet man z. B. mit dem Isotrop Hg^{203} und schließt aus der Zählrate auf die Dichte n_g. Daraus kann bei bekanntem Druck die Neutralgastemperatur T_g bestimmt werden. Weiterhin läßt sich die Bewegung der ins Plasma eingeführten aktiven Isotope mit Strahlenmeßgeräten verfolgen. Diese Methode gestattet die Bestimmung der Strömungsgeschwindigkeiten.

In Hochtemperaturplasmen ist die Messung der im Plasma erzeugten energiereichen Strahlung, die nichtthermischen Ursprungs ist, besonders wichtig. Es handelt sich dabei um folgende Strahlungen: Neutronen, Elektronen, Ionen, Neutralteilchen und harte Röntgenstrahlung. Die Meßmethoden beruhen auf den aus der Kernphysik bekannten Methoden, sie brauchen also hier nicht behandelt zu werden.

Zusammenfassung

Wir wollen die Methoden zur Bestimmung der einzelnen Kenngrößen noch einmal stichwortartig zusammenfassen.

Elektronentemperatur T_e

Direkte Messung: Langmuir-Sonde,
Doppelsonde,
Linienintensitätsmessung (absolut und relativ),
Messung des kurzwelligen Intensitätsabfalls der Bremsstrahlung bzw. im Seriengrenzkontinuum der Rekombinationsstrahlung (optisch dünnes Plasma),
bei schwarzer Strahlung direkt aus dem Kirchhoffschen Gesetz,
aus Messung der optischen Dicken,
Lichtstreuung (Laser),
aus Absolutrauschleistung der Mikrowellenstrahlung im Gebiet schwarzer Strahlung,
größenordnungsmäßige Abschätzung aus Auftreten von Spektrallinien bestimmter Ionenarten.

Indirekte Berechnung (sie setzt die Kenntnis der zur Berechnung erforderlichen Größen voraus, dadurch ergeben sich z. T. keine sehr genauen Resultate):
aus Elektronendichte über Saha-Gleichung bei schwacher Ionisation,
aus Leitfähigkeit-Temperatur-Beziehung.

Ionentemperatur T_i

Direkte Messung: Doppler-Verbreiterung (der angeregten Ionen).
Lichtstreuung (Laser)

Neutralgastemperatur T_0

Direkte Messung: Doppler-Verbreiterung der angeregten Atome, relative Intensitätsverteilung im Molekülrotations- und Schwingungsspektrum.

Indirekte Berechnung: aus Dichte und Druck.

Elektronendichte n_e

Direkte Messung: LANGMUIR-Sonde,
Doppelsonde,
STARK-Verbreiterung von Spektrallinien,
Lichtstreuung (Laser),
Mikrowellenabsorption bzw. -emission,
Phasenverschiebung bei Mikrowellen,
FARADAY-Effekt im Mikrowellengebiet.

Indirekte Berechnung: aus Elektronentemperatur T_e über SAHA-Gleichung bei schwacher Ionisation,
aus Leitfähigkeit,
aus Zyklotronstrahlung bei bekanntem Magnetfeld.

Ionendichte n_i

Direkte Messung: LANGMUIR-Sonde,
Doppelsonde,
Zyklotronionenresonanz.

Neutralgasdichte n_0

Direkte Messung: aus Strahlung radioaktiver Isotope.

Indirekte Berechnung: aus Stoßwellenfrontgeschwindigkeit,
aus Druck p und Neutralgastemperatur T_0.

Massendichte ϱ

Direkte Messung: aus Absorption energiereicher Strahlung (α-, β-, Röntgenstrahlung),
Berechnung aus Brechungsindex (Interferenz- oder Schlierenaufnahmen).

Druck p

DOPPLER-Verbreitung des gestreuten Lichts (Laser)

Direkte Messung: piezoelektrische Drucksonden (bei schnell veränderlichen Plasmen),
Quarz-Membran- und Quarz-BOURDON-Manometer (bei stationären Plasmen).

Indirekte Berechnung aus Temperatur und Dichte:
aus Bewegungsgleichung bei bekanntem Magnetfeld und Dichtegradient.

Elektrische Feldstärke $\mathfrak{E}$

Direkte Messung: Mittelwert aus Gesamtpotential zwischen Katode und Anode,

in Bogenentladung aus Brennspannungsänderung mit Längenänderung,
Doppelsonde,
Elektronen- oder Ionenstrahlablenkung.

Indirekte Berechnung: aus Magnetfeldmessungen über MAXWELL-Gleichungen.

Magnetische Feldstärke $\mathfrak{H}$

Direkte Messung: Magnetfeldsonde (Induktionsspule bei schnell veränderlichem Magnetfeld, HALL-Sonde bei stationärem Magnetfeld),
ZEEMAN-Effekt,
Mikrowellen-Zyklotronresonanz.

Indirekte Berechnung: aus Zyklotronstrahlung bei bekannter Energieverteilung.

Stromdichte $\mathfrak{j}$

Direkte Messung: aus optischen Entladungsquerschnitt und Stromstärke (nicht sehr genau).

Indirekte Berechnung: aus Magnetfeldmessungen über MAXWELL-Gleichungen.

Elektrische Leitfähigkeit σ

Direkte Messung: Leitfähigkeitssonde,

Indirekte Berechnung: aus elektrischer Feldstärke $\mathfrak{E}$ und Stromdichte $\mathfrak{j}$.

Elektronenbeweglichkeit $\mathfrak{b}_e$

Indirekte Berechnung: aus Stroßfrequenz (Resonanzbreite im Mikrowellengebiet),
aus elektrischer Leitfähigkeit σ und Elektronendichte n_e.

Ionenbeweglichkeit $\mathfrak{b}_i$

Indirekte Berechnung: aus Stoßfrequenz (siehe $\mathfrak{b}_e$).

Driftgeschwindigkeit der Ionen $\mathfrak{v}_i$

Direkte Messung: aus der Bewegung radioaktiver Isotope, die ins Plasma eingeführt werden,
aus DOPPLER-Verschiebung.

Massenströmungsgeschwindigkeit $\mathfrak{v}$

Kinematographische Aufnahmen von eingebrachten Teilchen (Kohleteilchen im Kohlebogen),

Zeitlupenaufnahme der Ausbreitung von Leuchtdichteinhomogenitäten.

Wärmeleitfähigkeit $\varkappa$

Direkte Messung: aus dem zeitlichen Abklingen des Leuchtens eines abgeschalteten Bogens unter Verwendung der Energiegleichung,
aus der radialen Temperaturverteilungskurve unter Verwendung der ELENBAAS-HELLERschen Differentialgleichung.

Diffusionskonstanten D

Direkte Messung: durch Verfolgung der Bewegung radioaktiver Beimengungen.

Dielektrizitätskonstante ε

Indirekte Berechnung aus Absorptions- und Brechungsindex.

Energiereiche Strahlung aus Plasmen

Kernphysikalische Methoden.

Die Plasmadiagnostik umfaßt weite Gebiete der Physik. Es ist im Charakter dieses Beitrags begründet, daß es sich dabei nur um eine kurze Einführung handeln kann. Für ein weitergehendes Studium sei auf das anschließende Literaturverzeichnis verwiesen.

Literatur

Das Literaturverzeichnis erhebt keinen Anspruch auf Vollständigkeit. Es sind i. a. nur zusammenfassende Berichte über das gesamte Gebiet oder über einzelne Methoden aufgenommen worden. Originalarbeiten sind enthalten, wenn sie unmittelbar auf nur kurz erwähnte Verfahren eingehen, doch auch hierbei wurde in keinem Fall Vollständigkeit angestrebt

Zusammenfassende Berichte

[1] Finkelnburg, W., und Maecker, H., Elektrische Bögen und thermisches Plasma Handbuch der Physik **22** (Berlin, Göttingen, Heidelberg 1956) 369.

[2] Francis, G., The Glow-Discharge at Low Pressure. Handbuch der Physik **22** (Berlin, Göttingen, Heidelberg 1956) 61.

[3] Fünfer, E., und Lehner, G., Plasmaphysik. Erg. exakt. Nat. Wiss. **34** (1962) 78.

[4] Harding, G. N., et col., Diagnostic Techniques used in Controlled Thermonuclear Research at Harwell. Proc. 2nd UN Conf. Peaceful Uses Atomic Energy Vol. **32** (Geneva 1956) 365.

[5] Neumann, W., Über plasmadiagnostische Verfahren. Beitr. a. d. Plasmaphysik **3** (1963) 12.

[6] Rusanov, W. D., Moderne Methoden der Plasmauntersuchung. Akademie-Verlag, Berlin 1965.

[7] Unsöld, A., Physik der Sternatmosphären. Springer-Verlag, Berlin, Göttingen, Heidelberg 1955.

[8] Wharton, C. B., et col., Developments in the UCRL Pyroton Program. Proc. 2nd UN Conf. Peaceful Uses Atomic Energy, Vol. **32** (Geneva 1958) 388.

Zu Abschnitt 2

[9] Granowsky, W. L., Der elektrische Strom im Gas, Bd. I. Akademie-Verlag, Berlin 1955, S. 288.

[10] Hofmann, G., Elektrische Sondenmessungen in schnellen, stromstarken Stoßentladungen. Z. Naturforsch. **18a** (1963) 309.

[11] Johnson, E. O., und Malter, L., Double Probe Method for Measurements in Gas Discharges. Phys. Rev. **80** (1950) 58.

[12] Kluge, W., und Thielo, W., Die Verwendung magnetischer Sonden zur Untersuchung von Plasmen hoher Dichte. Proc. fifth Int. Conf. Ion. Phen. in Gases Munich 1961, Vol. **II** (Amsterdam) 1962 2013.

[13] Lovberg, R. H., The Use of Magnetic Probes in Plasma Diagnostics. Annals of Phys. 8 (1959) 311.
[14] Palm, E., Über den Druck in Xenon-Hochdruck-Entladungsgefäßen. Ann. Phys. 18 (1956) 17.
[15] Schultz, G., Zur Sondentheorie bei mittleren und kleinen Drucken. Z. Phys. 170 (1962) 196.
[16] Roshon jr., D. D., Microprobe for Measuring Magnetic Fields. Rev. Scient. Instr. 33 (1962) 201.
[17] Yamamoto, D., und Okuda, T., On the Floating Probe Method for the Measurement of Ionized Gases. J. Phys. Soc. Japan 11 (1956) 57.

Zu Abschnitt 3

[18] Edels, H., und Whittaker, D., The Determination of Arc Temperatures from Shock Velocities. Proc. Roy. Soc. A 240 (1957) 54.
[19] Hagenan, W., Das Strömungsfeld im freien Kohlebogen. Z. Phys. 128 (1950) 279.
[20] Wienecke, R., Über das Geschwindigkeitsfeld der Hochstromkohlebogensäule. Z. Phys. 143 (1955) 128.

Zu Abschnitt 4

[21] Bartels, H., und Beuchelt, R., Über die typischen Erscheinungsformen im Spektrum dichter Plasmen I und II. Z. Phys. 149 (1957) 594, 608.
[22] Bauer, A., Zur Temperaturmessung aus Plasmaschichten mittlerer Absorption. Proc. fourth Int. Conf. Ion. Phen. Gases Uppsala 1959 Vol. II (Amsterdam 1960) 817.
[23] Breene jr., R. G., Line Shape. Rev. mod. Phys. 29 (1957) 94.
[24] Ch'en, S., und Takeo, M., Broadening and Shift of Spectral Lines Due to the Presence of Foreign Gases. Rev. mod. Phys. 29 (1957) 201.
[25] Drawin, H.-W., Zur spektroskopischen Temperatur- und Dichtemessung von Plasmen bei Abwesenheit thermodynamischen Gleichgewichts. Z. Phys. 172 (1963) 429.
[26] Finkelnburg, W., und Peters, T., Kontinuierliche Spektren. Handbuch der Phys. 28 (Berlin, Göttingen, Heidelberg 1957) 79ff.
[27] Jahoda, F. C., et col., Continuum Radiation in the x-Ray and Visible Regions from a Magnetically Compressed Plasma (Scylla). Phys. Rev. 119 (1960) 843.
[28] Kogan, W. I., Verbreiterung der Spektrallinien im hochtemperierten Plasma. Физика плазмыи п роблемы управляемых термоядерных реакций. Moskau 1958, S. 258 bis 304. Deutsche Übersetzung: Physik. Abhdlg. SU N. F. 2 (1960) 70, 175, 265.
[29] Kronast, B., Laser Applications in the Field of Plasma Physics. Z. angew. Math. Phys. 16 (1965) 120.
[30] Larenz, R. W., Über ein Verfahren zur Messung sehr hoher Temperaturen in nahezu durchlässigen Bogensäulen. Z. Phys. 129 (1951) 327.
[31] Lukyanov, S. Yu., und Sinitsin, V. I., Spectroscopic Study of High-Temperature Plasma. Proc. 2nd UN Conf. Peaceful Uses Atomic Energy Vol. 32 (Geneva 1958) 358.
[32] Mandelstam, S. L., und Masing, M. A., Über die Verbreiterung und Verschiebung von Spektrallinien in einem Gasentladungsplasma. Isw. Akad. Nauk SSSR, Ser. Fiz., 23 (1959) 1017. Deutsche Übersetzung: Physik. Abhandlg. SU N. F. 2, 228 (1960).
[33] Salpeter, E. E., Electron Density Fluctuations in a Plasma. Phys. Rev. 120 (1960) 1528; Plasma Density Fluctuations in a Magnetic Field. Phys. Rev. 122 (1961) 1663.
[34] Schuchtin, A. M., Interferometrische Methode zur Bestimmung der Gasdichte und der Elektronenkonzentration im Plasma. Optika i Spektroskopija 10 (1961) 436. Deutsche Übersetzung: Physik. Abhahdlg. SU N. F. 5 (1961) 215.
[35] Schumacher, B., Abbildung von Gasströmungen mit Elektronenstrahlen. Ann. Phys. 13 (1953) 404.

[36] SCHWARZ, S. E., Plasma Diagnosis by Means of Optical Scattering. J. appl. Phys. **36** (1965) 1836.
[37] SPERLING, J., Das Temperaturfeld im freien Kohlebogen. Z. Phys. **128** (1950) 269.
[38] WULFF, H., Plasma Diagnostics by Spectroscopical Means. Nucl. Instr. Methods **4** (1959) 302.

Zu Abschnitt 5

[39] BROWN, S. C., Microwave Studies of Gas Discharge Plasma. Proc. 2nd UN Conf. Peaceful Uses Atomic Energy, Vol. **32** (Geneva 1958) 394. High Frequences Waves in Ionised Gases. Proc. Fourth Int. Conf. Ion. Phen. Gases, Uppsala 1959, Vol. **II** (Amsterdam 1960) S. 691.
[40] CONSOLI, T., und DAGAI, M., Mesure de la Densité électronique par Effet Faraday. Proc. Fifth Int. Ion. Phen. Gases Munich 1961, Vol. **I** (Amsterdam 1962) 423.
[41] JÄGER, J., und WALLIS, G., Die Berechnung von Energieverteilungen relativistischer Elektronen aus ihrer Synchrotronstrahlung. Anwendung auf den Krebsnebel. Beitr. a. d. Plasmaphysik **1** (1961) 44.
[42] KELLY, D., et col., Cyclotron Resonance: Methode for Determining Collision Cross Section for Low-Energy-Electrons. Phys. Rev. **108** (1957) 1367.
[43] SCHNEIDER, J., und HOFMANN, W. F., Cyclotron Resonance in Flames. Phys. Rev. Letters. **1** (1958) 408.

Zu Abschnitt 6

[44] Siehe FÜNFER, E., und LEHNER, G., in: Zusammenfassende Berichte.

Dr. Hans-Georg Kloss

Physikalisch-Technisches Institut der Deutschen Akademie der Wissenschaften zu Berlin, Bereich Gaselektronik

TECHNISCHE PLASMAPHYSIK

Einleitung

Der erste Beitrag legte die atomphysikalischen Grundlagen dar und beschrieb die Elementarprozesse, auf denen sich die Vorgänge aufbauen, die wir unter dem Begriff Plasmaphysik zusammenfassen. Der anschließende Beitrag behandelte die klassische Gasentladungsphysik, d. h. die prinzipiellen Erscheinungsformen, in denen uns das Plasma in der Gasentladung entgegentritt. Auch von den oft recht aufwendigen Methoden der Plasmadiagnostik ist bereits gesprochen worden.

Für die Wissenschaft gibt es jedoch neben der Befriedigung unseres Wissensdranges noch eine weitere, nicht minder wichtige Hauptaufgabe. Das ist die Forderung, sich die untersuchten Phänomene und die ihnen innewohnenden Gesetzmäßigkeiten untertan zu machen und sie zur Verbesserung der materiellen Grundlage unseres Lebens auszunutzen. Diese Überlegung führt unmittelbar von der reinen Grundlagenforschung zur Nutzbarmachung ihrer Ergebnisse in der Technik.

Hier hat nun gerade die Plasmaphysik eine verwirrende Vielfalt von Anwendungen gefunden. Dazu kommen weitere Möglichkeiten, die sich auf Grund neuerer Forschungen erst abzeichnen, die aber bald ebenfalls eine erhebliche praktische Bedeutung erlangen werden. Eine erschöpfende Behandlung des gestellten Themas ist daher in diesem Rahmen nicht möglich.

Im Folgenden wollen wir uns auf vier Schwerpunkte beschränken, die uns einen Einblick in die Mannigfaltigkeit der Anwendungen und die dabei neu auftauchenden Probleme geben soll. Mit dem Plasma als Lichtquelle beschäftigt sich der erste Abschnitt. Das ist die historisch älteste und wohl auch die bekannteste Anwendung des Plasmas, die auch heute in ihrer Entwicklung noch keineswegs zum Abschluß gekommen ist. Es folgt im zweiten Abschnitt eine Darstellung der in elektrischen Schaltstrecken auftretenden Plasmen. Sie umfaßt einmal die Ausnutzung der Zündvorgänge in einer Gasentladung zum Einschalten von Stromkreisen und andererseits das Auftreten von Schaltlichtbögen beim Abschalten hoher elektrischer Leistungen. Die Verwendung der in einer Gasentladung freiwerdenden Wärme zur Materialbearbeitung, insbesondere von hochschmelzenden Materialien, wird im dritten Abschnitt behandelt. Hier ist vor allem der Plasmastrahl als Werkzeug bekannt geworden. Als Ausblick auf die Technik von morgen macht der letzte Abschnitt mit dem magnetohydrodynamischen (MHD-) Generator bekannt. Er eröffnet die Möglichkeit, den Wirkungsgrad unserer Wärmekraftwerke ganz erheblich zu verbessern.

Bei der Behandlung dieser Punkte wird es sich einige Male als notwendig erweisen, aus den vorhergehenden Beiträgen bekannte Dinge kurz zu wiederholen, entweder ihrer fundamentalen Bedeutung wegen oder um einige Aspekte besonders hervorzuheben, die gerade durch ihre technische Ausnutzung besonderes Gewicht erhalten.

1. Das Plasma als Lichtquelle

Die Anwendung des Plasmas zu Beleuchtungszwecken ist auf Grund seiner hohen Lichtausbeute heute sehr verbreitet. Darüberhinaus sind eine ganze Reihe von Speziallampen entwickelt worden, die die besonderen Eigenschaften der Gasentladungen ausnutzen.

1.1. Die Gasentladung

Unter einem Plasma verstehen wir ein Gas, das aus neutralen Atomen und Molekülen, aus Ionen und freien Elektronen besteht, aber insgesamt elektrisch neutral ist. Ein solches Plasma kann man aus einem gewöhnlichen Gas erzeugen, indem man ihm Energie zuführt, z. B. in Form von Wärme oder Strahlung oder durch eine elektrische Entladung. Wir wollen uns vorwiegend mit der letzteren Methode beschäftigen.

In einer Gasentladung spielen sich die folgenden grundlegenden Vorgänge ab: Durch Elektronenstoß werden die Atome oder Moleküle des Gases ionisiert. Die befreiten Elektronen werden im elektrischen Feld beschleunigt und fliegen in Richtung auf die Anode, die Ionen entsprechend zur Katode und bewirken so den Stromtransport. Die Elektronen stoßen mit den Neutralgasteilchen und den Ionen zusammen. Dabei übertragen sie durch elastische Stöße kinetische Energie und erwärmen das Gas. Durch unelastische Stöße werden Atome, Moleküle und Ionen angeregt. Bei der Rückkehr in Zustände niedrigerer Energie wird die aufgenommene Anregungsenergie oft in Form von Strahlung emittiert. An der Katode ist ein Mechanismus zur Elektronenbefreiung wirksam, der den Übergang des elektrischen Stromes von der festen Zuführung zum gasförmigen Plasma gewährleistet.

Je nach Art des Katodenmechanismus unterscheidet man im wesentlichen die Glimmentladung und die Bogenentladung. Die Glimmentladung tritt vorzugsweise bei geringen Stromstärken auf. Für sie ist die Elektronenbefreiung durch Stoß hochbeschleunigter Ionen auf die Katodenoberfläche charakteristisch. Dazu ist ein Katodenfall von einigen hundert Volt erforderlich; die Katode bleibt jedoch kalt. Bei höherer Stromstärke kann sich die Katode durch das Ionenbombardement erhitzen und zur thermischen Elektronenemission fähig werden. Dasselbe läßt sich durch eine zusätzliche Heizung der Katode erreichen. Kann das Elektrodenmaterial z. B. wegen seines zu tief liegenden Siedepunktes nicht die zur Thermoemission erforderliche Temperatur erreichen, kommt es bei hohen Stromstärken zur Ausbildung eines Brennfleckes auf der Katode. Diese Mechanismen der Elektronenbefreiung erfordern entweder gar keinen oder nur einen geringen Katodenfall von wenigen Volt und kennzeichnen die Bogenentladung.

Ist die freie Flugzeit der Elektronen infolge zahlreicher Stöße mit den anderen Plasmapartnern sehr klein und können die Elektronen während dieser Zeit aus dem elektrischen Feld nur einen Energiebetrag aufnehmen, der klein ist gegenüber ihrer thermischen Energie, so kann sich ein thermisches Gleichgewicht zwischen den Elektronen und den übrigen Komponenten des Plasmas einstellen. In diesem Fall sprechen wir von einer thermischen Entladung. Wir finden sie bei hohen Gasdrücken von 1 atm und mehr. In den Niederdruckentladungen mit Drücken unter 10 Torr ist die Zahl der Stöße wesentlich geringer. Die Voraussetzungen für die Ausbildung des thermischen Gleichgewichts sind hier nicht mehr erfüllt, und es muß jeder Energieform und damit auch jeder Teilchenart eine gesonderte Temperatur zugeordnet werden. Für die Strahlungseigenschaften der nichtthermischen Entladung ist vor allem die Elektronentemperatur maßgebend.

Eine Gasentladung erfüllt das Gebiet zwischen den Elektroden nicht in homogener Weise. Man unterscheidet die Fallgebiete vor der Katode und vor der Anode sowie die dazwischenliegende Säule der Entladung. Die Säule ist die Hauptquelle für die Strahlungsemission. Daneben tritt in Niederdruckglimmentladungen an der Katode das negative Glimmlicht auf, das in den Glimmlampen und Anzeigeröhren Anwendung findet. In vielen Bogenentladungen ist auch die von den hocherhitzten Elektroden bzw. von den Brennflecken ausgehende Strahlung beträchtlich.

1.2. Das Entladungsgas

Je nach den Anforderungen, die an die Eigenschaften einer Gasentladung gestellt werden, kommen verschiedene Entladungsgase zur Anwendung, die recht unterschiedliche Anforderungen an die Betriebsbedingungen stellen. Eine erste Gruppe bilden die Gase, die unter Normalbedingungen weit von ihrem Verflüssigungspunkt entfernt sind; dazu gehören die Edelgase, Wasserstoff, Stickstoff usw. Unter der Voraussetzung, daß sie chemisch weder mit den Elektroden noch mit den Wänden des Entladungsgefäßes reagieren, lassen sich mit diesen Gasen Entladungsgefäße unter in weiten Grenzen wählbaren Drücken füllen. Eine Temperaturerhöhung, wie sie im Betriebszustand eintritt, hat über das Gesetz von GAY-LUSSAC nur einen relativ schwachen Einfluß auf den Druck. Sehr geringe Fülldrücke lassen sich jedoch nicht über längere Zeiten konstant halten, weil infolge der Gasaufzehrung besonders bei den Molekülgasen erhebliche Gasmengen durch zerstäubtes Katodenmaterial gebunden werden.

Eine zweite Gruppe von Entladungsgasen stellen die gesättigten Dämpfe dar, die bei der Betriebstemperatur des Entladungsgefäßes im Gleichgewicht mit einem flüssigen oder festen Kondensat stehen. Hier ist der Betriebsdruck über die

Dampfdruckkurve empfindlich von der Temperatur an der kältesten Stelle des Gefäßes abhängig, und die Einstellung des gewünschten Betriebsdruckes erfordert eine sorgfältige Einhaltung dieser Temperatur. Liegt sie erheblich über der Zimmertemperatur, erfordern derartige Gasentladungen eine Einlaufzeit bis zu mehreren Minuten. Als praktisch wichtige Beispiele seien die Dämpfe des Quecksilbers und der Alkalimetalle genannt.

Alle anderen Substanzen, deren Dampfdruck erst bei sehr hohen Temperaturen für den Betrieb einer Gasentladung ausreichen würde, lassen sich nur im offenen Lichtbogen und im Funken anregen, in den sie etwa durch Verdampfung von den Elektroden gelangen können. Unter diese Substanzen fallen vor allem die Schwermetalle.

1.3. Die Strahlungseigenschaften der Entladung

Die der Gasentladung zugeführte Energie wird zur Erwärmung des Gases, der Gefäßwände und der Elektroden sowie zur Anregung und Ionisierung des Entladungsgases verwendet. Nur ein Teil dieser Energie wird über verschiedene Elementarprozesse in Form von Strahlung ausgesandt. Abb. 1 zeigt die Energieumwandlungen, die in der Säule der Entladung vor sich gehen.

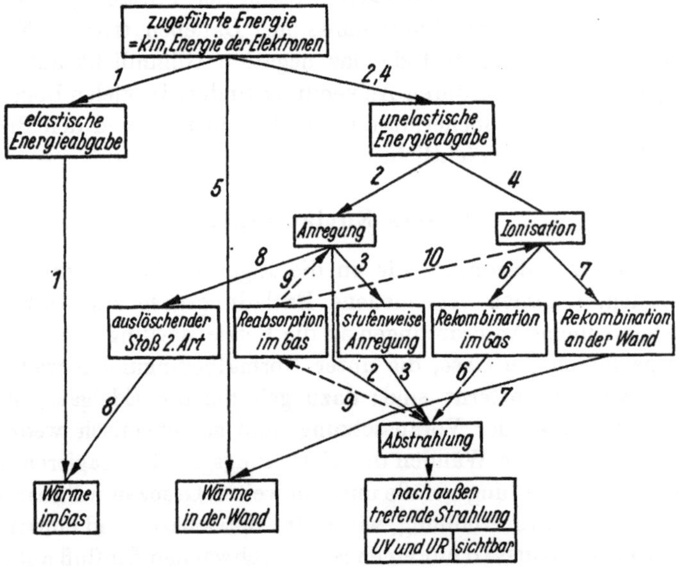

Abb. 1. Energieumwandlungen in der Säule einer Niederdruckentladung [27]

Je nach Art und Druck des Entladungsgases, den elektrischen Daten und der Geometrie des Entladungsgefäßes kann das Strahlungsverhalten der Säule außerordentlich unterschiedlich sein. Im allgemeinen stellt das Spektrum einer Gasentladung ein Linienspektrum mit kontinuierlichem Untergrund dar.

a) Linienemission

Die Linienemission geht von angeregten Atomen oder Ionen aus, wenn ein Elektron von einem diskreten, gebundenen Zustand höherer Energie in einen Zustand niedriger Energie übergeht. Abb. 2 zeigt diese Übergänge am Modell

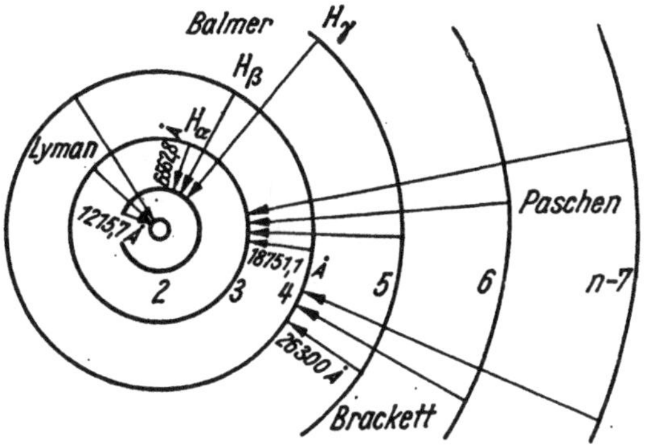

Abb. 2. Atommodell des Wasserstoffs [27]

des Wasserstoffatoms. Die energetischen Zustände eines Atoms lassen sich in einem Termschema darstellen, wie es in vereinfachter Weise in Abb. 3 für das Quecksilberatom angegeben ist. Die wichtigsten Übergänge sind durch die

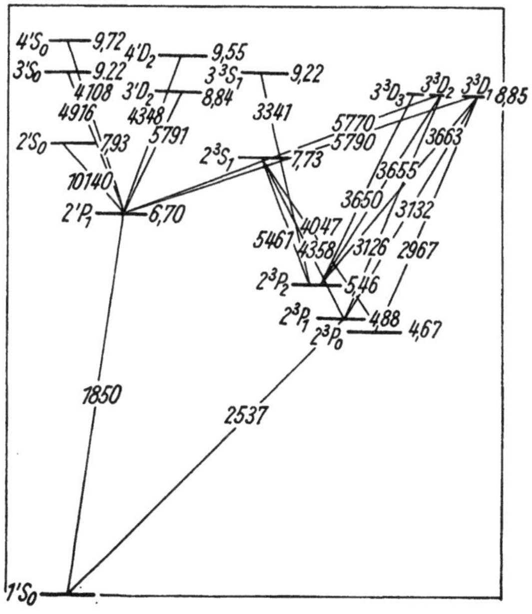

Abb. 3. Vereinfachtes Termschema des Quecksilbers [44]

schrägen Verbindungslinien zwischen den Termen angedeutet. Die Frequenz ν einer Linie hängt nach

$$\Delta E = h\,\nu \tag{1}$$

mit der Energiedifferenz ΔE der Terme zusammen, zwischen denen das Elektron übergeht. Die Intensität der Linie ist durch

$$I = A\,n\,h\,\nu \tag{2}$$

gegeben. A ist die Übergangswahrscheinlichkeit, eine Konstante für jede Linie, h ist das PLANCKsche Wirkungsquantum. Die Zahl n der Atome in dem oberen Term, von dem die Linie ausgeht, ist stark von der Elektronentemperatur T abhängig und im thermischen Plasma durch

$$n = n_0 \frac{g}{Z(T)} e^{-\frac{E_a}{kT}} \tag{3}$$

gegeben. Dabei bedeuten n_0 die Dichte der Atome im Grundzustand, $Z(T)$ ihre Zustandssumme, g das statistische Gewicht und E_a die Energie des oberen Terms, k die BOLTZMANN-Konstante.

Die Linien, die von niedrigen Termen ausgehen, sind im allgemeinen intensiver als diejenigen, die von hohen Termen ausgehen. Besonders die Resonanzlinien, die dem Übergang vom niedrigsten Anregungsniveau zum Grundzustand entsprechen, können unter günstigen Umständen fast die gesamte Strahlungsleistung der Entladung auf sich vereinen. Man kann das durch Einstellung eines bestimmten, optimalen Druckes und durch geringe Stromdichten erreichen. Ist der Gasdruck zu hoch, wird die Resonanzstrahlung vom Gas in erheblichem Maße selbstabsorbiert; ist er zu niedrig, wird die Wahrscheinlichkeit für anregende Stöße zu gering. Abb. 4 zeigt die Ausbeute der Quecksilber-Resonanzlinien 185,0 und

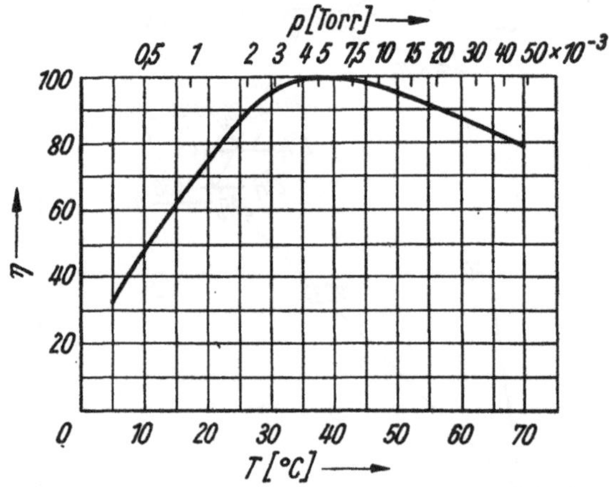

Abb. 4. Relative Ausbeute der Quecksilber-Resonanzlinien 185,0 und 253,7 nm in Abhängigkeit vom Druck und von der Temperatur des gesättigten Quecksilberdampfes [44]

253,7 nm in Abhängigkeit vom Druck. Die untere Skala gibt die Temperatur an, bei der sich dieser Dampfdruck einstellt.

Eine Erhöhung der Stromdichte verbessert in der Niederdruckentladung die Möglichkeiten für eine schrittweise Anregung höherer Terme. Das führt zur verstärkten Aussendung auch anderer Linien. Außerdem erhöht sich die Zahl der Stöße 2. Art mit den Elektronen, durch die die angeregten Atome strahlungslos in den Grundzustand zurückkehren können.

b) Kontinuierliche Emission

Der kontinuierliche Anteil der Strahlung setzt sich aus den Seriengrenzkontinua und dem Frei-Frei-Kontinuum zusammen. Abb. 5 soll veranschaulichen, daß die Seriengrenzkontinua E_K bei der Rekombination eines freien Elektrons mit einem Ion zu einem neutralen Atom emittiert werden und gewissermaßen die kontinuierliche Fortsetzung der Linienserien E_L bilden.

Das Frei-Frei-Kontinuum wird emittiert, wenn ein Elektron sehr dicht an einem Ion vorüberfliegt und durch die Wechselwirkung der elektrischen Felder stark beschleunigt wird. Der entsprechende Übergang ist in der Abb. 5 durch den unbezeichneten Pfeil angedeutet. Die Gesamtintensität des Elektronenkontinuums ist für hinreichend kleine Frequenzen durch

$$I = 6{,}36 \cdot 10^{-47} \cdot Z^2 \frac{n_e n_i}{\sqrt{k T}} \tag{4}$$

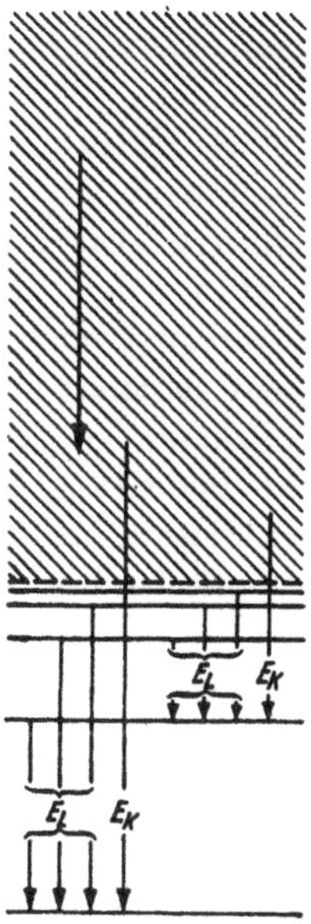

Abb. 5. Schematische Darstellung der den Emisionsspektren der Atome entsprechenden Übergänge.
E_L – Linienserien;
E_K – Seriengrenzkontinua.
Oberster Pfeil – Frei-Frei-Kontinuum (nach [15])

mit Z als Ionenladungszahl und n_e, n_i als Elektronen- bzw. Ionendichte gegeben. Der Ionisationsgrad in der thermischen Entladung hängt über die Saha-Gleichung stark von der Temperatur ab. Aus diesem Grunde ist das Elektronenkontinuum erst bei hohen Dichten und hohen Temperaturen wesentlich an der Ausstrahlung beteiligt.

Entladungen, die in Molekülgasen brennen, können unter geeigneten Anregungsbedingungen auch kontinuierliche Strahlung emittieren, die Übergängen zwischen freien, dissoziierten und stationär gebundenen Molekülzuständen entspricht. Im allgemeinen zeigen sie jedoch bei niedrigen Temperaturen die

Banden der Gasmoleküle und bei höheren Temperaturen vorwiegend die Linien der dissoziierten Bestandteile.

c) Strahlungsdiffusion

Die Strahlung des Plasmas kann vom Entladungsgas auch wieder absorbiert werden, denn die Elementarprozesse, die zur Emission führen, können unter Absorption eines Lichtquantes auch in umgekehrter Richtung ablaufen. Hat die Strahlung einen Weg der Länge l durch ein absorbierendes Medium zurückzulegen, so wird ihre ursprüngliche Intensität I_0 auf

$$I = I_0 e^{-\varkappa l} \tag{5}$$

geschwächt. $\varkappa$ ist der Absorptionskoeffizient; seine Größe variiert sehr stark mit der Wellenlänge und ist von der Zusammensetzung, Dichte und Temperatur des Plasmas abhängig.

In Niederdruckentladungen und Lichtbögen ist im allgemeinen $\varkappa l \ll 1$, so daß die Strahlung fast ungeschwächt nach außen dringen kann. Man spricht dann von einer Emission aus optisch dünner Schicht.

In speziellen Fällen, wie etwa bei den Wellenlängen starker Resonanzlinien oder in sehr heißen, dichten und räumlich ausgedehnten Plasmen, kann $\varkappa l \gg 1$ werden, und es liegt eine Emission aus optisch dicker Schicht vor. Die vom Zentrum der Entladung ausgesandte Strahlung wird dann bereits vor dem Verlassen des Plasmas weitgehend selbstabsorbiert und wieder in Anregungsenergie zurückverwandelt. Von den angeregten Atomen wird sie erneut emittiert und gelangt so schrittweise in das Außengebiet der Entladung. Dieser Vorgang wird als Strahlungsdiffusion bezeichnet und kann erhebliche Bedeutung für den Energietransport innerhalb des Plasmas erlangen. Das Plasma verläßt nur die Strahlung einer gewissen Randzone, von der aus der optische Weg $\varkappa l$ nach außen etwa von der Größenordnung 1 ist.

Jede reale Spektrallinie ist nicht unendlich scharf, sondern weist, wenn man ihre Intensität je Wellenlängeneinheit über der Wellenlänge aufträgt, ein Profil auf. Da nun die kräftige Strahlung der Linienmitte beim Vorliegen starker Selbstabsorption nur von den relativ kalten Randzonen der Entladung nach außen dringen kann, die an sich viel schwächere Strahlung der Linienflügel dagegen aus den heißen Zentralgebieten emittiert wird, verlassen Linienflügel und Linienmitte die Entladung mit vergleichbarer Intensität, und es resultiert eine erhebliche Verbreiterung der Linie. Infolge dieses Mechanismus erreichen z. B. die Na-Resonanzlinien in einer Entladung in Na-Dampf von 1 atm eine Halbwertsbreite von 100 nm, überdecken also ein Viertel des sichtbaren Spektralbereiches.

1.4. Das Auge als Lichtempfänger

Soll eine Gasentladung als Lichtquelle für allgemeine Beleuchtungszwecke, Kinoprojektion und dgl. eingesetzt werden, so sind hier einige Bemerkungen über den entsprechenden Lichtempfänger, das Auge, notwendig.

Das menschliche Auge vermag Strahlung der Wellenlängen von etwa 390 bis 780 nm wahrzunehmen. Der entstehende Helligkeitseindruck bei gleicher Strahlungsleistung ist von der Wellenlänge stark abhängig und auf Abb. 6

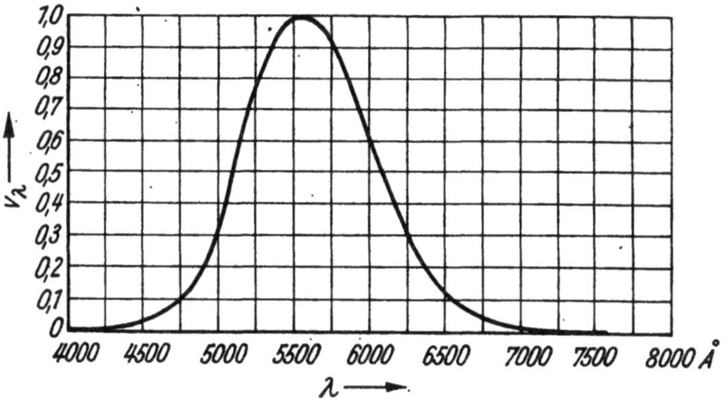

Abb. 6. Spektrale Hellempfindlichkeit des Auges [30]

dargestellt. Im Empfindlichkeitsmaximum bei 555 nm entsprechen 1 W Strahlungsleistung einem Lichtstrom von 682 Lumen. Eine Lichtquelle, die die gesamte zugeführte Energie in Strahlung dieser Wellenlänge umsetzt, hätte die höchste mögliche Ausbeute.

Eine derartige monochromatische Lichtquelle ist für Allgemeinbeleuchtungen nur bedingt verwendbar, da sie einmal intensiv farbig strahlt, darüber hinaus aber die Unterscheidung der Körperfarben der beleuchteten Gegenstände unmöglich macht. Der Wunsch nach einer „weiß" leuchtenden Lichtquelle läßt sich durch die Aussendung von mindestens zwei komplementären Spektralfarben erfüllen.

Viel weitergehend ist aber die Forderung, daß auch alle Körperfarben „natürlich" wiedergegeben werden sollen. Sie ist nur durch kontinuierliche oder sehr linienreiche Strahler zu befriedigen, deren spektrale Intensitätsverteilung im Sichtbaren der Strahlung eines auf 6000 °K erhitzten schwarzen Körpers möglichst nahekommt, wie es bei der Strahlung der Sonne der Fall ist. Wegen der erheblich geringeren Augenempfindlichkeit für Wellenlängen, die von 555 nm stark abweichen, muß die Ausbeute einer farblich befriedigenden Lichtquelle beträchtlich unter dem theoretischen Höchstwert liegen. Für die Strahlung eines schwarzen Körpers von 6000 °K ergibt sich z. B. nur eine Ausbeute von etwa 87 lm W^{-1}.

1.5. Lampen für Allgemeinbeleuchtung

a) Natriumdampflampen

Die Ausbeute der herkömmlichen Wolframglühlampe liegt nur bei etwa 10 bis höchstens 20 lm W^{-1}. Das Bestreben, eine Lichtquelle mit maximalem Wirkungsgrad zu bauen, zielte zunächst auf die Konstruktion einer Resonanzstrahlungsquelle mit einer Wellenlänge in der Nähe des Empfindlichkeitsmaximums des Auges ab.

Als sehr geeignet erschien das Natrium, dessen Resonanzlinien im gelben Spektralgebiet bei 589,0 nm liegen. Bei geringer Stromdichte und einem optimalen Dampfdruck von $4 \cdot 10^{-3}$ Torr entfallen 85% der Strahlungsleistung auf die Resonanzlinien. Die Einstellung dieses Druckes erfordert eine Wandtemperatur von 270 °C. Die Lichtausbeute wird durch die Wärmeverluste eingeschränkt und erreicht etwa 100 lm W^{-1}. Abb. 7 zeigt den Aufbau einer Natriumdampflampe.

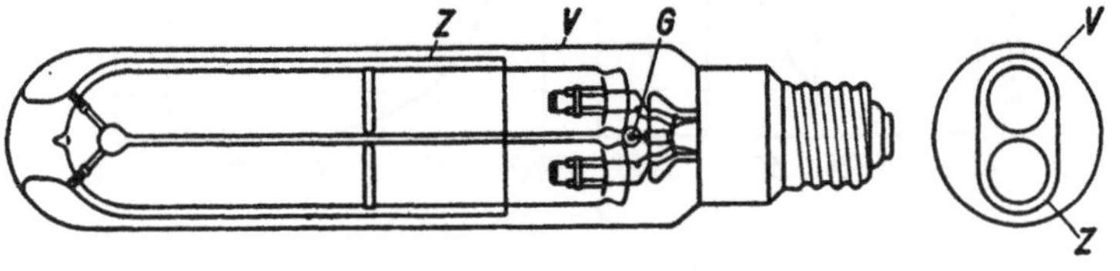

Abb. 7. Aufbau einer Natriumdampflampe.
G — Getter;
V — evakuierter Schutzgaskolben;
Z — Wärmeschutzzylinder [30]

Sie fand vor allem bei der Straßenbeleuchtung Anwendung, wo ihre Einfarbigkeit nicht störte. Auf Grund physiologischer Eigenschaften des Auges ist das Natriumlicht dem weißen Licht bei geringen Beleuchtungsstärken in bezug auf die Sehschärfe und den Kontrastreichtum sogar überlegen.

In jüngster Zeit hat die Na-Dampflampe zwei wesentliche Verbesserungen erfahren. Das Aufbringen von infrarotreflektierenden Aufdampfschichten aus Gold oder Zinndioxyd auf die Innenseite des Schutzkolbens verringerte die Wärmeverluste durch Abstrahlung, wodurch die Lichtausbeute bis auf 150 lm W^{-1} gesteigert werden konnte.

Eine Verbesserung der Farbwiedergabe erhofft man sich von der Na-Hochdrucklampe, die bei einigen Hundert Torr Fülldruck den Effekt der Linienverbreiterung bei starker Selbstabsorption ausnutzt. Die größte Schwierigkeit beim Aufbau einer solchen Entladung besteht in der Entwicklung eines geeigneten Gefäßmaterials, das bei den erforderlichen hohen Temperaturen um 800 °C dem aggressiven Na-Dampf standhält und durchsichtig ist. Die bekannten Gläser und Quarz scheiden hier aus, lediglich geschmolzenes Aluminiumoxyd (Korund) erfüllt diese Bedingungen, kommt aber aus Preisgründen nicht in Frage. Eine Lösung hofft man im „Lucalox", einer durchscheinenden Keramik auf Al_2O_3-Basis gefunden zu haben. Dennoch ist auch diese Natriumlampe noch durch eine ausgeprägte Gelbstichigkeit gekennzeichnet, so daß sie trotz ihrer hohen Ausbeute von über 100 lm W^{-1} wohl nicht überall zur Anwendung kommen kann.

b) Leuchtstofflampen

Eine weitere Lichtquelle, die die hohe Ausbeute bei der Emission der Resonanzstrahlung ausnutzt, ist die heute weit verbreitete Leuchtstofflampe. In ihr brennt zwischen einer Glühkatode und der Anode eine Entladung in einem Gemisch aus einigen Torr Argon und gesättigtem Quecksilberdampf. Abb. 8

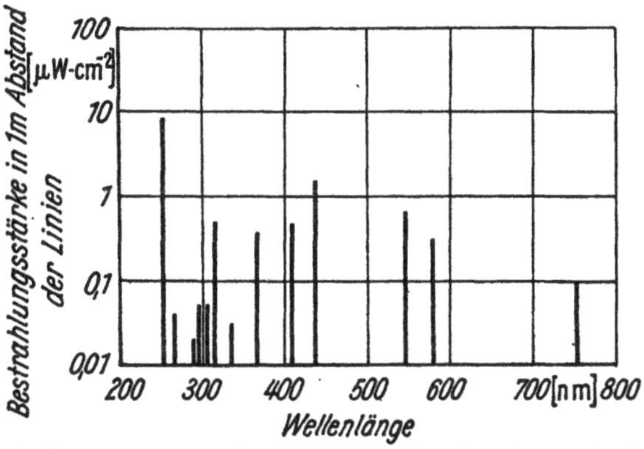

Abb. 8. Spektrale Intensitätsverteilung einer Quecksilber-Niederdruckentladung [20]

zeigt ihre spektrale Energieverteilung. Etwa 60% der zugeführten elektrischen Energie erscheint in Form von Resonanzstrahlung des Quecksilbers mit den Wellenlängen 185,0 und 253,7 nm. Diese Strahlung fällt auf ein Gemisch von Leuchtstoffen, die an der Innenwand des Entladungsrohres aufgebracht sind. Die Leuchtstoffe absorbieren die Resonanzstrahlung und transformieren deren Energie mit einer Quantenausbeute bis zu 90% ins sichtbare Spektralgebiet. Unter der Quantenausbeute versteht man das Verhältnis der Anzahl der emittierten zur Anzahl der absorbierten Lichtquanten.

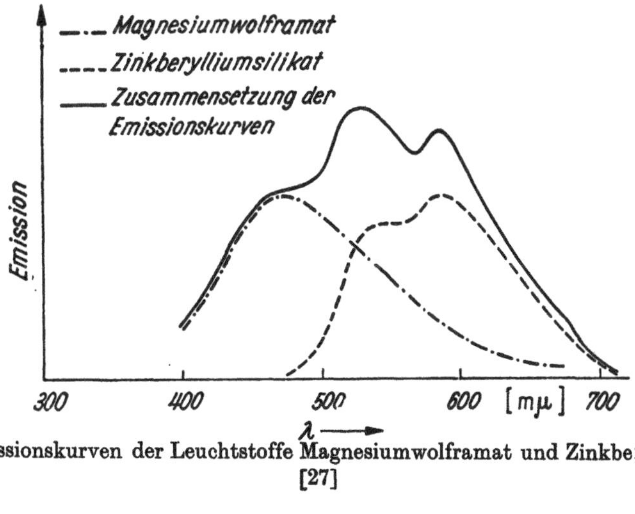

Abb. 9. Emissionskurven der Leuchtstoffe Magnesiumwolframat und Zinkberylliumsilikat [27]

Das Emissionsspektrum der Leuchtstoffe hat die Form breiter kontinuierlicher Emissionsbanden. Durch Mischung geeigneter Leuchtstoffe läßt sich die spektrale Intensitätsverteilung der Leuchtstofflampen weitgehend der des Tageslichtes oder auch der des Glühlampenlichtes (Warmton) anpassen. Häufig verwendete Leuchtstoffe sind Magnesiumwolframat, Zinkberylliumsilikat, Kalziumhalophosphat, Magnesiumarsenat. Die Abb. 9 zeigt die Emissionskurven zweier Leuchtstoffe. Die erreichbare Lichtausbeute liegt bei 70 lm W^{-1}. Beschränkt man die Emission an den Rändern des sichtbaren Spektralbereiches, wo die Augenempfindlichkeit sehr gering ist, lassen sich auch höhere Ausbeuten erzielen, allerdings unter Verzicht auf optimale Farbwiedergabe. In Abb. 10 sind schematisch die Energieumwandlungen in der Leuchtstofflampe dargestellt.

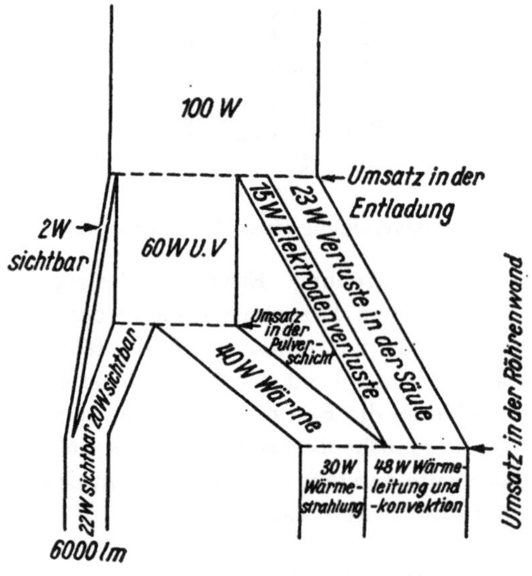

Abb. 10. Energieumsetzungen in der Leuchtstofflampe (nach [44])

Die Temperatur der Rohrwand stellt sich als Gleichgewicht zwischen der Wärmeerzeugung der Entladung und der Wärmeabfuhr an die Umgebung ein. Der optimale Wert von 40 °C (Abb. 4) wird bei einem Energieumsatz von 36 mW pro cm^2 Oberfläche erreicht. Bei Erhöhung der Wandtemperatur wächst der Quecksilberdampfdruck und sinkt die Lichtausbeute. Dadurch ist der in einer Leuchtstofflampe mit gegebener geometrischer Abmessung zu erzeugende Lichtstrom begrenzt. Eine Erhöhung der Energiezufuhr um 100% steigert z. B. den Lichtstrom nur noch um 40%. Neuere Entwicklungen bemühen sich, diese Leistungsgrenze nach oben zu verschieben. Das läuft auf das Problem hinaus, auch bei erhöhter Wandtemperatur den optimalen Betriebsdruck aufrechtzuerhalten. Man hofft, das durch Verwendung gekühlter Ansätze am Entladungsrohr oder durch Füllung der Lampen mit Kadmium- bzw. Indiumamalgam anstelle reinen Quecksilbers zu erreichen.

c) Quecksilberdampf-Hochdrucklampen

Eine Erhöhung des Betriebsdruckes der Quecksilberentladung auf mehrere Atmosphären führt zu einer wachsenden Besetzung höherer Terme und zu einer Steigerung der Emission an sichtbarem Licht. Abb. 11 zeigt die Energiever-

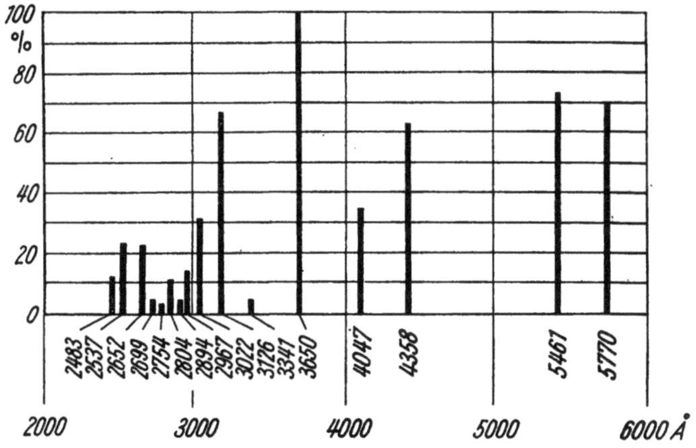

Abb. 11. Spektrale Intensitätsverteilung einer Quecksilber-Hochdruckentladung [20]

teilung der Strahlung einer Quecksilber-Hochdruckentladung. Die vier Linien im Sichtbaren hinterlassen im Auge einen annähernd weißen Lichteindruck, doch fehlt das Rot im Spektrum vollständig. Zur Verbesserung der Farbwiedergabe lassen sich verschiedene Wege beschreiten. Schon seit längerer Zeit umgibt man das aus Quarz bestehende Entladungsgefäß mit einem Glaskolben, auf dessen Innenwand ein rot lumineszierender Leuchtstoff (z. B. Magnesiumgermanat oder -arsenat) aufgebracht ist. Abb. 12 zeigt einen schematischen Querschnitt durch eine Quecksilberdampf-Hochdrucklampe. Sie wird heute vorwiegend zur Beleuchtung von Straßen, Plätzen, Industriegelände usw. eingesetzt; ihr Wirkungsgrad erreicht 50 lm W^{-1}.

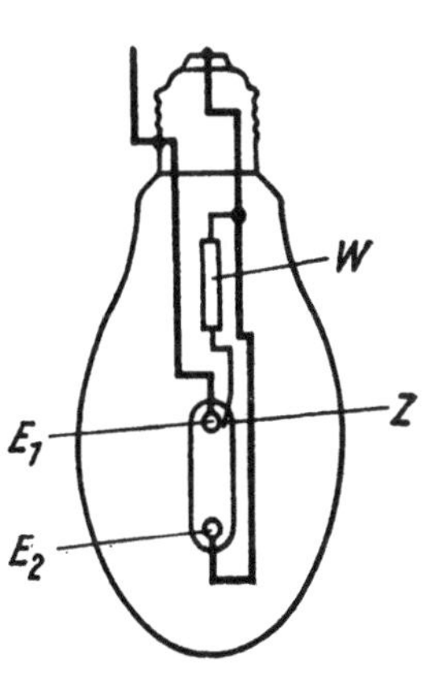

Abb. 12
Aufbau einer Quecksilberdampf-Hochdrucklampe.
E_1, E_2 – Hauptelektroden, W – Zündwiderstand, Z – Zündelektrode (nach BGW-Prospekt)

Neuerdings wird versucht, die Ausbeute und die Farbwiedergabe der Quecksilberdampf-Hochdrucklampe auch durch Leuchtzusätze zur Entladung selbst zu verbessern. Als Leuchtzusätze scheinen Natrium, Thallium und Indium geeignet zu sein, die kräftige Linien im Sichtbaren aussenden und die in geeigneter Kombination ein nahezu weißes Licht mit recht guter Farbwiedergabe erzeugen. Da die Anregungsenergien der Linien dieser Elemente wesentlich unter denen der Quecksilberlinien liegen, reichen bereits geringe Mengen dieser Zusätze aus, um den Hauptanteil der Strahlungsemission der Entladung zu übernehmen. Die Abb. 13 zeigt schematisch den Aufbau einer Hochdrucklampe

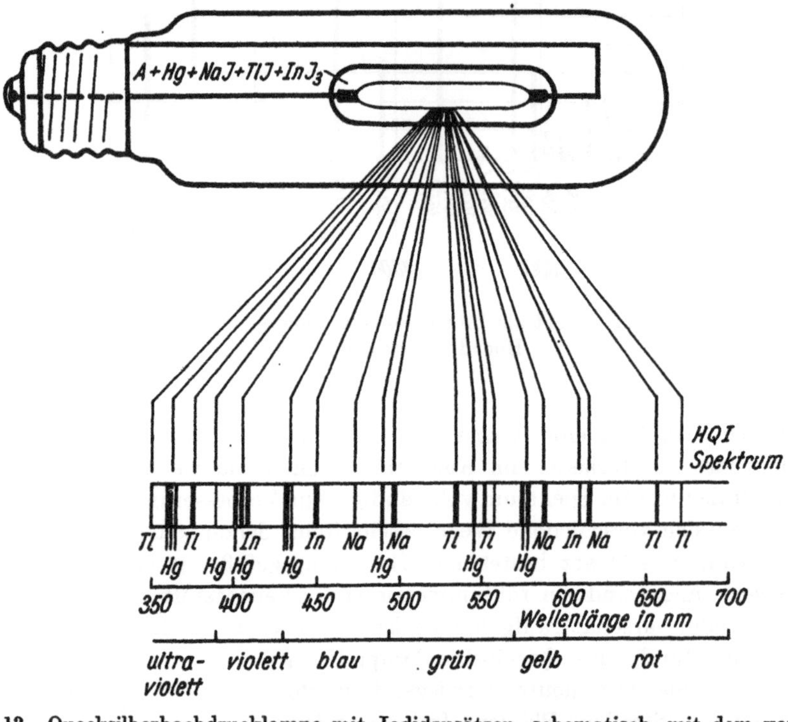

Abb. 13. Quecksilberhochdrucklampe mit Jodidzusätzen, schematisch, mit dem von der Lampe ausgestrahlten Spektrum (nach [10])

mit Leuchtzusätzen und das von ihr emittierte Spektrum.

Da die Leuchtzusätze entweder chemisch aggressiv sind (Na) oder bei den mit Quarz beherrschbaren Wandtemperaturen noch einen viel zu niedrigen Dampfdruck haben (Tl, In), bringt man sie in Form ihrer Jodide in das Entladungsgefäß. Diese Jodide entwickeln bei 700 °C bereits einen ausreichenden Dampfdruck. Sie dissoziieren in den Außengebieten der Entladung in Jod und Metalldampf, der dann im Zentrum der Entladung zur Anregung kommt. In Wandnähe dagegen rekombinieren Jod und Metall wieder zum Jodid, das die Quarzwand des Entladungsgefäßes nicht angreift. Diese „geimpften" Quecksilber-Hochdrucklampen werden auch als Jodidlampen bezeichnet und erreichen Ausbeuten von 90 lm W^{-1}.

Die Versuche mit Leuchtzusätzen beschränken sich nicht auf die genannten Elemente, die im Sichtbaren nur wenige Linien emittieren. Mit Hilfe der Jodide linienreicher Metalle wie Scandium, Thorium, Uran, Zirkon und Titan hofft man, die Farbwiedergabe der Hochdrucklampen noch weiter verbessern zu können. Dem großtechnischen Einsatz der Jodidlampen steht z. Z. noch im Wege, daß die mit ihrer Lebensdauer verbundenen Probleme nicht befriedigend gelöst sind.

d) Höchstdrucklampen

Sehr intensive Lichtquellen mit höchster Leuchtdichte sind die mit Quecksilber oder den Edelgasen Xenon oder Krypton mit einem Druck von 20 bis 75 atm gefüllten Höchstdrucklampen. In ihnen liefert das Elektronenkontinuum den entscheidenden Beitrag zur Emission, wie es Abb. 14 am Beispiel des Xenon zeigt. Ihre Lichtausbeute beträgt bei Quecksilber 40—50 lm W^{-1}, allerdings mit beschränktem Rotanteil, bei den Edelgasen bei bester Farbwiedergabe 20 bis 30 lm W^{-1}. Sie werden für Leistungen bis 2 kW gebaut und finden u. a. in Scheinwerfern und bei der Kinoprojektion Anwendung. Abb. 15 zeigt die Ausführungsform.

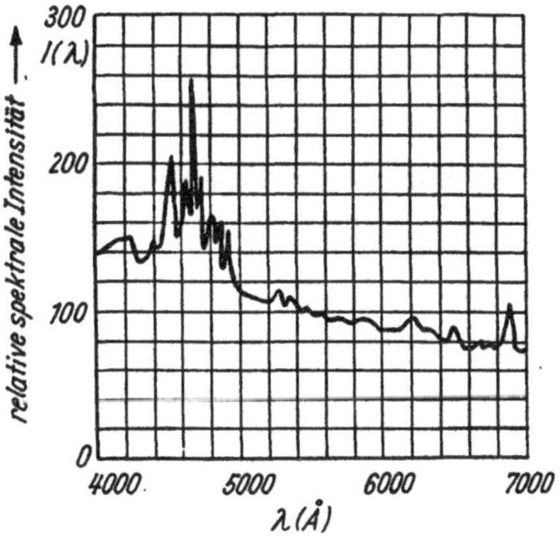

Abb. 14. Spektrale Intensitätsverteilung einer Xenon-Höchstdruckentladung [20]

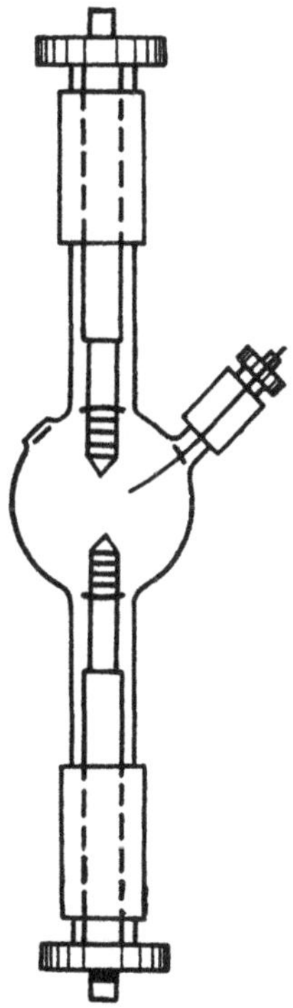

Abb. 15. Bauform einer Höchstdrucklampe (nach BGW-Prospekt)

e) Xenon-Langbogenlampen

Für höhere Leistungen bis 20 kW bei hervorragender Farbwiedergabe, die für repräsentative Beleuchtungsaufgaben gefordert werden, wurde die Xenon-Langbogenlampe entwickelt. Sie besteht aus einem Quarzrohr etwa von der Form einer Leuchtstofflampe, das mit 200 Torr Xenon gefüllt ist und in dem ein stromstarker Lichtbogen brennt.

f) Offene Lichtbögen

Offene Lichtbögen an Luft zwischen Kohleelektroden sind schon sehr lange in Gebrauch. Sie werden trotz ihrer etwas umständlichen Handhabung heute noch in Kino-Projektoren und Großscheinwerfern mit Leistungen bis zu 100 kW benutzt. Ihre hohe Intensität und Ausbeute beruht auf einem Zusatz von Leuchtsalzen zu den Elektroden. Das sind Verbindungen des Eisens, des Cers und anderer Metalle mit sehr linienreichem Spektrum, die beim Abbrand der Elektroden in das Bogenplasma gelangen und hier zu einer recht gleichmäßig über den sichtbaren Bereich verteilten intensiven Emission Anlaß geben (Hochintensitäts- oder BECK-Bogen).

1.6. Lampen für Spezialzwecke

Die besondere Domäne der Gasentladungslichtquellen liegt in ihrer Anwendung zu Sonderzwecken, in denen ganz spezielle Eigenschaften ausgenutzt werden, die nur diesen Lichtquellen eigen sind.

a) Spektrallampen

Die Anregung und Emission der für das Entladungsgas typischen Spektrallinien findet ihre Anwendung in den Spektrallampen. Das sind Niederdruckentladungslampen, die mit sorgfältig gereinigten Gasen oder Dämpfen gefüllt sind und zur bequemen Erzeugung des Spektrums des betreffenden Elementes dienen. Sie werden für die Elemente He, Ne, Na, K, Rb, Cs, Zn, Cd, Hg und Tl gefertigt.

Auf der leuchtenden Farbe der Entladungen — rot bei Neon, bei Quecksilber blauweiß und unter Zwischenschaltung von Filtergas auch grün oder gelb — beruht ihre Anwendung bei der Lichtreklame.

b) Ultraviolettstrahler

Die intensive Ultraviolettemission einiger Gasentladungen findet ausgedehnte Anwendung für die verschiedensten technischen, photochemischen und medizinischen Zwecke sowie für Lumineszenzuntersuchungen. Die Quecksilberentladung emittiert bei niedrigem Druck vorzugsweise die im kurzwelligen UVC (200—280 nm) liegende Resonanzstrahlung, bei höherem Druck zunehmend auch starke Liniengruppen im UVB (280—315 nm) und UVA (315—400 nm). Auch der offene Kohle-Lichtbogen ist infolge kräftiger Emission der violetten Cyan-

Banden ein intensiver UVA-Strahler, der in technischen Lichtpausanlagen Verwendung findet. Als Quelle für kontinuierliche UV-Strahlung findet das Wasserstoffmolekülkontinuum Verwendung, das von etwa 500 nm bis zum fernen UV reicht.

c) Impulslampen

Eine andere wichtige Eigenschaft ist die geringe Trägheit der Lichtemission, die eine unmittelbare Modulation des Lichtes und die Erzeugung von kurzen Lichtimpulsen ermöglicht. Überlagert man dem Gleichstrom einer Entladung einen kleinen Wechselstrom, so treten entsprechende Schwankungen auch in der Zahl der angeregten Atome und damit in der Lichtemission auf. Die obere Frequenzgrenze, bis zu der noch eine Modulation möglich ist, ist durch die Zeitkonstanten der Prozesse festgelegt, mit deren Hilfe sich die Entladung nach Änderung der Betriebsbedingungen auf den neuen Gleichgewichtszustand einstellt. In der thermischen Bogenentladung ist die Einstellung des neuen Temperaturprofiles wegen der Wärmekapazität des Plasmas der langsamste und damit der bestimmende Vorgang. Er erfordert in den Höchstdrucklampen z. B. Zeiten von 10^{-4} bis 10^{-3} s.

Bei den nichtthermischen Niederdruckentladungen entfällt der Einfluß der Wärmeträgheit des Entladungsgases weitgehend, und die Einstellgeschwindigkeit der Strahlung ist im wesentlichen nur durch die geringe Trägheit der Elektronen und die Lebensdauer der angeregten Zustände gegeben. Die resultierenden Zeiten liegen im allgemeinen zwischen etwa 10^{-8} und 10^{-5} s.

Impulslichtquellen verwenden vorwiegend Entladungen in Xenon, zuweilen auch in Quecksilber- oder Thalliumdampf. Die Impulsenergie steht in einem Kondensator zur Verfügung, der sich nach Zündung der Lampe über sie entlädt. Je nach den elektrischen Daten des elektrischen Kreises und der Entladungsstrecke lassen sich Lichtimpulse von 10^{-6} bis 10^{-3} s Dauer erzeugen. Wegen der kurzen Entladungsdauer kann die erzeugte Verlustwärme zunächst von der Gefäßwand aufgenommen werden, die sie dann langsam an die Umgebung weitergibt. Das ermöglicht die Umsetzung erheblicher Leistungen bis zu 10^4 Ws je Impuls in verhältnismäßig kleinen Lampen.

Derart hohe Lichtströme werden z. B. in der Lasertechnik zum Pumpen des aktiven Mediums benötigt. Bekannt sind weiterhin die Anwendungen als Elektronenblitz in der Photographie und als stroboskopische Lichtquelle zur Untersuchung des dynamischen Verhaltens von rasch und periodisch bewegten mechanischen Teilen.

1.7. Die Zündung von Gasentladungen

Jede Gasentladung erfordert zu ihrer Ingangsetzung einen besonderen Zündvorgang, dessen Aufgabe es ist, in der Gasstrecke eine genügende Zahl von Ladungsträgern zu schaffen und an der Katode einen Mechanismus zur Elektronenbefreiung einzuleiten. Zum Ziel führen verschiedene Methoden.

Wird an eine Niederdruckentladungsstrecke eine ausreichend hohe Spannung angelegt, bilden sich aus den durch Höhenstrahlpartikeln oder natürliche Radioaktivität erzeugten einzelnen Trägern durch Stoßionisation Elektronenlawinen aus. Die zur Katode zurücklaufenden Ionen lösen dort durch Ionenstoß Elektronen aus, und die Entladung kommt in Gang.

Die erforderliche Zündspannung ist eine Funktion des Produktes aus Gasdruck und Elektrodenabstand p D. Sie ist von der Gasart und in geringem Maße auch vom Elektrodenmaterial abhängig. Abb. 16 gibt einige Beispiele.

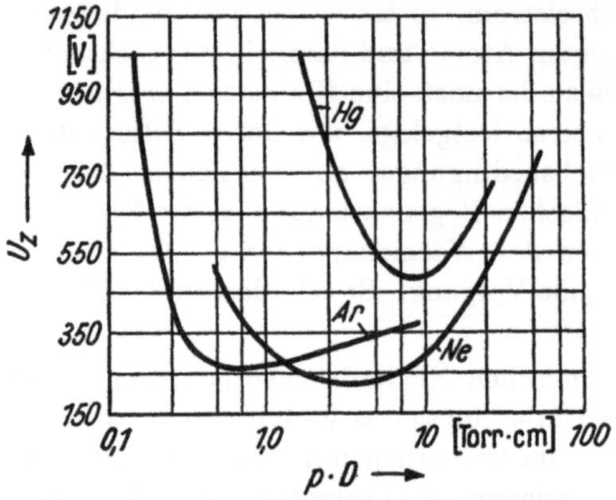

Abb. 16. Zündspannung für Neon, Argon und Quecksilberdampf in Abhängigkeit von $p\ D$; p – Druck; D – Elektrodenabstand [23]

Den Kurvenverlauf kann man so verstehen: Bei kleinem Druck und geringem Elektrodenabstand wird die Wahrscheinlichkeit für ionisierende Stöße sehr gering; bei großen Werten von p D werden dagegen die Stöße so häufig, daß die Elektronen ihre Energie vorzeitig durch elastische Zusammenstöße verlieren. In beiden Fällen resultiert eine Erhöhung der zur Zündung notwendigen Spannung.

Entladungen in Metalldämpfen, deren Druck bei Zimmertemperatur sehr klein ist, erfordern außerordentlich hohe Zündspannungen. Sie werden in vielen Lampentypen durch Zusatz eines nichtkondensierenden Gases, etwa Argon oder Neon von wenigen Torr, herabgesetzt. Auf die Strahlungseigenschaften hat der Edelgaszusatz keinen Einfluß, da die Anregungsenergien der Edelgase im Vergleich zu denen der Metalle sehr hoch liegen.

Besitzt die Entladung eine fremdgeheizte Glühkatode oder brennt zwischen der Katode und einer benachbarten kleinen Zündelektrode eine Hilfsentladung, so sind bereits Träger in ausreichender Zahl vorhanden, und es entfällt die Notwendigkeit, einen Katodenmechanismus neu aufzubauen. Solche Entladungen zünden bereits bei kleinen Spannungen von der Größenordnung der Ionisierungsspannung des Gases.

Abb. 12 zeigt am Beispiel der Quecksilberhochdrucklampe die Zündung über eine Hilfsentladung zwischen der Zündelektrode Z und der Hauptelektrode E_1.

Zur Zündung der Hilfsentladung selbst genügt eine kleinere Spannung als zur unmittelbaren Durchzündung der Hauptentladung zwischen E_1 und E_2.

Steht ein hochfrequenter Hochspannungsimpuls zur Verfügung, kann man auch eine Zündelektrode außerhalb des Entladungsgefäßes verwenden, von der die Energie durch kapazitive Kopplung in die Entladungsstrecke gelangt.

Bei hohen Drücken führt das Anlegen eines Hochspannungsstoßes über den Streamer-Mechanismus zur Ausbildung eines Funkenkanals. Ist die an den Elektroden liegende Stromquelle leistungsfähig genug, um auf der Katode einen Brennfleck zu erzeugen oder sie zum Glühen zu bringen, entwickelt sich aus der anfänglichen Glimm- oder Funkenentladung sehr rasch die Bogenentladung. Dieses Verfahren kommt vorwiegend bei Edelgashöchstdrucklampen zur Anwendung.

Eine Bogenentladung läßt sich auch ohne Verwendung hoher Spannungen durch Berühren und anschließendes Auseinanderziehen der Elektroden bei fließendem Strom zünden. Dabei werden die Berührungspunkte unmittelbar vor der Trennung so stark erhitzt, daß sowohl an der Katodenseite eine Elektronenemission einsetzt als auch durch das verdampfende Material eine kleine Menge Plasma als Ausgangspunkt für die Bogenentladung geschaffen wird. Diese Zündung wird vorwiegend bei freibrennenden Bögen angewandt, bei denen wenigstens eine Elektrode beweglich ist.

1.8. Der äußere Stromkreis

Die Abb. 17 zeigt den prinzipiellen Verlauf der Strom-Spannungs-Kennlinie einer Gasentladung. Ihr fallender Verlauf bedeutet, daß ein Anwachsen des Stromes mit einem Absinken der Brennspannung verbunden ist. Ein solches

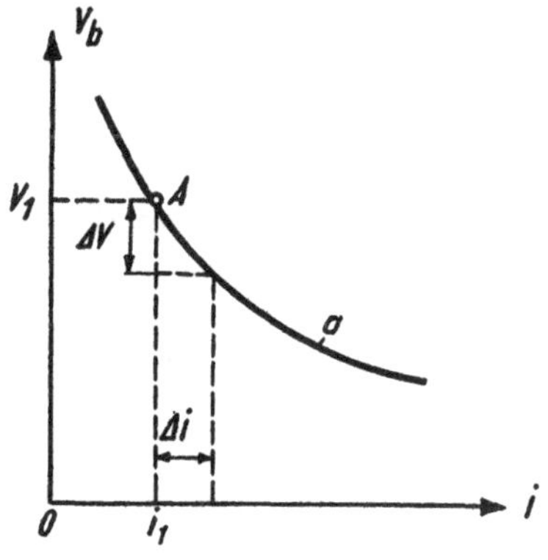

Abb. 17. Schematische Darstellung der Brennspannung einer Gasentladung in Abhängigkeit von der Stromstärke [44]

elektrisches Schaltelement ist nicht stabil und darf ohne besondere Vorsichtsmaßnahmen nicht an eine Spannungsquelle angeschlossen werden. Der Strom würde sofort nach der Zündung unbegrenzt anwachsen und das Entladungsrohr zerstören.

Zur Stabilisierung der Entladung ist grundsätzlich in Serie zur Entladungsstrecke ein Vorwiderstand zu schalten. Dadurch wird die Kennlinie des Gesamtstromkreises steigend und so die Stromstärke auf den gewünschten Wert begrenzt. Im praktischen Betrieb erweist es sich, daß die Stabilität der Entladung um so besser wird, je größer der Vorwiderstand und die an ihm abfallende Spannung im Vergleich zur Betriebsspannung der Entladung ist.

Die fallende Kennlinie der Gasentladungen macht eine direkte Parallelschaltung mehrerer Entladungen unmöglich. Kleine Schwankungen würden in kürzester Zeit dazu führen, daß eine Entladungsstrecke den gesamten Strom übernimmt, während die anderen verlöschen. Eine Serienschaltung ist durchführbar, erfordert aber entsprechend hohe Betriebsspannungen.

Der Vorschaltwiderstand kann auf verschiedene Weise realisiert werden. Die einfachste Möglichkeit ist ein ohmscher Widerstand. Sein großer Nachteil besteht darin, Wirkleistung zu verbrauchen und den Gesamtwirkungsgrad der Anlage herabzusetzen. Ein Spannungsabfall am Vorwiderstand in Höhe von 50% der Brennspannung gilt als optimaler Kompromiß zwischen Stabilisierung und Wirkungsgrad; der Betrieb von Gasentladungslampen an Gleichspannung ist jedoch nicht rentabel.

Bei leistungsstarken Gleichstromentladungen, wie sie in Großscheinwerfern, Plasmastrahlerzeugern und Schweißbögen vorliegen, ist es zweckmäßig, für die Stromversorgung besondere Generatoren mit entsprechend ausgelegter Strom-Spannungs-Charakteristik zu verwenden.

Im Wechselstrombetrieb bieten sich Blindwiderstände in Form von Kondensatoren, Drosselspulen und Streutransformatoren als Vorschaltgeräte an, die nur sehr wenig Wirkleistung verbrauchen. Ihre Eignung hängt allerdings vom zeitlichen Verhalten der Entladung während der Wechselstromperiode ab.

Bei jedem Stromnulldurchgang verlischt die Entladung, und die in der vergangenen Halbwelle erzeugten Ladungsträger verschwinden. Je nach der seit dem Verlöschen vergangenen Zeitspanne ist für die Wiederzündung eine Spannung erforderlich, die mehr oder weniger über der Brennspannung liegt. Induktive Vorschaltgeräte führen zu einem äußerst raschen Spannungsanstieg nach dem Stromnulldurchgang, der die Entladung sofort wieder zündet, und erzwingen einen annähernd sinusförmigen Stromverlauf. Kondensatoren führen dagegen zu verhältnismäßig langen stromlosen Pausen, an die sich eine stoßartige Umladung des Kondensators anschließt. Das führt zu starkem Flimmern der Lampen und zur raschen Zerstörung der Elektroden. Sie sind daher als Vorschaltgeräte zu verwerfen. OHMsche Vorwiderstände führen zu ebenso langen Strompausen wie Kondensatoren, jedoch treten keine Stoßströme auf.

Abschließend sei die vollständige Schaltung einer Leuchtstofflampe erläutert, die auf Abb. 18 dargestellt ist. Die Netzspannung führt zunächst zur Zündung einer Glimmentladung im Glimmzünder S. Der Strom erwärmt die Anode, die aus einem Bimetallstreifen besteht. Letzterer biegt sich durch und schließt einen Kontakt zwischen Anode und Katode des Zünders. Der relativ große, nur von der Drossel L begrenzte Strom heizt die Elektroden der Leuchtstoff-

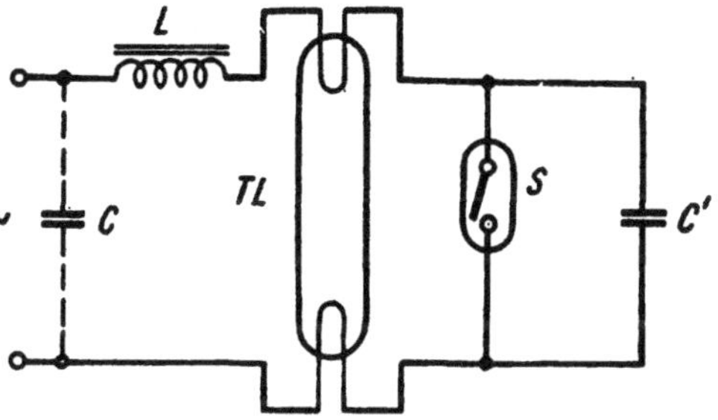

Abb. 18. Schaltung für den Anschluß einer Leuchtstofflampe
TL — Leuchtstofflampe; *L* — Vorschaltdrossel; *S* — Glimmzünder; *C* — Kondensator zur Kompensation der Phasenverschiebung; *C'* — Störschutzkondensator [44]

lampe *TL* vor. Geheizt werden beide Elektroden, da bei Wechselstrombetrieb jede Elektrode abwechselnd Anode und Katode ist. Die Glimmentladung im Zünder verlöscht nach dem Kontaktschluß, der Bimetallstreifen kühlt sich ab und öffnet nach etwa 1 s den Stromkreis. In der Drossel wird ein Spannungsstoß induziert und zündet die Entladung in der Leuchtstofflampe. Gelingt dies nicht beim ersten Mal, wiederholt sich der Vorgang. Die Spannung am Glimmzünder sinkt danach bis auf die Brennspannung der Leuchtstofflampe und reicht für dessen Zündung nicht mehr aus. Die weitere Heizung der Elektroden geschieht durch die einsetzende selbständige Entladung. Der Kondensator *C* dient der Blindstromkompensation, der Kondensator *C'* verhindert Funkstörungen während des Zündens.

2. *Das Plasma in elektrischen Schaltstrecken*

Unter dieser Überschrift sind zwei äußerlich recht verschiedene Vorgänge zusammengefaßt. Im ersten Teil sollen die Entladungen behandelt werden, deren technische Bedeutung auf ihrer gesteuerten Zündung beruht und die der Einschaltung von Stromkreisen dienen. Daran schließt sich die Behandlung der Entladungen an, die bei der Öffnung von Stromkreisen entstehen und deren Löschung das Problem ist, das von den Hochleistungsschaltern gelöst werden muß.

2.1. Die Einschaltung von Stromkreisen

Die im vorigen Kapitel behandelte Zündung von Niederdruckgasentladungen hat in Gestalt der Kaltkatodenrelaisröhren, der gasgefüllten Gleichrichter, der Thyratrons und Ignitrons verbreitete Anwendung in der Elektrotechnik für die verschiedensten Steuerungs- und Regelungsaufgaben gefunden.

a) Kaltkatodenrelaisröhren

Für die Einschaltung kleiner Ströme werden Relaisröhren eingesetzt, die unter der Bezeichnung Glimmrelais oder Kaltkatoden-Thyratron bekannt sind.

In ihnen wird eine Glimmentladung in 80 Torr Neon mit kleinem Argonzusatz bzw. in 15 Torr Argon durch eine Starterelektrode in Katodennähe ausgelöst. Diese Starterentladung weist eine Zündspannung auf, die wesentlich unter der Zündspannung der Hauptentladung liegt. Die Zündung der Hauptentladung erfolgt bereits bei Strömen von nur 10^{-5} A zur Starterelektrode. Diese Empfindlichkeit läßt sich durch Einschalten eines Kondensators zwischen Starterelektrode und Katode noch erstaunlich steigern. Aufladeströme bis hinab zu 10^{-12} A und Kondensatoren von etwa 100 pF führen zu einer Kippentladung, die zur Auslösung der Hauptentladung ausreicht. Manche Relaisröhren besitzen neben der Starterelektrode noch eine weitere Hilfselektrode. Zwischen ihr und der Katode wird eine stationäre Hilfsentladung mit geringer Stromstärke aufrechterhalten, um eine niedrige und konstante Starterzündspannung zu gewährleisten.

Die Ströme, die sich durch Relaisröhren einschalten lassen, liegen in der Größenordnung von 100 mA. In jüngster Zeit sind jedoch auch Leistungsschaltröhren mit kalter Katode entwickelt worden, die Dauerströme von einigen Ampere und Spitzenströme bis zu 100 A zulassen. Um die Entladung in einer Relaisröhre wieder zu löschen, ist eine separate Unterbrechung des Stromkreises notwendig.

Die Eigenschaft der Relaisröhren, in nichtgezündetem Zustand keine Leistung zu verbrauchen und keiner Alterung zu unterliegen, macht sie besonders für Überwachungsaufgaben und dgl. geeignet, in denen sie nur selten betätigt werden, aber ständig betriebsbereit sein müssen.

b) Zählröhren

Eine interessante Abart der Relaisröhren sind die Zählröhren. Eine dekadische Zählröhre enthält außer einer Anode 10 Katoden und zwei Gruppen von Hilfskatoden, die auf einem geschlossenen Kreis angeordnet sind. Zwischen jeweils einer Katode und der Anode brennt eine Glimmentladung und überzieht die Katode mit dem negativen Glimmlicht. Die Ladungsträger diffundieren in den Raum vor den benachbarten Hilfskatoden und setzen deren Zündspannung im Vergleich zu den anderen herab. Steuerimpulse, die in bestimmter Folge an die Hilfskatoden gelegt werden, lassen die Entladung auf die nächste Katode überspringen. Nach 10 derartigen Schritten ist wieder dieselbe Katode in Funktion. Zählröhren finden in Zählgeräten aller Art Verwendung.

c) Gasgefüllte Gleichrichter

Gasgefüllte Gleichrichter sind Entladungen, die bei Anlegen einer Wechselspannung nur in einer Stromflußrichtung zünden. Sie sollen zur Herabsetzung der Verluste eine niedrige Brennspannung besitzen. In der Gegenrichtung wird eine möglichst hohe Sperrspannung angestrebt.

Das wird erreicht, indem man das Entladungsgefäß mit Gasen von sehr geringem Druck füllt und die Anode aus Materialien wie Nickel oder Graphit aufbaut, deren Emissionsvermögen für Elektronen bei Ionenaufprall (γ-Koeffizient) besonders klein ist. In Edelgasen unter 1 Torr erreicht man Sperrspannungen bis zu 1500 V; niedrigere Drücke sind wegen der Gasaufzehrung nur in gesättigten Dämpfen im Gleichgewicht mit ihrem Kondensat anwendbar. In Quecksilberdampf von 10^{-3} bis 10^{-2} Torr lassen sich bis zu 100 kV Sperrspannung erzielen.

Die Zündung der Entladung in Durchlaßrichtung wird durch eine Glühkatode oder eine Hilfsentladung ermöglicht. Glühkatoden lassen Ströme bis etwa 100 A zu. Die Brennspannung bleibt wegen der Raumladungskompensation durch die positiven Ionen der Entladung auch bei hohen Strömen klein. Quecksilberdampfgleichrichter für Ströme bis über 1000 A werden mit flüssiger Quecksilberkatode ausgestattet. Abb. 19 zeigt ihren schematischen Aufbau.

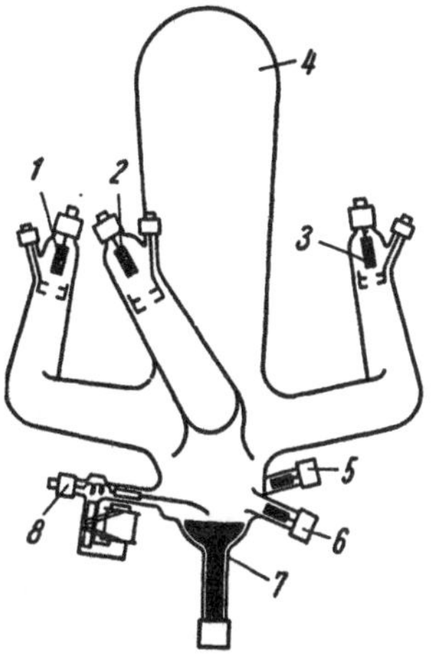

Abb. 19
Aufbau eines Quecksilberdampfgleichrichters mit Flüssigkeitskatode.
1, 2, 3 — Hauptanoden;
4 — Kühldom;
5, 6 — Hilfselektroden;
7 — Katode;
8 — Zündelektrode (nach [23])

1, 2 und 3 sind 3 Hauptanoden für den Einsatz in Drehstromanlagen. Zwischen der Katode und den Hilfselektroden 5 und 6 brennen Hilfsentladungen. Deren Zündung wiederum erfolgt über eine dritte Hilfselektrode 8, zu der die Entladung durch magnetisch betätigte Abreißzündung gestartet wird. Der Kühldom 4 dient der Aufrechterhaltung des niedrigen Dampfdruckes.

d) Thyratrons

Durch Einbau eines Gitters zwischen Glühkatode und Anode entsteht aus dem gasgefüllten Gleichrichter ein steuerbarer Gleichrichter oder Thyratron; Abb. 20 zeigt schematisch den Aufbau. Im ungezündeten Zustand sind die Potentialverhältnisse vor der Katode des Thyratrons durch die Addition der Anoden- und Gitterwirkung gegeben. Die Elektronen können sich erst dann von der Katode fortbewegen und die Zündung einleiten, wenn das Potential davor positiv ist. Zu jeder Anodenspannung gibt es eine bestimmte Gitterspannung, bei deren Überschreitung das Thyratron zündet. Abb. 21 zeigt eine Zündkennlinie; der schraffierte Bereich deutet die temperaturbedingten Streuungen an.

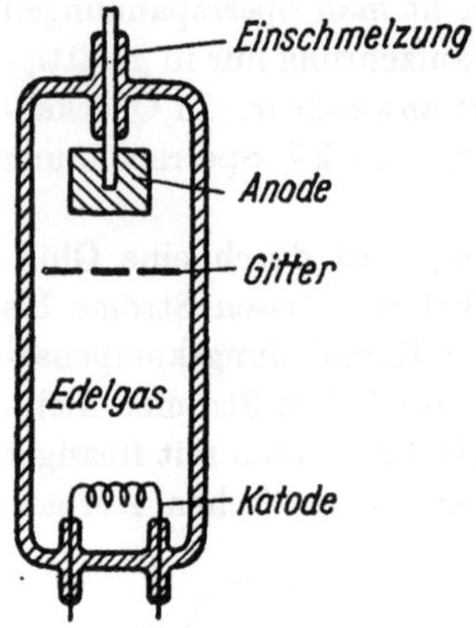

Abb. 20. Aufbau eines Thyratrons [20]

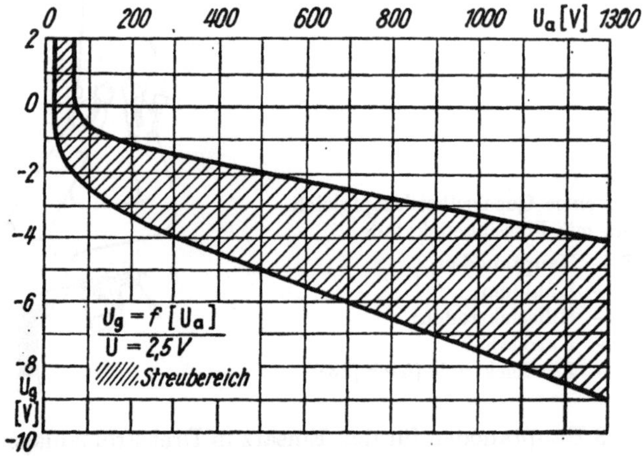

Abb. 21. Zündkennlinie eines Thyratrons (WF-Röhrenblatt)

Eine Löschung der Entladung durch Herabsetzen der Gitterspannung gelingt jedoch im allgemeinen nicht. Das negative Gitter wirkt als Sonde im Plasma und umgibt sich mit einer positiven Raumladung, die sein Feld vollständig abschirmt. Um die Entladung zu löschen, muß die Anodenspannung unter die Brennspannung gesenkt bzw. der Anodenstrom unterbrochen werden.

Thyratrons werden für Dauerströme bis etwa 10 A und Spitzenströme bis über 100 A gefertigt. Als Einsatzgebiete seien die stufenlose Steuerung der Drehzahl von Motoren, die Zündung von Ignitrons, Schweißmaschinensteuerungen und Relaisschaltungen genannt.

e) Ignitrons

Für die gleichen Anwendungen, jedoch bei höheren Leistungen, kommen Ignitrons zur Anwendung. Das sind Quecksilberdampfgleichrichter mit flüssiger Katode, die durch Kapazitätszünder oder Zündstifte gezündet werden. Abb. 22

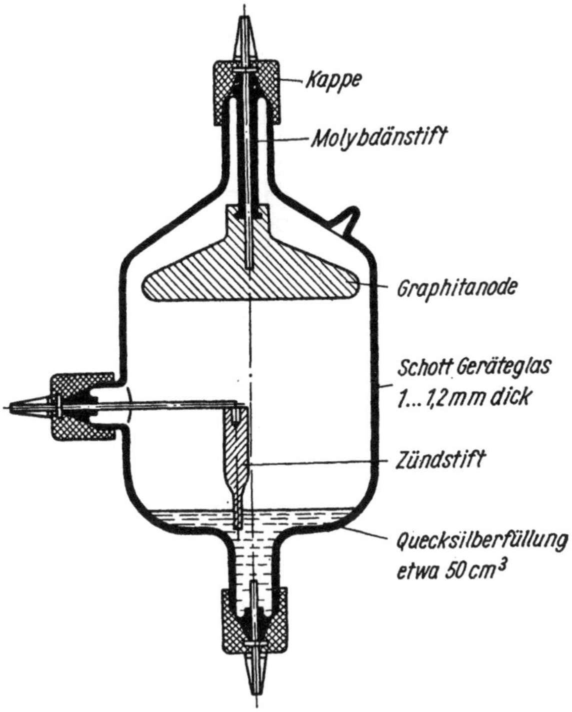

Abb. 22. Aufbau eines Ignitrons [23]

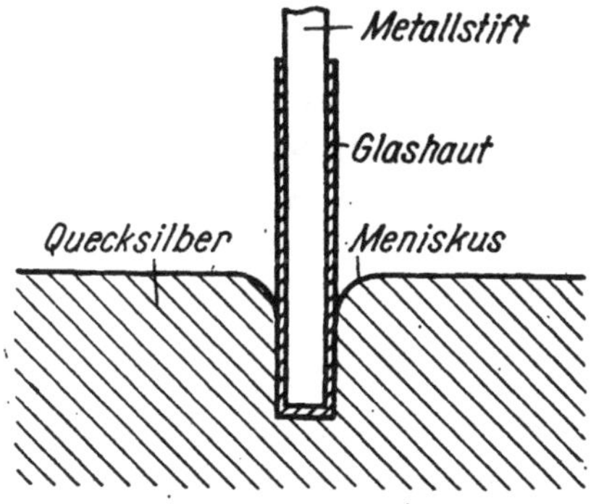

Abb. 23. Aufbau eines Kapazitätszünders [23]

zeigt schematisch den Aufbau eines Ignitrons. Ein Kapazitätszünder ist auf Abb. 23 dargestellt. Er besteht aus einem Metallstift, der mit einer dünnen, gut isolierenden Haut überzogen ist. Er taucht mit der Spitze in den Quecksilberteich, der als Katode dient, ein. Beim Anlegen einer Spannung von 8—10 kV wird die Feldstärke am Quecksilbermeniskus so groß, daß dort Spitzen aus der Oberfläche gezogen werden. Von ihnen schlagen kleine Funken zum Kapazitätszünder über, die die Hauptentladung in Gang bringen.

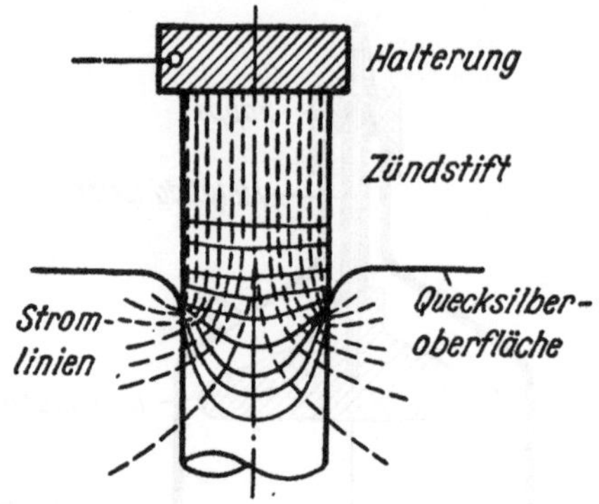

Abb. 24. Verlauf der Stromlinien in einem Zündstift [23]

Die Abb. 24 zeigt einen Zündstift. Das ist ein kleiner Halbleiterstab aus Borkarbid oder Siliziumkarbid, der in das Quecksilber eintaucht. Wird durch ihn ein Strom von etwa 30 A geschickt, so drängen sich die Strombahnen wegen der geringen Leitfähigkeit des Zündstiftes am unteren Rand des Meniskus zusammen und erzeugen dort eine hohe Feldstärke, die wieder zum Funkenüberschlag führt und die Hauptentladung einleitet.

2.2. Hochleistungsschaltbögen

Bei der Öffnung eines Stromkreises wird der Strom im allgemeinen nicht unstetig unterbrochen, sondern es entsteht ein Lichtbogen, der die auseinandergehenden Schaltkontakte leitend verbindet. Hier liegt ein typisches Beispiel für die Berührungszündung eines Lichtbogens vor. Nur bei Stromstärken von weniger als 0,1 A oder bei sehr kleinen Spannungen unter etwa 10 Volt kann sich kein Lichtbogen ausbilden. Unter den Verhältnissen der Starkstromtechnik entstehen beim Auftrennen von Stromkreisen unter Last Schaltbögen, in denen erhebliche Leistungen in Wärme umgesetzt werden. Aus der Forderung nach Abschaltung eines Stromes erwächst das Problem der Lichtbogenlöschung.

Der zwangsläufig entstehende Schaltbogen stellt jedoch keinesfalls nur eine unerwünschte und störende Erscheinung dar, die es möglichst schnell und radikal zu vernichten gilt. Gerade seiner Existenz ist es zu danken, daß es möglich ist, induktionsbehaftete Stromkreise zu unterbrechen, ohne durch die plötzliche Stromänderung im Moment der Kontakttrennung hohe und gefährliche Schaltüberspannungen zu erzeugen. Bei der Unterbrechung von Gleichströmen läßt sich die in der Induktivität gespeicherte Energie im Bogen gefahrlos in Wärme umsetzen; bei Wechselströmen gelingt es ohne besondere Maßnahmen, den Moment der Unterbrechung bis zum nächsten Stromnulldurchgang zu verschieben, in dem die Induktivität des Stromkreises energieleer ist. Erst danach muß der Bogen zum Verlöschen gebracht werden, um die Abschaltung nicht unnötig zu verzögern und Kontakte und Isolationen nicht zu beschädigen.

Bevor die Verfahren zur Bogenlöschung im einzelnen besprochen werden, soll jedoch zwischen Gleichstromschalter und Wechselstromschalter unterschieden werden, da ihnen unterschiedliche Überlegungen zugrunde liegen.

2.3. Der Gleichstromschalter

Die Löschung eines stationär brennenden Gleichstrombogens ist grundsätzlich eine Frage seiner Energiebilanz. Für eine gewisse Zeit muß man dem Bogen mehr Energie entziehen, als der Stromkreis maximal an ihn liefern kann. Die dem Stromkreis stationär entnehmbare Leistung erreicht ihren Höchstwert $U_0^2/4\,R$, wenn die Lichtbogenspannung bis auf $U_0/2$ gestiegen ist. U_0 sei die Generatorspannung, R der Ohmsche Widerstand des Stromkreises. Die gesteigerte Energieabfuhr muß solange aufrechterhalten werden, bis zusätzlich die magnetische Energie des Stromkreises aufgezehrt ist und die Bogensäule ihren Wärmeinhalt abgegeben hat. Die Netze vermögen, insbesondere im Kurzschlußfall, heute Leistungen bis zur Größenordnung 10^9 W abzugeben. Zu deren Abfuhr sind außerordentlich intensive Kühlmethoden erforderlich.

a) Kühlung des Bogens

Die künstliche Kühlung der Bogensäule von außen geht Hand in Hand mit einer starken Verkleinerung des Durchmessers der Bogensäule. Die durch die Stromstärke vorgegebene Ladungsmenge kann jedoch nur transportiert werden, wenn gleichzeitig entweder die Feldstärke größer wird oder die Temperatur in der Bogenachse und damit die Leitfähigkeit zunimmt. Tatsächlich stellt sich ein Gleichgewicht ein, bei dem sowohl Feldstärke und Achsentemperatur den Stromtransport gewährleisten als auch die gesteigerte elektrische Energieaufnahme gerade den Energieverlust durch erhöhte Wärmeabgabe bei dem steileren Temperaturgradienten deckt. Die Erhöhung der Achsentemperatur und der Brennspannung eines Bogens durch äußere Kühlung bzw. Einschnürung wird oft als thermischer Pincheffekt bezeichnet; er ist auch bei der Erzeugung von Plasmastrahlen von Bedeutung.

In der Praxis erreicht man die Kühlung der Bogensäule auf verschiedene Weise. Man kann den Bogen zwischen keramische Wände einer Löschkammer treiben, um die er mäanderförmig herumbrennt, wie es Abb. 25 und Abb. 26 an zwei Beispielen zeigen. Durch gegenseitige Annäherung der Kammerwände wird die Kühlwirkung weiter gesteigert. Die Einwirkung des Lichtbogens auf einen Punkt der Wand darf jedoch nicht zu lange dauern, da sonst das Wandmaterial schmilzt und verdampft oder elektrisch leitend wird.

Andere Verfahren kühlen die Bogensäule durch Einbettung in ein flüssiges isolierendes Medium. Zu diesem Zweck befinden sich die Schaltkontakte in einem Ölbad. Abb. 27 zeigt das Schema eines Ölschalters. Der Bogen brennt im Öldampf und dessen Dissoziationsprodukten. Die Kühlung wird durch natürliche Konvektion oder zusätzliche Strömungen unterstützt.

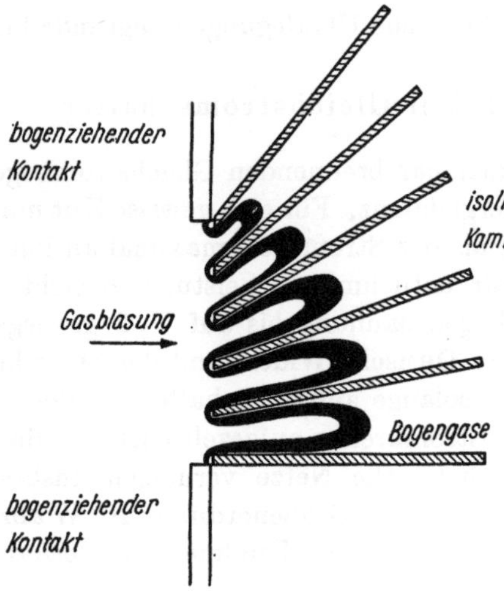

Abb. 25. Blasung des Lichtbogens in eine keramische Löschkammer [7]

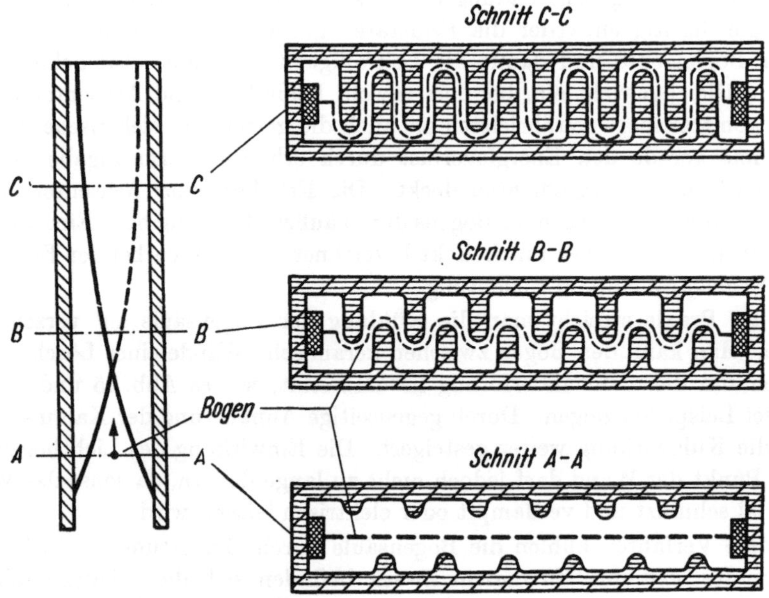

Abb. 26. Aufbau einer keramischen Löschkammer [7]

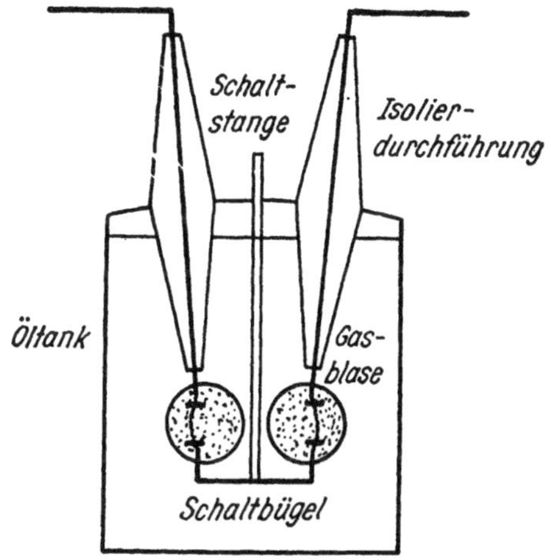

Abb. 27. Aufbau eines Ölschalters [7]

b) Pneumatische Blasung

Breite Anwendung findet die Kühlung und Fortbewegung des Bogens durch Beblasung. Die Längsbeblasung in Richtung der Bogenachse kommt in den Druckluftschaltern zur Anwendung. Wie Abb. 28 zeigt, brennt der Bogen dabei durch eine Düse in B, in der er eingeschnürt und einer intensiven Preßluftströmung ausgesetzt wird.

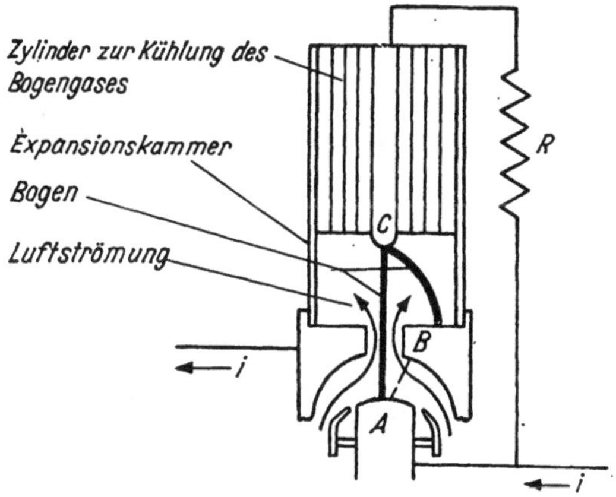

Abb. 28. Aufbau eines Druckluftschalters.
A, B — Hauptelektroden; C — Hilfselektrode; R — Löschwiderstand [7]

Die Beblasung quer zur Bogenachse führt zur Durchbiegung und Verlängerung des Lichtbogens. Bei geeigneter Ausbildung der Elektroden, etwa in Form eines „Laufschienensystems" wie in dem auf Abb. 29 dargestellten Hörner-

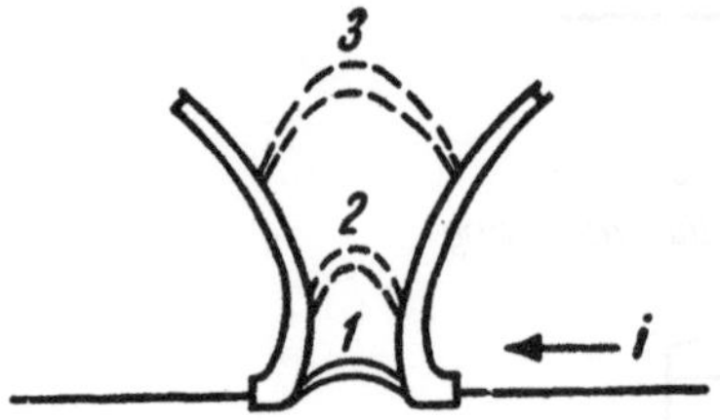

Abb. 29. Aufbau eines Hörnerblitzableiters [7]

blitzableiter, versucht der Bogen, sich durch Wanderung der Fußpunkte auf den Elektroden in Blasrichtung wieder zu verkürzen. Durch die Beblasung wird er von neuem durchgebogen und so im Endeffekt die Laufschienen entlang getrieben, z. B. in eine Löschkammer.

Diese Fußpunktwanderungen sind physikalisch von großem Interesse. Die Beweglichkeit des katodischen Fußpunktes ist durch die Aufbauzeit des Katodenmechanismus begrenzt. Bei thermischen Katoden erreicht die Wanderungsgeschwindigkeit etwa 10 cm s^{-1}. Brennflecke auf kalten Katoden können sich mit mehr als 10^4 cm s^{-1} fortbewegen. Die Beweglichkeit des Anodenansatzes scheint demgegenüber keinen wesentlichen Einschränkungen zu unterliegen. Oftmals geht die Bewegung der Fußpunkte sprunghaft vor sich, so daß man den Eindruck erhält, als sei eine Art „Haftreibung" an den Elektroden zu überwinden. Dafür sind z. B. Oxidflecken verantwortlich, in denen günstigere Emissionsbedingungen vorliegen.

Die Fußpunkte sind sogar in der Lage, Spalten und ähnliche isolierende Zwischenräume zwischen Elektroden zu überspringen, wodurch sich Widerstände und Spulen in den Stromkreis einschalten lassen. Ist der Spannungsabfall an dem Widerstand groß genug, kann dabei ein Teillichtbogen über dem Spalt stehenbleiben.

Ein Beispiel für die Anwendung dieses Prinzips stellt der auf Abb. 28 dargestellte Druckluftschalter dar. Hier ist gestrichelt die Lage des Schaltlichtbogens zwischen den Elektroden A und B eingezeichnet, wie sie kurze Zeit nach der Kontakttrennung vorlag. Die Strömung trieb den Bogen unter Einschaltung des Widerstandes R in die eingezeichnete Stellung zwischen B und der Hilfselektrode C, während parallel zu dem Widerstand R ein Bogen zwischen A und C stehen blieb. Der Bogen $A-C$ wird nun durch die Beblasung zuerst gelöscht. Damit ist die Energiezufuhr zum Bogen $C-B$ wegen des Widerstandes R stark reduziert, und auch $C-B$ wird gelöscht.

c) Magnetische Blasung

Der Lichtbogen ist ein beweglicher Leiter und ändert seine Form und Lage unter der Einwirkung äußerer Kräfte. In dem auf Abb. 29 dargestellten System ist bei kleinen Stromstärken der Auftrieb infolge natürlicher Konvektion wirksam. In gleicher Weise wirkt eine zusätzliche pneumatische Blasung: Der Bogen wird mit der Luftströmung fortgeführt. Eine erheblich bessere Kühlung des Bogens und höhere Wanderungsgeschwindigkeiten bis zu 10^5 cm s^{-1}

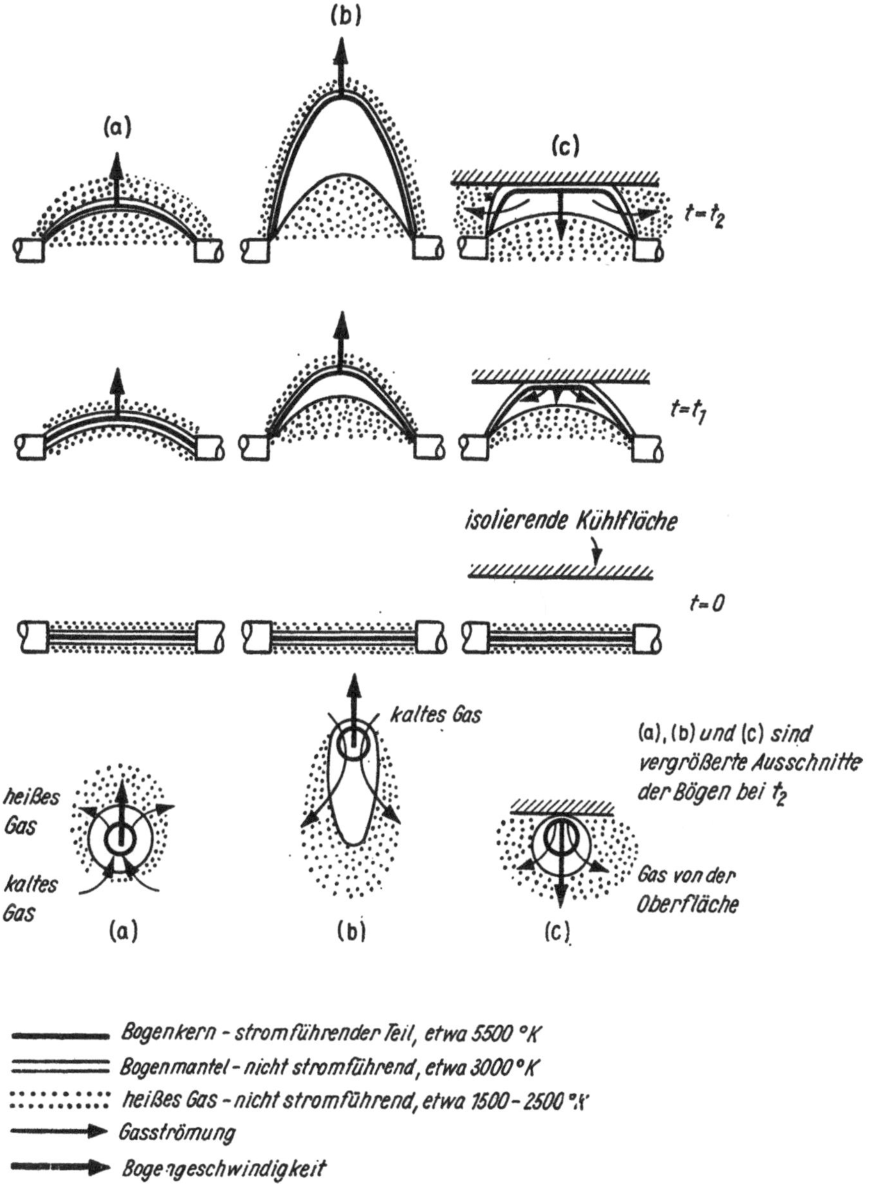

Abb. 30. Veränderung der Lichtbogenform nach Einsetzen der Blasung.
a) pneumatische Blasung; b) magnetische Blasung; c) magnetische Blasung gegen eine Kühlfläche [7]

lassen sich durch magnetisches Blasen erreichen. Darunter versteht man die Tatsache, daß die mit der Geschwindigkeit $\mathfrak{v}$ bewegten Ladungsträger der Ladung q in einem magnetischen Transversalfeld $\mathfrak{B}$ auf Grund der LORENTZ-Kraft

$$\mathfrak{K} = q(\mathfrak{v} \times \mathfrak{B}) \tag{6}$$

senkrecht zum elektrischen und magnetischen Feld abgelenkt werden. Damit wird das Plasma von den Elektronen und Ionen mit großer Relativgeschwindigkeit durch das Gas gerissen oder intensiv gegen im Wege stehende Kühlflächen gedrückt. Abb. 30 veranschaulicht die Verhältnisse.

Bei hohen Stromstärken kann auf ein äußeres Magnetfeld verzichtet werden; das vom Strom in den geeignet verlegten Zuführungen erzeugte Magnetfeld genügt als „Antrieb". Nach Gl. (6) wächst die gesamte antreibende Kraft mit dem Quadrat der Stromstärke I, denn die magnetische Feldstärke $\mathfrak{B}$ und die Zahl der Ladungsträger sind zu I proportional. So überwiegt in der auf Abb. 28 wiedergegebenen Anordnung oberhalb etwa 50 A der magnetische Antrieb durch das Feld der Ströme in den Laufschienen bereits den Einfluß der Konvektion.

d) Aufteilung des Bogens

Das Ansteigen der Bogenbrennspannung durch Kühlung der Bogensäule wird durch die in allen Schaltern stattfindende Verlängerung der Säule oder durch die Aufteilung des Bogens in eine größere Anzahl in Reihe geschalteter Teilbögen unterstützt. Die Brennspannung U des Bogens setzt sich zusammen aus dem Katodenfall U_K, dem Anodenfall U_A und dem Spannungsabfall $E\,d$ der Säule:

$$U = U_K + U_A + E\,d\,. \tag{7}$$

Die Säulenfeldstärke E wird durch die Kühlung erhöht, die Bogenverlängerung beeinflußt d, und eine Aufteilung schafft zusätzliche Elektrodenfallgebiete mit dem Spannungsbedarf $U_K + U_A$.

Eine Aufteilung des Schaltbogens findet in der „Deion-Kammer" statt. Hier wird der Bogen durch Blasung in ein System paralleler und voneinander isolierter Bleche getrieben, die senkrecht zur Bogenachse angeordnet sind.

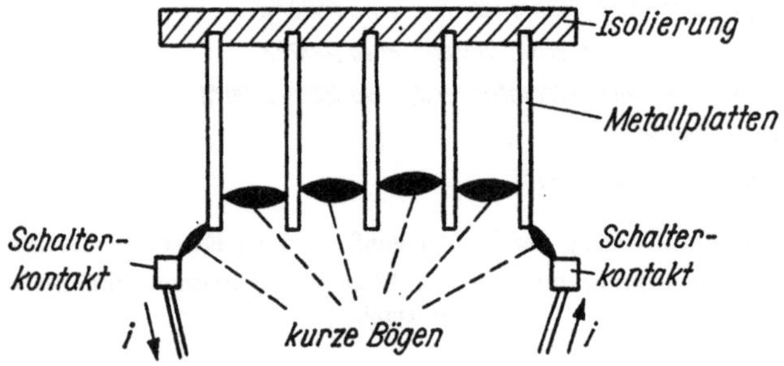

Abb. 31. Aufteilung des Bogens durch Löschbleche [7]

Abb. 31 zeigt seine Aufteilung in die Teilbögen. Zusätzlich erfolgt eine starke Kühlung durch die gut wärmeleitenden Bleche. Das Eindringen des Bogens in die Kammer wird durch eine gestaffelte Lage der Blechunterkanten erleichtert, die den Bogen nach und nach unterteilen. Keilförmige Aussparungen an den Unterseiten von Löschblechen aus Eisen führen zu einer Verringerung der Stärke des magnetischen Eigenfeldes vor dem Bogen und damit zu einer resultierenden Kraft, die den Bogen gegen die Bleche treibt.

2.4. Der Wechselstromschalter

Während der Gleichstrombogen einen stationären Zustand darstellt, hat man es beim Wechselstrombogen mit einem zeitlich veränderlichen Vorgang zu tun. In jeder Periode der Netzfrequenz wird die Stromstärke zweimal zu Null, womit für eine gewisse kurze Zeitspanne die Energiezufuhr zum Bogen ausfällt. Das Weiterbrennen des Bogens setzt zu Beginn jeder Stromhalbwelle mit einer Neuzündung ein. Das Problem des Wechselstromschalters besteht daher in der Verhinderung dieser Wiederzündung nach dem Stromnulldurchgang durch eine möglichst schnelle und weitgehende Entionisierung der Schaltstrecke während der Strompause. Um die hier vorliegenden Verhältnisse besser zu übersehen, muß auf die elektrischen Vorgänge im Stromkreis und auf die Vorgänge im abklingenden Plasma in der Umgebung des Stromnulldurchganges näher eingegangen werden.

In einem Drehstromnetz sind im Normalbetrieb Ströme zwischen Null und Vollast zu schalten. Je nach Art des angeschlossenen Verbrauchers eilt der Strom der Spannung bis zu 90° nach oder auch voraus. Darüberhinaus können verschiedenartige Kurzschlüsse auftreten, deren Stromstärken in Hochspannungsnetzen 10^4 A, in Niederspannungsnetzen bis zu 10^5 A betragen können.

Daneben sind der zeitliche Verlauf und die Höhe der nach der Stromunterbrechung wiederkehrenden Spannung von ausschlaggebender Bedeutung. Sie sind ebenfalls durch die Eigenschaften des Netzes festgelegt und durch den Schalter selbst kaum zu beeinflussen. Das soll noch etwas ausführlicher betrachtet werden.

In einem rein Ohmschen Stromkreis verschwindet die Generatorspannung im Augenblick des Stromnulldurchganges und kehrt anschließend mit Netzfrequenz wieder. Im allgemeinen besteht jedoch in dem zu schaltenden Kreis eine Phasenverschiebung zwischen Strom und Spannung, so daß an der Schaltstrecke vom Zeitpunkt der Unterbrechung an die momentane Generatorspannung liegen muß. Infolge verteilter Kapazitäten und Induktivitäten des Stromkreises springt die Spannung an der Schaltstrecke jedoch nicht unstetig auf die Höhe der Generatorspannung, sondern pendelt sich in Form einer gedämpften Schwingung auf diesen Wert ein. Dabei erfolgt ein Überschwingen der Spannung, die maximal den zweifachen Wert der Generatorspitzenspannung erreichen kann. Abb. 32 zeigt den Verlauf des Stromes und der Spannungen in einem induktiven Kreis mit verteilter, verlustbehafteter Kapazität.

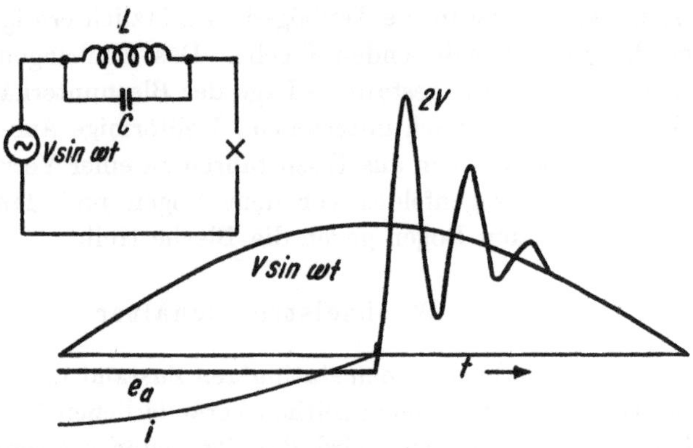

Abb. 32. Schematische Darstellung des Stromes i, der Generatorspannung $V \cdot \sin \omega t$ und der Spannung e_a an der Schaltstrecke für einen induktiven Stromkreis [7]

Für die Anstiegssteilheit der Wiederkehrspannung ist neben der Generatorspannung die Frequenz des Einschwingvorganges maßgebend. Diese Frequenz ist im wesentlichen durch die Größe des abzuschaltenden Netzes bestimmt. Bei Hochspannungsfernleitungen von mehreren hundert Kilometern Länge liegt sie etwa bei 10^3 bis 10^4 Hz. In den kleineren Niederspannungsnetzen treten entsprechend höhere Frequenzen auf; die Anstiegssteilheiten bleiben aber wegen der niedrigeren Spannung im allgemeinen geringer als in Hochspannungsnetzen. Besonders schwere Bedingungen liegen bei der Abschaltung des sog. Abstandskurzschlusses vor. Dabei ist ein relativ kurzes Leitungsstück mit entsprechend hoher Eigenfrequenz bei hoher Generatorspannung im Kurzschlußfall abzuschalten. Dabei treten Anstiegssteilheiten bis zu mehreren 10^9 Vs^{-1} auf.

Infolge der Wärmekapazität des Plasmas können sich bei raschen Änderungen der Stromstärke die Temperaturverteilung und die elektrische Leitfähigkeit der Bogensäule nur verzögert auf die neuen Gleichgewichtszustände einstellen. Wegen der Notwendigkeit, das Bogenplasma aufzuheizen, ist der Spannungsbedarf am Anfang jeder Stromhalbwelle größer als es der stationären Bogencharakteristik entspricht. Im zweiten Teil jeder Halbwelle zehrt die Lichtbogensäule dagegen ihren Energieinhalt zum Teil wieder auf, und ihr Spannungsbedarf ist entsprechend geringer. Das Temperaturmaximum wird erst einige Zeit nach dem Strommaximum durchlaufen. Wird der Strom schließlich Null, so sind die Temperatur und damit Ionisationsgrad und Leitfähigkeit noch sehr beachtlich, so daß die Restbogensäule bei weitem noch nicht mit dem kalten Gas der Umgebung gleichgesetzt werden kann.

a) Wiederzündmechanismen

In der stromlosen Pause zwischen Nulldurchgang und Wiederzündung laufen eine Reihe von Prozessen der Ladungsträgervernichtung weiter, die während dieser Zeit nicht durch die Wirkungen des Bogenstromes kompensiert werden können. Dabei handelt es sich im wesentlichen um die Abkühlung der Bogensäule und um das Zusammenbrechen des Katodenmechanismus.

Jeder dieser Abklingprozesse verläuft mit einer ihm eigenen Geschwindigkeit und führt mit wachsender Zeit zu einer zunehmenden Verschlechterung der Voraussetzungen für das Wiederentstehen einer Bogenentladung. Oder anders ausgedrückt: In der „Serienschaltung" aus Katodengebiet, elektrodennahen Teilen der Säule und elektrodenfernem Säulenteil verlieren die einzelnen Glieder verschieden rasch ihre Funktionsfähigkeit. Zur Wiederingangsetzung der Entladung ist eine Spannung notwendig, die über der vorherigen Brennspannung liegen muß und die den speziellen Zündvorgang einleitet.

Der schnellste der Abklingvorgänge ist der Abbau der Raumladung vor der Brennfleckkatode. Nach weniger als 10^{-6} s sind bereits einige Hundert Volt zur Wiederzündung erforderlich. Diese Erscheinung wird als Sofortverfestigung der Schaltstrecke bezeichnet. Anschließend wird die Abkühlung und Entionisierung der Bogensäule wirksam. Die Abkühlung der Säule ist eine Folge ihres Energieverlustes durch Wärmeleitung, Abstrahlung und Gasströmungen. Sie ist besonders groß in der unmittelbaren Umgebung relativ kalter und gut wärmeleitender Elektroden. Bei freibrennenden Bögen ohne besondere Kühlung sind für eine Verringerung der Achsentemperatur um 1000 grd Zeiten zwischen 10^{-4} und 10^{-3} s erforderlich. Die entsprechende Abnahme der elektrischen Leitfähigkeit läßt sich durch eine oder mehrere Zeitkonstanten beschreiben. Ihr Wert liegt beim freibrennenden Bogen bei einigen 10^{-4} s, läßt sich aber durch verschiedene Löschverfahren bis etwa 10^{-6} s herabdrücken.

Nach dem Nullwerden des Stromes setzt im Schalter eine Art Wettrennen zwischen der wiederkehrenden Spannung und der Verfestigung der Schaltstrecke ein, die bei bekannter Form der Wiederkehrspannung durch die notwendige Durchbruchspannung gekennzeichnet werden kann. Gelingt es der Wiederkehrspannung, die notwendige Durchbruchspannung einzuholen, findet in der Regel eine Neuzündung zwischen den Schaltkontakten statt. Je nach den Entladungsbedingungen können dabei verschiedene Zündmechanismen wirksam werden.

Bei einer Ionendichte der Restbogensäule von mehr als 10^9 cm^{-3} kann unter dem Einfluß der Wiederkehrspannung zwischen den als Sonden wirkenden Elektroden ein nennenswerter Ionensättigungsstrom fließen, der als Nachstrom bezeichnet wird. Durch ihn werden einerseits die verbliebenen Ladungsträger vermehrt abgezogen, andererseits wird durch ihn aber auch dem Plasma Energie zugeführt. Übersteigt nun von einer bestimmten Spannung an die Energiezufuhr durch den Nachstrom die Wärmeverluste der Säule, so erhöht sich deren Temperatur wieder. Wegen des damit verbundenen steilen Anstieges der elektrischen Leitfähigkeit des Plasmas wachsen der Strom und mit ihm wieder Energiezufuhr und Temperatur lawinenartig an, bis der äußere Stromkreis einer weiteren Steigerung Grenzen setzt. Dieser Mechanismus der Wiederzündung wird im Schalterbau als Wärmedurchschlag bezeichnet.

Reicht die elektrische Leitfähigkeit der Restbogensäule dazu nicht mehr aus, ist eine Wiederzündung nur über den Kanalmechanismus möglich, unterscheidet sich also qualitativ nicht von einem gewöhnlichen Funkendurchbruch und wird im Schalterbau als Felddurchschlag bezeichnet. Dabei spielt die Temperatur der Restbogensäule nur noch insoweit eine Rolle, als sie die für die Durchschlagsfestigkeit maßgebende Gasdichte beeinflußt. Die noch vorhandenen Elektronen liefern genügend Keime für den Lawinenaufbau.

Beim Wechselstromschalter konzentrieren sich also die Forderungen auf eine möglichst rasche und ausreichende Herabsetzung des Ionisationsgrades nach der Stromunterbrechung. Das läßt sich ebenfalls durch intensive Kühlung der Bogensäule erreichen, womit prinzipiell die Konstruktionen der Gleichstromschalter auch zur Unterbrechung von Wechselströmen eingesetzt werden können. Ausgenommen sind allerdings die auf magnetischer Blasung beruhenden Typen, denn die magnetischen Kräfte verschwinden ja beim Stromnulldurchgang.

b) Löschgase

In neueren Entwicklungen werden zur raschen Entionisierung der Schaltstrecke besondere Löschgase herangezogen, in denen der Schaltbogen brennt. Diese Löschgase sind Molekülgase mit schwacher Bindung, wie z. B. das Schwefelhexafluorid SF_6, die bei einer Temperatur von 3000 °K bereits weitgehend dissoziiert sind. Die Wärmeleitfähigkeit der Molekülgase durchläuft in dem Temperaturbereich, in dem die Dissoziation der Moleküle erfolgt, ein ausgeprägtes Maximum. Die Abb. 33 zeigt als Beispiel die Wärmeleitfähigkeit des Stickstoffs.

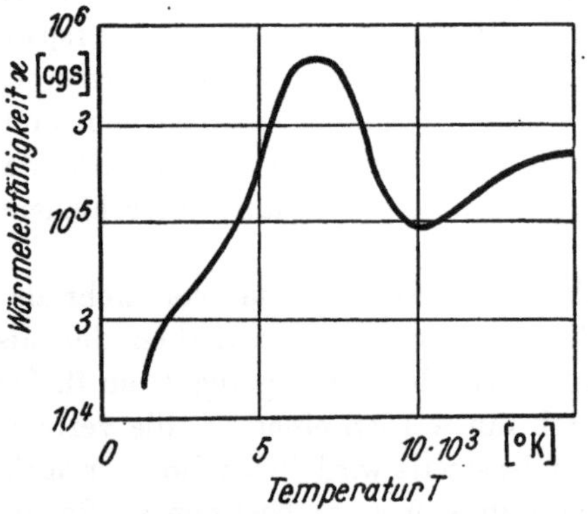

Abb. 33. Wärmeleitfähigkeit des Stickstoffs in Abhängigkeit von der Temperatur [16]

Das führt bei Bögen, die in solchen Gasen brennen, zur Ausbildung von zwei unterschiedlichen Erscheinungsformen. Bei geringer Stromstärke und starker Molekülbindung bleibt die Achsentemperatur kleiner als die Dissoziationstemperatur, und es resultiert ein flacher und breiter Temperaturberg, der für das Profil des Niederstrombogens typisch ist. Bei höheren Stromstärken oder schwächerer Bindung übersteigt die Achsentemperatur unter Ausbildung eines heißen, aber engen Bogenkerns die Dissoziationstemperatur erheblich. Es entsteht das charakteristische Temperaturprofil des Hochstrombogens, für das die Abb. 34 einige Beispiele gibt. Der Bogenkern wächst aus dem relativ breiten Temperaturberg heraus, dessen Temperatur etwa der Dissoziationstemperatur des Gases entspricht.

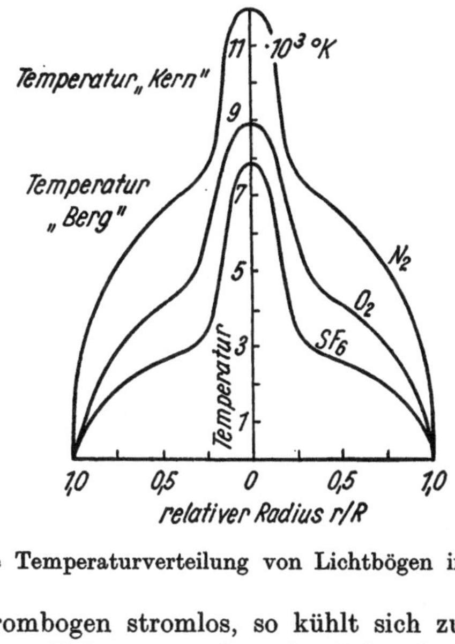

Abb. 34. Schematische Temperaturverteilung von Lichtbögen in N_2, O_2 und SF_6 [16]

Wird ein Hochstrombogen stromlos, so kühlt sich zunächst dessen Kern infolge seines geringen Volumens außerordentlich schnell bis auf die Temperatur des Berges ab. Bei den Löschgasen liegt nun der Berg wegen der schwachen Bindung dieser Moleküle bei so niedrigen Temperaturen, daß mit dem Abklingen des Kernes die Elektronendichte in der Restbogensäule bereits unter den kritischen Wert von 10^9 cm^{-3} für den Wärmedurchschlag absinkt. Die Zeitkonstante für das Abklingen der elektrischen Leitfähigkeit von Schwefelhexafluoridbögen liegt um etwa zwei Größenordnungen unter derjenigen von Luftbögen gleicher Stromstärke. Außerdem ist für die Löschwirkung des Schwefelhexafluorids die Elektronenaffinität des Fluors von Bedeutung. Sie erniedrigt unterhalb 4000 °K die Elektronenkonzentration noch weiter und behindert durch Elektroneneinfang die Lawinenbildung bei der Wiederzündung.

c) Vakuumschalter

In den neu entwickelten Vakuumschaltern entsteht der Schaltbogen im Dampf des von den Elektroden abgetragenen Metalls. Wenige Mikrosekunden nach der Stromunterbrechung schlägt sich der Metalldampf auf einem Kondensationsschild nieder, und die Isolationsfestigkeit der Schaltstrecke ist wiederhergestellt. Das Problem der Aufrechterhaltung des Hochvakuums sowie die Herstellung gasfreier und nicht verschweißender Elektroden ist jedoch noch nicht zufriedenstellend gelöst.

3. *Das Plasma als Werkzeug*

Der elektrische Lichtbogen bietet die Möglichkeit, Temperaturen von 5000 °K und mehr zu erzeugen, die mit Hilfe stationärer chemischer Verbrennungen nicht mehr erreicht werden können. Das thermische Plasma stellt damit ein Werkzeug dar, mit dessen Hilfe sämtliche bekannten Materialien geschmolzen und verdampft werden können und mit dem es gelingt, festen Körpern auf eng begrenzten Raum sehr hohe Wärmemengen zuzuführen. Es gibt eine ganze Reihe technologischer Verfahren, die die hohe Temperatur des Plasmas oder die Wärmeentwicklung an den Elektroden ausnutzen. In diesem Kapitel soll vor allem auf den Plasmastrahl eingegangen werden. Anschließend werden das Elektroschweißen und einige weitere Verfahren zur Ausnutzung der Plasmawärme behandelt. Den Abschluß dieses Kapitels bildet die Bearbeitung metallischer Werkstoffe durch elektrische Funken.

3.1. Der Plasmastrahl

Die Grundlage für die Erzeugung eines Plasmastrahls bildet ein Hochstrombogen, der zwischen einer spitzen Wolframkatode und einer wassergekühlten Düse aus Kupfer als Anode brennt. Aus der Anodendüse wird das Bogenplasma durch eine kräftige Gasströmung in Form einer helleuchtenden, schlanken Flamme herausgeblasen, die als Plasmastrahl bezeichnet wird. Im Plasmastrahl liegt ein nicht stromführendes Plasma vor, das zur Wärmeübertragung auf beliebige, auch elektrische nichtleitende Materialien benutzt werden kann, ohne daß dadurch Rückwirkungen auf den Entladungsmechanismus zu befürchten sind.

Die Kühlung des Bogens durch die Gasströmung und seine Einschnürung in der Düse führen wegen des thermischen Pincheffektes zu einer hohen Temperatur des Strahles. Die Achsentemperatur und die Form und Länge des Plasmastrahles hängen von der Stromstärke der Entladung, dem Gasdurchsatz und der Düsenform sowie von der Gasart ab.

a) Arbeitsgas

Als Arbeitsgase können alle Gase Verwendung finden, die das Katodenmaterial chemisch nicht angreifen. Für den technischen Einsatz kommen vor allem Argon, Stickstoff und Wasserstoff sowie Gemische aus diesen Gasen in Betracht. Als typische Achsentemperaturen unter vergleichbaren Bedingungen werden 5400 °K für Wasserstoff, 7600 °K für Stickstoff, 14000 °K für Argon und 20000 °K für Helium als Arbeitsgase angegeben. Da bei diesen Temperaturen alle bekannten Materialien längst verdampft sind, kommt es auf den genauen Wert der Achsentemperatur des Strahles gar nicht entscheidend an. Viel wichtiger ist seine Enthalpie. Sie gibt den Wärmeinhalt des Bogengases als Funktion der Temperatur an und ist damit maßgebend für die Wärmemenge, die vom Strahl übertragen werden kann.

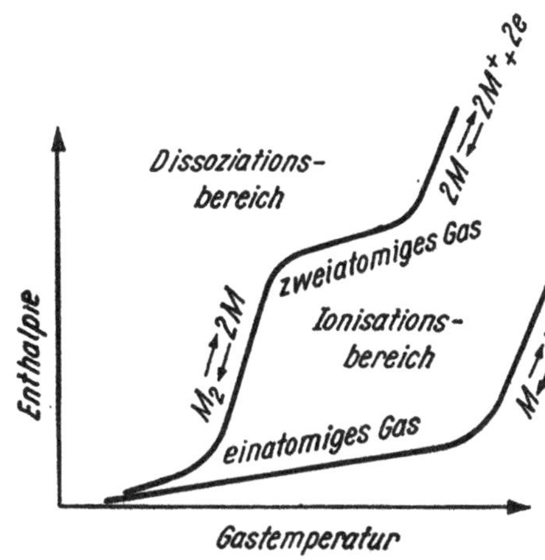

Abb. 35. Schematische Darstellung der Enthalpie eines Atomgases und eines zweiatomigen Molekülgases in Abhängigkeit von der Temperatur [5]

Abb. 35 zeigt schematisch den Verlauf der Enthalpie für ein Atomgas und ein zweiatomiges Molekülgas. Mit dem Einsetzen der Dissoziation muß dem Molekülgas bei einer Temperaturerhöhung zusätzlich die Dissoziationsenergie zugeführt werden. Dadurch übersteigt sein Wärmeinhalt oberhalb der Dissoziationstemperatur den Wärmeinhalt eines einatomigen Gases gleicher Temperatur erheblich. Entsprechend erhöht sich auch die Wärmeabgabe bei der Abkühlung unter die Dissoziationstemperatur, etwa an der Oberfläche eines Werkstücks. Bei Verwendung reinen Wasserstoffs als Arbeitsgas wird der Wärmeübergang vom Plasma zum festen Stoff sogar so intensiv, daß die gekühlte Anodendüse nach kurzer Zeit zerstört wird.

Der hohe Wärmeinhalt der aus Molekülgasen entstandenen Plasmen führt zur Ausbildung relativ langer Plasmastrahlen bis zu einem halben Meter Länge; Plasmastrahlen aus Atomgasen verlieren dagegen ihre Wärmeenergie ziemlich schnell. Sie zeigen einen steilen Temperaturabfall längs der Strahlachse und erreichen nur Längen von wenigen Zentimetern.

3.2 Plasmastrahlerzeuger

Das Prinzip des Plasmastrahlerzeugers und seine Wirkungsweise erläutert die Abb. 36. Das kalte Gas strömt von oben an der Katode vorbei in den vom Bogen erfüllten Raum. Ein Teil des Gases gelangt in das innere Gebiet des Bogens, wird dort auf dessen Achsentemperatur aufgeheizt und bildet den

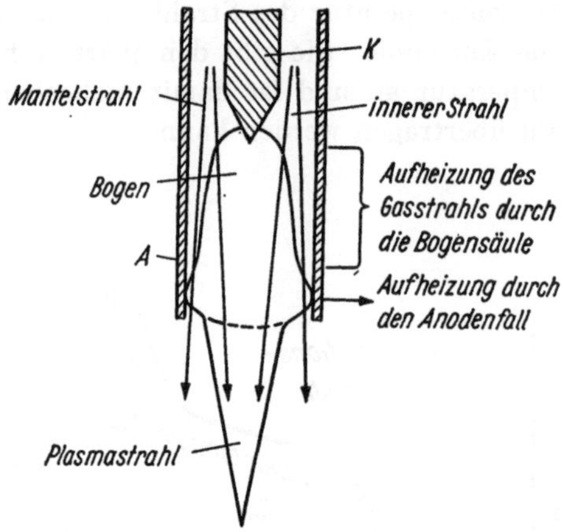

Abb. 36. Prinzip des Plasmastrahlerzeugers [29]

zentralen Teil des Plasmastrahles. Er wird umgeben von einem Mantel kühleren und langsamer strömenden Gases, das vorwiegend durch Wärmeleitung aus dem Zentralteil erwärmt wird.

Die innerhalb des Bogens erfolgende starke Expansion und Beschleunigung des Gases macht sich als Erhöhung des Strömungswiderstandes bemerkbar, und die Gasströmung versucht, seitlich am Bogen vorbeizukommen. Dabei neigt der Bogen dazu, an einer Stelle der Anodendüse festzubrennen und sie durch lokale Überhitzung zu zerstören. Diese Erscheinung läßt sich durch eine tangentiale Gaszufuhr vermeiden, die das Plasma zu einer schnellen Rotation um die Bogenachse zwingt. Die Abb. 37 zeigt die Schnittzeichnung eines Plasmastrahlerzeugers.

Plasmastrahlerzeuger werden mit Stromstärken zwischen 50 und etwa 1000 A betrieben. Dabei beträgt die Brennspannung für Argon etwa 40 V, für Stickstoff etwa 65 V und für Wasserstoff etwa 120 V. Die Stromstärke ist nach unten dadurch begrenzt, daß die Entladung instabil wird und abreißt. Nach oben ist die Grenze durch die Belastbarkeit der Katode gegeben; ein Wolframstift von 5 mm Durchmesser ist bis zu 600 A verwendbar. Höhere Stromstärken erfordern einen erhöhten Gasdurchsatz und tangentiale Gaszuführung, wenn es nicht zu Materialabtragungen an der Anode kommen soll.

Der Gasdurchsatz der Plasmastrahlerzeuger liegt zwischen 500 und 10000 l h^{-1}. Dabei verläßt der Strahl die Anodenöffnung mit Geschwindigkeiten zwischen 100 und etwa 2000 ms^{-1}, die jedoch bei den hohen Temperaturen noch unterhalb der Schallgeschwindigkeit liegen. Eine Erhöhung des Gasdurchsatzes vergrößert die Ausdehnung des Plasmastrahles jedoch nicht wesentlich, da mit zunehmender Strahlgeschwindigkeit auch die Mischungsvorgänge mit der umgebenden Kaltluft rascher ablaufen.

Von der dem Bogen zugeführten elektrischen Energie finden sich zwischen 40% und 80% als Wärmeenergie im Strahl wieder. Der Rest heizt die Brennkammer, insbesondere die Anode, auf. Die Wärmeleistungen im Plasmastrahl erreichen einige 10^4 W. Leistungserhöhend wirken eine Vergrößerung des Bogenstromes, des Gasdurchsatzes und der Bogenlänge.

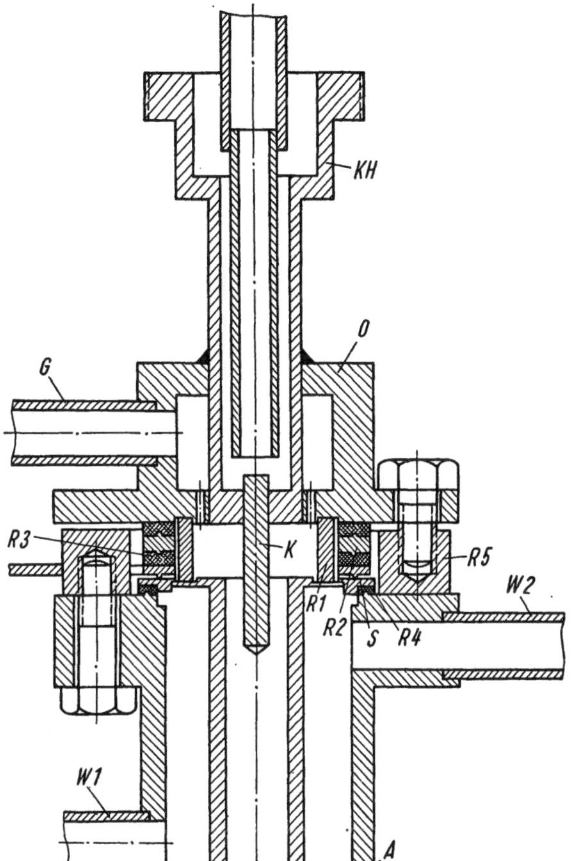

Abb. 37. Schnitt durch einen Plasmastrahlerzeuger.
K — Katode; *A* — Anode; *G* — Gaseintritt; W_1, W_2 — Wasserkühlung [29]

3.3. Anwendungen des Plasmastrahles

a) Schneiden

Der Plasmastrahl findet zum Brennschneiden von Metallen und nichtleitenden Materialien, zum Aufsprühen hochschmelzender Substanzen und zum Schmelzen von Hochtemperaturwerkstoffen Anwendung. Je nach dem Verwendungszweck wird die Grundform des Strahlerzeugers entsprechend abgewandelt oder ergänzt.

Beim Brennschneiden wird besonderer Wert auf eine räumlich begrenzte, aber möglichst intensive Wärmezufuhr zum Werkstück gelegt. Ist das Werkstück metallisch leitend, kann man die Wärmeübertragung zu ihm stark erhöhen, wenn man das Werkstück als Anode schaltet und die ursprüngliche Anodendüse lediglich zur Einschnürung des Bogens benutzt. Dadurch wird dem Plasmastrahl auf seiner ganzen Länge Energie zugeführt, und am Werkstück wird zusätzlich die Leistung des Anodenfalls in Form von Wärme frei. In diesem Fall spricht man von einem übertragenen Lichtbogen; die Abb. 38 zeigt die Schaltungen für einen nicht übertragenen und für einen übertragenen Bogen.

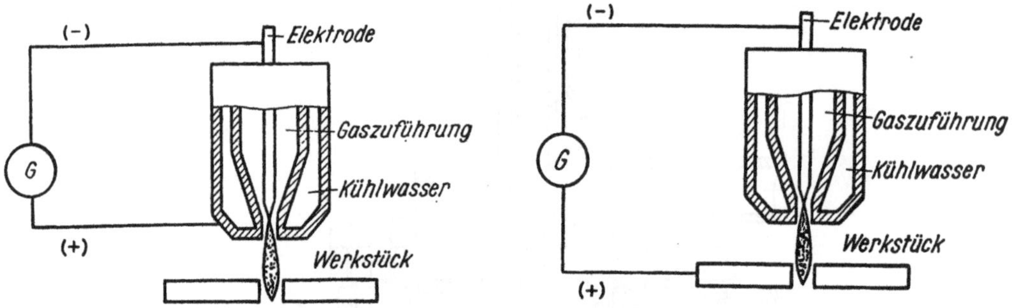

Abb. 38. Schaltung eines Plasmastrahlerzeugers,
a) mit nicht übertragenem; b) mit übertragenem Lichtbogen [17]

Eine hohe Strahlgeschwindigkeit ist von Vorteil, um das geschmolzene Material rasch aus der Fuge zu treiben. Die hohe Energiekonzentration ermöglicht hohe Schnittgeschwindigkeiten und führt zu sauberen Schnitten bei geringer thermischer Störung der Umgebung. Als Bogengas haben sich Reinargon, Argon mit 35% Wasserstoff und Stickstoff mit 10% Wasserstoff bewährt.

Mit dem Plasma-Schneidbrenner lassen sich neben niedriglegierten Stählen auch solche Materialien schmelzschneiden, die sich mit Acetylen-Sauerstoff-Flammen gar nicht oder nur mit unbefriedigender Qualität trennen lassen. Dazu gehören z. B. hochlegierte Cr–Ni-Stähle, Gußeisen, Aluminium und Kupfer. Mit leistungsstarken Brennern können Bleche bis zu 100 mm Dicke geschnitten werden; die hohe Energiekonzentration ermöglicht sogar das Brennschneiden unter Wasser.

b) Sprühen

Die Anwendung des Plasmastrahles zum Aufsprühen hochschmelzender Werkstoffe führt zur Schaffung korrosionsbeständiger, abriebfester und gegen hohe Temperaturen resistenter Schutzschichten. Derartige Überzüge werden beim Bau von Turbinenschaufeln, Strahltriebwerken, Raketendüsen, Schmelztiegeln, auf Gleitverschleiß beanspruchten Lagern, hochtemperaturfesten Isolationen usw. benötigt. Als Materialien kommen die Metalle Wolfram, Tantal und Molybdän, eine große Zahl von Oxiden, Karbiden und Boriden, Keramiken und Cermets in Frage. Natürlich können auch Stoffe mit niedrigerem Schmelzpunkt wie Chrom, Titan, Quarz und Glas versprüht werden.

Im Sprühverfahren lassen sich selbsttragende Formteile, z. B. Wolframtiegel, herstellen. Dazu wird das Material auf einen geeigneten Kern aufgesprüht, der anschließend chemisch herausgelöst wird.

Um die Substanzen versprühen zu können, muß der Plasmastrahlerzeuger zu einer Art Spritzpistole erweitert werden. Das größte Problem ist dabei die Zufuhr des Spritzgutes zum Strahl. Man kann das Material in Form von Stäben oder Drähten oder als Pulver in den Strahl bringen. Die Stabzufuhr ist seitlich durch die Anodendüse oder zentral durch eine Hohlkatode möglich. Diese Form der Zuführung garantiert, daß nur flüssiges Schmelzgut vom Strahl mitgeführt werden kann. Die Herstellung dünner, langer und gerader Stäbe bereitet jedoch bei den meisten dieser Substanzen große Schwierigkeiten.

Die Zufuhr von Pulvern kann durch einen zusätzlichen Gasstrom geschehen, wobei es sehr auf eine gleichmäßige Pulverförderung ankommt. Allerdings neigt das Pulver bei seitlicher Zuführung durch die Anodendüse dazu, in den kälteren Außenbezirken des Bogens zu bleiben. Insbesondere bei tangentialer Zuführung des Brenngases wird das Pulver durch die Zentrifugalkräfte immer wieder nach außen getrieben. Bei Zufuhr des Pulvers in Katodennähe oder durch den Hauptgasstrom besteht andererseits die Gefahr, daß es auf die Katode aufschmilzt oder zu Verstopfungen Anlaß gibt.

Bei pulverförmiger Materialzufuhr ist ein langsam strömender, aber langer Plasmastrahl anzustreben, in dem die Partikel genügend Zeit haben, um aufgeheizt und durchgeschmolzen zu werden. Der maximale Teilchendurchmesser ist durch die Verweilzeit und die Intensität des Wärmeüberganges im Strahl gegeben; er liegt bei einigen 10^{-3} cm. Genügt die Wärmezufuhr nicht zum Durchschmelzen der Partikeln, erhält man lediglich aufgesinterte Schichten.

Das Arbeitsgas dient gleichzeitig als Schutzgas zur Verhinderung der Oxydation des Spritzgutes und der zu besprühenden Fläche.

c) Schmelzen

Mit der Anwendung der Plasma-Spritzpistole zum Aufsprühen ist ihr Einsatz zur Herstellung kompakter Schmelzlinge aus Hochtemperaturwerkstoffen verwandt. Auch für diese Anwendung ist ein energiereicher Strahl erforderlich, der die Teilchen vor dem Auftreffen auf die Oberfläche der Schmelze vollständig durchschmilzt und diese Oberfläche gerade flüssig erhält. Schwierigkeiten bereitet dabei die Geschwindigkeit des Strahles, die möglichst gering sein muß, damit die Schmelze nicht zerblasen wird.

d) Plasmachemie

Bei den hohen Plasmatemperaturen laufen eine Reihe von Dissoziations- und Rekombinationsvorgängen ab, an denen neben dem Arbeitsgas auch andere dem Strahl zugeführte reaktive Gase oder feste Substanzen beteiligt sein können. Durch geschickte Lenkung der Reaktionen lassen sich dabei chemische Substanzen synthetisieren, deren Gewinnung auf anderem Wege oft nur unter großem Aufwand möglich ist. Bekannt sind das Verfahren zur Bildung von Stickoxid im Luftbogen für die Salpetersäuregewinnung und die Herstellung von Methan und Acetylen aus höhermolekularen Kohlenwasserstoffen. Die im Entstehen gegriffene Plasmachemie bemüht sich z. B. um die Gewinnung hochschmelzender Oxide, Karbide, Boride und Nitride aus der Gasphase unter Einsatz der Plasmabrenner; der Umfang dieses Anwendungsbereiches ist jedoch heute noch nicht abzuschätzen.

3.4 Sonderformen der Plasmastrahlerzeuger

a) Überschall-Plasmastrahl

Für physikalische Grundlagenuntersuchungen sind Plasmastrahlen mit Überschallgeschwindigkeit interessant. Man erhält sie, wenn man der Anode die Form einer LAVAL-Düse gibt und ein hohes Druckverhältnis zu beiden Seiten der Düse aufrechterhält. So kann man ein Plasma von Atmosphärendruck etwa in einen Raum mit stark vermindertem Druck expandieren lassen, oder man brennt in einem Druckgefäß eine Entladung unter einem Druck von 20—40 atm und läßt deren Plasma durch eine feine Düse nach außen treten und auf Atmosphärendruck expandieren.

Mit der zuletzt genannten Methode erhält man sehr schlanke Strahlen mit Geschwindigkeiten bis 9000 ms^{-1}, deren Durchmesser bis hinab zu 0,1 mm gehen. Sie finden Verwendung für Mikrobearbeitungen dünner Bleche und Folien und beim Trennen von Halbleitermaterialien.

b) HF-Plasmabrenner

Durch konzentrierte Zufuhr von Hochfrequenzenergie zu einem kleinen Volumen läßt sich ebenfalls ein heißes Plasma erzeugen. Erfolgt die Energielieferung über eine Koaxialleitung mit gekühltem Innenleiter, setzt die Entladung an dessen Spitze in Form einer Fackel an. Eine andere Ausführungsform zeigt die Abb. 39. Hier wird die Energie induktiv in das Plasma eingekoppelt. Es liegt eine elektrodenlose Entladung vor.

Das Plasma kann durch eine langsame Gasströmung fortgeblasen werden, wobei man einen Plasmastrahl mit beliebig niedriger Geschwindigkeit erhält. Diese Eigenschaft und seine weitgehende Freiheit von Verunreinigungen machen ihn besonders geeignet für die Zwecke der Plasmachemie, zum Schmelzen, zum tiegellosen Zonenziehen und sogar zur Herstellung von Einkristallen. Allerdings muß die notwendige Energie der Größenordnung 10 kW als Hochfrequenz zur Verfügung stehen. Die benutzten Frequenzen liegen im Bereich von 10 MHz.

3.5. Elektroschweißen

Das Elektroschweißen stellt eines der ältesten Verfahren zur Ausnutzung der Plasmawärme dar und ist in gewissem Sinn als Vorläufer der Plasmastrahltechnik anzusehen.

Der Arbeitsvorgang des Schweißens besteht darin, das Schweißstück an der Nahtstelle zu erhitzen und das Schweißmaterial in schmelzflüssiger Form auf die Nahtstelle zu bringen, um die Teile des Schweißstückes organisch miteinander zu verbinden.

Abb. 40 zeigt die Grundverfahren. Beim Verfahren nach SLAVIANOFF brennt der Bogen zwischen dem Schweißstück und einer stabförmigen Gegenelektrode aus dem Schweißmaterial, die dabei abschmilzt. Vielfach läßt man den Bogen nicht in Luft, sondern unter einem Schutzgas brennen, das durch eine Ringdüse um die Elektrode zugeführt wird. Dadurch werden chemische Veränderungen (Oxydation in der Schweißnaht) verhindert, womit das Schweißen

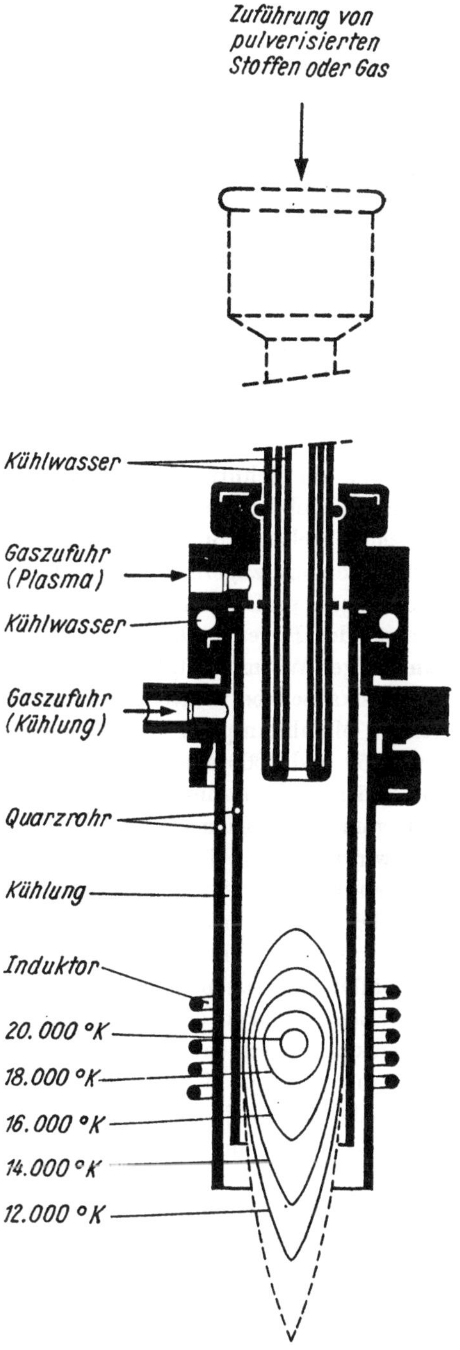

Abb.39. Aufbau eines elektrodenlosen Induktions-Plasmabrenners (nach PHILIPS-Inserat)

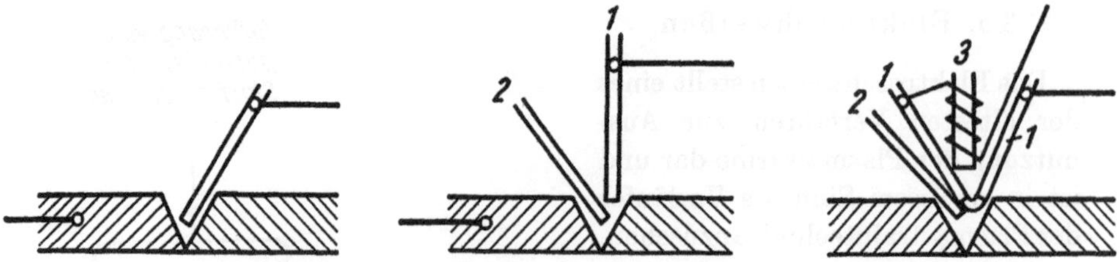

Abb. 40. Schematische Darstellung der Handschweißverfahren.
a) Verfahren nach Slavianoff; b) Verfahren nach Bernados; c) Verfahren nach Zerener: 1 – Elektrode; 2 – Schweißmaterial; 3 – Blasspule (nach [40])

einer ganzen Reihe von Materialien, wie Aluminium und seine Legierungen, überhaupt erst möglich wird. Als Schutzgase finden Kohlendioxid, Stickstoff, Wasserstoff und Argon Verwendung. Im Verfahren nach Bernados setzt der Bogen an einer nicht abtropfenden Elektrode an, die aus Kohle oder bei Anwendung von Schutzgas aus Wolfram besteht. Das Schweißmaterial wird dem Bogen seitlich zugeführt. Bei der Methode nach Zerener brennt der Bogen zwischen nichtabtropfenden Elektroden, während das Schweißmaterial ebenfalls gesondert zugeführt wird. Diese möglichst weitgehende Trennung vom Lichtbogen und Schweißvorgang bietet den Vorteil eines recht ungestört brennenden Bogens. Durch Anwendung einer magnetischen Blasspule läßt sich ein inniger Wärmekontakt zwischen Plasma und Schweißstück erzwingen.

Physikalisch betrachtet stellt der Schweißbogen einen in mehr oder minder reinem Metalldampf brennenden Bogen dar. Er wird mit Stromstärken zwischen 50 und 1000 A und Brennspannungen zwischen 20 und 40 V betrieben. Die Wärmezufuhr zum Schweißstück bzw. zum Schweißmaterial geschieht zum Teil vom Bogenplasma aus, und zwar vorwiegend durch Wärmeleitung. Günstig wirkt sich dabei ein hoher Temperaturgradient an der Oberfläche und die Verwendung eines Schutzgases mit großem Wärmeinhalt, wie z. B. Wasserstoff aus. Die Katode erfährt eine zusätzliche Aufheizung durch den Aufprall negativer Ionen mit ihrer im Katodenfall gewonnenen Energie sowie durch deren Rekombination zu neutralen Atomen; ein Teil der Energie wird jedoch als Austrittsarbeit von den Elektronen wieder verbraucht. Die stärkste Wärmeentwicklung geschieht an der Anode durch Freisetzung der im Anodenfall gewonnenen Energie der Elektronen sowie ihrer Austrittsarbeit. In günstigen Fällen können 80% der aufgenommenen elektrischen Energie als Wärme an der Anode wirksam werden. Durch Wahl des Schweißverfahrens, der Stromstärke, der Stromart und der Polung der Elektroden kann die dem Schweißgut und dem Schweißstück zugeführte Wärmemenge den jeweiligen Erfordernissen angepaßt werden.

Die Materialübertragung auf das Schweißstück erfolgt bei nicht stromführenden Schweißmaterialstab oder bei geringer Stromstärke vorwiegend durch einfaches Abtropfen. Bei etwas größerer Stromstärke geht an dem stromführenden Schweißstab das Tropfen bald in ein intensives Sprühen über, und bei hohen Stromstärken führt die starke Energiekonzentration besonders an der Katode zur Ausbildung von Metalldampfstrahlen, die Geschwindigkeiten bis zu mehreren 100 ms^{-1} erreichen können und die am Materialtransport in hohem Grade beteiligt sind. Dabei spielen die Kontraktion der Bogensäule kurz vor ihrem Ansatz an der Elektrode und die Wirkung ihres eigenen Magnetfeldes eine bedeutende Rolle.

3.6. Andere Verfahren zur Ausnutzung der Bogenwärme

a) Lichtbogenofen

Zur Erhitzung größerer Substanzmengen auf hohe Temperaturen hat der Lichtbogenofen großtechnische Anwendung gefunden. Als Beispiele seien die Karbidherstellung und die Phosphorgewinnung genannt, außerdem Verfahren zum Reinschmelzen sauerstoffempfindlicher Metalle, wie Edelstähle, Titan und Zirkonium. In seiner Grundform besteht der Lichtbogenofen aus einem großen Kohletiegel als Anode in den eine Kohlekatode hineinragt. Die Stromstärken liegen meist zwischen 10^4 und 10^5 A bei Brennspannungen um 150 V. Bei hohen Anforderungen an die Reinheit der Schmelze können auch wassergekühlte Tiegel und Wolframkatoden zur Anwendung kommen, und man läßt die Entladung in einem Schutzgas oder unter einem vermindertem Druck von 10^{-2} Torr nur im Dampf der Schmelze brennen. In sehr kleinen Anordnungen ist auch ein tiegelfreies Zonenschmelzen unter Anwendung der Lichtbogenheizung möglich.

b) Elektrische Nachheizung chemischer Flammen

Während man mit chemischen Flammen und elektrischen Widerstandsöfen Temperaturen bis höchstens 3000 °K erzeugen kann, beherrscht man mit Lichtbogen- und Strahlplasmen ein breites Temperaturgebiet oberhalb 5000 °K. Dazwischen klafft eine Lücke, die man durch die elektrische Nachheizung chemischer Flammen zu schließen hofft. Wie die Abb. 41 zeigt, strömt die Flamme durch zwei ringförmige Elektroden *c* und *d*, von denen die obere gleichzeitig als Brennerdüse fungiert. Eine diffuse Gasentladung soll die gewünschte Nachheizung bewirken. Wie alle Gasentladungen muß auch diese erst durch eine besondere Zündung gestartet werden. Die dafür notwendigen Ladungsträger lassen sich durch Zusatz von Alkaliverbindungen zu den Flammengasen schaffen. Die ursprüngliche Flammentemperatur genügt für deren thermische Ionisierung. Ein noch ungelöstes Problem besteht darin, die Entladung nicht in einen gewöhnlichen Lichtbogen umschlagen zu lassen, denn in jedem Medium, dessen Leitfähigkeit mit der Temperatur steil anwächst, neigt der Strom zu einer Konzentration auf eine enge, hocherhitzte Entladungsbahn.

Elektrisch nachgeheizte Flammen lassen eine erhebliche Steigerung der Wärmeübertragung gegenüber gewöhnlichen Flammen erwarten und können damit für eine Reihe von technisch in großem Maßstab durchgeführten Schmelz- und Sinterverfahren Bedeutung gewinnen.

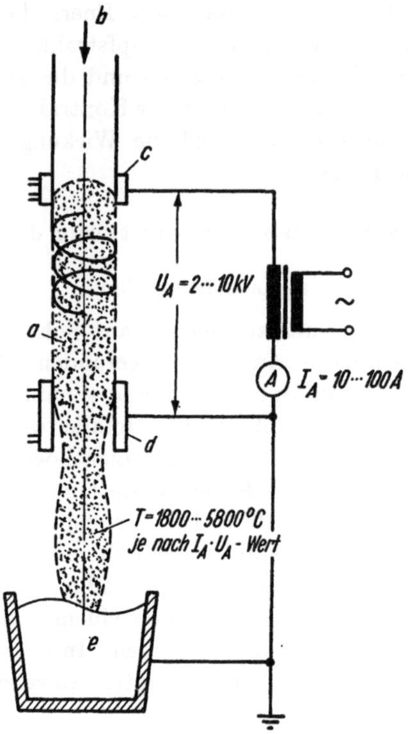

Abb. 41. Prinzip der elektrischen Nachheizung chemischer Flammen.
a — elektrisch verstärkte Flamme; *b* — Flammengase; *c. d* — Stromzuführung;
e — Schmelzgut [3]

3.7. Materialbearbeitung durch Funken

In jüngster Zeit hat das Plasma auch in der Gestalt elektrischer Funken Anwendung zur Materialbearbeitung gefunden.

Ein Funken ist eine kurzdauernde Gasentladung hoher Stromstärke, die ihre Energie im allgemeinen aus einem auf hohe Spannung aufgeladenen Kondensator bezieht. Werden die Elektroden einer solchen Funkenstrecke einander genähert bzw. wird die Spannung an den Elektroden gesteigert, so erfolgt bei einer Feldstärke von etwa $5 \cdot 10^4$ V cm^{-1} ein Durchschlag, der einen leitfähigen Entladungskanal aufbaut. In Zeiten, die in der Größenordnung von 10^{-8} s liegen, entwickelt sich ein Funkenplasma mit Temperaturen um 50000 °K. Daran schließt sich eine je nach den Daten des Entladungskreises mehr oder weniger lange dauernde lichtbogenähnliche Phase an, während der die Kondensatorenergie in Form einer gedämpften Schwingung oder aperiodisch dem Funkenplasma zugeführt wird. Ist die Energie verbraucht, kühlt sich das Plasma ab, und die Entladung verlischt.

Bei der praktischen Anwendung zündet man die Funkenentladung periodisch durch Vibration einer Elektrode. Dabei folgt im allgemeinen auf den Schließfunken eine Kurzschlußphase, bei der sich die Elektroden unmittelbar berühren. Die Kontaktzone erhitzt sich, und kurz vor dem Auseinanderreißen der Elektroden bildet sich eine Brücke aus geschmolzenem Material zwischen den Elektroden. Beim Öffnen des Kontaktes baut die Kreisinduktivität eine hohe Induktionsspannung auf, die einen Öffnungsfunken zündet.

Derartige Entladungen zwischen der Oberfläche eines metallischen Werkstücks und einer Hilfselektrode finden unter der Bezeichnung Elektrofunkenverfestigung Verwendung. Die kurzzeitige, aber intensive Erhitzung einer dünnen Schicht der Werkstoffoberfläche bis zum Siedepunkt des Materials mit anschließender ebenso plötzlicher Abkühlung führt zu Gefügeumwandlungen, die eine Oberflächenhärtung zur Folge haben. Sie wird durch die Bildung von Nitriden bei der Einwirkung des dissoziierten Stickstoffs aus dem Plasma auf die Werkstoffoberfläche und durch die Bildung von Karbiden bei der Verwendung einer Gegenelektrode aus Kohle unterstützt.

Bei höheren Funkenenergien kommt es zusätzlich zu Materialwanderungen, vornehmlich von der Anode zur Katode. Dafür sind besonders Verdampfungen an der Anode und Wanderungen der Metallionen im Plasma zur Katode verantwortlich. Dazu kommt nach der Kurzschlußphase ein unsymmetrisches Auseinanderreißen der Schmelzbrücke an ihrer heißesten Stelle, die im allgemeinen auf der Seite der Elektrode mit der schlechteren Wärmeableitung liegt.

Auf diese Weise lassen sich Materialien wie Wolfram und Hartmetalle in Schichten von wenigen Hundertstel Millimeter Dicke auf andere Metalle auftragen, die innig mit dem Grundmaterial legiert und hoch verschleißfest sind. Die Härtungen und Auftragungen erfolgen punktweise: Flächen werden durch langsames „Bestreichen" mit der vibrierenden Gegenelektrode bearbeitet. Das Hauptanwendungsgebiet dieses Verfahrens ist die Erhöhung der Standzeiten von Schneidwerkzeugen.

Findet die Entladung in einem flüssigen Dielektrikum statt, kann sich das abdampfende Material nicht auf der gegenüberliegenden Elektrode abscheiden, sondern verbleibt in feinster Verteilung im Dielektrikum. Dieser Vorgang wird als Funkenerosion bezeichnet und zur Materialabtragung in verschiedenen Spezialfällen verwendet. Bekannt ist neben dem Bohren feiner Löcher z. B. das „Ausfunken" von abgebrochenen Gewindebohrern durch Gleichspannungsimpulse, wodurch wertvolle angearbeitete Werkstücke unbeschädigt erhalten bleiben.

4. Das Plasma bei der Energieumwandlung

Der ständig wachsende Energiebedarf der Menschheit zwingt zur Suche nach neuen Energiequellen und nach Verfahren, die die bisherigen Energiequellen rationeller auszunutzen gestatten. Bei den großen Anstrengungen, die in dieser Richtung gemacht werden, gewinnen plasmaphysikalische Methoden ein immer größeres Interesse.

In diesem Kapitel soll der magnetohydrodynamische Generator, kurz MHD-Generator genannt, behandelt werden. Mit ihm wird das Ziel verfolgt, den Wirkungsgrad der Umwandlung von Wärmeenergie in elektrische Energie zu erhöhen. Unter den in jüngster Zeit entwickelten Methoden der direkten Energieumwandlung hat der MHD-Generator vielleicht die größte Aussicht auf einen baldigen großtechnischen Einsatz.

4.1. Der Wirkungsgrad

Der größte Teil der Energie wird heute primär in Form von Wärme gewonnen, sei es durch Verbrennung fossiler Brennstoffe oder durch Kernspaltungsreaktionen. Der Transport, die Verteilung und die universelle Verwendung erfordern die Umwandlung der Wärmeenergie in elektrische Energie.

Dieser Prozeß verläuft in den herkömmlichen Kraftwerken recht umständlich über die Erhitzung und Verdampfung von Wasser unter Druckentwicklung, Entspannung des Dampfes in einer Düse unter Abkühlung und Gewinnung kinetischer Energie, deren Übertragung auf die Schaufeln einer Turbine und Antrieb einer Dynamomaschine. Sein Wirkungsgrad liegt selbst in den modernsten Kraftwerken nur bei etwa 40%. Da dieser Prozeß in großem Maßstab durchlaufen wird, gehen damit ungeheure Energiemengen für eine weitere Verwendung verloren. Selbst eine Verbesserung dieses Wirkungsgrades um nur wenige Prozent würde einen erheblichen Gewinn darstellen und einen großen Aufwand rechtfertigen.

Während ein Teil der Umwandlungsverluste auf technische Unvollkommenheiten zurückzuführen sind, wie mangelhafte Wärmeisolation, nicht optimale Form der Turbinenschaufeln, Lagerreibung, Wicklungswiderstände und Eisenverluste, gibt es auch eine prinzipielle Grenze für den Wirkungsgrad einer Wärmekraftmaschine. Mit den Hilfsmitteln der Thermodynamik läßt sich zeigen, daß der maximale Wirkungsgrad, mit dem eine kontinuierlich arbeitende Maschine Wärmeenergie in mechanische Energie oder irgendeine andere Energieform umwandeln kann, durch

$$\eta = \frac{T_1 - T_2}{T_1} \tag{8}$$

gegeben sind. Dabei sind T_1 die Temperatur, mit der die Wärmeenergie zur Verfügung steht, und T_2 die Temperatur, auf die das Arbeitsmedium bei der Umwandlung abgekühlt wird. Die höchste Temperatur, die sich in einer Dampfturbine noch beherrschen läßt, beträgt etwa 600 °C. Nach Gleichung (8) entspricht dieser Temperatur ein idealer Wirkungsgrad von etwa 60%.

Die Gleichung (8) zeigt, daß sich eine wesentliche Wirkungsgraderhöhung nur über eine Erhöhung der Arbeitstemperatur T_1 erreichen läßt. Schon bei der Temperatur der Flammengase von 1500–2000 °C ist $\eta \approx 85\%$. Eine Verringerung der Zahl der Umwandlungstufen verspricht eine Herabsetzung der übrigen Verluste, die auf technische Unvollkommenheit zurückzuführen sind.

4.2. Die Grundidee des MHD-Generators

Der MHD-Generator besteht im wesentlichen aus einer Brennkammer und einem Arbeitskanal, wie es auf Abb. 42 dargestellt ist. In der Brennkammer

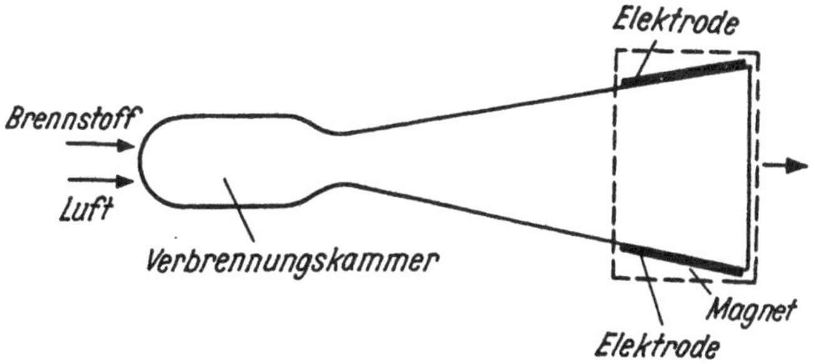

Abb. 42. Prinzip des MHD-Generators [38]

wird ein heißes und deshalb elektrisch leitfähiges Gas erzeugt, das in einer Düse expandiert und mit hoher Geschwindigkeit durch den Arbeitskanal strömt. Im Arbeitskanal ist ein Magnetfeld wirksam, dessen Feldlinien senkrecht zur Strömungsrichtung verlaufen. Dadurch wird im Gas eine elektrische Feldstärke induziert, und an den in das Gas eintauchenden Elektroden kann eine Spannung abgenommen werden.

Die Wirkungsgraderhöhung gegenüber der Dampfturbine resultiert dabei aus der Möglichkeit, die Umwandlung der Wärmeenergie in kinetische Energie bei der Verbrennungstemperatur ablaufen zu lassen. Darüber hinaus wird die Elektroenergie im Arbeitsgas selbst erzeugt, ohne daß erst andere Stromerzeugungssysteme durch das Magnetfeld getrieben werden müssen. Sämtliche thermisch und mechanisch hoch belasteten beweglichen Teile entfallen.

Die Grundlage für das Verständnis der Vorgänge in einem Plasma, das durch ein Magnetfeld strömt, bilden die hydrodynamische Grundgleichung

$$\varrho \frac{d\mathfrak{v}}{dt} = -\operatorname{grad} p - \mathfrak{R} + \mathfrak{j} \times \mathfrak{B} \tag{9}$$

für die in der Gasströmung wirkenden mechanischen Kräfte und das OHMsche Gesetz

$$\mathfrak{j} = \sigma (\mathfrak{E} + \mathfrak{v} \times \mathfrak{B}) - \frac{\omega_z \tau_e}{B} (\mathfrak{j} \times \mathfrak{B}) \,. \tag{10}$$

Dabei bedeuten $\mathfrak{v}$ die Geschwindigkeit, ϱ die Dichte, p den Druck und σ die elektrische Leitfähigkeit des Gases, ω_z die Gyrationsfrequenz und τ_e die Stoßzahl der Elektronen, $\mathfrak{j}$ die Stromdichte, $\mathfrak{E}$ die elektrische und $\mathfrak{B}$ die magnetische Feldstärke; $\mathfrak{R}$ ist die Reibungskraft.

Ist zunächst noch kein Magnetfeld im Arbeitskanal wirksam, so kompensiert das Druckgefälle grad p im Gasstrahl gerade die Reibung $\mathfrak{R}$ mit den Kanalwänden und eventuelle Trägheitskräfte $\varrho \frac{d\mathfrak{v}}{dt}$, falls die Strömungsgeschwindigkeit nicht konstant ist. Ein Strom $\mathfrak{j}$ kann nur fließen, wenn eine von außen an die Elektroden gelegte Spannung eine Feldstärke $\mathfrak{E}$ im Plasma erzeugt.

Schalten wir nun das Magnetfeld ein, so wird zunächst im Gasstrahl, wie in jedem durch ein Magnetfeld bewegten Leiter, eine Feldstärke $\mathfrak{v} \times \mathfrak{B}$ induziert, die der Strömungsgeschwindigkeit und der magnetischen Feldstärke proportional ist, auf der Richtung dieser beiden Größen senkrecht steht und als FARADAY-Feldstärke bezeichnet wird. Schließt man den Stromkreis über die Elektroden, so fließt ein elektrischer Strom, dessen Dichte im Plasma bis auf $\sigma(\mathfrak{v} \times \mathfrak{B})$ im Kurzschluß ansteigen kann. Ein Zahlenbeispiel möge die Größenverhältnisse verdeutlichen: Bei einer Geschwindigkeit von 1000 m s^{-1}, einer magnetischen Feldstärke von 10 kG und einer elektrischen Leitfähigkeit von 0,1 Ω^{-1} cm^{-1} erhält man eine elektrische Feldstärke von 10 V cm^{-1} im Leerlauf und einen Kurzschlußstrom von 1 A cm^{-2}.

Der bei Belastung zwischen den Elektroden fließende Strom hat nun zweierlei zur Folge. Entsprechend der Gl. (9) entsteht eine LORENTZ-Kraft $\mathfrak{j} \times \mathfrak{B}$, die den Gasstrom bremst bzw. ihm gerade so viel kinetische Energie entzieht, wie in Form von elektrischer Energie an den Stromkreis abgegeben worden ist. Außerdem werden die beim Stromfluß bewegten Elektronen im Magnetfeld durch die LORENTZ-Kraft gezwungen, Kreisbahnen mit der Frequenz ω_z um die magnetischen Feldlinien zu beschreiben; diese Gyrationsbewegung wird jedoch jeweils nach der Zeit τ_e durch Stöße mit den anderen Plasmateilchen wieder unterbrochen. Es resultiert ein HALL-Strom der Dichte $\frac{\omega_z \tau_e}{B}(\mathfrak{j} \times \mathfrak{B})$ in Richtung der Gasströmung bzw. eine entsprechende Feldstärke, wenn der Stromkreis nicht geschlossen ist. Je nach der Zusammensetzung des Plasmas und der Stärke des Magnetfeldes kann der HALL-Term nur eine kleine Störung darstellen ($\omega_z \tau_e \ll 1$) oder aber die Größenordnung des FARADAY-Terms erreichen oder sogar übersteigen ($\omega_z \tau_e \gtrsim 1$).

Auf Grund dieser Überlegungen gibt es drei grundsätzliche Möglichkeiten für die Anordnung der Elektroden im Arbeitskanal, die auf Abb. 43 zusammengestellt sind. Teilbild a kennzeichnet den MHD-FARADAY-Generator, in dem die FARADAY-Feldstärke ausgenutzt wird. Tritt dabei auch ein merklicher HALL-Effekt auf, muß man die Elektroden unterteilen und an galvanisch getrennte Verbraucher anschließen, wie es das Teilbild b zeigt. Teilbild c stellt demgegenüber die Grundschaltung des MHD-HALL-Generators dar, dessen Ziel gerade die Ausnutzung des HALL-Effektes ist. Die Elektroden sind paarweise kurzgeschlossen und lassen einen FARADAY-Strom maximaler Höhe fließen, der zum Aufbau einer hohen HALL-Feldstärke führt. Die entsprechende Spannung wird zwischen dem ersten und letzten Elektrodenpaar abgenommen.

Neben der bisher betrachteten linearen Geometrie des Arbeitskanals mit konstantem oder schwach anwachsendem Querschnitt sind auch andere Formen angegeben worden. Die Abb. 44 und 45 geben zwei Beispiele. In die

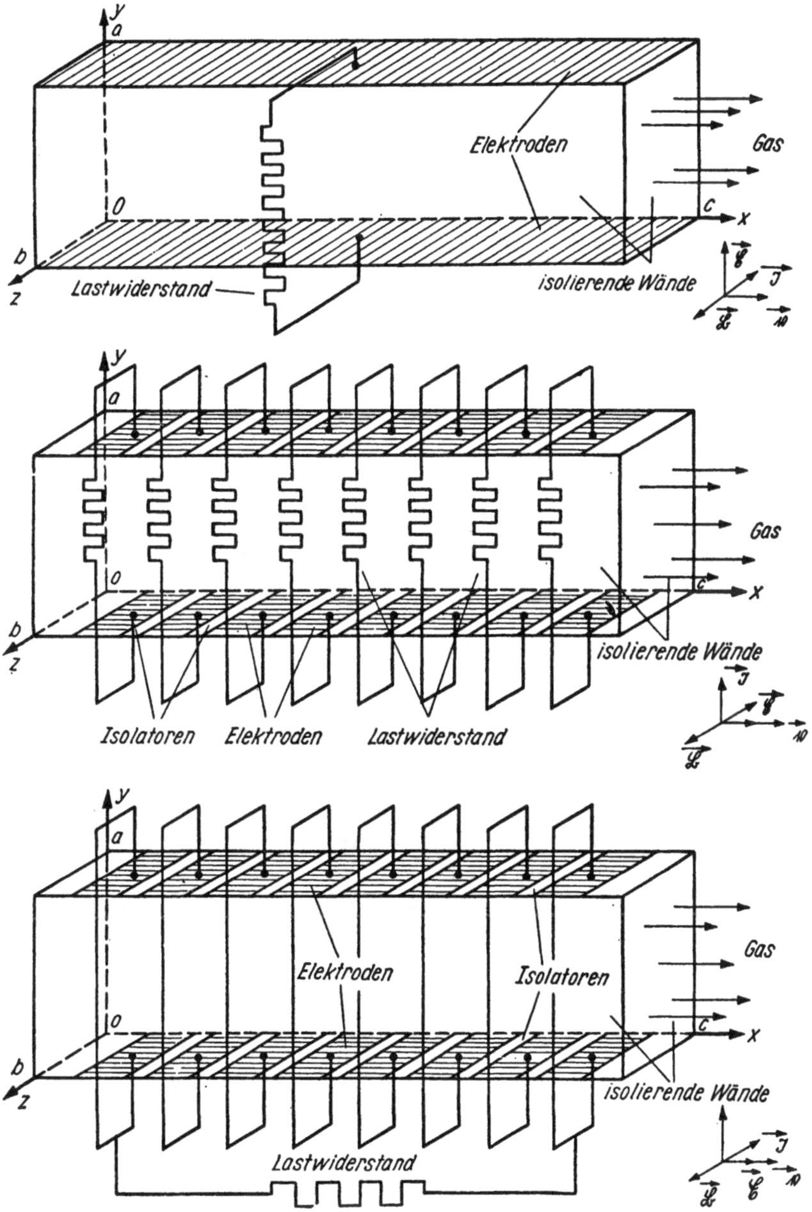

Abb. 43. Elektrodenanordnung im Arbeitskanal eines linearen MHD-Generators.
a) FARADAY-Generator;
b) FARADAY-Generator mit unterteilten Elektroden;
c) HALL-Generator (nach [8])

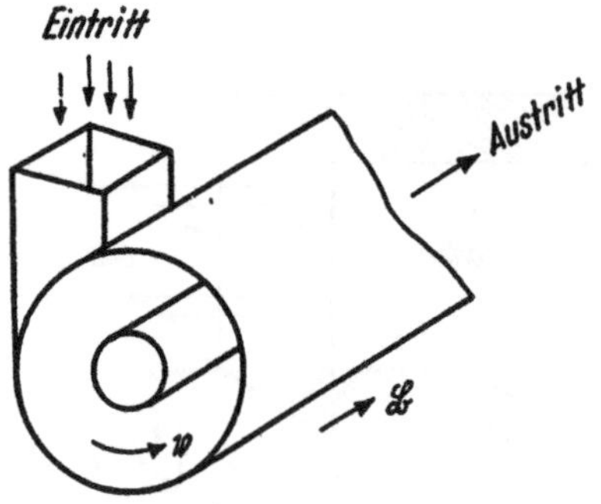

Abb. 44. Zylindersymmetrische Variante des FARADAY-Generators [34]

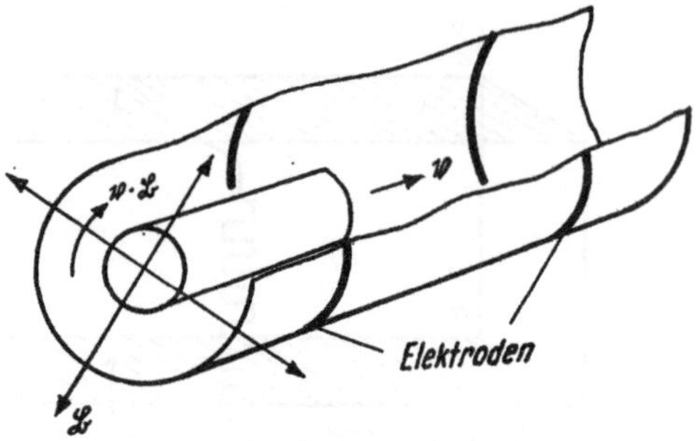

Abb. 45. Zylindersymmetrische Variante des HALL-Generators [34]

Anordnung nach Abb. 44 läßt man das Gas tangential einströmen und um den Innenzylinder zirkulieren. Das Magnetfeld wirkt in Achsrichtung, und die FARADAY-Spannung entsteht zwischen dem inneren und dem äußeren Zylinder.

Abb. 45 beschreibt eine langgestreckte Koaxialanordnung, in der das Magnetfeld radial von innen nach außen gerichtet ist. Das Gas strömt in Achsrichtung, und es entsteht eine azimutale FARADAY-Feldstärke, die zu einem in sich kurzgeschlossenen Ringstrom führt. Die HALL-Spannung kann an den eingezeichneten Elektroden abgenommen werden.

4.3 Die Leistung des MHD-Generators

Die einem MHD-Generator entnehmbare Leistung ist entscheidend von der Leistungsdichte

$$\varepsilon = \frac{1}{4} \mathfrak{j} \cdot \mathfrak{E} \tag{11}$$

abhängig, die dem Gas im Arbeitskanal bei optimaler Anpassung entzogen werden kann. Beschränken wir uns auf den FARADAY-Generator, so erhält man für die Leistungsdichte

$$\varepsilon = \frac{1}{4} \sigma v^2 B^2 . \tag{12}$$

Damit gilt es, die magnetische Feldstärke sowie die Geschwindigkeit und Leitfähigkeit des Gases so hoch wie möglich zu treiben.

a) Strömungsgeschwindigkeit

Seine Strömungsgeschwindigkeit erhält das Gas durch adiabatische Ex pansion in der Austrittsdüse der Brennkammer. Durch ausreichend hohen Druck in der Brennkammer lassen sich sogar Überschallgeschwindigkeiten mit MACH-Zahlen im Gebiet von $2 \cdots 6$ erreichen. Unglücklicherweise muß sich das Gas aber bei seiner adiabatischen Entspannung abkühlen, so daß man sehr schnell mehr an elektrischer Leitfähigkeit einbüßt, als man an Geschwindigkeit gewinnt. Eine MACH-Zahl von 0,8 gilt für die Gasströmung als optimal, auch in bezug auf die Reibungsverluste.

b) Elektrische Leitfähigkeit

Die elektrische Leitfähigkeit des Arbeitsgases beruht zunächst grundsätzlich auf seiner thermischen Ionisierung. Der thermische Ionisationsgrad eines Gases wird von der SAHA-Gleichung beschrieben und hängt empfindlich von dessen Temperatur und seiner Ionisationsenergie ab. Die Verbrennungsprodukte einer Kohlenwasserstoffflamme weisen bei einer Verbrennungstemperatur von etwa 2000 °K jedoch nur eine Leitfähigkeit auf, die um viele Größenordnungen unter den für eine wirtschaftliche Energieumwandlung erforderlichen Werten von $\sigma \gtrsim 0{,}1\ \Omega^{-1}\,\mathrm{cm}^{-1}$ liegt. Daraus erwachsen die außerordentlich großen Schwierigkeiten, die sich der praktischen Realisierung der MHD-Generatoren entgegenstellen.

Eine Erhöhung der elektrischen Leitfähigkeit versucht man durch eine Heraufsetzung der Verbrennungstemperaturen zu erreichen. Das ist bei Verwendung sehr energiereicher Brennstoffe möglich, die mit vorgewärmter, komprimierter und sauerstoffangereicherter Luft oder mit reinem Sauerstoff verbrannt werden. Mit dem Flugzeugtreibstoff JP 4 sollen Verbrennungstemperaturen von 3000 °K erreicht worden sein. Eine weitere, bedeutende Steigerung der Leitfähigkeit erreicht man durch Zusatz von Verbindungen der leicht ionisierbaren Alkalimetalle zu den Verbrennungsgasen. Bei einem Kaliumgehalt von 1% erreicht die Leitfähigkeit bei 2000 °K einen Wert von $8 \cdot 10^{-3}\ \Omega^{-1}\,\mathrm{cm}^{-1}$ und bei 3000 °K einen Wert von $0{,}8\ \Omega^{-1}\,\mathrm{cm}^{-1}$.

Als Alternative zu der Erzeugung eines heißen, leitfähigen Gasstromes durch Verbrennung in einer Brennkammer ist ein geschlossener Kreislauf des Arbeitsgases vorgeschlagen worden. Da das Gas hier nicht verlorengeht, lassen sich auch kostspieligere Substanzen verwenden, die günstigere Eigenschaften bezüglich ihrer Ionisationsenergie und der Elektronenbeweglichkeit aufweisen als die kaliumhaltigen Verbrennungsprodukte der Kohlenwasserstoffe. Dabei ist besonders an die Edelgase Argon, Neon oder Helium gedacht, die mit Cäsium als Elektronenlieferant geimpft werden. Mit dem geschlossenen Kreislauf taucht jedoch eine neue Schwierigkeit auf: Die Aufheizung des Gases auf die erforderliche Arbeitstemperatur und die Erreichung einer hohen Strömungsgeschwindigkeit. Die Wärmezufuhr soll durch Verbrennung konventioneller Brennstoffe und über Wärmeaustauscher erfolgen. Andere Projekte beabsichtigen die Ausnutzung der Wärmeenergie von Hochtemperatur-Kernreaktoren. Mit in Graphit eingeschlossenen Brennstäben aus Uran- oder Plutoniumkarbid hofft man, Temperaturen von 2500 °K zu erreichen. Kompressoren an der kältesten Stelle des Kreislaufes sollen die Gasströmung aufrechterhalten.

In neueren Arbeiten ist man bestrebt, mit niedrigeren Gastemperaturen auszukommen, natürlich ohne dabei an elektrischer Leitfähigkeit einzubüßen.

Der Grundgedanke ist die Herbeiführung einer überthermischen Ionisation des Cäsiums. Prinzipiell gibt es dafür verschiedene Möglichkeiten: Durch Photoionisation bei der Einstrahlung geeigneter Wellenlängen, durch Einschuß von Elektronenstrahlen oder beim Hindurchsenden eines Gleichstromes kann dem Elektronengas zusätzlich Energie zugeführt werden. Wegen der sehr kleinen Stoßquerschnitte der Edelgasatome gegenüber den Elektronen können diese ihre Überschußenergie nur langsam an das übrige Gas weitergeben, so daß eine Elektronentemperatur resultiert, die größer als die Gastemperatur ist. Entsprechend der überhöhten Elektronentemperatur stellen sich auch höhere Elektronendichten und höhere elektrische Leitfähigkeiten ein, als bei thermischer Gleichgewichtsionisation zu erwarten wären. Hier liegen Verhältnisse vor, die eine gewisse Ähnlichkeit mit nichtthermischen Niederdruck-Gasentladungen aufweisen.

Die Herbeiführung einer überthermischen Ionisation durch einen überlagerten Gleichstrom wird besonders attraktiv beim Bau von HALL-Generatoren, wozu die geimpften Edelgase mit $\omega_z \tau_e$-Werten von etwa 10 als Arbeitsmedium besonders gut geeignet sind. Hier kann der kurzgeschlossene FARADAY-Strom ohne weiteren Aufwand die zusätzliche Ionisation übernehmen. Experimentell sind bei Gastemperaturen um 800 °C bereits Erhöhungen der elektrischen Leitfähigkeit um drei Größenordnungen beobachtet worden.

c) Magnetische Feldstärke

Eine Erhöhung der Leistungsdichte läßt sich schließlich noch durch eine Vergrößerung der magnetischen Feldstärke erzielen. Bei Verwendung von Eisenmagneten werden Feldstärken bis etwa 10 kG erreicht. Für höhere Feldstärken sind nur Luftspulen brauchbar, die jedoch bei den erforderlichen Stromstärken intensiv gekühlt werden müssen und dadurch eine beträchtliche Leistung verbrauchen. Diese Verluste lassen sich senken, wenn anstelle von Kupfer andere Leistungsmaterialien mit geringerem spezifischen Widerstand eingesetzt werden. Vorgeschlagen wurden Natrium bei 10 °K oder supraleitende Substanzen. Der Effekt der Supraleitung wird allerdings bei den meisten bisher untersuchten Stoffen durch hohe magnetische Feldstärken wieder zunichte gemacht. In Niob-Zirkonium-Legierungen hat man aber bei 4,2 °K und 50 kG schon Stromdichten von 300 A mm^{-2} aufrechterhalten können. Der Energieaufwand für die Kühlung mit flüssigem Helium ist bei derart großen Magnetspulen geringer als der Energiebedarf einer normalleitenden Kupferspule.

4.4. Werkstofffragen

Die hohe Betriebstemperatur des MHD-Generators bringt sehr schwierige Werkstoffprobleme mit sich. Die Wände der Brennkammer und des Arbeitskanals, der Wärmeaustauscher und die Elektroden für die Stromentnahme müssen eine ausreichende thermische und chemische Widerstandsfähigkeit gegenüber dem heißen und aggressiven Arbeitsgas aufweisen. Die Wärmeleitfähigkeit der Wände und Elektroden soll möglichst gering sein, um die Verluste durch Wärmeableitung klein zu halten. Das Material der Wände muß auch bei der Arbeitstemperatur noch ein guter elektrischer Isolator sein. Dagegen wird vom Elektrodenmaterial gute elektrische Leitfähigkeit und von der „Katode“ zusätzlich ein gutes Emissionsvermögen für Elektronen gefordert.

Die Lösung dieser Probleme erfordert noch eine intensive technologische Forschungsarbeit. Zur Zeit zeichnen sich zwei Lösungswege für den Aufbau der Wände ab: keramische Substanzen, wie die Oxide von Aluminium, Beryllium, Zirkonium, Thorium und verschiedene Boride und Nitride, halten zwar die Wärmeverluste gering, aber ihre ungenügende Korrosionsbeständigkeit läßt nur Betriebsdauern von Sekunden bis zu wenigen Minuten zu. Damit sind sie nur für Experimentiergeneratoren geringer Leistung brauchbar.

Die Verwendung wassergekühlter, lamellierter Metallwände erhöht die Standzeit der Generatoren sehr. Dem Arbeitsgas wird jedoch eine Wärmemenge von etwa 4 MW m^{-2} entzogen.

In Experimentiergeneratoren werden Elektroden aus Graphit eingesetzt. Ihre thermische Elektronenemission läßt Stromdichten bis zu 10 A cm^{-2} zu; sie zeigen jedoch einen starken Abbrand. Die Verwendung gekühlter Kupferelektroden scheint möglich zu sein, doch sind die Prozesse, die beim Stromübergang vom heißen Plasma zur kalten Elektrode und umgekehrt eine Rolle spielen, noch nicht ausreichend geklärt. Sicher wird aber die effektive Leitfähigkeit des Plasmas durch die Kühlung der Randschichten herabgesetzt.

4.5 Dimensionierung und Gesamtwirkungsgrad

Der tatsächliche Wirkungsgrad des MHD-Generators ist kleiner als der aus Gl. (8) folgende Idealwert. Das ist besonders auf Verluste durch Wärmeableitung zu den Wänden und Elektroden und durch Druckabfall im strömenden Gas auf Grund der Wandreibung zurückzuführen. Die Auswirkung dieser Verluste auf den Wirkungsgrad ist um so geringer, je größer das Verhältnis von Volumen zu Oberfläche des Arbeitskanals und je größer die Leistungsdichte im Arbeitsgas ist. Für die Länge des Kanals folgt aus Gl. (9) eine von der Magnetfeldstärke abhängige Mindestgröße, die erforderlich ist, um die kinetische Energie in ausreichendem Maße weiter in elektrische Energie umzusetzen. Sie beträgt beispielsweise 6 m bei einer Feldstärke von 30 kG.

Diese Überlegungen führen zu dem Resultat, daß der MHD-Generator erst bei Leistungen von mehr als 500 MW den theoretischen Wirkungsgrad annähernd erreichen kann.

Das rapide Absinken der elektrischen Leitfähigkeit des Gases mit der Temberatur gestattet die Umwandlung seiner Wärmeenergie im Arbeitskanal nur bis zu Temperaturen von 2500 °K herab, solange keine überthermische Ionisation zur Anwendung kommt. Die weitere Ausnutzung seines Wärmeinhaltes kann beim offenen Kreislauf in einem Wärmeaustauscher geschehen, der die

Verbrennungsluft vorheizt. Den Wärmeaustauscher verläßt das Arbeitsgas mit einer Temperatur von etwa 1400 °K und wird danach einem konventionellen Dampferzeuger zugeführt. Die Abb. 46 zeigt schematisch den Gesamtaufbau eines MHD-Generators.

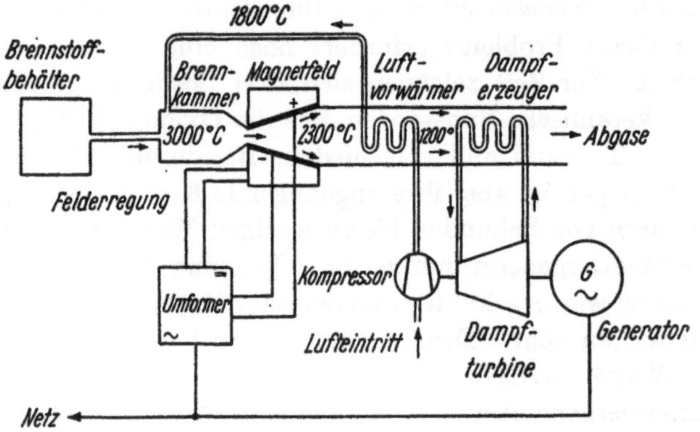

Abb. 46. Kombination des MHD-Generators mit einem Dampfkraftwerk [26]

In dieser Anordnung kann man den MHD-Teil gewissermaßen als Vorschaltgerät für ein herkömmliches Dampfkraftwerk ansehen, das durch Ausnutzung der hohen Verbrennungstemperaturen dessen Wirkungsgrad verbessert. Für eine Anlage, wie sie auf Abb. 46 dargestellt ist, erwartet man einen theoretischen Wirkungsgrad des MHD-Teiles von $\eta_1 = 20\%$. Hat die Dampfturbine einen Wirkungsgrad von $\eta_2 = 40\%$, so resultiert für den Gesamtwirkungsgrad

$$\eta_G = 1 - (1 - \eta_1)(1 - \eta_2) \tag{13}$$

ein Wert von 52%; das bedeutet eine Steigerung um etwa ein Drittel gegenüber der Dampfturbine allein.

Grundsätzlich ist der MHD-Generator ein Gleichstromerzeuger. Um unmittelbar Wechselstrom zu erzeugen, gibt es eine Reihe von Möglichkeiten. So kann man ein magnetisches Wechselfeld verwenden, ein wanderndes Magnetfeld benutzen und die Energie induktiv auskoppeln oder die Leitfähigkeit durch gesteuerten Alkalizusatz pulsieren lassen. Alle bisher in dieser Richtung gemachten Vorschläge sind jedoch zu aufwendig und können mit den üblichen Methoden zur Umwandlung von Gleichstrom in Wechselstrom nicht konkurrieren.

4.6. Beispiele für Versuchsgeneratoren

Zu Versuchszwecken werden in Experimentiergeneratoren auch elektrisch erzeugte Plasmastrahlen als Arbeitsgas benutzt. Ein mit Kaliumkarbonat geimpfter Argonstrahl von 3000 °K strömt in einem von der AVCO errichteten Generator mit einer MACH-Zahl 0,7 durch einen Kanal mit Keramikwänden von 1×3 Zoll Querschnitt und 20 Zoll Länge. Die bei einem Magnetfeld von 14 kG von den Wolframelektroden abgenommene Leistung erreichte mehr als 10 kW; die Betriebsdauer lag unter 1 min. Abb. 47 zeigt Spannung und Leistung des Generators als Funktion der entnommenen Stromstärke.

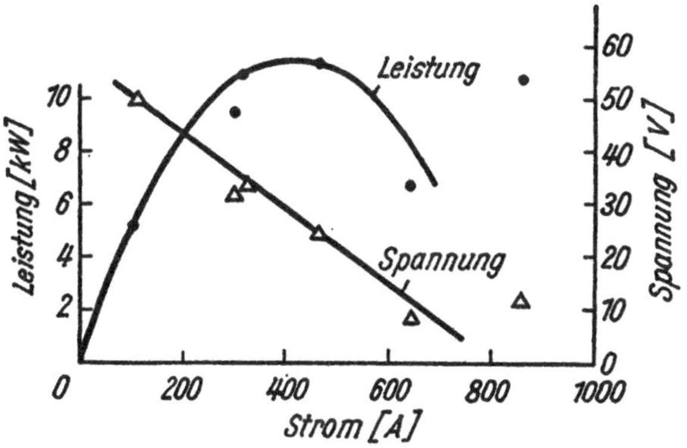

Abb. 47. Spannung und Leistung eines MHD-Versuchsgenerators in Abhängigkeit von der entnommenen Stromstärke (nach [33])

Als ein Beispiel für den Betrieb mit chemischen Brennstoffen sei der Mark-II-Generator genannt. In ihm wird Methylcyclohexan mit einem Zusatz von Kaliumhydroxid in Äthylalkohol durch reinen Sauerstoff verbrannt. Das Gas strömt mit einer Geschwindigkeit von 1600 ms^{-1} durch ein Magnetfeld von 33 kG. Während einer maximalen Betriebsdauer von 20 s konnten 600 kW entnommen werden.

Literatur

[1] Anonym, Recent Developments in Discharge Lamps. Light and Lighting **59** (1966) 166.

[2] Ardenne, M. v., Pochert, R., und Roggenbuck, W., Der Lichtbogenplasmabrenner und seine Anwendung. Die Technik **17** (1962) 420.

[3] Ardenne, M. v., Metallurgie und angewandte Physik. Die Technik **18** (1963) 263.

[4] Brogan, T. R., Recent Developments in MHD Power Generation at the Avco-Everett Research Laboratory. Gas Discharges and the Electricity Supply Industry. Herausgeg. von Forrest, J. S., Howard, P. R., und Littler, D. J., London 1962.

[5] Browning, J. A., Techniques for Producing Plasma Jets. Dynamics of Conducting Gases. Herausgeg. von Cambel, A. B., und Fenn, J. B., Evanston 1960.

[6] Bücken, R., und Denzel, D., Beitrag zur theoretischen Behandlung des linearen MHD-Gleichstrom-Generators. ETZ-A **84** (1963) 75.

[7] Cobine, J. D., Gaseous Conductors. New York 1958.

[8] Croitoru, Z., The Physical Behavior of three Magneto-Hydrodynamic Generator Configurations. Gas Discharges and the Electricity Supply Industry. Herausgeg. von Forrest, J. S., Howard, P. R., und Littler, D. J., London 1962.

[9] Dobrusskin, A., Metalljodidlampen von 100 W bis 2000 W. Lichttechnik **17** (1965) 49 A.

[10] DOBRUSSKIN, A., Quecksilberhochdrucklampen mit Jodidzusätzen. Der Eisenbahner, Heft B 6, 1965.

[11] DORN, D., KOLLER, A., und MOTSCHMANN, H., Physik und Technik höchster Temperaturen. Fortschritte und Verfahrenstechnik 4 (1958/59) 213.

[12] EIDINGER, A., und RIEDER, W., Das Verhalten des Lichtbogens im transversalen Magnetfeld. Arch. Elektrotechn. 43 (1957) 94.

[13] EIDINGER, A., Lichtbogenlöschung und wiederkehrende Spannung in Niederspannungs-Schaltgeräten. VDE-Berichte 20 (1958) 68.

[14] FINKELNBURG, W., und MAECKER, H., Elektrische Lichtbögen und thermisches Plasma. Handbuch der Physik, Bd. 22, herausgeg. von FLÜGGE, S., Berlin 1956.

[15] FINKELNBURG, W., und PETERS, TH., Kontinuierliche Spektren. Handbuch der Physik, Bd. 28, herausgeg. von FLÜGGE, S., Berlin 1957.

[16] FRIND, G., Über das Abklingen von Lichtbögen. Z. angew. Physik 12 (1960) 231 und 515.

[17] HEINZE, B., Der WIG-(Plasma-)Schneidbrenner und seine Anwendung. Die Technik 17 (1962) 484.

[18] HENTSCHEL, H. J., Neuere Untersuchungen am modulierten Xenon-Hochdruckbogen, Lichttechnik 12 (1960) 385.

[19] HÖHNE, J., und HILFERT, S., Einfluß der Entladungsformen auf die Elektrofunkenverfestigung, Elektrie 7, Beilage Elektrofertigung (1963) 49.

[20] IHLN, A., Derzeitiger Stand der UV-Lichtquellen. Probleme und Ergebnisse aus Biophysik und Strahlenbiologie. Herausgeg. von PFENNINGSDORF, G., und ECKART, W., Berlin 1960.

[21] KERREBROCK, J. L., Magnetohydrodynamic Generators with Nonequilibrium Ionization. AIAA Journal 3 (1965) 1591.

[22] KESSELRING, F., und KOPPELMANN, F., Das Schaltproblem der Hochspannungstechnik. Arch. Elektrotechn. 29 (1935) 1.

[23] LAPPE, R., Stromrichter. Berlin 1958.

[24] LINDLEY, B. C., Closed-Cycle Magneto-Plasmadynamic Electrical Power Generation. Gas Discharges and the Electricity Supply Industry. Herausgeg. von FORREST, J. S., HOWARD, P. R., und LITTLER, D. J., London 1962.

[25] LUDWIG, H. C., Metal Transfer Characteristics in Gas-Shielded Arc Welding. Welding J. 36 (1957) 23.

[26] MAECKER, H., Was ist Plasma? Fachbuchreihe „Schweißtechnik", Bd. 27, Düsseldorf.

[27] NEUMANN, E., Die physikalischen Grundlagen der Leuchtstofflampen und Leuchtröhren. Berlin 1954.

[28] NEUMANN, W., PETERS, A., RADEMACHER, K., und ROMPE, R., Plasmastrahlerzeuger. Exp. Techn. Physik 7 (1959) 77.

[29] NEUMANN, W., Charakteristiken von Argon-Plasmastrahlerzeugern für Unterschallgeschwindigkeit. Exp. Techn. Phys. 10 (1962) 124.

[30] ORANJE, P., Gasentladungslampen, Eindhoven 1943.

[31] REECE, M. P., The Vacuum Switch. Proc. I.E.E. 110 (1963) 793.

[32] RIEDER, W., Zur Physik des Niederstrom-Schaltlichtbogens. Bull. schweiz. elektrotechn. Ver. 51 (1960) 15.

[33] ROSA, R. J., Physical Principals of Magnetohydrodynamic Power Generation. Phys. Fluids 4 (1961) 182.

[34] ROTHHARDT, L., Plasmaphysikalische Methoden moderner Energieumwandlung. Die Technik 17 (1962) 624.

[35] SCHMIDT, W., Der Mikrowellen-Plasmabrenner. Elektron. Rundschau 13 (1959) 404.

[36] STOCK, O., Gasentladungsröhren für die Meß-, Steuerungs- und Regelungstechnik. messen, steuern, regeln 4 (1961) 139, 351, 441 und 513; und 5 (1962) 89, 189, 231, 379, 471, 519 und 565.

[37] Taalat, M. E., Nonequilibrium Ionization in Magnetoplasmadynamic Power Generation. AIAA Journal **3** (1965) 1022.
[38] Thring, M. W., und Siddall, R. G., The Direct Production of Electricity from the Kinetic Energy of Fast-Moving, Electrically-Conducting Gases. Advanc. Sci. **19** (1962) 5.
[39] Unsöld, A., Physik der Sternatmosphären, Berlin 1955.
[40] VEM-Handbuch Lichtbogenschweißen, Berlin 1958.
[41] Weizel, W., und Rompe, R., Theorie elektrischer Lichtbögen und Funken. Leipzig 1949.
[42] Witzmann, H., und Gruhn, W., Zum Lichtverhalten technischer Luminophore in Gasentladungslampen. Wiss. Z. E.M./-Arndt-Univ. Greifswald, math.-nat. R **9** (1959/60) 219.
[43] Wright, J. K., MHD Research in the Central Electricity Generating Board. Gas Discharges and the Electricity Supply Industry. Herausgeg. von Forrest, J. S., Howard, P. R., und Littler, D. J., London 1962.
[44] Zwicker, C., Fluoreszenzbeleuchtung. Eindhoven 1951.

Dipl.-Phys. SIEGFRIED WOLSCHKE

Heinrich-Hertz-Institut für Schwingungsforschung der Deutschen Akademie der Wissenschaften zu Berlin

THEORIE DES PLASMAS

1. Einleitung

Ein Plasma ist, wie wir aus den vorhergehenden Vorträgen schon wissen, ein so hoch ionisiertes Gas, daß seine Eigenschaften wesentlich von den durch die Ionisation entstandenen geladenen Teilchen mitbestimmt werden. Insbesondere kann ein solches ionisiertes Gas im Gegensatz zum Neutralgas in starke Wechselwirkung mit elektrischen und magnetischen Feldern treten. Das Plasma besitzt also gegenüber dem Neutralgas qualitativ neue Eigenschaften. Da man nun überdies den Plasmazustand durch Temperaturerhöhung aus dem Neutralgaszustand, dem dritten Aggregatzustand, erzeugen kann, liegt es nahe, den Plasmazustand als den vierten Aggregatzustand der Materie anzusehen. (Es sei in diesem Zusammenhang einmal mehr an die Weisheit der alten Griechen erinnert. Denn in der Tat sind ja die vier Elemente der alten Griechen: Erde, Wasser, Luft und Feuer, Spezialfälle dieser vier Aggregatzustände.) Wir dürfen jedoch diese Bezeichnung des Plasmazustandes als vierten Aggregatzustand nicht allzu genau nehmen. Denn es verhalten sich z. B. auch flüssige Metalle, wie Quecksilber, oder die quasifreien Elektronen in Festkörpern in mancher Hinsicht wie Plasmen. Um nun die typischen Eigenschaften dieses „vierten Aggregatzustandes" in möglichst reiner Form mathematisch zu erfassen, wird man zunächst nicht von so unübersichtlichen Plasmen ausgehen, wie es z. B. die Gasentladungsplasmen sind, sondern man wird ein möglichst ideales Plasma betrachten. Offenbar wird das ein Plasma sein, das schon so hoch ionisiert ist, daß man den Einfluß der Neutralteilchen, also insbesondere alle unelastischen Stoßprozesse, wie z. B. Rekombination und Ionisation, vernachlässigen kann. Man spricht dann auch von einem vollionisierten Plasma, mit dem wir uns hier ausschließlich beschäftigen wollen.

2. Statistische Grundlagen

2.1. Thermisches Gleichgewicht

Wir wollen uns zunächst einige Ergebnisse der kinetischen Gastheorie ins Gedächtnis zurückrufen (s. auch Beitrag von Prof. Dr. HERTZ). Der wichtige Begriff der Temperatur, der auch in der Plasmaphysik seine Bedeutung behält, findet in der kinetischen Gastheorie eine anschauliche physikalische Deutung: Betrachten wir ein Neutralgas, dessen Moleküle keine inneren Freiheitsgrade

(z. B. der Rotation oder Schwingung) haben. Die Moleküle dieses Gases fliegen mit verschieden großen und verschieden gerichteten Geschwindigkeiten durcheinander, stoßen hin und wieder kurzzeitig zusammen, wobei sie ihre Geschwindigkeit nach Größe und Richtung ändern. Während die Bewegung eines einzelnen Teilchens völlig chaotisch und der Beobachtung unzugänglich ist, läßt die Gesamtheit der Teilchen im sog. thermischen Gleichgewicht doch eine einfache Beschreibung zu: Diese Gesamtheit besitzt im Mittel eine MAXWELLsche Geschwindigkeitsverteilung, d. h., die mittlere Zahl dn der Teilchen pro cm^3, die im Geschwindigkeitsbereich zwischen $\mathfrak{v}$ und $\mathfrak{v} + d\mathfrak{v}$ liegen, ist gegeben durch

$$dn(\mathfrak{v}) = f_0(\mathfrak{v})\, d\mathfrak{v}\,, \tag{1}$$

$$f_0(\mathfrak{v}) = \frac{n_0}{\pi^{2/3} v_w^3}\, e^{-\frac{v^2}{v_w^2}}\,. \tag{2}$$

Dabei ist $f_0(\mathfrak{v})$ die MAXWELLsche Geschwindigkeitsverteilung, n_0 die räumlich und zeitlich konstante Teilchendichte, v_w die wahrscheinlichste Geschwindigkeit. Fragt man nämlich nach der Zahl der Teilchen dn pro cm^3, die unabhängig von der Geschwindigkeitsrichtung einen Geschwindigkeitsbetrag zwischen v und $v + dv$ haben, so erhält man

$$dn = f_0(v) \cdot 4\,\pi\, v^2\, dv\,. \tag{3}$$

Die Größe $f_0(v) \cdot 4\,\pi\, v^2$ hat nun bei $v = v_w$ ein Maximum, d. h., zerlegt man den gesamten Geschwindigkeitsbereich von 0 bis ∞ in gleiche Intervalle dv, so befinden sich in dem Intervall um die wahrscheinlichste Geschwindigkeit v_w die meisten Teilchen. Der Zusammenhang dieser wahrscheinlichsten Geschwindigkeit v_w mit der Temperatur ergibt sich nun wie folgt: Einerseits ist der Druck p des Gases gegeben durch den von den Teilchen im Mittel pro s auf einen cm^2 einer Fläche übertragenen Impuls. Dieser ist auf Grund einer elementaren Abzählung (s. z. B. [1]) gegeben durch die Teilchendichte n_0 und das mittlere Geschwindigkeitsquadrat $\overline{v^2}$ gemäß

$$p = \frac{1}{3}\, n_0\, m\, \overline{v^2}\,. \tag{4}$$

Andererseits ist nach der Thermodynamik der Druck eines idealen Gases durch die Zustandsgleichung

$$p = n_0\, k\, T \tag{5}$$

gegeben. (Wir sehen hier einmal von den Stößen zwischen den Teilchen ab.) Aus beiden Ausdrücken für p folgt der Gleichverteilungssatz, der besagt, daß auf jeden Freiheitsgrad im Mittel die kinetische Energie $\frac{1}{2}\, k\, T$ entfällt bzw. pro Molekül $\frac{3}{2}\, k\, T$, d. h.

$$\frac{1}{2}\, m\, \overline{v^2} = \overline{E}_{\text{kin}} = \frac{3}{2}\, k\, T\,. \tag{6}$$

Für das mittlere Geschwindigkeitsquadrat $\overline{v^2}$ ergibt sich also

$$\overline{v^2} = \frac{3\, k\, T}{m}\,. \tag{7}$$

Andererseits kann man $\overline{v^2}$ als Mittel über die MAXWELL-Verteilung direkt berechnen. Denn der Mittelwert einer Größe $A(\mathfrak{v})$ bezüglich der Verteilung $f_0(\mathfrak{v})$ ist ja gegeben durch

$$\overline{A(\mathfrak{v})} = \frac{\int A(\mathfrak{v})\, dn(\mathfrak{v})}{n_0} = \frac{1}{n_0} \int A(\mathfrak{v}) f_0(\mathfrak{v})\, d\mathfrak{v}\,. \tag{8}$$

Speziell für das Mittel von v^2 folgt

$$\overline{v^2} = \frac{1}{n_0} \int_0^\infty v^2 f_0(v) \cdot 4\pi v^2\, dv = \frac{3}{2} v_w^2\,. \tag{9}$$

Hieraus ergibt sich mit Hilfe des Gleichverteilungssatzes (7) der Zusammenhang

$$v_w^2 = \frac{2kT}{m} \tag{10}$$

zwischen wahrscheinlichster Geschwindigkeit und Temperatur. Mit Hilfe von (8) kann man nun auch den mittleren Geschwindigkeitsbetrag v berechnen. Es ergibt sich

$$\bar{v} = \frac{2}{\sqrt{\pi}} v_w = \sqrt{\frac{8kT}{\pi m}}\,. \tag{11}$$

Wesentlich zu bemerken ist noch, daß die mittlere gerichtete Geschwindigkeit $\mathfrak{v}$

$$\bar{\mathfrak{v}} = \frac{1}{n_0} \int \mathfrak{v} f_0(\mathfrak{v})\, d\mathfrak{v} = 0 \tag{12}$$

gleich Null ist, da in der isotropen MAXWELL-Verteilung zu jeder Richtung auch die entgegengesetzte mit gleichem Gewicht vorkommt, bzw. der Integrand $\mathfrak{v} f_0(\mathfrak{v})$ in (12) bez. der Integration über alle Geschwindigkeiten ungerade ist. Wir haben oben zur Herleitung des Gleichverteilungssatzes die Zustandsgleichung des idealen Gases benutzt. Wir wissen jedoch, daß diese Zustandsgleichung für nicht zu hohe Dichten auch für reale Gase, d. h. für Gase, deren Teilchen untereinander wechselwirken, eine gute Näherung ist. Speziell wird man sie auch für nicht zu dichte Plasmen verwenden können. Andererseits kann man auf der Grundlage der statistischen Mechanik des Gleichgewichtes den Gleichverteilungssatz auch allgemein für Teilchensysteme mit Wechselwirkung beweisen.

2.2. Transportvorgänge, irreversible Prozesse

Wie kommt nun eigentlich dieses thermische Gleichgewicht zustande, indem im Grunde äußerst komplizierte Systeme von ungeheuer vielen Teilchen bzw. Freiheitsgraden einfach durch Angabe von Dichte und Temperatur beschrieben werden können? Dies ist eine sehr tiefgehende Frage, die ihre endgültige und allgemeinste Beantwortung offenbar noch nicht erfahren hat. Wir wollen uns hier mit einigen Bemerkungen zur Charakterisierung des Problems begnügen.

Wir kennen außer dem reinen thermischen Gleichgewicht, das gerade in den uns zugänglichen Plasmen selten realisiert ist, auch noch andere Gleichgewichte,

z. B. die sog. Fließgleichgewichte. Bei diesen letzteren ist äußerlich ebenfalls zeitlich keine Veränderung an den betrachteten Systemen festzustellen. Im Innern des Systems fließen jedoch stationäre Ströme, z. B. elektrische oder Wärmeströme, die durch äußere (nicht zum System gerechnete) Energiequellen, also z. B. elektrische Stromquellen oder Temperaturbäder, aufrechterhalten werden. In diesem Fall der sog. Transportprozesse ist bereits eine wenn auch kleine Abweichung von der Maxwellschen Geschwindigkeitsverteilung vorhanden. Der über alle Teilchen gemittelte Geschwindigkeitsvektor $\bar{\mathfrak{v}}$ ist nicht mehr gleich Null, da ja nun der isotropen Maxwell-Verteilung eine gerichtete Stromkomponente überlagert ist. Schalten wir nun die äußeren treibenden Kräfte ab bzw. isolieren wir das System von der Außenwelt, so geht das Teilchensystem nach einer gewissen Zeit, der Relaxationszeit, in das thermische Gleichgewicht bzw. die Verteilung der Teilchengeschwindigkeiten in die Maxwellsche über. Im Innern des Plasmas zur Zeit des Abschaltens noch vorhandene Gradienten, wie Temperatur-, Dichte- oder Potentialgradienten, haben sich nach Ablauf der Relaxationszeit ausgeglichen; die Isotropie ist wiederhergestellt.

Umgekehrt kommt es jedoch praktisch bei makroskopischen Systemen mit sehr vielen Teilchen nicht vor, daß sich ohne Einwirkung äußerer Kräfte das System wesentlich aus dem thermischen Gleichgewicht entfernt, daß es etwa von selbst zur Ausbildung eines makroskopischen Temperatur- oder Dichtegradienten kommt. Der zweite Hauptsatz der Thermodynamik ist ein Ausdruck dieser Tatsache. Blickt man jedoch in sehr kleine Teilbereiche unseres makroskopischen Systems, so wird man dort Schwankungen beobachten, d. h. Abweichungen vom mittleren Verhalten des Gesamtsystems. Diese Schwankungen werden jedoch um so weniger ins Gewicht fallen, je größer der betrachtete Teilbereich ist bzw. je mehr Teilchen er enthält.

Es ist also in der zeitlichen Entwicklung von Teilchensystemen mit großen Teilchenzahlen eine Zeitrichtung ausgezeichnet. In diesen Systemen gehen irreversible Prozesse vor sich, d. h. Prozesse, die unter gleichen Bedingungen nicht auch in umgekehrter Richtung verlaufen können.

Im letzten zeitlichen Stadium vor Erreichen des thermischen Gleichgewichts ist die gerichtete Komponente der Teilchengeschwindigkeiten nur noch klein gegen die mittlere thermische Geschwindigkeit. Wir wollen dieses Stadium das „hydrodynamische Stadium" nennen. Der Grund hierfür wird in Abschnitt 3.1 gegeben (s. auch [5]). In dieses hydrodynamische Stadium gehören speziell auch die oben erwähnten Transportprozesse. Die phänomenologische Behandlung dieser Transportvorgänge erfolgt im Rahmen der „Thermodynamik der irreversiblen Prozesse" (s. z. B. [2]). In dieser Theorie wird insbesondere angenommen, daß die durch die äußeren Kräfte erzeugten Ströme diesen Kräften proportional sind. Die doppelte Kraft soll also den doppelten Strom zur Folge haben. Die Proportionalitätskonstanten dieser „linearen Beziehungen" sind die sog. Transportkoeffizienten, wie z. B. thermische und elektrische Leitfähigkeit, Diffusionskoeffizienten, Zähigkeit usw. Die gekoppelten Transportprozesse wie Thermodiffusion, Thermoelektrizität usw. wollen wir hier der Einfachheit halber außer acht lassen.

Nun sind jedoch im Rahmen dieser phänomenologischen Theorie die Transportkoeffizienten reine Materialkonstanten, die durch Messung bestimmt werden müssen. Auf Grund dieser Theorie kann auch keine Antwort auf die Frage gegeben werden, wie denn die Irreversibilität eigentlich zustande kommt. Diese Frage wird besonders dann wesentlich, wenn man sich für starke Abweichungen vom Gleichgewicht bzw. für Abweichungen vom linearen Verhalten interessiert. Damit im Zusammenhang steht die Frage der Berechnung der Transportkoeffizienten.

2.3. Kinetische Theorie

Ein wesentlicher Beitrag zur Beantwortung dieser Fragen wurde schon Ende des vorigen Jahrhunderts von Ludwig Boltzmann geleistet. Insbesondere konnte man mit Hilfe der „Boltzmannschen kinetischen Gleichung" im Falle der Neutralgase das Zustandekommen der Maxwellschen Geschwindigkeitsverteilung verstehen (H-Theorem). Die irreversible Einstellung der Maxwellschen Verteilung ist nach dieser Theorie eine Folge der zufälligen Stöße der Teilchen untereinander.

Allerdings sind die Annahmen, die dieser Boltzmann-Gleichung zugrunde liegen, selbst für Neutralgase nur plausible Näherungen, deren Notwendigkeit für die Herleitung des H-Theorems nicht erwiesen ist. Es ist daher versucht worden, das H-Theorem auf andere Weise abzuleiten. Jedoch fehlt auch heute noch ein völlig klarer und allgemeiner Beweis dieses Theorems.

Die Bedeutung der Boltzmann-Gleichung ist vor allem darin zu sehen, daß es mit ihrer Hilfe möglich ist, die Transportkoeffizienten zu berechnen. In der Tat weisen die so berechneten Transportkoeffizienten speziell im Fall der Neutralgase i. a. gute Übereinstimmung mit den gemessenen Werten auf [4]. Auch der kinetischen Theorie des Plasmas liegt die Boltzmannsche Gleichung zugrunde, jedoch in einer gegenüber der ursprünglichen etwas modifizierten Form. Diese Modifikation ist bedingt durch die spezielle Form der Wechselwirkung zwischen den geladenen Plasmateilchen, die Coulomb-Wechselwirkung. Wir kommen später auf die besonderen Schwierigkeiten zurück, die für den Fall der Coulomb-Wechselwirkung charakteristisch sind.

Wir wollen zunächst einige Bemerkungen zur mathematischen Form der Boltzmann-Gleichung bzw. der kinetischen Theorie machen. In der kinetischen Theorie betrachtet man Verteilungsfunktionen $f(\mathfrak{r}, \mathfrak{v}, t)$, die in Verallgemeinerung der oben behandelten Maxwell-Verteilung auch noch von der Zeit t und vom Ort $\mathfrak{r}$ abhängen dürfen. Die mittlere Zahl der Teilchen dN zur Zeit t im Volumenelement $d\mathfrak{r}$ am Ort $\mathfrak{r}$ und im Geschwindigkeitsbereich $d\mathfrak{v}$ um die Geschwindigkeit $\mathfrak{v}$ ist analog zu (1) gegeben als

$$dN = f(\mathfrak{r}, \mathfrak{v}, t)\, d\mathfrak{r}\, d\mathfrak{v}\,. \tag{13}$$

Die mittlere Teilchendichte $n(\mathfrak{r}, t)$ am Ort $\mathfrak{r}$ zur Zeit t ist dann offenbar

$$n(\mathfrak{r}, t) = \int f(\mathfrak{r}, \mathfrak{v}, t)\, d\mathfrak{v}\,. \tag{14}$$

Entsprechend ist der (lokale) Mittelwert einer Größe $A(\mathfrak{r}, \mathfrak{v}, t)$ analog (8)

$$\overline{A}(\mathfrak{r}, t) = \frac{1}{n(\mathfrak{r}, t)} \int A(\mathfrak{r}, \mathfrak{v}, t) f(\mathfrak{r}, \mathfrak{v}, t)\, d\mathfrak{v}\,. \tag{15}$$

Die zeitliche Änderung der Verteilungsfunktion $f(\mathfrak{r}, \mathfrak{v}, t)$ ist nun gemäß der BOLTZMANN-Gleichung

$$\frac{\partial f}{\partial t} = -\,\mathfrak{v}\frac{\partial f}{\partial \mathfrak{r}} - \frac{1}{m}\,\mathfrak{K}^a \frac{\partial f}{\partial \mathfrak{v}} + \left(\frac{\delta f}{\delta t}\right)_{\text{Stöße}} \tag{16}$$

gegeben durch das (Ab-) Zufließen von Teilchen (aus dem) in den betrachteten Orts- und Geschwindigkeitsbereich, erstens infolge Konvektion, d. h. auf Grund der Teilchengeschwindigkeit $\mathfrak{v}$ $\left(\text{Term } -\,\mathfrak{v}\frac{\partial f}{\partial \mathfrak{r}}\right)$, zweitens durch die Beschleunigung unter dem Einfluß äußerer Kräfte $\mathfrak{K}^a$ $\left(\text{Term } -\frac{1}{m}\,\mathfrak{K}^a \frac{\partial f}{\partial \mathfrak{v}}\right)$ und schließlich infolge der Stöße der Teilchen untereinander $\left(\text{Term } \left(\frac{\delta f}{\delta t}\right)_{\text{Stöße}}\right)$. Dieser letzte Term $\left(\frac{\delta f}{\delta t}\right)_{\text{Stöße}}$ hat die Form eines Integrals über Produkte der Verteilungsfunktion und heißt Stoßintegral bzw. Stoßterm. Die oben erwähnte Modifikation der BOLTZMANN-Gleichung im Fall des Plasmas bezieht sich im wesentlichen auf diesen Stoßterm (s. Abschnitt 2.5.).

Ein anderes wichtiges Problem ist die Begründung der kinetischen Theorie überhaupt und insbesondere die Rechtfertigung der Annahmen, die man in der kinetischen Theorie des Plasmas macht. Damit im Zusammenhang steht das oben erwähnte Problem der allgemeinen Herleitung des H-Theorems. Die Behandlung dieser Fragen, die jedoch noch im Fluß ist, kann nur auf Grund einer mikroskopisch-statistischen Theorie erfolgen. Diese Theorie, die „statistische Mechanik", ist für den Fall des thermischen Gleichgewichts bereits seit langem in detaillierter Form vorhanden [3]. Die entsprechende Theorie für die irreversiblen Prozesse wird jedoch erst in neuerer Zeit intensiv betrieben und ist noch zu keinem Abschluß gelangt. Wir wollen uns hier mit einigen Bemerkungen zu dieser Theorie begnügen.

2.4. Mikroskopisch-statistische Theorie

Das Plasma ist vom mikroskopischen Standpunkt ein System aus sehr vielen geladenen Teilchen (von den Neutralteilchen wollen wir hier absehen), die untereinander durch COULOMB-Kräfte wechselwirken. Setzen wir die Teilchen als punktförmig voraus, so können wir das Plasma formal durch die NEWTONschen Gleichungen der Punktmechanik beschreiben (bzw. durch die Mehrteilchen-SCHRÖDINGER-Gleichung):

$$m_i \frac{d\mathfrak{v}_i}{dt} = \sum_{j=1\,(i \neq j)}^{N} \mathfrak{K}_{ij} + \mathfrak{K}_i^a\,. \tag{17}$$

Hiernach erfährt jedes Teilchen i eine Beschleunigung $d\mathfrak{v}_i/dt$, die von der Summe aller von den übrigen Teilchen j auf das i-te Teilchen ausgeübten COULOMB-Kräfte $\mathfrak{K}_{ij}$ und von eventuellen äußeren Kräften $\mathfrak{K}_i^a$ herrührt. Da für jede Teilchenkoordinate eine solche Gleichung gilt, sind das 3 N gekoppelte Differentialgleichungen. Dieses N-Körperproblem ist bereits für $N = 3$ (und bei beliebigen äußeren Kräften sogar für $N = 1$) nicht mehr exakt lösbar, geschweige dann z. B. für $N = 10^{14}$. Hinzu kommt, daß auch die 6 N Anfangsbedingungen für Ort und Geschwindigkeit nicht genau bekannt sind (und aus quantenmechanischen Gründen auch gar nicht sein können), wie das für eine eindeutige Lösung erforderlich wäre. Aus diesem Grund ist es erforderlich, zu einer Wahrscheinlichkeitsbeschreibung überzugehen. Wir betrachten also eine sehr große Zahl ν von gleichartigen Teilchensystemen (durch die gleiche HAMILTON-Funktion und gleiche Teilchenzahl N charakterisiert). Es sei

$$d\nu = f(\mathfrak{r}_1, \mathfrak{v}_1, \ldots, \mathfrak{r}_N, \mathfrak{v}_N; t)\, d\mathfrak{r}_1\, d\mathfrak{v}_1 \ldots d\mathfrak{r}_N\, d\mathfrak{v}_N \tag{18}$$

die Anzahl der Systeme, deren Teilchen zur Zeit t gerade die in der Funktion $f(\mathfrak{r}_1, \mathfrak{v}_1, \ldots, \mathfrak{r}_N, \mathfrak{v}_N; t)$ angegebenen Koordinaten und Geschwindigkeiten mit den Ungenauigkeiten $d\mathfrak{r}_1, d\mathfrak{v}_1, \ldots, d\mathfrak{r}_N, d\mathfrak{v}_N$ haben. $d\nu/\nu$ ist dann auch die Wahrscheinlichkeit, daß die Teilchen eines beliebig aus unserem Systemensemble herausgegriffenen Systems gerade die in (18) angegebenen Koordinaten und Geschwindigkeiten mit den entsprechenden Ungenauigkeiten besitzen. Die Funktion $f(\mathfrak{r}_1, \ldots, \mathfrak{v}_N; t)$ heißt auch N-Teilchenverteilungsfunktion. Für diese Funktion kann man leicht eine Bewegungsgleichung angeben, die sog. „LIOUVILLEsche Gleichung", die einfach der Tatsache Rechnung trägt, daß keines der betrachteten virtuellen Teilchensysteme verschwinden bzw. kein neues hinzukommen kann. Diese LIOUVILLEsche Gleichung bildet den Ausgangspunkt der „statistischen Mechanik der irreversiblen Prozesse". Eine allgemeine Lösung dieser Gleichung kann man auf Grund der sehr großen Variablenzahl zwar wieder nicht erhalten. Jedoch ist es möglich, ausgehend von dieser LIOUVILLE-Gleichung, z. B. kinetische Gleichungen herzuleiten, allerdings unter sehr einschränkenden Bedingungen, deren physikalische Bedeutung nicht immer restlos klar ist. Insbesondere hat man versucht, einen adäquaten Stoßterm in (16) für den Fall des Plasmas herzuleiten, da das ursprüngliche BOLTZMANNsche Stoßintegral eigentlich nicht für COULOMB-Wechselwirkung anwendbar sein sollte (s. Abschnitt 2.5). Man kann jedoch sagen, daß eine voll befriedigende kinetische Theorie des Plasmas noch nicht existiert.

Wir wollen nun noch einige Bemerkungen zur Problematik des Stoßbegriffes im Plasma machen.

2.5. Stöße, kollektive Wechselwirkung

Bei der Herleitung des ursprünglichen BOLTZMANNschen Stoßterms, der ja auf die Stöße von Neutralteilchen zugeschnitten war, ist eine wesentliche Voraussetzung, daß die Teilchen nur auf Grund von momentanen Zweierstößen wechselwirken, wie das z. B. bei starren Kugeln der Fall ist. Nun beeinflussen sich die geladenen Teilchen des Plasmas jedoch auf Grund der weitreichenden COULOMB-Kräfte, so daß hier im allgemeinen sogar sehr viele Teilchen gleichzeitig miteinander wechselwirken. Aber selbst dann, wenn man diese Gleichzeitigkeit der Wechselwirkung zunächst einmal außer acht läßt und annimmt, daß sich jeweils nur zwei Teilchen beeinflussen, ist dennoch das BOLTZMANNsche Stoßintegral mathematisch gar nicht definiert, da das Integral im Fall der COULOMB-Wechselwirkung divergiert. Diese Divergenz ist eine Folge der großen Reichweite der COULOMB-Kräfte. Man kann nun jedoch das BOLTZMANNsche Stoßintegral mit Hilfe eines Tricks auch für den Fall der COULOMB-Wechselwirkung konvergent machen. Dazu benutzt man ein Ergebnis der Theorie der Elektrolyte von DEBYE und HÜCKEL. Hiernach ist jeder Ladungsträger im Mittel von mehr entgegengesetzt geladenen Teilchen umgeben als von gleichgeladenen. Dies bewirkt eine Abschirmung des COULOMB-Potentials, seine Reichweite verringert sich. Das Abstandsgesetz des Potentials ist nun anstatt durch

$$U_{\text{COULOMB}} \sim 1/r \tag{19}$$

gegeben durch

$$U_{\text{DEBYE}} \sim 1/r\, e^{-r/D}. \tag{20}$$

Dabei ist der Abschirmradius D, die sog. DEBYE-Länge, gegeben durch

$$D = \sqrt{\frac{k\,T}{4\,\pi\,n\,e^2}}\,. \tag{21}$$

Die DEBYE-Länge ist also die Reichweite dieses abgeschirmten COULOMB-Potentials. Zwei Teilchen, die weiter voneinander entfernt sind als eine DEBYE-Länge, wird man daher als nicht wechselwirkend ansehen können. Wir bekommen mit Hilfe dieses Abschneideverfahrens ein endliches Stoßintegral, da das Stoßintegral gerade auf Grund der Beiträge der weiter als D voneinander entfernten Teilchenpaare divergiert. Jedoch ist diese Anpassung der BOLTZMANNschen Theorie für den Fall des Plasmas etwas unbefriedigend, da z. B. bei starken Abweichungen von der MAXWELL-Verteilung gar keine Temperatur definiert ist, wie man sie für die Bestimmung der DEBYE-Länge benötigt. Hinzu kommt, daß man bei der Vorstellung des Zweierstoßes geblieben ist, obwohl auch in der Kugel mit dem DEBYE-Radius noch viele Teilchen sind und daher gleichzeitig wechselwirken.[1]) Befindet man sich in der Nähe des thermischen Gleichgewichts, so scheint diese Theorie trotz dieser Einwände eine gute Näherung für das Verhalten des Plasmas zu sein. Zur Berechnung der Transportkoeffizienten z. B. wird man die BOLTZMANN-Gleichung mit der oben geschilderten Modifikation näherungsweise verwenden dürfen.

Das oben behandelte Abschneideverfahren beruht darauf, den weitreichenden Anteil des COULOMB-Potentials völlig wegzulassen. Dies ist jedoch nicht immer gerechtfertigt. Wenn etwa durch statistische bzw. thermische Schwankungen Abweichungen von der Quasineutralität entstehen, d. h. in einem Raumbereich etwa momentan mehr Elektronen als Ionen vorhanden sind, so entsteht ein elektrostatisches Feld. Dieses Feld hat, da es von einer aus vielen Elektronen gebildeten Raumladung erzeugt wird, eine größere Reichweite als die DEBYE-Länge, d. h., der weitreichende Anteil des COULOMB-Potentials macht sich bemerkbar. Er ist für die sog. kollektive Wechselwirkung verantwortlich. In kohärenter Form tritt diese Wechselwirkung als „Plasmaschwingungen" in Erscheinung (s. Abschnitt 5.4.). Man kann nun diese kollektiven Felder auch in der BOLTZMANN-Gleichung berücksichtigen, indem man zu der äußeren Kraft $\mathfrak{K}^i$ in (16) die elektrostatische Feldkraft $e\,\mathfrak{E}$ hinzufügt, die man aus der POISSON-Gleichung $\operatorname{div} \mathfrak{E} = 4\,\pi\,q$ berechnen kann. Dabei ist q die Ladungsdichte, die der Abweichung von der Quasineutralität entspricht. Vernachlässigt man in (16) den Stoßterm $\left(\frac{\delta f}{\delta t}\right)_{\text{Stöße}}$ und berücksichtigt als Wechselwirkung nur diese

[1]) Die Problematik, die mit dem Abschneideverfahren verbunden ist, wird durch die Theorien von BALESCU und LENARD vermieden, in denen ein für das Plasma besser angepaßter Stoßterm aus der LIOUVILLE-Gleichung hergeleitet wird (s. z. B. [16]).

kollektive Wechselwirkung, so nennt man die resultierende kinetische Gleichung nach ihrem Urheber auch „VLASSOV-Gleichung". Diese Gleichung ist die kinetische Grundlage für die Theorie der Plasmaschwingungen.

Es sei hier noch eine andere Methode zur Untersuchung der gleichgewichtsnahen Eigenschaften des Plasmas erwähnt, die sog. Mikrofeldmethode. Das Mikrofeld ist das an einem beliebigen Ort im Plasma vorhandene COULOMB-Feld, das zeitlich dauernd nach Stärke und Richtung schwankt. Die statistische Analyse dieser Mikrofeldschwankungen bildet den Ausgangspunkt der Mikrofeldmethode.

3. *Makroskopisch-hydrodynamische Theorie*

3.1. Übergang zur hydrodynamischen Beschreibung

Wir wollen uns nun den makroskopischen Plasmaphänomenen zuwenden. Hier interessiert insbesondere die Wechselwirkung des Plasmas mit makroskopischen elektrischen und magnetischen Feldern. Da, wie wir noch sehen werden, Plasmen bei hohen Temperaturen eine sehr große Leitfähigkeit besitzen, können statische bzw. niederfrequente elektrische Felder im Innern dieser Hochtemperaturplasmen (bzw. vollionisierten Plasmen) nicht existieren. Es wird daher, wenn wir zunächst von hochfrequenten Feldern absehen, wesentlich auf die Wechselwirkung mit dem magnetischen Feld ankommen. Zur Untersuchung von makroskopischen Plasmaphänomenen ist eine um die MAXWELL-Gleichungen erweiterte hydrodynamische Theorie, die man als „Magnetohydrodynamik" bzw. „Hydromagnetik" bezeichnet, besonders geeignet.

Die Hydrodynamik ist eine Beschreibungsweise von Vielteilchensystemen, in der man von der speziellen Verteilung der Teilchengeschwindigkeit absieht und nur noch die Mittelwerte bez. dieser Verteilung betrachtet. Die wesentlichen Mittelwerte sind die folgenden: Die mittlere Teilchendichte $n(\mathfrak{r}, t)$ wurde schon in (14) definiert. Die mittlere gerichtete Geschwindigkeit ist gemäß (15)

$$\bar{\mathfrak{v}}(\mathfrak{r}, t) = \frac{1}{n} \int \mathfrak{v} f(\mathfrak{r}, \mathfrak{v}, t)\, d\mathfrak{v} \,. \tag{22}$$

$\bar{\mathfrak{v}}$ ist nun nicht mehr notwendig gleich Null, wie im Fall der MAXWELL-Verteilung, da jetzt in der Verteilung f auch eine gerichtete hydrodynamische Komponente enthalten sein kann, die gerade durch $\bar{\mathfrak{v}}$ charakterisiert ist. Die Temperatur T kann nun auch von Ort und Zeit abhängen und ist entsprechend dem Gleichverteilungssatz (6) gegeben durch

$$\frac{3\,k\,T(\mathfrak{r}, t)}{m} = \overline{\mathfrak{v}_{\text{th}}^2} = \frac{1}{n} \int (\mathfrak{v} - \bar{\mathfrak{v}})^2 f(\mathfrak{r}, \mathfrak{v}, t)\, d\mathfrak{v} \,, \tag{23}$$

wobei man von der wirklichen chaotischen Geschwindigkeit $\mathfrak{v}$ die mittlere gerichtete Komponente $\bar{\mathfrak{v}}$ abziehen muß, um die „lokale" thermische Geschwindigkeit $\mathfrak{v}_{th}$ zu bekommen. Der Mittelwert von $\mathfrak{v}_{th}$ verschwindet nun wieder, da ja

$$\overline{\mathfrak{v}_{th}} = \overline{\mathfrak{v} - \bar{\mathfrak{v}}} = \bar{\mathfrak{v}} - \bar{\mathfrak{v}} = 0$$

ist. Auf Grund der Zustandsgleichung (5) ergibt sich der lokale Druck zu

$$p(\mathfrak{r}, t) = n\, k\, T = \frac{m}{2} \int (\mathfrak{v} - \bar{\mathfrak{v}})^2 f(\mathfrak{r}, \mathfrak{v}, t)\, d\mathfrak{v}\,. \tag{24}$$

Genauer muß man allerdings mit einem Drucktensor rechnen, dessen Diagonalelemente dem Druck (24) entsprechen. Die Nichtdiagonalelemente beschreiben die Viskosität der Flüssigkeit, die wir hier vernachlässigen wollen.

Wie können wir nun die hydrodynamischen Gleichungen für ein Plasma aufstellen? Man kann dazu einerseits die Gleichungen der phänomenologischen Hydrodynamik auf den Fall leitender Flüssigkeiten anwenden, indem man auch elektrische und magnetische Kräfte zuläßt. Andererseits kann man sich diese Gleichungen aus der kinetischen Gleichung (16) durch Mittelung entsprechend (22)—(24) direkt herleiten. Die letztere Methode hat den Vorteil der größeren Klarheit, sie gibt überdies eine Fundierung der hydrodynamischen Theorie und läßt deren Anwendungsgrenzen erkennen. Wir multiplizieren hierzu die kinetische Gleichung (16) der Reihe nach mit der Teilchenmasse m, der chaotischen Geschwindigkeit $\mathfrak{v}$ und dem Quadrat der thermischen Geschwindigkeit $(\mathfrak{v} - \bar{\mathfrak{v}})^2$ und integrieren über den Geschwindigkeitsraum. Wir erhalten unter Benutzung von (14), (22)—(24) der Reihe nach eine Massenkontinuitätsgleichung, eine Bewegungsgleichung für $\bar{\mathfrak{v}}$ (Impulserhaltungssatz) und schließlich einen Erhaltungssatz für die innere Energie bzw. eine Bestimmungsgleichung für die lokale Temperatur. Schließlich kann man ebenso auch Gleichungen für die Mittelwerte höherer Geschwindigkeitspotenzen ableiten, die jedoch bis auf die Gleichung für die Wärmestromdichte

$$\mathfrak{z} = \frac{1}{2} m \int (\mathfrak{v} - \bar{\mathfrak{v}})^2 (\mathfrak{v} - \bar{\mathfrak{v}}) f(\mathfrak{r}, \mathfrak{v}, t)\, d\mathfrak{v} \tag{25}$$

keine unmittelbare hydrodynamische oder thermodynamische Deutung mehr zulassen. Eigentlich benötigte man diese Mittelwertgleichungen (bzw. Momentengleichungen) bis zu beliebig hoher Ordnung, da alle Gleichungen miteinander verkettet sind, d. h. jede Gleichung einen Term nächsthöherer Ordnung enthält, der durch eine weitere Gleichung bestimmt werden muß. Befindet man sich jedoch in der Nähe des thermischen Gleichgewichts, d. h. sind die gerichteten Geschwindigkeitskomponenten dem Betrage nach klein gegen die mittlere thermische Geschwindigkeit, so reduziert sich die Hierarchie der verketteten Momentengleichungen auf die ersten, d. h. auf die hydrodynamischen Gleichungen (hydrodynamisches Stadium, s. Abschn. 2.2.). Die Voraussetzung für die Gültigkeit der hydrodynamischen Näherung, daß nämlich die gerichteten Teilchenbewegungen, mit Ausnahme der Translation des Systems als Ganzes, mit Geschwindigkeiten erfolgen müssen, die klein gegen die mittlere thermische Geschwindigkeit sind, bedingt auch, daß die im System auftretenden Gradienten, etwa der Dichte oder der Temperatur, nicht zu stark sein dürfen.

3.2. Zweiflüssigkeitstheorie

Wie sehen nun die hydrodynamischen Gleichungen im Falle des Plasmas aus? Wir erinnern uns zunächst, daß auf Grund des Massenunterschiedes zwischen Elektronen und Ionen die Elektronen eine wesentlich höhere Temperatur als die Ionen haben können, wie z. B. in der positiven Säule von Niederdruckentladungen (s. auch Beitrag von Dr. Hantzsche). Es ist daher zweckmäßig, das Plasma zunächst als Gemisch zweier Gase aufzufassen (die Neutralgaskomponente wollten wir vernachlässigen), mit zwei verschiedenen Verteilungsfunktionen f_i und f_e, für die jeweils eine gesonderte kinetische Gleichung (16) gültig ist. Der jeweilige Stoßterm setzt sich dann aus zwei Anteilen additiv zusammen, von denen der eine die Stöße der Teilchen der betrachteten Komponente unter sich, der andere die Stöße der Teilchen der ersten mit denen der zweiten Komponente berücksichtigt. Die Mittelwerte in 3.1. sind nun für Elektronen und Ionen gesondert zu berechnen. Entsprechend ergeben sich zwei Sätze von hydrodynamischen Gleichungen, die das Gemisch zweier Flüssigkeiten, nämlich der Elektronen- und der Ionenflüssigkeit, beschreiben. Wir bekommen damit die sog. „Zweiflüssigkeitstheorie". Analog ergibt sich die „Dreiflüssigkeitstheorie", wenn noch eine Neutralgaskomponente einbezogen wird.

Wir wollen nun die hydrodynamischen Gleichungen für die Zweiflüssigkeitstheorie angeben. Bezeichnen m_i, n_i und m_e, n_e die Masse und Teilchendichte der Ionen bzw. Elektronen, so ergeben sich die entsprechenden Massendichten ϱ_i und ϱ_e zu

$$\varrho_i = m_i n_i \quad \text{und} \quad \varrho_e = m_e n_e \,. \tag{26}$$

Bezeichnen $\mathfrak{v}_i$ und $\mathfrak{v}_e$ die mittleren Geschwindigkeiten der Ionen- bzw. Elektronenflüssigkeit, so erhalten wir die Massenkontinuitätsgleichungen in der Form

$$\frac{\partial \varrho_i}{\partial t} = - \operatorname{div} \varrho_i \bar{\mathfrak{v}}_i \,, \quad \frac{\partial \varrho_e}{\partial t} = - \operatorname{div} \varrho_e \mathfrak{v}_e \,. \tag{27}$$

Weiterhin seien p_i und p_e der Ionen- bzw. Elektronenpartialdruck, $\mathfrak{K}_i$ und $\mathfrak{K}_e$ die Kraft auf ein Ion bzw. Elektron. Es ergeben sich damit die Eulerschen Bewegungsgleichungen in der Form

$$\varrho_i \left\{ \frac{\partial \bar{\mathfrak{v}}_i}{\partial t} + (\bar{\mathfrak{v}}_i \operatorname{grad}) \, \bar{\mathfrak{v}}_i \right\} = - \operatorname{grad} p_i + n_i \, \mathfrak{K}_i + \varrho_i (\delta \bar{\mathfrak{v}})_{ie} \,, \tag{28}$$

$$\varrho_e \left\{ \frac{\partial \bar{\mathfrak{v}}_e}{\partial t} + (\bar{\mathfrak{v}}_e \operatorname{grad}) \, \bar{\mathfrak{v}}_e \right\} = - \operatorname{grad} p_e + n_e \, \mathfrak{K}_e + \varrho_e (\delta \bar{\mathfrak{v}})_{ei} \,. \tag{29}$$

Die Kräfte $\mathfrak{K}_i$ und $\mathfrak{K}_e$ kann man als Summe von elektrischer, Lorentz- und Gravitationskraft ansetzen:

$$\mathfrak{K}_i = e \, (\mathfrak{E} + [\bar{\mathfrak{v}}_i / c \times \mathfrak{B}]) + m_i \, g \,, \tag{30}$$

$$\mathfrak{K}_e = - \, e \, (\mathfrak{E} + [\bar{\mathfrak{v}}_e / c \times \mathfrak{B}]) + m_e \, g \,. \tag{31}$$

Dabei ist e die elektrische Elementarladung, g die Erdbeschleunigung, c die Lichtgeschwindigkeit, $\mathfrak{E}$ und $\mathfrak{B}$ das elektrische und das magnetische Feld. (Der Einfachheit halber seien die Ionen nur einfach geladen.)

Die Terme $\varrho_i(\delta\mathfrak{v})_{ie}$ und $\varrho_e(\delta\bar{\mathfrak{v}})_{ei}$ in den Bewegungsgleichungen beschreiben die Wechselwirkung der beiden Flüssigkeiten untereinander, und zwar tragen sie dem Impulsaustausch zwischen ihnen Rechnung. Die Wechselwirkungsterme sind auf Grund des Mittelungsverfahrens (Abschn. 3.1.) die Anteile der Stoßterme in den kinetischen Gleichungen für f_i und f_e (s. o.). Die Anteile für die Stöße der gleichen Teilchensorte verschwinden, da sie den mittleren Impuls der entsprechenden Komponente nicht ändern. Die Anteile, die den Stößen zwischen Elektronen und Ionen Rechnung tragen, sind von Null verschieden und sind für den elektrischen Widerstand des Plasmas verantwortlich, wie wir noch sehen werden.

Um die etwas unhandlichen Gleichungen (27)—(29) dem Experiment besser anzupassen, denn dort interessieren ja im wesentlichen Größen, die sich auf die Gesamtflüssigkeit beziehen, wollen wir eine entsprechende Anzahl von Gesamtgrößen definieren und dann für diese Gleichungen aufstellen.

Es seien also ϱ die Gesamtmassendichte

$$\varrho = \varrho_i + \varrho_e\,, \tag{32}$$

q die Gesamtladungsdichte

$$q = q_i + q_e = e\,(n_i - n_e)\,, \tag{33}$$

p der Gesamtdruck

$$p = p_i + p_e\,, \tag{34}$$

$\mathfrak{v}$ die mittlere Massengeschwindigkeit

$$\mathfrak{v} = \frac{1}{\varrho} = (\varrho_i\,\bar{\mathfrak{v}}_i + \varrho_e\,\bar{\mathfrak{v}}_e)\,, \tag{35}$$

$\mathfrak{j}$ die Gesamtstromdichte

$$\mathfrak{j} = \mathfrak{j}_i + \mathfrak{j}_e = q_i\,\bar{\mathfrak{v}}_i + q_e\,\bar{\mathfrak{v}}_e = e\,(n_i\,\bar{\mathfrak{v}}_i - n_e\,\bar{\mathfrak{v}}_e)\,. \tag{36}$$

Schließlich sei $\mathfrak{k}$

$$\mathfrak{k} = n_i\,\mathfrak{K}_i + n_e\,\mathfrak{K}_e = q\,\mathfrak{E} + [\mathfrak{j}/c \times \mathfrak{B}] + \varrho\,g \tag{37}$$

die Gesamtkraftdichte, die sich auch durch die Gesamtladung q, die Gesamtstromdichte $\mathfrak{j}$ und die Gesamtmassendichte ϱ ausdrücken läßt.

Man kann bei der Herleitung für diese Gesamtgrößen (32)—(37) eine Reihe von Bedingungen, die in einem Elektron-Ion-Plasma i. a. erfüllt sind, explizit zur Vereinfachung dieser Gleichungen ausnutzen. Hierzu gehört insbesondere die Bedingung der Quasineutralität, die man nach (33) durch die Forderung

$$q = 0 \quad \text{bzw.} \quad n_i = n_e \tag{38}$$

formulieren kann. Weiterhin seien die mittlere Ionengeschwindigkeit $\mathfrak{v}_i$ und die Ionentemperatur T_i und damit auch der Ionendruck p_i nie wesentlich größer als die entsprechenden Elektronengrößen, d. h.

$$|\bar{\mathfrak{v}}_i| \lesssim |\bar{\mathfrak{v}}_e|\,, \quad T_i \lesssim T_e \quad \text{bzw.} \quad p_i \lesssim p_e\,. \tag{39}$$

Diese Bedingungen sind auf Grund der sehr viel größeren Trägheit der Ionen gegenüber der der Elektronen bzw. auf Grund des großen Massenunterschiedes zwischen Ionen und Elektronen i. a. gut erfüllt. Vernachlässigen wir unter Berücksichtigung von (39) Terme der Größenordnung m_e/m_i gegen solche der

Größenordnung 1 und lassen wir auch nichtlineare Terme außer acht, d. h. Terme, die Produkte der hydrodynamischen Geschwindigkeiten und deren Ableitungen enthalten, so bekommen wir das folgende einfache Gleichungssystem für die Gesamtgrößen der Zweiflüssigkeitstheorie (auch die Gravitation sei im folgenden vernachlässigt):

$$\frac{\partial \varrho}{\partial t} = - \operatorname{div} \varrho\, \mathfrak{v}\,, \tag{40}$$

$$\varrho \frac{\partial \mathfrak{v}}{\partial t} = - \operatorname{grad} p + [\mathfrak{j}/c \times \mathfrak{B}]\,, \tag{41}$$

$$\frac{4\pi}{\omega_0^2} \frac{\partial j}{\partial t} + \frac{1}{\sigma} \mathfrak{j} = \mathfrak{E} + [\mathfrak{v}/c \times \mathfrak{B}] + \frac{1}{e\, n_0} \operatorname{grad} p_e - \frac{1}{e\, n_0} [\mathfrak{j}/c \times \mathfrak{B}]\,. \tag{42}$$

Die ersten beiden Gleichungen, d. h. die Kontinuitätsgleichung für die Gesamtmassendichte und die Bewegungsgleichung für die mittlere Massengeschwindigkeit $\mathfrak{v}$ (Impulserhaltungsgleichung für die Gesamtflüssigkeit), ergeben sich einfach durch Addition der entsprechenden Gleichungen für die Komponenten (27)—(29). Die Gleichung für die Gesamtstromdichte $\mathfrak{j}$ erhalten wir durch Multiplikation der Gleichungen (28)—(29) mit e/m_i bzw. e/m_e und anschließender Subtraktion beider Gleichungen.

ω_0 in der Stromgleichung (42) ist die sog. Plasmafrequenz

$$\omega_0 = \sqrt{\frac{4\pi\, n\, e^2}{m_e}}\,, \tag{43}$$

deren physikalische Bedeutung in Abschn. 5.4 und 5.5 behandelt wird. Der Term $1/\sigma \cdot \mathfrak{j}$ ist im wesentlichen (d. h. mit einigen Vernachlässigungen) die Differenz der mit e/m_i bzw. e/m_e multiplizierten Stoßtermanteile in (28) und (29) (s. dbzgl. Abschn. 4.3). Die Summe dieser Stoßtermanteile müßte in der Bewegungsgleichung (41) auftreten. Jedoch ist diese Summe gleich Null, da die Stöße den mittleren Impuls der Gesamtflüssigkeit nicht ändern.

Die Gleichungen (40)—(42) beschreiben das makroskopisch-hydrodynamische Verhalten des Plasmas unter dem Einfluß von elektrischen und magnetischen Feldern und von Druckkräften. Zu diesen Gleichungen kommen nun noch die Gleichungen des elektromagnetischen Feldes, d. h. die MAXWELLschen Gleichungen hinzu, die die Rückwirkung des Plasmas auf die Felder $\mathfrak{E}$ und $\mathfrak{B}$ beschreiben; denn der Strom $\mathfrak{j}$ und eventuelle Abweichungen von der Quasineutralität wirken ihrerseits als Quellen von elektromagnetischen Feldern. Wir schreiben die MAXWELLschen Gleichungen in der Form:

$$\operatorname{rot} \mathfrak{B} = \frac{1}{c} \frac{\partial \mathfrak{E}}{\partial t} + \frac{4\pi}{c} \mathfrak{j}\,, \tag{44}$$

$$\operatorname{rot} \mathfrak{E} = - \frac{1}{c} \frac{\partial \mathfrak{B}}{\partial t}\,, \tag{45}$$

$$\operatorname{div} \mathfrak{B} = 0\,, \tag{46}$$

$$\operatorname{div} \mathfrak{E} = 4\pi q\, (\approx 0)\,, \tag{47}$$

d. h., hier wird der Einfluß des Mediums auf die Felder statt wie üblich durch die elektrische und magnetische Permeabilität vollständig durch $\mathfrak{j}$ und q beschrieben, die ihrerseits durch die hydrodynamischen Gleichungen (40)—(42) gegeben sind. Jedoch ist das System der Gleichungen (40)—(42), (44)—(47) noch nicht abgeschlossen, d. h., es enthält noch mehr Unbekannte als Gleichungen. In der Tat fehlen noch einige thermodynamische Gleichungen, die das System abschließen, also etwa eine Energie- bzw. Entropiebilanz. In dem Spezialfall adiabatischer Prozesse genügen die adiabatischen Relationen, die einen direkten Zusammenhang zwischen Druck und Massendichte geben:

$$p = \text{const} \cdot \varrho^{\gamma} . \tag{48}$$

γ ist das Verhältnis der spezifischen Wärmen c_p/c_v und ist auch gegeben durch die Zahl f der an dem Prozeß beteiligten Freiheitsgrade eines Teilchens:

$$\gamma = c_p/c_v = \frac{f+2}{f} . \tag{49}$$

Zur Bestimmung des Elektronendrucks p_e in Gleichung (42) kann man eine analoge Gleichung wie (48) ansetzen. Meist verwendet man sie in differentieller Schreibweise:

$$\frac{dp}{dt} = \gamma \frac{p}{\varrho} \frac{d\varrho}{dt} , \qquad \frac{dp_e}{dt} = \gamma_e \frac{p_e}{\varrho} \frac{d\varrho}{dt} . \tag{50}$$

In der Gleichung für p_e wurde ϱ_e durch ϱ ersetzt gemäß $\varrho_e \approx \frac{m_e}{m_i} \varrho$. Diese adiabatischen Relationen kann man offenbar dann anwenden, wenn man schnellverlaufende Prozesse betrachtet, wie etwa Wellen und Schwingungen im Plasma, bei denen Wärmeleitung zu vernachlässigen ist.

Die Kombination von Hydrodynamik, Elektrodynamik und Thermodynamik in den eben aufgestellten Grundgleichungen ist ein Ausdruck für die Komplexität der Plasmatheorie schon in dieser einfachen Zweiflüssigkeitsnäherung.

4. Wechselwirkung des Plasmas mit elektrischen und magnetischen Feldern

4.1. Einteilchentheorie

Bevor wir nun einige einfache Folgerungen aus den in Kap. 3 gegebenen Grundgleichungen ziehen, ist es zweckmäßig, zunächst die Bewegung eines geladenen Einzelteilchens in gegebenen elektrischen und magnetischen Feldern zu betrachten. Diese sog. „Einteilchentheorie" geht aus von der NEWTONschen Bewegungsgleichung. Für ein Teilchen mit der Masse m und der Ladung e in einem elektrischen Feld $\mathfrak{E}$, einem Magnetfeld $\mathfrak{B}$ und einer zusätzlichen Kraft, etwa einer Gravitationskraft $\mathfrak{G}$, lautet sie

$$m \frac{d\mathfrak{v}}{dt} = e\,(\mathfrak{E} + [\mathfrak{v}/c \times \mathfrak{B}]) + \mathfrak{G} . \tag{51}$$

Kann man die Wechselwirkung zwischen den Teilchen des Plasmas vernachlässigen, so kann man das Gesamtverhalten des Plasmas in größeren Feldern durch die Summe der Einzelteilchenbeiträge erfassen. Diese besonders anschauliche Näherung wird offenbar nur dann gut sein, wenn die Teilchendichte gering, d. h. die Stöße selten sind. Andererseits wird man sehr dichte Plasmen gut durch die hydrodynamische Theorie beschreiben können. Beide Näherungen ergänzen sich also in gewisser Weise.

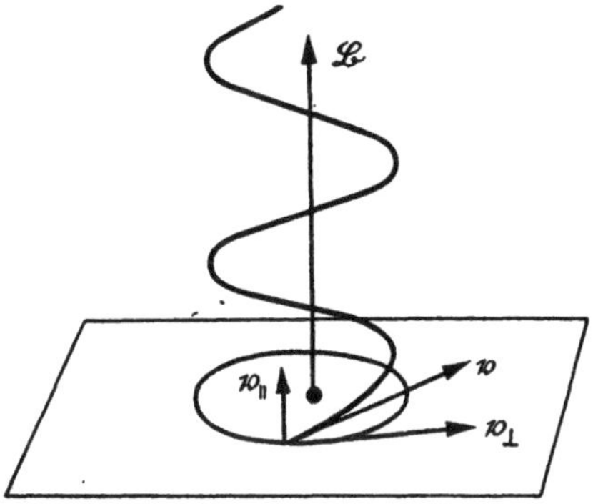

Abb. 1

Wir wollen hier nur die Bewegung eines Teilchens in einem konstanten Magnetfeld $\mathfrak{B}$ betrachten, setzen also $\mathfrak{E}$ und $\mathfrak{G}$ gleich Null. (Weiteres zur Einteilchentheorie im Beitrag von Dr. ROTHHARDT.) Zerlegt man die Geschwindigkeit $\mathfrak{v}$ des Teilchens in Komponenten $\mathfrak{v}_{\parallel}$ parallel und $\mathfrak{v}_{\perp}$ senkrecht zum Magnetfeld, also

$$\mathfrak{v} = \mathfrak{v}_{\parallel} + \mathfrak{v}_{\perp} \,, \tag{52}$$

so beschreibt das Teilchen in einem mit der (konstanten) Geschwindigkeit $\mathfrak{v}_{\parallel}$ mitbewegtem Koordinatensystem eine Kreisbahn. Die Gesamtbewegung stellt eine Schraubenlinie dar (s. Abb. 1). Der Radius r_Z dieser Kreisbahn, der sog. Zyklotron-, Gyrations-, oder LARMOR-Radius ergibt sich aus der Gleichheit von Zentrifugal- und LORENTZ-Kraft zu

$$r_Z = \frac{m\, v_{\perp}\, c}{e\, B} \,, \quad v_{\perp} = |\mathfrak{v}_{\perp}| \,, \quad B = |\mathfrak{B}| \,. \tag{53}$$

Setzt man für $v_{\perp}$ die mittlere thermische Geschwindigkeit ein (Abschn. 2.1.), die proportional $1/\sqrt{m}$ ist, so ergibt sich, daß der mittlere Gyrationsradius der Elektronen im Verhältnis der Wurzel aus den Massen $\frac{\sqrt{m_e}}{\sqrt{m_i}}$ kleiner ist als der der Ionen bei gleicher Temperatur $T_i = T_e$.

Die Umlaufsfrequenz der Teilchen auf dem „Gyrationskreis" heißt Gyrations-, Zyklotron- oder LARMOR-Frequenz und ist gegeben durch

$$\omega_Z = \frac{v_{\perp}}{r_Z} = \frac{e\, B}{m\, c} \,. \tag{54}$$

4.2. Magnetischer Druck

Hat das Teilchen keine Geschwindigkeitskomponente $\mathfrak{v}_{\parallel}$ in Richtung des Magnetfeldes $\mathfrak{B}$, so läuft es ständig auf einer Kreisbahn um. Es ist also von dem Magnetfeld sozusagen eingefangen worden. Frei bewegen können sich die Teilchen daher nur in Richtung der magnetischen Kraftlinien. Auf diesem Einfangeffekt beruht im Prinzip die Möglichkeit, Plasmen mittels magnetischer Felder von materiellen Wänden fernzuhalten (s. Beitrag von Dr. ROTHHARDT). Betrachtet man nämlich ein Plasma, das sich in Abb. 2 links von der Ebene $x = a$ in

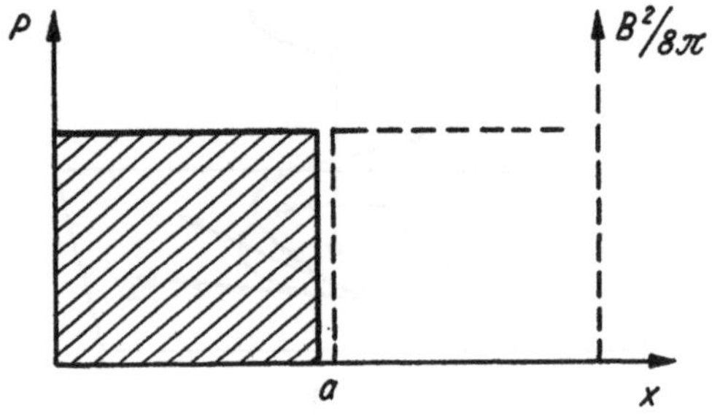

Abb. 2

einem magnetfeldfreien Raum befindet, und ist rechts bis $x = a$ ein konstantes Magnetfeld $\mathfrak{B}_0$ (ohne x-Komponente) vorhanden, so werden die Teilchen an der Trennfläche wie von einer Wand reflektiert, wenn $\mathfrak{B}_0$ stark genug ist. Dem Druck des Plasmas wird also an der Trennfläche ein Widerstand entgegengesetzt, d. h. das Magnetfeld übt selbst einen Druck auf das Plasma aus. Die Größe des magnetischen Druckes ergibt sich leicht aus den Grundgleichungen der Zweiflüssigkeitstheorie. Schließen wir zeitabhängige elektrische Felder aus ($\partial\mathfrak{E}/\partial t = 0$), so können wir aus der MAXWELLschen Gleichung (44) und der Bewegungsgleichung (41) die Stromdichte $\mathfrak{j}$ eliminieren und erhalten

$$\varrho \frac{\partial \mathfrak{v}}{\partial t} = \operatorname{grad}\left(p - \frac{1}{8\pi} B^2\right) + \frac{1}{4\pi} (\mathfrak{B} \operatorname{grad}) \mathfrak{B} . \qquad (55)$$

Im Gleichgewicht ist $\partial\mathfrak{v}/\partial t = 0$. Sind außerdem die magnetischen Kraftlinien gerade und parallel, so verschwindet auch der zweite Term auf der rechten Seite von (55). Es ergibt sich damit im Gleichgewicht

$$\operatorname{grad}\left(p + \frac{1}{8\pi} B^2\right) = 0 \quad \text{bzw.} \quad p + \frac{1}{8\pi} B^2 = \text{const} . \qquad (56)$$

Für die einfache Konfiguration in Abb. 2 ergibt sich, daß die Konstante in (56) gleich $B_0^2/8\pi$ sein muß. Bezeichnen wir also die Größe $B^2/8\pi$ als magnetischen Druck, so muß im Gleichgewicht nach (56) an der Trennfläche $x = a$ der magnetische Druck gleich dem kinetischen Druck p sein.

In Wirklichkeit ist jedoch eine so scharfe Trennfläche wie in Abb. 2 nicht möglich, denn das Plasma hat auf Grund der Teilchenstöße und der Existenz fluktuierender elektrischer Felder (in (55) vernachlässigt) auch senkrecht zum Magnetfeld eine gewisse Bewegungsfreiheit: Das Plasma diffundiert in das Magnetfeld, und umgekehrt diffundiert das Magnetfeld in das Plasma. Dann ergibt sich etwa das in Abb. 3 dargestellte Bild. Man entnimmt hieraus noch die Tatsache, daß ein Magnetfeld im Innern eines Plasmas abgeschwächt wird, d. h., das Plasma verhält sich diamagnetisch. Dieser Diamagnetismus des Plasmas ergibt sich auch aus den magnetischen Momenten der von den kreisenden Elektronen und Ionen gebildeten Kreisströme. Diese magnetischen Momente sind wichtige Größen der Einteilchentheorie, da sie sich nicht ändern, wenn das Magnetfeld zeitlich und räumlich langsam geändert wird. Man nennt sie daher auch „adiabatische Invarianten“ (s. Beitrag von Dr. ROTHHARDT).

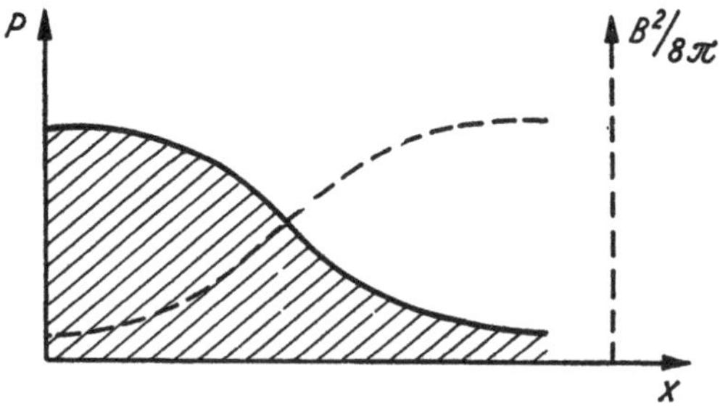

Abb. 3

4.3. Leitfähigkeit, effektive Stoßfrequenz

Wir wollen nun die Gleichung für die Gesamtstromdichte $\mathfrak{j}$ (42) diskutieren. Nehmen wir zunächst stationäre und homogene Verhältnisse an, d. h. $\partial \mathfrak{j}/\partial t = 0$ und grad $p_e = 0$, und vernachlässigen wir den letzten Term, den sog. HALL-Term (das ist für kleine Magnetfelder gerechtfertigt), so ergibt sich

$$\mathfrak{j} = \sigma\, \mathfrak{E}' \tag{57}$$

und

$$\mathfrak{E}' = \mathfrak{E} + [\mathfrak{v}/c \times \mathfrak{B}]\,. \tag{58}$$

$\mathfrak{E}'$ ist die Feldstärke in dem mit dem Plasma mitbewegten Koordinatensystem.

(57) ist nun nichts anderes als das OHMsche Gesetz mit der Leitfähigkeit σ. Man nennt daher unsere Ausgangsgleichung (42) auch das „verallgemeinerte OHMsche Gesetz“. Schalten wir zur Zeit $t = 0$ die Felder $\mathfrak{E}$ und $\mathfrak{B}$ ab, so erhalten wir aus (42) im homogenen Fall die Gleichung

$$\frac{\partial \mathfrak{j}}{\partial t} = - \frac{\omega_0^2}{4\pi\sigma}\, \mathfrak{j}$$

mit der Lösung

$$\mathfrak{j}(t) = \mathfrak{j}(0)\, e^{-\,\omega_0^2 t/4\pi\sigma}\,, \tag{59}$$

d. h., der Strom klingt nach einem e-Gesetz ab. Der Term mit $\partial \mathfrak{j}/\partial t$ beschreibt also die Trägheit des Stromes, der noch eine gewisse Zeit, die Relaxationszeit, weiter fließt, wenn die Felder schon abgeschaltet sind.

Der Leitfähigkeitsterm $\mathfrak{j}/\sigma$ in (42) ist, wie schon oben (Abschn. 3.2.) erwähnt, durch die Elektron-Ion-Stöße bedingt. Führen wir eine „effektive Stoßfrequenz" ν_{ei} für diese Elektron-Ion-Stöße ein, die man als das Reziproke der sich aus (59) ergebenden Relaxationszeit ansetzen kann,

$$\nu_{ei} = \frac{\omega_0^2}{4\pi\sigma}, \tag{60}$$

so ergibt sich für die Leitfähigkeit die Beziehung

$$\sigma = \frac{\omega_0^2}{4\pi} \frac{1}{\nu_{ei}}. \tag{61}$$

Die effektive Stoßfrequenz ν_{ei} ist nun jedoch nicht die Frequenz der tatsächlichen Elektron-Ion-Stöße, denn diese sind viel häufiger als durch ν_{ei} angegeben wird, wenn man auch die Stöße zu kleinen Richtungsänderungen der Geschwindigkeit des stoßenden Elektrons berücksichtigt. Vielmehr ist unter einem effektiven Stoß eine Folge von realen Stößen zu verstehen, die eine Ablenkung der Geschwindigkeitsrichtung des Elektrons um etwa 90° bewirkt [7, 8].

Die Begriffe effektive Stoßfrequenz und Leitfähigkeit sind jedoch nur für kleine Abweichungen vom thermischen Gleichgewicht nützlich. Da nämlich der bekannte RUTHERFORD-Querschnitt für Elektron-Ion-Stöße (oder allgemeiner auch für alle COULOMB-Stöße) stark mit wachsender Relativgeschwindigkeit kleiner wird, gibt es eine kritische Feldstärke $\mathfrak{E}_c$, oberhalb der die Elektronen zwischen zwei effektiven Stößen mehr Energie aufnehmen, als sie an die Ionen wieder abgeben können. Sie werden dann ununterbrochen beschleunigt und rennen gewissermaßen davon (Runaway-Effekt).

Mit Hilfe der effektiven Stoßfrequenz kann man nun auch noch eine (effektive!) mittlere freie Weglänge λ für die Elektronen definieren. λ ist die Strecke, die ein Elektron mit der mittleren thermischen Geschwindigkeit v_{th} zwischen zwei effektiven Stößen mit den Ionen zurücklegt, also

$$\lambda = v_{\text{th}} \frac{1}{\nu_{ei}}. \tag{62}$$

Unter der Voraussetzung, daß der Geschwindigkeitszuwachs des Elektrons auf einer mittleren freien Weglänge infolge der Beschleunigung durch das elektrische Feld klein bleibt gegen die mittlere thermische Geschwindigkeit (Gleichgewichtsnähe), ergibt sich aus der kinetischen Theorie folgender Ausdruck für den spezifischen Widerstand τ (s. SPITZER [7]):

$$\begin{aligned}\tau = \frac{1}{\sigma} = \frac{e^2}{m_e v_{\text{th}}^3} \cdot 8{,}8 \ln \Lambda &= 7{,}26 \cdot 10^{-9} \frac{1}{T^{3/2}} \ln \Lambda \; [\text{s}] \\ &= 6{,}53 \cdot 10^3 \frac{1}{T^{3/2}} \ln \Lambda \; [\Omega\,\text{cm}]. \end{aligned} \tag{63}$$

Dabei ist v_{th} die Wurzel aus dem mittleren Geschwindigkeitsquadrat (7), und die Temperatur T wird in °K gemessen. In Λ ist ein schwach von Temperatur und Dichte abhängiger Faktor der Größenordnung 10. Setzen wir z. B. für $T = 10^8$ °K ein, so erhalten wir einen spezifischen Widerstand von weniger als 10^{-7} Ω cm. Das ist etwa ein Zehntel des spezifischen Widerstandes von Kupfer, d. h., bei sehr hohen Temperaturen übertrifft die Leitfähigkeit des Plasmas die von gut leitenden Metallen.

Wann ist nun das Magnetfeld $\mathfrak{B}$ so stark, daß wir den HALL-Term im verallgemeinerten OHMschen Gesetz (42) nicht mehr vernachlässigen können? Zunächst können wir das verallgemeinerte OHMsche Gesetz (wieder im stationären, homogenen Fall) in einer dem normalen OHMschen Gesetz (57) analogen Form aufschreiben:

$$\mathfrak{j} = \sigma\, \mathfrak{E}'_{\parallel} + \frac{\tau}{\tau^2 + \zeta^2 B^2}\, \mathfrak{E}'_{\perp} - \frac{\zeta}{\tau^2 + \zeta^2 B^2}\, [\mathfrak{E}' \times \mathfrak{B}] \,. \tag{64}$$

Dabei sind $\mathfrak{E}'_{\parallel}$ und $\mathfrak{E}'_{\perp}$ die Komponenten von $\mathfrak{E}'$ parallel und senkrecht zur Richtung des Magnetfeldes $\mathfrak{B}$. ζ ist die Größe $1/e\, n_0\, c$. Die Leitfähigkeit ist also bei starken Magnetfeldern nicht mehr isotrop, sondern hängt von der Richtung ab, in der das elektrische Feld angelegt wird, d. h., sie ist kein Skalar mehr wie in (57), sondern ein Tensor. Wird das elektrische Feld in Richtung des magnetischen Feldes angelegt, so ist die Leitfähigkeit unverändert σ. Wird es dagegen senkrecht zur $\mathfrak{B}$-Richtung angelegt, so ist die Leitfähigkeit bei starken Magnetfeldern beachtlich geringer als σ. Dies entspricht der Tatsache, daß auch der kinetische Druck des Plasmas in Richtung senkrecht zu den magnetischen Kraftlinien verringert ist (s. Abschn. 4.2.). Der dritte Term in (64) ist der sog. HALL-Strom, dessen Richtung sowohl zu der von $\mathfrak{E}'$ als auch zu der von $\mathfrak{B}$ senkrecht ist.

Die anisotrope Form des OHMschen Gesetzes (64) geht nun bei schwachen Magnetfeldern in die isotrope (57) über, nämlich offenbar dann, wenn $\tau^2 \gg \zeta^2 B^2$ wird. Das ist aber gerade dann der Fall, wenn die mittlere freie Weglänge λ nach (62) klein gegen den mittleren Gyrationsradius der Elektronen ist, d. h.

$$\lambda \ll \frac{m_e\, v_{\text{th}}\, c}{e\, B} = \bar{r}_{ze} \,. \tag{65}$$

Dies ist auch anschaulich verständlich, denn die Bedingung (65) besagt ja gerade, daß die Gyrationsbewegung bzw. die Anisotropie durch die Stöße zerstört wird.

4.4. Magnetohydrodynamik

Wir wollen uns nun wieder dem Fall schwacher Magnetfelder, d. h. dem isotropen Plasma, zuwenden. Wegen der hohen Leitfähigkeit können sich in Hochtemperaturplasmen, abgesehen von hochfrequenten Feldern, keine starken elektrischen Felder aufrechterhalten, d. h., es ist $\mathfrak{E}' \approx 0$. Schließen wir die hochfrequenten Phänomene aus und bewegt sich das Plasma nur mit nichtrelativistischen Geschwindigkeiten, so können wir in der MAXWELL-Gleichung (44) den Verschiebungsstrom vernachlässigen [9]. Wir können das elektrische Feld $\mathfrak{E}$

und die Stromdichte $\mathfrak{j}$ aus den Grundgleichungen eliminieren und erhalten die folgenden Gleichungen:

$$\varrho \frac{\partial \mathfrak{v}}{\partial t} = -\operatorname{grad} p + \frac{1}{4\pi}[\operatorname{rot} \mathfrak{B} \times \mathfrak{B}], \tag{66}$$

$$\frac{\partial \mathfrak{B}}{\partial t} = \operatorname{rot}[\mathfrak{v} \times \mathfrak{B}] + \nu_m \Delta \mathfrak{B}, \quad \nu = \frac{c^2}{4\pi\sigma}. \tag{67}$$

Dies sind die Grundgleichungen der eigentlichen Magnetohydrodynamik bzw. Hydromagnetik. Denn sie enthalten nun nur noch magnetische und hydrodynamische Variable, wenn wir auch den Druck p zu den letzteren rechnen. Hinzu kommen noch die Kontinuitätsgleichungen für die Massendichte ϱ und eine Gleichung für p, die Zustandsgleichung. Die Größe ν_m heißt magnetische Zähigkeit, da sie eine analoge Rolle wie die hydromechanische Zähigkeit spielt.

Die durch die magnetohydrodynamischen (MHD)- Gleichungen beschriebenen Phänomene sind sehr mannigfacher Art. Insbesondere die großräumigen Phänomene des solaren und kosmischen Plasmas lassen sich durch diese Gleichungen erfassen (evtl. ergänzt durch die hier vernachlässigten nichtlinearen Terme). Wir wollen hier nur eine charakteristische Folgerung aus diesen Gleichungen behandeln, das sog. eingefrorene Magnetfeld. Weitere Ergebnisse sind z. B. in [9 bis 12] behandelt.

4.5. Eingefrorene Magnetfelder, Skalentransformation

Wir betrachten den magnetischen Fluß Φ durch eine einfach zusammenhängende Fläche:

$$\Phi = \int_F \mathfrak{B}\, d\mathfrak{F}. \tag{68}$$

Φ kann man bekanntlich auch interpretieren als Zahl der Kraftlinien, die durch die Fläche F hindurchtreten (Abb. 4). Die zeitliche Änderung dieses Flusses Φ, wenn die Fläche mit der Plasmaströmung mitbewegt wird, ist auf Grund der MHD-Gleichungen (66) und (67) gegeben durch

$$\frac{d\Phi}{dt} = \nu_m \int_F \Delta\, \mathfrak{B}\, d\mathfrak{F}. \tag{69}$$

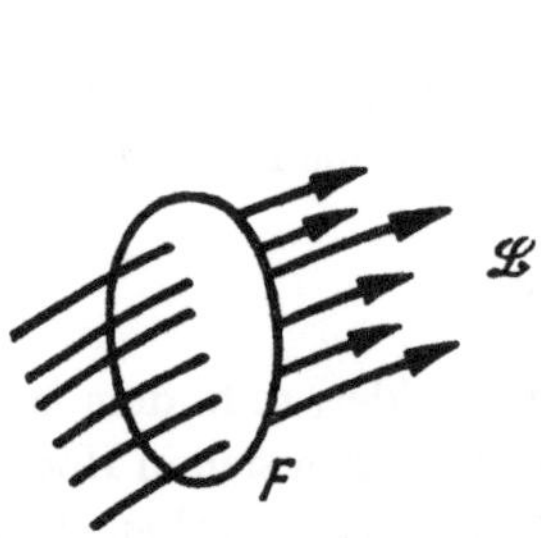

Abb. 4

Ist die magnetische Zähigkeit ν_m gleich Null bzw. die Leitfähigkeit σ unendlich, so ändert sich die Zahl der magnetischen Kraftlinien durch die mitbewegte Fläche F nicht. In diesem Fall ist also das Magnetfeld mit dem Plasma verhaftet. Es ist in diesem „eingefroren" oder „eingefangen". Dieser Effekt des „eingefrorenen Magnetfeldes" tritt jedoch nicht nur dann auf, wenn ν_m gleich Null ist, sondern es kommt auf die sog. magnetische REYNOLDS-Zahl R_m an. Um dies zu zeigen, schreiben wir die Bewegungsgleichung für das Magnetfeld (67) in dimensionsloser Form. Hierzu dividieren wir alle Variablen durch eine für das betrachtete Phänomen spezifische Konstante gleicher Dimension, so daß die resultierenden dimensionslosen Variablen (mit *) von der Größenordnung 1 werden. Wir setzen also:

$$\mathfrak{B}^* = \mathfrak{B}/B_0\,, \quad \mathfrak{v}^* = \mathfrak{v}/v_0\,, \quad x^* = x/L\,, \quad t^* = t/t_0\,, \tag{70}$$

und hieraus:

$$\text{rot}\,^* = L \cdot \text{rot}\,, \quad \Delta^* = L^2\,\Delta\,.$$

In diesem dimensionslosen Variablen lautet die Gleichung (67)

$$\frac{\partial \mathfrak{B}^*}{\partial t^*} = \text{rot}\,^* [\mathfrak{v}^* \times \mathfrak{B}^*] + \frac{1}{R_m} \Delta^* \mathfrak{B}^*\,. \tag{71}$$

Dabei ist

$$R_m = \frac{v_0\,L}{\nu_m}\,, \tag{72}$$

die magnetische REYNOLDS-Zahl, die sich in der Form von der mechanischen REYNOLDS-Zahl nur durch die Ersetzung der mechanischen durch die magnetische Zähigkeit ν_m unterscheidet. Der Term, der die Dissipation des Magnetfeldes zur Folge hat, ist also proportional zu $1/R_m$. Dieser Term kann nun offenbar dann vernachlässigt werden, wenn R_m groß gegen 1 wird, d. h., der Effekt des eingefrorenen Magnetfeldes ergibt sich auch bei Plasmaphänomenen mit großen spezifischen Dimensionen (L) und Geschwindigkeiten (v_0). Man wird daher vermuten, daß insbesondere kosmische Plasmen eingefrorene Magnetfelder tragen werden. Das ist tatsächlich der Fall. Zum Beispiel tragen in der Regel von der Sonne kommende Plasmaströme magnetische Felder mit sich (s. Beitrag von Dr. WAGNER). Im Laboratorium ist dieser Effekt leider nur schwer zu beobachten, weil hier die spezifischen Konstanten L und v_0 zu geringe Werte haben. Bei kosmischen Plasmen ist R_m von der Größenordnung 10^8-10^{15}. Bei flüssigen Metallen dagegen ist trotz ihrer großen Leitfähigkeit R_m nur von der Größenordnung 10^{-2} bis 10.

Wir haben soeben zwei verschieden dimensionierte Plasmen, ein kosmisches Plasma und ein Laborplasma (flüssiges Metall), an Hand der dimensionslosen Grundgleichung (71) auf äquivalentes physikalisches (hier MHD-) Verhalten untersucht. Dieses Verfahren heißt auch „Skalentransformation". Bei der Änderung der Skalen, hier der spezifischen Konstanten L und v_0, müssen gewisse dimensionslose charakteristische Parameter, hier R_m, invariant bleiben, wenn physikalische Äquivalenz der Plasmen im Sinne der betrachteten Grundgleichungen vorhanden sein soll. Dieses Verfahren ist auch schon aus der gewöhnlichen Hydrodynamik bekannt. Für den Fall allgemeinerer Grundgleichungen wird man viel mehr solcher charakteristischer dimensionsloser Parameter zu beachten haben. Wir können nun auch umgekehrt die Dimension des Plasmas festlassen (also z. B. ein Laborplasma betrachten) und die charakteristischen dimensionslosen Parameter variieren. Wir bekommen dann gewisse charakteristische Bereiche im Raum der Zustandsvariablen (T, n_0, B), in denen sich das Plasma jeweils physikalisch anders verhält.

4.6. Dichte-Temperatur-Diagramm

Wir betrachten hierzu ein Dichte-Temperatur-Diagramm für ein Deuteriumplasma der Querdimension $L = 10$ cm in der Nähe des thermischen Gleichgewichts (Abb. 5). Als charakteristische Parameter wählen wir die Verhältnisse der charakteristischen Längen des Plasmas, das sind die DEBYE-Länge D (21), die beiden mittleren Gyrationsradien für Elektronen und Ionen r_{zi} und r_{ze} (53) und die mittlere freie Weglänge λ (62). Alle diese Längen hängen von der Dichte und der Temperatur ab. Lediglich die Gyrationsradien hängen zusätzlich noch

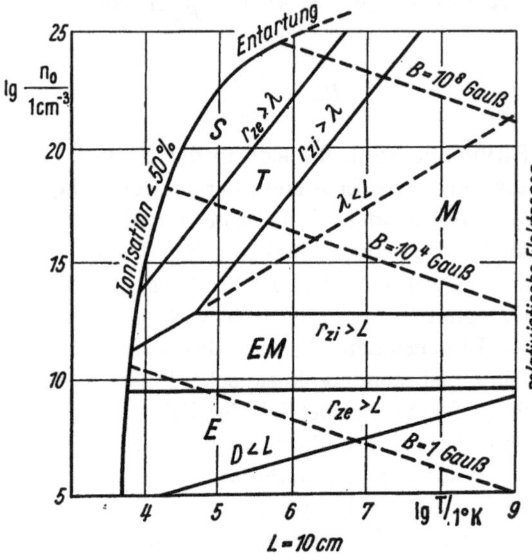

Abb. 5

von der Magnetfeldstärke ab. Damit wir jedoch mit zwei Variablen T und n_0 auskommen, nehmen wir an, daß das Plasma mit dem Magnetfeld $\mathfrak{B}$ im Gleichgewicht ist, d. h. der magnetische Druck in der Größenordnung des kinetischen Drucks $2\,n_0\,k\,T$ ist. Dann können wir für B einsetzen: $B = \sqrt{16\,\pi\,n_0\,k\,T}$.

Auf der Ordinate des Diagramms ist der dekadische Logarithmus der Dichte n_0 in cm^{-3}, auf der Abszisse der dekadische Logarithmus der Temperatur in Grad Kelvin aufgetragen. Der hier interessierende Dichte-Temperatur-Bereich ist nach links begrenzt durch eine Kurve, links von der der Ionisationsgrad nach der SAHA-Formel kleiner als 50% ist (Grenze der Vollionisierung). Nach oben im Bereich sehr hoher Dichten ist das Diagramm begrenzt durch die dort einsetzende quantenmechanische Entartung, denn wir wollen hier nur klassische Plasmen betrachten. Nach rechts schließlich, oberhalb 10^9 °K, werden die Elektronen relativistisch.

Der mittlere Teil nun ist durch gerade Linien in Bereiche unterteilt, auf denen jeweils zwei der charakteristischen Längen gleich werden. Diese Bereiche sind durch große Buchstaben gekennzeichnet. Im Bereich S ist die mittlere freie Weglänge λ der Elektronen kleiner als der Elektronengyrationsradius r_{ze}. Wie schon in Abschn. 4.3 gezeigt, ist die Leitfähigkeit hier ein Skalar (S-Bereich). Da die mittlere freie Weglänge für Ion-Ion-Stöße in derselben Größenordnung liegt wie λ, sind erst recht alle durch die Ionen bestimmten Transportprozesse, wie z. B. Wärmeleitung, isotrop ($\lambda < r_{ze} < r_{zi}$).

Im Bereich T ist r_{ze} bereits kleiner als λ, jedoch r_{zi} noch größer als λ ($r_{ze} < \lambda < r_{zi}$). Hier ist also die Leitfähigkeit bereits ein Tensor (T-Bereich), die Ionentransportkoeffizienten dagegen sind noch Skalare.

Im Bereich M schließlich sind beide Gyrationsradien kleiner als λ ($r_{ze} < r_z < \lambda$). Hier sind also alle Transportkoeffizienten Tensoren. Das Magnetfeld (M-Bereich) hat hier den beherrschenden Einfluß. Auf der gestrichelten Linie durch den Bereich M wird die mittlere freie Weglänge λ gleich der Querdimension L. Unterhalb dieser Linie befindet sich auch der Arbeitsbereich der projektierten Kernfusionsreaktoren (s. Beitrag Dr. ROTHHARDT).

Im nächsten Bereich EM wird zunächst der Ionengyrationsradius größer als L ($r_{ze} < L < r_{zi}$), d. h., die Bewegung der Ionen wird durch das Magnetfeld nur noch schwach beeinflußt. Bestimmend für die Ionenbewegung werden elektrostatische Felder, die bei Ladungstrennungen auftreten. Die Bewegung der Elektronen wird jedoch auch noch durch das Magnetfeld bestimmt (EM-Bereich).

Wird schließlich auch noch der Elektronengyrationsradius größer als L ($L < r_{ze} < r_{zi}$), so hat nur noch das elektrische Feld Einfluß auf die Bewegung (E-Bereich). Unterhalb des E-Bereiches wird die DEBYE-Länge D größer als die Querdimension L. Hier wird die Wechselwirkung der Teilchen mit der Wand allein entscheidend (s. Abschn. 2.5.). Man kann sie daher als freie Teilchen in einem Behälter auffassen.

Ein solches n-T-Diagramm, wie eben besprochen, wurde zuerst von KANTROWITZ und PETSCHEK angegeben und diskutiert [13].

5. Wellen und Schwingungen im Plasma

5.1. Grundlösungen, Pinchkonfiguration

Wir wollen uns nun den Wellen- und Schwingungsphänomenen im Plasma zuwenden. Hierzu ist es zweckmäßig, zunächst den Begriff der Grundlösung einzuführen. Eine Grundlösung sei eine vorgegebene statische oder stationäre Lösung des betrachteten (i. a. nichtlinearen) Grundgleichungssystems. (Nichtstationäre Grundlösungen wollen wir hier nicht betrachten.) Dabei seien im stationären Fall alle lokalen zeitlichen Änderungen der Zustandsgrößen gleich Null, im statischen Fall sei zusätzlich auch noch die Massengeschwindigkeit $\mathfrak{v}$ gleich Null.

Eine statische Grundlösung ist uns bereits in 4.2 begegnet, nämlich die Drucklösung $p + \frac{1}{8\pi} B^2 = \text{const}$, die zur Definition des magnetischen Druckes Anlaß gab. Wir wollen nun noch eine weitere statische Grundlösung erwähnen, die sog. Pinchkonfiguration. Ein durch ein zylindrisches Plasma fließender Strom erzeugt um sich kreisförmig geschlossene magnetische Kraftlinien. Ist dieser Strom stark genug (wie z. B. bei Hochstromgasentladungen), so vermag dieses azimutale Magnetfeld auf Grund der radial zur Zylinderachse gerichteten Kraft $[\mathfrak{j}/c \times \mathfrak{B}]$ der Bewegungsgleichung (41) das Plasma zusammenzudrücken bzw. einzuschnüren (s. Abb. 6). Hierdurch steigt der Ionendruck und damit die Temperatur. Im statischen Fall, d. h. $\mathfrak{v} = 0$, bzw. im Gleichgewicht ergibt sich eine Temperatur T_B, die sog. BENNETT-Temperatur, die mit der Stromstärke I durch die BENNETT-Gleichung

$$2\, N\, k\, T_B = I^2 \tag{73}$$

verknüpft ist. N ist die Zahl der Teilchen pro cm der Zylinderachse.

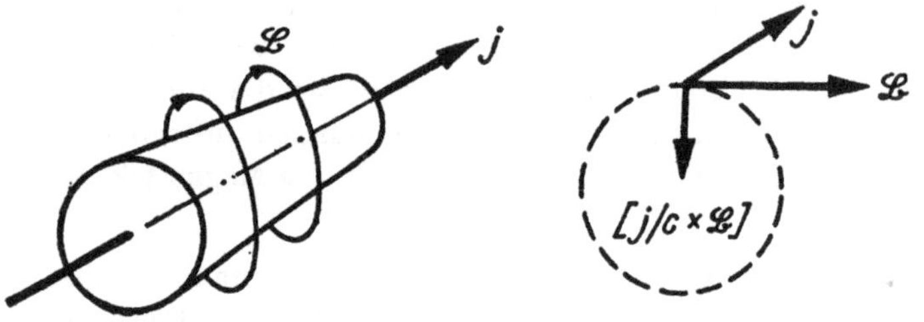

Abb. 6

5.2. Stabilität, Linearisierung, Dispersionsbeziehung

Diese statischen bzw. stationären Grundlösungen oder Grundkonfigurationen können auch zu den labilen Gleichgewichten gehören, d. h., eine kleine Störung wächst stark an und zerstört schließlich die Konfiguration. Die eben behandelte statische Pinchlösung gehört z. B. zu diesen instabilen Konfigurationen. Um die Stabilität von Grundlösungen mathematisch zu untersuchen, kann man z. B. den Zustandsgrößen der Grundkonfiguration (Index 0) kleine Störungen (Index 1) überlagern:

$$\left.\begin{aligned} \mathfrak{v}(\mathfrak{r}, t) &= \mathfrak{v}_0(\mathfrak{r}) + \mathfrak{v}_1(\mathfrak{r}, t)\,, \\ \mathfrak{j}(\mathfrak{r}, t) &= \mathfrak{j}_0(\mathfrak{r}) + \mathfrak{j}_1(\mathfrak{r}, t)\,, \\ \mathfrak{B}(\mathfrak{r}, t) &= \mathfrak{B}_0(\mathfrak{r}) + \mathfrak{B}_1(\mathfrak{r}, t)\,, \\ &\;\vdots \\ A(\mathfrak{r}, t) &= A_0(\mathfrak{r}) + A_1(\mathfrak{r}, t)\,. \end{aligned}\right\} \tag{74}$$

Man geht nun mit diesem Ansatz in das Grundgleichungssystem ein und berücksichtigt, daß die ungestörten Größen (Index 0) Lösungen der zeitunabhängigen

Gleichungen sind. Schließlich vernachlässigt man Quadrate und Produkte (und höhere Nichtlinearitäten) der Störgrößen auf Grund der angenommenen Kleinheit dieser Größen. Man erhält dann ein in den unbekannten Störgrößen lineares und homogenes Differentialgleichungssystem. Die Grundgleichungen sind „linearisiert" worden, wie man sagt. Macht man nun noch für die Störgrößen einen zeitlich und/oder räumlich periodischen Ansatz, so lassen sich leicht Aussagen über die Anwachsraten der Störungen gewinnen. Haben die Grundkonfigurationen einfache räumliche Symmetrien, wie z. B. Isotropie, Zylinder- oder Kugelsymmetrie, so kann man für die Störungen einfache Wellensätze machen. Es ergibt sich dann ein mathematischer Zusammenhang zwischen der Frequenz und der Wellenlänge dieser Störwellen, die sog. Dispersionsbeziehung. Wir wollen das am Beispiel der einfachsten Grundlösung, das ist ein statisches, homogenes, unendlich ausgedehntes Plasma, der als Störung ebene Wellen überlagert sind, erläutern. In diesem Fall sind alle ungestörten Größen Konstante, hängen also nicht von Ort und Zeit ab. Der Ansatz für die Störgrößen sei:

$$A_1(\mathfrak{r}, t) = A_{10}\, e^{i(\omega t - \mathfrak{k}\mathfrak{r})}. \tag{75}$$

Hieraus ergibt sich die Frequenz der Welle zu $\nu = \frac{\omega}{2\pi}$ und die Wellenlänge λ aus dem Wellenzahlvektor $\mathfrak{k}$ zu $\lambda = \frac{2\pi}{|\mathfrak{k}|}$. Gehen wir mit dem Ansatz (75) in das linearisierte Grundgleichungssystem ein, so bekommen wir ein lineares, homogenes, algebraisches Gleichungssystem für die konstanten Amplituden A_{10}. Damit ein solches System nichttrivial lösbar ist, muß die Determinante der von ω und $\mathfrak{k}$ und den ungestörten Größen abhängigen Koeffizientenmatrix verschwinden. Diese Bedingung ergibt die erwähnte Dispersionsbeziehung

$$\omega = f(\mathfrak{k} \mid \mathfrak{j}_0, \mathfrak{B}_0, p_0, \varrho_0, \ldots)\,. \tag{76}$$

Im allgemeinen ist diese Gleichung jedoch nur mit einem komplexen ω bzw. $\mathfrak{k}$ zu befriedigen. Je nachdem, ob nun der Imaginärteil von ω bzw. $\mathfrak{k}$ positiv oder negativ ist, ergibt sich eine anwachsende oder gedämpfte ebene Störwelle, wie man leicht aus (75) erkennt.

Aus (76) folgen nun auch die bekannten charakteristischen Größen der Wellenausbreitung: Die Phasengeschwindigkeit v_{Ph},

$$v_{\mathrm{Ph}} = \frac{\omega}{|\mathfrak{k}|}, \tag{77}$$

die Gruppengeschwindigkeit $\mathfrak{v}_{\mathrm{Gr}}$,

$$\mathfrak{v}_{\mathrm{Gr}} = \frac{d\omega}{d\mathfrak{k}}, \tag{78}$$

und der Brechungsindex N,

$$N = \frac{c}{v_{\mathrm{Ph}}} = \frac{k\,c}{\omega}, \qquad k = |\mathfrak{k}|\,. \tag{79}$$

Wir wollen nun versuchen, eine ungefähre Übersicht über die in einem Plasma möglichen einfachsten Wellen- und Schwingungstypen (Moden) zu gewinnen.

Hierzu genügt es, wieder die einfachste Grundlösung, d. h. das statische, unendlich ausgedehnte, homogene Plasma zu betrachten.

5.3. ALFVENsche Wellen, magnetoakustische Moden

Linearisieren wir das Gleichungssystem der Zweiflüssigkeitstheorie (40) ff. und machen wir für die Störgrößen einen Plan-Wellen-Ansatz (75), so ergibt sich für kleine Frequenzen ein Gleichungssystem, das wir auch direkt durch Linearisierung und Spezialisierung auf Plan-Wellen-Störungen aus dem MHD-Gleichungsstysem (66), (67) bekommen können. „Kleine Frequenzen" bedeutet, ω muß klein sein gegen die Plasmafrequenz ω_0 und die Gyrationsfrequenzen ω_{ze} und ω_{zi}. In diesem niederfrequenten, bzw. magnetohydrodynamischen Bereich ergeben sich im wesentlichen folgende einfache Wellentypen: „ALFVENsche Wellen" und „magnetoakustische Wellen", zusammen als „allgemeine magnetohydrodynamische Moden" bezeichnet. ALFVENsche Wellen sind transversale Wellen mit der Phasengeschwindigkeit (der sog. ALFVEN-Geschwindigkeit)

$$v_A = \sqrt{\frac{B_0}{4\pi\varrho_0}}\,, \tag{80}$$

die sich ähnlich Seilwellen längs der magnetischen Kraftlinien ausbreiten, wobei die Kraftlinien die Rolle der Seile übernehmen.

Parallel zum Magnetfeld $\mathfrak{B}_0$ können sich nun auch longitudinale Schallwellen mit der bekannten Phasengeschwindigkeit

$$v_S = \sqrt{\gamma\, p_0/\varrho_0}\,, \qquad \gamma = c_p/c_v \tag{81}$$

ausbreiten. Genaugenommen sind es Ionenschallwellen, die sich jedoch in Richtung des Magnetfeldes bei nicht zu kleinen Wellenlängen wie normale Neutralgasschallwellen verhalten sollten, da die Elektronen den Schwingungen folgen und für Quasineutralität sorgen. Das Magnetfeld hat hier keinen Einfluß, weil die Teilchenbewegung in Richtung des Feldes keine Behinderung erfährt (bei longitudinalen Wellen erfolgen die Schwingungen in Ausbreitungsrichtung). Die kinetische Theorie zeigt jedoch, daß solche Plasmaschallwellen stark gedämpft sind infolge „LANDAU-Dämpfung" (s. Abschn. 5.4), wenn nicht $T_e \gg T_i$ ist.

In der Ausbreitungsrichtung senkrecht zum Magnetfeld ist die Kompressibilität des Plasmas infolge des magnetischen Druckes jedoch erniedrigt, die Schallgeschwindigkeit ist daher größer als oben, nämlich

$$v_{\text{Ph}} = \sqrt{v_S^2 + v_A^2}\,. \tag{82}$$

Erfolgt die Ausbreitung der Welle schief zur Magnetfeldrichtung, so kommt es zu einer Kopplung der longitudinalen Schallwellen mit den transversalen ALFVENschen Wellen. Diese Hybridmoden, die weder rein longitudinal noch rein transversal sind, bezeichnet man als „magnetoakustische Moden". Sowohl

ALFVENsche als auch magnetoakustische Wellen konnten im Laboratorium erzeugt und nachgewiesen werden.

5.4. Plasmaschwingungen, longitudinale Moden

Betrachten wir nun den anderen Extremfall sehr hoher Frequenzen, zunächst ohne Magnetfeld, d. h. $B_0 = 0$. Wir können hier wieder zwei Grundtypen von Wellen unterscheiden, die longitudinale Plasmaschwingungsmode und die transversalen elektromagnetischen Wellen. Betrachten wir zunächst die Plasmaschwingungen. Bei sehr hohen Frequenzen werden offenbar die Ionen zu träge sein, um den schnellen Schwingungen folgen zu können. Es werden daher nur die Elektronen allein schwingen. Da nun die Ionen hinter den Elektronen zurückbleiben, kommt es zu Ladungstrennungen und damit zu rücktreibenden elektrostatischen Feldern. Das ist der Grundmechanismus der Plasmaschwingungen, die sich bei endlicher Elektronentemperatur T_e auch ausbreiten können. Diese Plasmawellen sind analog Schallwellen longitudinal, d. h. die Schwingungsrichtung ist parallel zur Ausbreitungsrichtung (ein Magnetfeld in dieser Richtung ist daher wieder ohne Einfluß). Die Dispersionsbeziehung für die Plasmawellen, die sich nach entsprechender Spezialisierung aus den Grundgleichungen (40) ff. ergibt, lautet

$$\omega^2 = \omega_0^2 + v_{S_e}^2 k^2 . \tag{83}$$

Dabei ist v_{S_e} die formal wie (81) gebildete Elektronenschallgeschwindigkeit

$$v_{S_e} = \sqrt{\gamma_e \frac{p_{e0}}{m_e n_0}} = \sqrt{\frac{\gamma_e k T_e}{m}} . \tag{84}$$

Ist also T_e gleich Null, so ist $\omega = \omega_0$. Damit wird die Gruppengeschwindigkeit (78) gleich Null, d. h., es erfolgt keine Ausbreitung. Eine lokale Störung schwingt auf der Stelle, ohne das umgebende Plasma zu stören. Erst bei $T_e \neq 0$ pflanzt sich die Störung durch das Plasma fort.

Einen Elektronenschall, der sich mit der Phasengeschwindigkeit v_{S_e} im Plasma ausbreitet, gibt es jedoch nicht. Denn es müßte hierzu der Term $v_{S_e} k^2$ in (83) groß gegen ω_0^2 werden. Dies ist jedoch nur dann der Fall, wenn die Wellenlänge klein gegen die DEBYE-Länge D (21) wird. Für Wellenlängen kleiner oder in der Größenordnung der DEBYE-Länge werden aber Plasmawellen stark gedämpft, und zwar auf Grund der sog. „LANDAU-Dämpfung". Diese LANDAU-Dämpfung der Plasmawellen folgt jedoch nicht aus der hydrodynamischen Theorie, sondern ergibt sich erst aus einer kinetischen Theorie (VLASOV-Gleichung, 2.5.). Die Frequenz ω wird komplex:

$$\omega = Re\,\omega + i\,\gamma , \qquad Re\,\omega = \big(\omega \text{ in } (83)\big),$$

wobei der Imaginärteil γ die Dämpfung beschreibt (5.2.) und nach LANDAU gegeben ist als

$$\gamma = \frac{\sqrt{\pi}}{8}\,\omega_0 \frac{1}{(k\,D)^3}\, e^{-\frac{1}{2(k\,D)^2}} . \tag{85}$$

Hieraus ist ersichtlich, daß die Dämpfung verschwindet für $k\,D \ll 1$, d. h. für Wellenlängen, die groß gegen die DEBYE-Länge D sind.[1]) In diesem Fall wird der Term $v_{Se}^2\,k^2$ in (83) klein gegen ω_0^2 und wir erkennen, daß die Frequenzen der bez. LANDAU-Dämpfung ungedämpften Plasmawellen in der Nähe der Plasmafrequenz liegen. Man darf daher erwarten, daß die durch Plasmaschwingungen verursachten Effekte im wesentlichen im Bereich um die Plasmafrequenz auftreten. Die Plasmafrequenz ist für die meisten Plasmen in der Tat schon eine sehr hohe Frequenz, in Übereinstimmung mit unserer Annahme zu Beginn des Abschnitts. Es gibt noch einen weiteren Dämpfungsmechanismus, der im Gegensatz zur LANDAU-Dämpfung alle Wellentypen im Plasma erfaßt, also auch die Plasmawellen selbst. Es ist dies die sog. Stoßdämpfung, die auf der thermalisierenden Wirkung der Stöße im Sinne von Abschn. 2.5 beruht. Die LANDAU-Dämpfung tritt jedoch auch dann auf, wenn man die individuellen Stöße (Zweierstöße) zwischen den Teilchen vernachlässigen kann. Die physikalische Deutung der LANDAU-Dämpfung ist jedoch noch etwas umstritten. Eine anschauliche Deutungsmöglichkeit sei hier dennoch angegeben: Hiernach beruht die LANDAU-Dämpfung auf einer direkten Wechselwirkung zwischen den individuellen Teilchen und der kollektiven Plasmawelle. Die Phasengeschwindigkeit v_{Ph} der Plasmawellen ist nach (83) immer größer als die mittlere thermische Geschwindigkeit v_{th} ($\approx v_{Se}$) der Elektronen. Ist v_{th} nun gerade soviel größer als v_{Ph}, daß die in Richtung der Welle laufenden thermischen Elektronen die von der Welle gebildeten Potentialberge, deren Maximum U sei, nicht mehr überwinden können, d. h. ist

$$\frac{m_e}{2}(v_{\mathrm{Ph}} - v_{\mathrm{th}})^2 < U\,,$$

so werden diese thermischen Elektronen von der Welle mitgeführt und auf die Phasengeschwindigkeit beschleunigt, d. h. aber, die Welle gibt Energie an die thermischen Elektronen ab. Umgekehrt kann die Welle auch Energie gewinnen, wenn die Geschwindigkeit der in Richtung der Welle laufenden Elektronen etwas größer ist als die Phasengeschwindigkeit, so daß die in den Potentialmulden eingefangenen Teilchen abgebremst werden. Haben die Elektronen eine MAXWELL-Verteilung (s. Abschn. 2.1.), so gibt es mehr Elektronen mit einer Geschwindigkeit unterhalb v_{Ph} als darüber, so daß die Welle im Nettoeffekt gedämpft wird. Schießt man jedoch in ein Plasma einen gerichteten monoenergetischen (oder nahezu monoenergetischen) und überthermischen Elektronenstrahl ein, so kann es zur Anregung von Plasmawellen kommen, deren Amplituden bis zur Werten anwachsen, die die hier im Rahmen der linearen Theorie zulässigen Werte übersteigen können.

Mit diesem Effekt im Zusammenhang steht die beobachtete anomal schnelle Thermalisierung solcher Elektronenstrahlen im Plasma (LANGMUIR-Effekt). Es

[1]) Für Wellenlängen λ, die klein gegen D sind ($k\,D \gg 1$), ergibt sich aus der Theorie der VLASOV-Gleichung ein von (85) abweichender Ausdruck, der eine sehr starke Dämpfung beschreibt, so daß die Plasmaschwingungen schon innerhalb einer Schwingungsperiode weggedämpft werden.

wurde die Strecke von der Einschußstelle des Strahls bis zu dem Punkt gemessen, an dem gerade keine Abweichung von der MAXWELL-Verteilung der Elektronen mehr festzustellen war (Sondencharakteristiken). Die Länge dieser „Relaxationsstrecke" wies sehr starke Diskrepanzen gegenüber der Länge derjenigen Strecken auf, die auf Grund einfacher theoretischer Modelle berechnet wurden, und zwar war die gemessene Strecke um einen Faktor 10^3 bis 10^6 kleiner als die berechneten. Diese viel zu großen Relaxationsstrecken wurden einerseits unter der Annahme berechnet, daß die Thermalisierung der Strahlelektronen nur auf Grund von Zweierstößen erfolgt. Andererseits ergab sich die gleiche Größenordnung auf Grund der Annahme, daß ein einzelnes Strahlelektron seine kinetische Energie durch Anregung von Plasmaschwingungen verliert. Eine detaillierte Theorie dieser anomalen Relaxation von Elektronenstrahlen gibt es auch heute noch nicht, da noch zu wenig definierte Messungen existieren. Jedoch gibt es Theorien, die wenigstens die Größenordnung der gemessenen Relaxationsstrecken zu erklären gestatten. Wir wollen hier zwei Theorien erwähnen. In der einen, die man etwa als „Klystronmechanismus" bezeichnen könnte, nimmt man an, daß der Elektronenstrahl beim Eintritt in das Plasma in einer dünnen (einige DEBYE-Längen dicken), mit der Plasmafrequenz schwingenden Randschicht geschwindigkeitsmoduliert wird. Nach einer bestimmten Laufzeit bzw. Laufstrecke bilden sich dadurch Verdichtungen und Verdünnungen der Elektronendichte aus. Die Elektronenverdichtungen („bunches") sollen eine gegenüber dem Einzelteilchen soviel mal stärkere Wechselwirkung mit den Plasmawellen haben, wie die Zahl N der Elektronen im „bunch" beträgt. Wählt man also $N = 10^3$ bis 10^6, so wird der Elektronenbunch also 10^3 bis 10^6mal stärker abgebremst als ein Einzelteilchen, und man erhält die Größenordnung der gemessenen Bremslängen.

In der anderen Theorie wird der Strahl nicht in einer schwingenden Randschicht moduliert, sondern in der von ihm angeregten Plasmawelle, die schließlich die Energie des Strahls übernimmt (Analogie zur Wanderfeldröhre). Im Gegensatz zu den oben erwähnten Einzelteilchentheorien berücksichtigen also die zuletzt behandelten Theorien die Rückwirkung des Plasmas (bzw. der Plasmawellen) auf die Verteilung der Strahlelektronen.

Wir wollen nun die Beschränkung auf hochfrequente Wellen fallen lassen, also zulassen, daß auch die Ionen mitschwingen. Es ergibt sich dann aus dem allgemeinen Zweiflüssigkeitssystem in der Form (27) ff. oder (40) ff. eine allgemeine Dispersionsbeziehung für die longitudinalen Moden bei Abwesenheit eines Magnetfeldes in Richtung schief zur Ausbreitungsrichtung der Welle:

$$(k^2 v_{Se}^2 - \omega^2 + \omega_0^2)(k^2 v_{Si}^2 - \omega^2 + \Omega_0^2) - \omega_0^2 \Omega_0^2 = 0 . \qquad (86)$$

Dabei ist v_{Si} die Ionenschallgeschwindigkeit, die analog (84) geben ist durch

$$v_{Si} = \sqrt{\frac{\gamma_i p_{i0}}{m_i n_0}} = \sqrt{\frac{\gamma_i k T_i}{m}} , \qquad (87)$$

und Ω_0 ist die Ionenplasmafrequenz, die aus der normalen Plasmafrequenz ω_0

durch Ersetzen der Elektronenmasse durch die Ionenmasse hervorgeht:

$$\Omega_0 = \sqrt{\frac{4\pi n_0 e^2}{m_i}} . \tag{88}$$

Durch Spezialisierung erhält man aus (86) wieder gewisse einfache Moden: Für Wellenlängen groß gegen die DEBYE-Länge ergeben sich unter der i. a. erfüllten Voraussetzung $v_{Se} \gg v_{Si}$ die beiden Lösungen

$$\omega_1^2 = \omega_0^2 + v_{Se}^2 k^2 , \quad \omega_2^2 = v_S^2 k^2 .$$

Dabei ist v_S die Schallgeschwindigkeit im Zweitemperaturplasma

$$v_S^2 = \frac{\gamma_e p_{e0} + \gamma_i p_{i0}}{\varrho_0} .$$

Wir bekommen also in diesem Grenzfall die bereits bekannten Elektronenplasmaschwingungen und Schallwellen, die jedoch im Fall $T_e \sim T_i$ nach der kinetischen Theorie stark landaugedämpft sind, da hier die Phasengeschwindigkeit der Welle in die Nähe der mittleren thermischen Geschwindigkeit der Ionen kommt.

Ist andererseits die Wellenlänge klein gegen die DEBYE-Länge (aber wieder $v_{Se} \gg v_{Si}$), so ergeben sich die beiden Lösungen

$$\omega_1^2 = v_{Se}^2 k^2 + \omega_0^2 \approx v_{Se}^2 k^2 , \quad \omega_2^2 = \Omega_0^2 + v_{Si}^2 k^2 + v_{Si}^2/v_{Se}^2 \, \omega_0^2 \approx \Omega_0^2 + v_{Si}^2 k^2 .$$

Die erste Lösung ist der bereits oben erwähnte, nicht realisierte Elektronenschall. Die zweite Mode ist offenbar das Ionenanalogon zu den Elektronenplasmaschwingungen, d. h. entspricht Ionenplasmaschwingungen. Aus Dämpfungsgründen muß Ω_0^2 wieder groß sein gegen den Term $v_{Si}^2 k^2$, d. h., die Wellenlänge muß groß sein gegen die Ionen-DEBYE-Länge $\sqrt{k T_i/4\pi n_0 e^2}$. Damit diese Bedingung nicht in Widerspruch zu der Voraussetzung ist, daß λ klein gegen die normale DEBYE-Länge $\sqrt{k T_e/4\pi n_0 e^2}$ ist (s. o.), muß offenbar die Elektronentemperatur T_e groß gegen die Ionentemperatur $T_i (T_e \gg T_i)$ sein, damit die Bedingung

$$\sqrt{\frac{k T_i}{4\pi n_0 e^2}} \ll \lambda \ll \sqrt{\frac{k T_e}{4\pi n_0 e^2}}$$

erfüllt werden kann. Hieraus wird auch anschaulich klar, wieso es zu niederfrequenten Ladungstrennungsschwingungen kommen kann. Auf Grund der hohen Elektronentemperatur können die Elektronen gegen die von den Ionenschwingungen verursachten elektrostatischen Felder anlaufen, so daß sich ein homogener negativer Ladungshintergrund bildet.

5.5. Elektromagnetische Wellen, transversale Moden

Betrachten wir nun die hochfrequenten transversalen Moden. Wir können diese, wie auch alle anderen rein transversalen Moden, also speziell auch die ALFVEN-Wellen, als normale elektromagnetische Wellen auffassen, die sich im Medium Plasma ausbreiten, d. h., wir können eine Dielektrizitätskonstante (DK) ε angeben, so daß alle Eigenschaften der Wellen schon aus den MAXWELL-Gleichungen (im Medium) allein folgen.

Ist zunächst kein Magnetfeld vorhanden, so ergibt sich für die DK des Plasmas bzw. für das Quadrat des Brechungsindex N die sog. ECCLESsche Beziehung

$$\varepsilon = N^2 = 1 - \frac{\omega_0^2}{\omega^2} . \tag{89}$$

Aus dieser Beziehung kann man nun unter Benutzung der normalen Elektrodynamik bzw. Optik den Schluß ziehen, daß transversale elektromagnetische Wellen im Plasma nur existieren können, wenn ihre Frequenz größer ist als die Plasmafrequenz ω_0. Ist nämlich $\omega < \omega_0$, so wird der Brechungsindex imaginär, d. h., eine elektromagnetische Welle wird an einer Vakuum-Plasma-Grenzfläche totalreflektiert. Ist $\omega > \omega_0$, so kann die Welle sich im Plasma ausbreiten. Dieser Effekt führt bekanntlich zu den Radiowellenechos an der Ionosphäre, denn die Plasmafrequenz liegt hier im Bereich der Radiowellen.

Anschaulich kann man dieses Verhalten wie folgt verstehen: Ist ω unterhalb ω_0, so können die Elektronen dem elektrischen Feld der Welle noch folgen; es entsteht ein kompensierendes Gegenfeld. Oberhalb ω_0 werden die Elektronen zu träge, es kommt nicht mehr zu kompensierenden Ladungstrennungen, und die Welle kann sich ausbreiten.

Die ECCLESsche Beziehung (89) gibt auch die Möglichkeit, die Elektronendichte im Plasma zu messen (s. Beiträge von Dipl.-Phys. JÄGER und Dr. WAGNER).

Wir wollen nun auch für die transversale Mode die Einschränkung hoher Frequenzen fallenlassen und auch ein Magnetfeld in Ausbreitungsrichtung zulassen. Wir bekommen dann ebenfalls aus dem gesamten Grundgleichungssystem der Zweiflüssigkeitstheorie, wie es im Abschnitt 3 angegeben wurde, eine allgemeine Dispersionsbeziehung, die wir hier gleich nach dem Brechungsindex aufgelöst angeben:

$$N^2 = 1 - \frac{\Omega_0^2}{\omega(\omega \pm \omega_{zi})} - \frac{\omega_2^0}{\omega(\omega \pm \omega_{ze})} . \tag{90}$$

Dabei sind ω_{zi} und ω_{ze} die Ionen- und Elektronen-Gyrationsfrequenzen, Ω_0 und ω_0 die Ionen- und Elektronen-Plasmafrequenzen. Verschwindet nun das äußere Magnetfeld, d. h., sind die Gyrationsfrequenzen gleich Null, so spezialisiert sich (90) auf den Brechungsindex (89) der bereits behandelten hochfrequenten elektromagnetischen Wellen ohne Magnetfeld, da $\Omega_0 \gg \omega_0$ ist. Der Brechungsindex (90) beschreibt also das Verhalten von elektromagnetischen Wellen beliebiger Frequenz, die sich längs der magnetischen Feldlinien ausbreiten. Den beiden Vorzeichen in den Nennern der in (90) auftretenden Quotienten entsprechen zwei entgegengesetzt zirkular polarisierte Wellen. Wie in der Kristalloptik spaltet eine in ein Plasma einfallende linear polarisierte Welle in zwei zirkular polarisierte Wellen auf, in eine „ordentliche" Welle (unteres Vorzeichen) und eine „außerordentliche" Welle (oberes Vorzeichen). Da beide Wellen verschiedene Phasengeschwindigkeiten haben, kommt es auch zu einem FARADAY-

Effekt, d. h. zu einer Drehung der Polarisationsebene der aus dem Plasma austretenden Welle gegenüber der der eingestrahlten Welle. Betrachten wir nun noch den Grenzfall kleiner Frequenzen, d. h., ω sei klein gegen die Ionengyrationsfrequenz ω_{zi} (und damit erst recht gegen ω_{ze}). Entwickeln wir (90) nach den kleinen Größen ω/ω_{zi} und ω/ω_{ze}, so erhalten wir wegen $\Omega_0^2/\omega_{zi} = \omega/\omega_{ze}$

$$N^2 = 1 + \Omega_0^2/\omega_{zi}^2 + \omega_0^2/\omega_{ze}^2 .$$

Setzt man hier die Definitionen der vier Frequenzen ein, so erhält man schließlich

$$N^2 = 1 + \frac{4\pi \varrho_0 c^2}{B_0^2} . \tag{91}$$

Da der zweite Term in (91) i. a. sehr groß gegen 1 ist, können wir die 1 vernachlässigen. Es ergibt sich dann als Phasengeschwindigkeit gerade die der ALFVENschen Wellen (80),

$$v_{\text{Ph}} = \frac{c}{N} = \frac{B_0}{\sqrt{4\pi \varrho_0}} ,$$

d. h., die ALFVENschen Wellen ergeben sich als niederfrequenter Grenzfall der elektromagnetischen Wellen im Plasma.

Kommt die Frequenz ω nun in die Nähe der Zyklotronfrequenzen ω_{zi} oder ω_{ze}, so ergeben sich die sog. „Zyklotronresonanzen", deren genaue Behandlung auf der Grundlage der kinetischen Theorie erfolgen muß.

5.6. Kopplung von longitudinalen und transversalen Moden

Läßt man auch noch die Einschränkung bez. der Ausbreitungsrichtung der Welle fallen, d. h., kann auch eine Magnetfeldkomponente senkrecht zur Ausbreitungsrichtung vorhanden sein, so werden die Verhältnisse bereits sehr unübersichtlich. Denn nun sind die longitudinalen und transversalen Moden zu Hybridmoden verkoppelt, die weder rein transversal noch rein longitudinal sind (s. auch Abschnitt 5.3.). Diese Kopplung wird auch noch durch andere Anisotropien, wie z. B. eine anisotrope Elektronengeschwindigkeitsverteilung, und durch Inhomogenitäten, wie z. B. Dichte- und Temperaturgradienten, bewirkt.

Dieser Kopplungseffekt führt bez. der Plasmaschwingungen zu einer neuartigen Ausstrahlungsmöglichkeit. Erzeugt man nämlich etwa durch Einschießen eines gerichteten überthermischen Elektronenstrahls in ein Plasma Plasmaschwingungen (s. Abschn. 5.4.), so können sich diese longitudinalen Wellen in transversale elektromagnetische Wellen umwandeln, die dann im Prinzip auch abgestrahlt werden können.[1]) Die Frequenzen dieser „überthermischen" Strahlung werden auf Grund ihres Ursprungs in einem kleinen Bereich

[1]) Hinzu kommt als weitere Möglichkeit der Umwandlung von longitudinalen in transversale Plasmawellen die nichtlineare Wechselwirkung von longitudinalen Wellen, die in letzter Zeit zur Deutung der unten erwähnten Radiobursts vorgeschlagen wurde.

um die Plasmafrequenz liegen. In der Tat wurde dieser Effekt im Laboratorium nachgewiesen. Auch einige Typen der solaren „radiobursts" lassen sich durch diesen Effekt deuten. Es handelt sich bei diesen Bursts um kurzzeitige, überthermische und schmalbandige Abstrahlungen von VHF-Wellen von der Sonne, deren Frequenzen gerade den in der Sonnenkorona vorkommenden Plasmafrequenzen (etwa 50 bis 500 MHz) entsprechen, und zwar durchläuft die mittlere Frequenz des Bandes diese möglichen Koronafrequenzen von den höheren zu den niedrigeren, in einem Fall in einer Zeit von einigen Minuten, im anderen sogar in einigen Sekunden. Dies entspricht der Annahme, daß ein Erregungszentrum, etwa eine Stoßwellenfront, von innen nach außen, d. h. von größeren zu kleineren Dichten bzw. von höheren zu niedrigeren Plasmafrequenzen, durch die Korona läuft. Aus der Gesamtdauer des „Strahlungsausbruchs" kann man dann auf die mittlere Geschwindigkeit des Erregungszentrums schließen.

Der in diesem Betrag gegebene Überblick über die Theorie des Plasmas ist naturgemäß durch die Begrenzung des Umfangs sehr fragmentarisch. Speziell über Schwingungen und Wellen im Plasma wäre noch sehr viel mehr zu sagen. Um nur einiges von dem zu nennen, was hier nicht behandelt werden konnte oder nur kurz gestreift wurde: Resonanzerscheinungen an begrenzten Plasmen; nichtlineare Phänomene, wie z. B. Stoßwellen oder Turbulenz; kinetische Theorie der Schwingungen und Wellen.

Ein Hinweis auf die Vielfalt und Komplexität der Phänomene, die bereits in einem so einfachen Plasma in Erscheinung tritt, wie wir es hier betrachtet haben, möge diesen Beitrag abschließen.

Literatur

[1] Becker, R., Theorie der Wärme. Berlin 1955.

[2] Meixner, J., und Reik, H. G., Thermodynamik der irreversiblen Prozesse. Hdb. d. Phys. (Flügge) **III**, 2 (1959).

[3] Münster, Arnold, Prinzipien der statistischen Mechanik. Hdb. d. Phys. (Flügge) **III**, 2 (1959).

[4] Chapman, S., und Cowling, T. G., The Mathematical Theory of Non-Uniform Gases. Cambridge 1952.

[4a] Grad, Harold, Principles of the Kinetic Theory of Gases. Hdb. d. Phys. (Flügge) **VII** (1958).

[5] Cohen, E. G. D., Neue Entwicklungen in der statistischen Mechanik der irreversiblen Prozesse, Physikertagung Wien (Bericht). Mosbach 1962.

[6] Bohm, D., und Pines, D., A Collective Description of Electron Interactions: II. Collective vs Individual Particle Aspects of the Interactions. Phys. Rev. **85** (1952) 338.

[7] Spitzer jr., Physics of Fully Ionized Gases. New York 1956.

[8] Fünfer, E., und Lehner, G., Plasmaphysik. Erg. d. exakt. Naturwiss. **34** (1962).

[9] Pai, S., Magnetogasdynamics and Plasma Dynamics. Wien 1962.

[10] Cowling, T. G., Magnetohydrodynamics, New York 1957.

[11] Alfvén, H., Cosmical Electrodynamics. Oxford 1953.

[12] Syrovatskij, S. I., Magnetohydrodynamics. Fortschr. d. Phys. **6** (1958) 437.

[12a] Kulikowskij, A. G., und Ljubimow, G. A., Magnitnaja Gidrodinamika. Moskau 1962.

[13] KANTROWITZ, A. R., und PETSCHEK, H. E., An Introductory Discussion of Magnetohydrodynamics, Symposium on Magnetohyd., Stanf. 1957.

[14] LÜST, REIMAR, Über die Ausbreitung von Wellen in einem Plasma. Fortschr. d. Phys. 7 (1959) 503.

[15] GINZBURG, V. L., Propagation of Electromagnetic Waves in Plasma, Amsterdam 1961.

[16] MONTGOMERY, D. C., und TIDMAN, D. A., Plasma Kinetic Theory, New York 1964.

Dr. LUDWIG ROTHHARDT

Institut für Magnetohydrodynamik der Deutschen Akademie der Wissenschaften zu Berlin, Jena

ERZEUGUNG HÖCHSTER TEMPERATUREN

In den vorangegangenen Beiträgen dieser Reihe haben Sie sich bereits daran gewöhnt, Temperaturangaben bei 10000 °K oder auch 50000 °K hinzunehmen, ohne allzusehr verwundert zu sein. Im Vergleich zu den Temperaturen in Hochöfen oder in Brennkammern für Porzellan sind das schon beachtliche Größen. Sie verlieren allerdings etwas von ihrem Schrecken, wenn man dazu sagt, daß bei den meisten Gasentladungen und Plasmen, die bei niedrigen Gasdrücken betrieben werden, die Wärmekapazität sehr klein ist, so daß man sich beim besten Willen die Finger nicht verbrennen kann. Bei höheren Drücken erzeugte Plasmen, wie z. B. Lichtbögen oder Plasmafackeln, haben allerdings schon einen so großen Wärmeinhalt, daß man die Fingerprobe nicht mehr machen darf. Trotzdem bezeichnet man derartige Plasmen seit etwa 10 Jahren als kalt, weil die Plasmaphysik in unseren Tagen auf Temperaturen von 10^7 bis 10^9 °K hinzielt.

Wie wir aus Abb. 1 entnehmen können, sind bei derartigen Temperaturen und Drücken zwischen 0 und 10^{11} at alle Stoffe völlig ionisiert. Die auf diese Temperatur aufgeheizte Materie besteht nur noch aus Elektronen und Atomrümpfen.

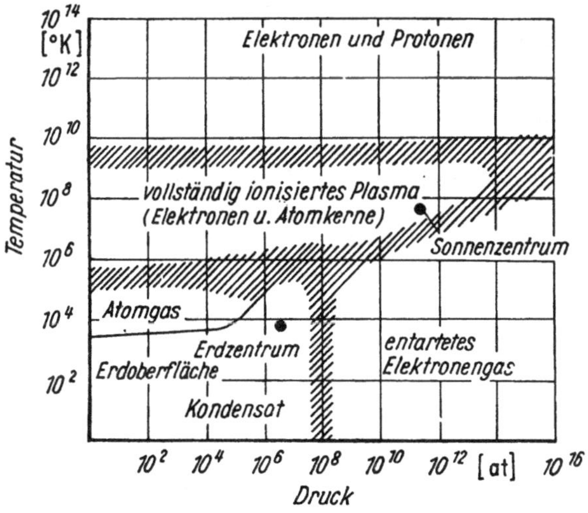

Abb. 1. Druck-Temperatur-Zustandsdiagramm für Materie (nach HUND)

Im vorangegangenen Beitrag haben Sie gelesen, wie man ein solches Teilchenkollektiv theoretisch beschreiben und sein Verhalten grundsätzlich verstehen kann. Jetzt sollen Sie erfahren, wie man mit so heißer Materie umgeht, und warum man sich anstrengt, Plasmen von hundert Millionen °K zu erzeugen.

Wir werden dabei oft auf das in den vorangegangenen Beiträgen Erlernte zurückgreifen können. Ich möchte aber trotzdem die wichtigsten Grundtatsachen an elementaren (man könnte auch sagen primitiven) Bildern erläutern.

1. Wände für Materie bei extremen Temperaturen

Um mit heißen Plasmen experimentieren zu können, muß man sie in Wände einschließen, die das Plasma thermisch isolieren, ihm also nichts von seinem Energieinhalt entziehen, und außerdem dem Druck des Plasmas standhalten. So etwas ist mit materiellen Wänden sicher nicht zu erreichen. Materie in Kontakt mit einem heißen Plasma führt nämlich sowohl zu einer intensiven Kühlung als auch (wegen des verdampfenden und in den Plasmazustand übergehenden Wandmaterials) zur Verschmutzung des Plasmas. Man muß also nach Kräften bzw. Kraftwirkungen suchen, die das Plasma zusammenhalten können.

Hätten wir genügend leeren Raum, z. B. 10^{30} m^3, zur Verfügung, so könnten wir einfach die Gravitationswirkung zwischen den Plasmapartikeln zur Bildung einer Plasmawolke ausnutzen. Am Beispiel der Sonne sehen wir die Wirksamkeit eines solchen „Gravitationsbehälters". Allerdings geht so etwas nur bei Plasmamengen, deren Masse in die Größenordnung der Sonnenmasse ($2 \cdot 10^{30}$ kg) kommt. Wir müssen uns also für den Einschluß von Plasmen im Labormaßstab nach anderen Kraftwirkungen umsehen.

Erinnern wir uns an das, was im ersten Beitrag über die Wechselwirkung von Ladungsträgern gesagt wurde: Wir lernten, daß mit steigender Partikelgeschwindigkeit der Wirkungsquerschnitt für Stöße mit dem reziproken Quadrat der Geschwindigkeit abnimmt:

$$\sigma \text{ prop. } v^{-2}. \tag{1}$$

Bei den extrem hohen Temperaturen, über die wir z. Z. sprechen, haben die Teilchen tatsächlich eine sehr hohe Geschwindigkeit. Daraus folgt, daß sie nur sehr selten Stoßwechselwirkungen erleben und sich fast immer wie einzelne, ungestörte Teilchen verhalten. Aus diesem Grunde brauchen wir zunächst nur nach Kraftwirkungen zu suchen, die die Beweglichkeit der einzelnen Ladungsträger stark reduzieren.

Wegen der Fähigkeit des Plasmas, elektrische Felder durch Ausbildung einer elektrischen Doppelschicht abzuschirmen, kommt eine elektrostatische Beeinflussung nicht in Frage. Stationäre Magnetfelder sind dagegen in Plasmen zu finden und damit verwendbar. (Oft erzeugt man das Plasma in einem schon vorhandenen Magnetfeld.)

Wie sich die im Plasma vorhandenen Ladungsträger (Elektronen und Ionen) in einem homogenen Magnetfeld verhalten, haben Sie bereits im ersten und fünften Vortrag gelernt. Zur Erinnerung ist es in Abb. 2a noch einmal dargestellt: Das Magnetfeld steht senkrecht auf der Zeichenebene und zeigt aus ihr heraus. Jeder Ladungsträger beschreibt eine Kreisbahn um eine Feldlinie, mit der er verheftet ist. Er durchläuft den „Zyklotronkreis", dessen Radius von Magnetfeld, Teilchenmasse, -geschwindigkeit und -ladung abhängt und gleich $\frac{m v_\perp}{B e}$ ist. (Hierbei ist m die Teilchenmasse, $v_\perp$ die Komponente der Teilchengeschwindigkeit senkrecht zum Feld, e die mitgeführte Ladung und B die Größe der magnetischen Induktion.) Hat die Anfangsgeschwindigkeit eine Komponente in Richtung des Magnetfeldes ($v_\parallel$), so verläuft die Bewegung auf einer Schraubenlinie; die Projektion dieser Bewegung auf eine Ebene senkrecht zu $\mathfrak{B}$ ist dann wieder der Zyklotronkreis. Infolge der Kraftwirkung zwischen bewegter Ladung und Magnetfeld wird also eine Bewegung der Ladungsträger senkrecht zum Magnetfeld unmöglich gemacht. In Feldrichtung können sich die Partikeln allerdings nach wie vor frei bewegen.

Diese zweidimensionale Einschließung läßt sich zu einer dreidimensionalen erweitern, wenn man dafür sorgt, daß sich die Feldlinien im Endlichen schließen. Im einfachsten Falle benutzt man kreisförmige, geschlossene Feldlinien, hat aber doch mehr Schwierigkeiten, als bei oberflächlicher Betrachtung erkennbar sind. Wir wollen auf derartige Einschlußmöglichkeiten in topologisch toroidalen Feldern deshalb erst an späterer Stelle eingehen. Es gibt einen übersichtlicheren und oft benutzten Ausweg: den magnetischen Spiegel. Lassen wir, wie in Abb. 3 skizziert, die Stärke des Magnetfeldes in Feldrichtung anwachsen, dann führen die Ladungsträger eine noch relativ einfach zu berechnende Bewegung aus, für die eine invariante, also im Verlauf der gesamten Bewegung erhalten bleibende Größe existiert, falls die Feldänderung nicht zu rasch (zu steil) erfolgt. Diese adiabatische Invariante ist einfach das magnetische Moment μ des Teilchens auf der Kreisbahn in der Ebene senkrecht zu $\mathfrak{B}$. Es ist

$$\mu = \frac{1}{B}\left(\frac{m}{2} v_\perp^2\right); \qquad (2)$$

die einzelnen Größen, die in der Formel stehen, wurden bereits erläutert. Die ein-

Abb. 2. Ladungsträger im Magnetfeld. a) homogenes Feld; b) 𝔈-Feld senkrecht zum $\mathfrak{B}$-Feld; c) inhomogenes $\mathfrak{B}$-Feld, (grad $B \perp \mathfrak{B}$)

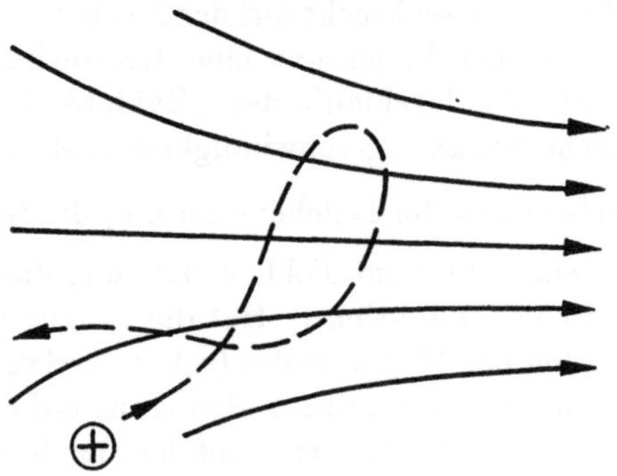

Abb. 3. Ladungsträger im magnetischen Spiegel

schließende Wirkung eines magnetischen Spiegels kann nun allein aus der Kenntnis der Invarianz von μ und aus dem Energieerhaltungssatz für die Teilchenbewegung geschlossen werden: Die gesamte kinetische Energie eines Teilchens ist

$$E_{\text{kin}} = \frac{m}{2}(v_\perp^2 + v_\parallel^2)\,. \tag{3}$$

Bewegt sich nun das Teilchen in ein Spiegelgebiet, d. h. ein Gebiet mit wachsender Stärke des Magnetfeldes hinein, dann erreicht es einen Ort mit

$$B^* = \frac{1}{\mu}\cdot E_{\text{kin}}\,. \tag{4}$$

Dort ist $v_\parallel = 0$, was durch Einsetzen von B^* aus (2) in (3) leicht zu verifizieren ist. An diesem Ort mit B^* als Betrag der magnetischen Induktion findet sich die gesamte Bewegungsenergie des Teilchens in der Transversalbewegung. Weiter können die Teilchen also nicht ins anwachsende Feld des Spiegels eindringen. Wir haben es mit einem Umkehrpunkt zu tun. Eine solche Teilchenbahn im Spiegelfeld sehen Sie in Abb. 3. Versieht man nun einen mit homogenem Feld erfüllten Raum nach beiden Seiten hin mit magnetischen Spiegeln, so kommt man zu einem brauchbaren Behälter: der magnetischen Flasche, auch Spiegelmaschine genannt. (Wegen des schönen Bildes, das sich mit dem Wort Flasche verbindet, werden die Spiegelgebiete oft auch Pfropfen genannt.)

Ehe wir näher auf magnetische Behälter eingehen, wollen wir aber erst noch unseren Katalog der Bewegungsformen der Ladungsträger in verschiedenen Feldtypen vervollständigen. Über den Fall des homogenen Magnetfeldes und über den Fall des inhomogenen Magnetfeldes mit Feldstärkeänderung in Feldrichtung (grad $B \parallel \mathfrak{B}$) haben wir bereits gesprochen. Weitere einfache Spezialfälle ergeben sich aus der Forderung, daß Feldrichtung und Feldgradient senkrecht aufeinanderstehen sollen, oder auch bei zusätzlicher Existenz eines elektrischen Feldes im Plasma.

Der Fall grad $B \perp \mathfrak{B}$ ist in Abb. 2c dargestellt. Elektronen und Ionen sind jeweils durch das Vorzeichen ihrer Ladung kenntlich gemacht. Im Unterschied zum homogenen Feld führen die Ladungsträger nicht nur eine Kreisbewegung aus; vielmehr ist dieser Zyklotronbewegung eine gerichtete Komponente, die Drift, überlagert, so daß die Bahn insgesamt die Gestalt einer Zykloide hat. Die Ursache dafür ist leicht zu erkennen, wenn man sich klar macht, daß das Teilchen oben und unten im Bild verschiedene mittlere Feldstärkewerte vorfindet, weil der Gradient nach oben zeigt, in dieser Richtung also die Feldstärke zunimmt. Höherer Wert der Magnetfeldstärke bedeutet aber wegen

$$r_{\text{zykl}} = \frac{m\,v_{\perp}}{e\,B} \tag{5}$$

eine stärkere Bahnkrümmung (bei kleinerem Bahnradius), und gerade diese unterschiedliche Krümmung der Bahn oberhalb und unterhalb der Bahnmitte führt zwangsläufig zur Drift. Da Elektronen und Ionen den Kreis in entgegengesetzter Richtung durchlaufen, die Bahn aber in beiden Fällen oben stärker gekrümmt ist, führen sie eine Driftbewegung aus, deren Richtung vom Vorzeichen der Ladung abhängt. Das kann zu einer Ladungstrennung und damit zum Aufbau elektrischer Felder führen, die so lange anwachsen, bis die Drift kompensiert wird.

Ganz ähnlich liegen die Verhältnisse, wenn anstelle eines Magnetfeldgradienten ein zur Richtung des homogenen Magnetfeldes senkrechtes elektrisches Feld existiert (Abb. 2b). Das elektrische Feld wirkt in $\mathfrak{E}$-Richtung beschleunigend auf die Ionen und bremsend auf die Elektronen. Die Ionen haben also oben einen größeren $v_{\perp}$-Wert, die Elektronen unten. Einem größeren Geschwindigkeitswert entspricht bei konstantem B nach Gleichung (5) ein größerer Krümmungsradius der Bahn. Wegen der unterschiedlichen Krümmung zu beiden Seiten der Mittellinie und der unterschiedlichen Polarität ergibt sich eine Drift, die bei Elektronen und Ionen in die gleiche Richtung führt.

Der Vollständigkeit halber sei noch vermerkt, daß ein zur Magnetfeldrichtung paralleles $\mathfrak{E}$-Feld so wirkt, als sei das Magnetfeld nicht vorhanden. Außerdem schirmt das Plasma ein von außen angelegtes $\mathfrak{E}$-Feld durch Ausbildung einer Doppelschicht ab.

Mit den eben behandelten Fällen haben wir jetzt genügend Anschauungsmaterial zusammen, um die in einem magnetischen Behälter bei geringer Teilchenkonzentration auftretenden Erscheinungen verstehen zu können. Wir wenden uns deshalb der magnetischen Flasche (bzw. Spiegelmaschine) und einem ähnlichen magnetischen Behälter, der hyperbolischen Flasche, zu. Beide Magnetfeldkonfigurationen lassen sich prinzipiell mittels zweier Feldspulen erzeugen, wie Abb. 4 zeigt. Je nachdem, ob der felderzeugende Strom in beiden Spulen gleich- oder gegensinnig fließt, erhalten wir die Spiegelmaschine (Abb. 4b) oder die hyperbolische Flasche (Abb. 4a). Der wesentliche Unterschied zwischen beiden besteht darin, daß die Spiegelmaschine wegen der Summation der beiden von je einer Spule erzeugten Felder in der Mitte der Spulen ein starkes und ziemlich homogenes Feld aufweist, das radial von der Mittelachse nach außen an Stärke abnimmt, während die hyperbolische Flasche in der Mitte zwischen

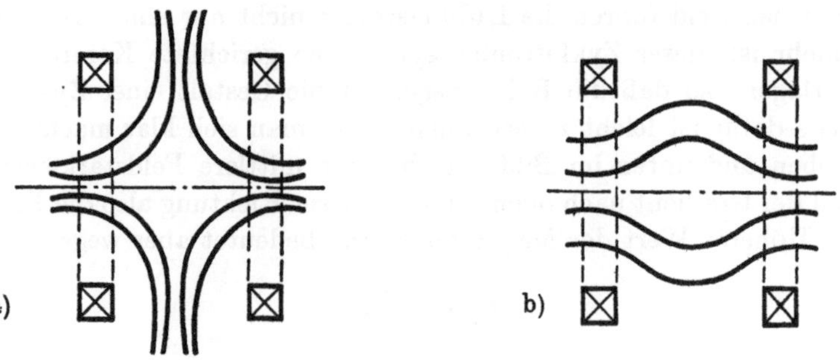

Abb. 4. Hyperbolische magnetische Flasche (a) und klassische Spiegelmaschine (b)

den Spulen einen feldschwachen Raum aufweist, so daß die Stärke des Feldes in allen Richtungen nach außen zunimmt. Wegen der vorausgesetzten geringen Plasmakonzentration werden diese Feldbilder durch das anwesende Plasma praktisch nicht verformt. Quantitativ formuliert heißt „geringe Teilchenkonzentration“ in der Flasche:

$$n\,k\,T \ll B^2/8\,\pi \tag{6}$$

(n Teilchendichte, k Boltzmann-Konstante, T Plasmatemperatur). Der physikalische Sinn dieser Bedingung wird später deutlich werden. Stichwortartig sei angegeben, daß Bedingung (6) das Überwiegen des später genauer zu besprechenden magnetischen Druckes gegenüber dem gaskinetischen Druck fordert.

Die Einschließungseigenschaften der magnetischen Flaschen lassen sich am einfachsten verstehen, wenn man die „Lebensgeschichte“ einiger ausgewählter Ladungsträger genauer verfolgt. Beginnen wir mit einer „Kurzgeschichte“: Ein Ladungsträger, der sich irgendwann auf der Symmetrieachse des Feldes befindet und dessen Geschwindigkeitsvektor außerdem noch parallel oder antiparallel zu dieser Achse liegt, wandert ungehindert durch die Pfropfen und geht verloren, weil $v_\perp = 0$ und damit auch $\mu = 0$ ist. Nur ein unendlich großes B^* oder ein Zusammenstoß mit einem anderen Ladungsträger, der ihm ein $v_\perp \neq 0$ verschafft, könnten die Flucht verhindern (siehe Gl. (2) und Gl. (4)). Das gilt für beide Flaschentypen. Aus der hyperbolischen Flasche können außerdem noch alle Ladungsträger, die von der Feldmitte aus starten und in radialer Richtung (in der Symmetrieebene zwischen den Spulen) auf den magnetischen Spalt zu fliegen, ungehindert entweichen, solange sie auf ihrem Weg keinen Stoß erleben. Auf Grund des in der Naturwissenschaft (außerhalb der kleinsten Dimensionen, in denen die Quantentheorie regiert), allgemein angewandten Stetigkeitsprinzips kann man ein gleichartiges Verhalten von allen Teilchen erwarten, deren Geschwindigkeitsvektor nur wenig gegen die oben angegebenen gefährlichen Richtungen geneigt ist. Abb. 5 zeigt noch einmal diese gefährlichen Richtungen und Öffnungen.

Ein Teilchen, das in einer magnetischen Flasche in der Symmetrieebene um den Mittelpunkt kreist, wird dagegen ganz sicher eingeschlossen. In diesem Fall

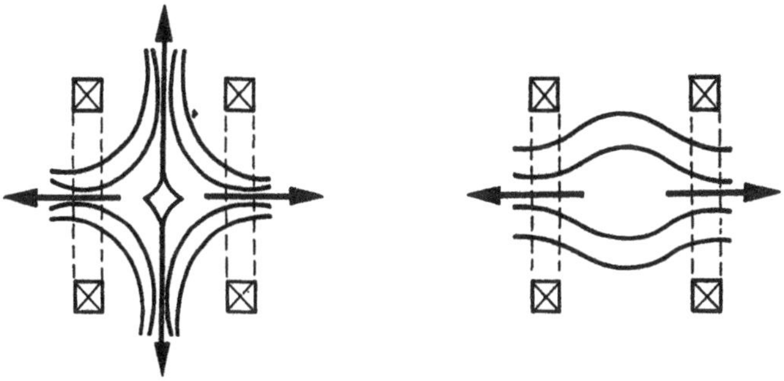

Abb. 5. Verlustrichtungen und -gebiete

ist $v_{\parallel} = 0$, $v_{\perp} = v$. Die Aufenthaltsdauer in der Flasche wir nur begrenzt durch Stöße, die dem Ladungsträger ein $v_{\parallel} \neq 0$ geben.

Die beiden eben betrachteten Spezialfälle, in denen anfangs nur eine von Null verschiedene Geschwindigkeitskomponente existierte, werden durch Stöße in den allgemeinen Fall ($v_{\parallel} \neq 0$, $v_{\perp} \neq 0$) übergeführt, den wir im folgenden näher betrachten wollen. Wir können uns dabei auf die Spiegelmaschine beschränken, weil wir das Innere der hyperbolischen Flasche schon als sehr „undicht" erkannt haben und das Verhalten der Ladungsträger in den Gebieten außerhalb der Mitte sich vom Verhalten der Teilchen in der Spiegelmaschine nicht unterscheidet. Betrachten wir nämlich ein Feldschlauchbündel in einer hyperbolischen Flasche außerhalb der Mitte etwas näher, so erkennen wir die Ähnlichkeit sofort. Die der Mitte am nächsten liegenden Gebiete sind relativ feldschwach; die außerhalb der Mitte liegenden Gebiete (Feldschläuche) haben ein in Längsrichtung an Stärke anwachsendes (Spiegel-)Feld (s. Abb. 6). Eine zunächst homogen mit Ladungsträgern angefüllte hyperbolische Flasche entleert tatsächlich zunächst ihr Innerstes, während die äußeren Gebiete länger gefüllt bleiben.

Betrachten wir jetzt den allgemeinen Fall an Hand der Spiegelmaschine etwas genauer. Aus den Gleichungen (2), (3), (4) können wir einen Ausdruck für das zur Reflexion führende B^* gewinnen, der nur noch die Geschwindigkeitskomponenten und den B-Wert B_0 an der Stelle enthält, an der $v_{\parallel}$ und $v_{\perp}$ gemessen wurden. Wir wählen den Ort des Durchtritts durch die Symmetrieebene zwischen den Spiegeln. Man erhält dann

$$B^* = B_0\,(v_{\parallel}^2 + v_{\perp}^2)/v_{\perp}^2\,. \tag{7}$$

Das Verhältnis B^*/B_0 wird Spiegelverhältnis genannt. Durch Umformung ergibt sich als Einschlußbedingung

$$v_{\parallel}^2 \leq \left(\frac{B^*}{B_0} - 1\right) v_{\perp}^2\,. \tag{8}$$

Teilchen, die dieser Bedingung nicht gehorchen, gehen sehr schnell verloren. (Die früher betrachteten Grenzfälle ordnen sich, wie nicht anders zu erwarten, sinnvoll in Bedingung (8) ein.)

Alles bisher Gesagte bezieht sich auf die Bewegung und auf die Einschließung einzelner voneinander weitgehend unabhängiger Ladungsträger, die nur sehr selten einen Zusammenstoß erleben. Die magnetischen Behälter sollen aber möglichst viele Teilchen aufnehmen und einschließen. Die Anwesenheit vieler Teilchen im Flaschenfeld bewirkt im wesentlichen eine Streuung der aneinander vorbeifliegenden Teilchen. Damit ändert sich ihre Bewegungsrichtung, und sie haben nach einigen Vorübergängen ihr Gedächtnis für ihre Vorgeschichte verloren. Das führt z. B. dazu, daß Teilchen, die ursprünglich nicht in Verlustrichtung flogen, in diese Richtung gebracht werden und verlorengehen. Man kann die Teilchenverluste in diesem der Wirklichkeit schon etwas näherkommenden Modell nun in folgender Weise mit Hilfe der in der Einzelteilchentheorie entwickelten Vorstellung berechnen: Im Inneren des Behälters leiden die Teilchen an Gedächtnisschwäche (symbolisiert durch einen Chaoskasten in Abb. 7). Sie treten also völlig statistisch unkorreliert in die Fluchtgebiete ein. Macht man den Chaoskasten genügend groß, so erleben die Teilchen in den Außengebieten keine Stöße mehr, und ihre Bewegung kann nach der Einzelteilchenvorstellung beschrieben werden.

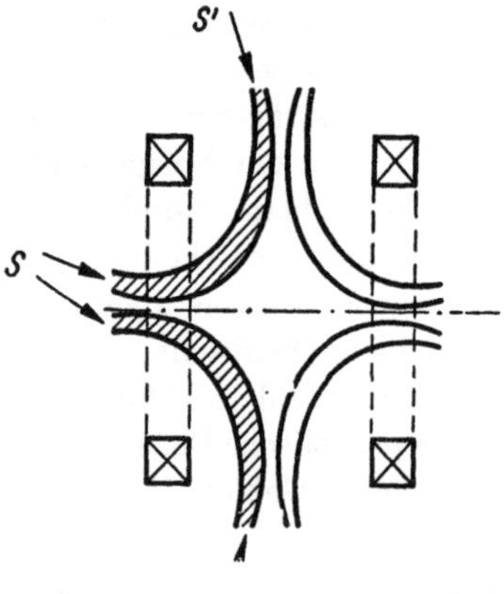

Abb. 6. Gebiet mit Spiegelmaschinenverhalten in der hyperbolischen Flasche. S, S' – Spiegel in der Form von Kreisringen

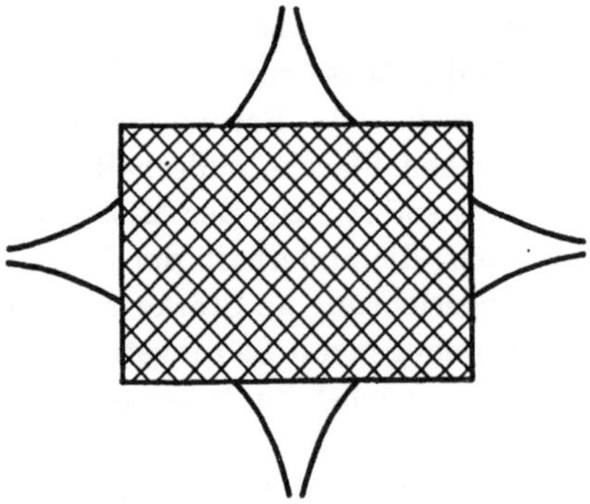

Abb. 7. Chaoskasten und Außengebiete mit Einteilchenverhalten

Für die Dauer der Einschließung eines ganzen Ladungsträgerkollektivs sind nun zwei konkurrierende Zeitkonstanten bestimmend:

1. die Zeit, in der die Teilchen, die Bedingung (8) nicht erfüllen, die Flasche verlassen. Sie entspricht etwa der Flugzeit zwischen Spiegel und Gegenspiegel.
2. die Zeitkonstante, mit der Teilchen, die Bedingung (8) nicht erfüllen, aus dem Chaoskasten nachgeliefert werden.

Je heißer ein Plasma wird und je weniger Neutralgas in der Vakuumkammer vorhanden ist, in der das Magnetfeld mit dem Plasma sich befindet, um so mehr wird die zweite Zeitkonstante wirksam und bestimmend. Für die Zeitkonstante der Spiegelverluste ergibt sich nach quantitativen Rechnungen die folgende Dichte- (n-) und Temperatur- (T-) Abhängigkeit:

$$\tau_1 \text{ prop. } n^{-1}\, T^{3/2}\,, \tag{9}$$

während sich für die Verluste aus dem magnetischen Spalt der hyperbolischen Flasche ein

$$\tau_2 \text{ prop. } n^{1/2}\, T^{-1/2} \tag{10}$$

näherungsweise errechnen läßt.

Verlassen wir jetzt zunächst einmal den Teilchenstandpunkt und schauen wir uns an, was wir an Hand einer andersartigen Idealisierung, der magnetohydrodynamischen Näherung, über die Eigenschaften magnetischer Flaschen sagen können. Während man bei der Einzelteilchennäherung einen Grenzübergang zu sehr geringen Dichten und sehr schwacher Wechselwirkung macht, beschreibt man in der Magnetohydrodynamik das Plasma als elektrisch sehr gut leitfähiges Kontinuum, wobei die individuellen Eigenschaften zugunsten der kollektiven Beschreibung unterdrückt werden. Im Beitrag von Dipl.-Phys. Wolschke wurde bereits mit der Magnetohydrodynamik vertraut gemacht. Nunmehr soll die magnetohydrodynamische Betrachtungsweise an Hand eines speziellen Beispieles, das für uns von besonderer Wichtigkeit ist, in Erinnerung gebracht werden.

Abb. 8
Grenzfläche Plasma/𝔅-Feld.
a) ideal;
b) kleine Störung in der Grenzfläche

Es handelt sich um das Problem des magnetischen Druckes an Grenzflächen zwischen Plasma und Magnetfeld. In Abb. 8 ist eine solche idealisierte Grenzfläche dargestellt. Die Punkte deuten ein aus der Zeichenebene herauskommendes homogenes Magnetfeld an. Das Plasma ist gestrichelt dargestellt. Auf Grund der guten elektrischen Leitfähigkeit des Plasmas kann ein starkes Magnetfeld, das zur Plasmaoberfläche parallel liegt, dem im Plasma herrschenden gaskinetischen Druck $p = n\,k\,T$ das Gleichgewicht halten. Eine Bewegung der leitfähigen Substanz ins Feldgebiet hinein würde nämlich zur Induzierung von Ringströmen in der Oberfläche führen, die nach der Lenzschen Regel bremsend wirken. Man kann cum grano salis also von einem magnetischen Druck p_m sprechen. Gleichgewicht zwischen Feld und Plasma tritt ein für

$$p = n\,k\,T = \frac{B^2}{8\,\pi} = p_m\,. \tag{11}$$

Das gilt allerdings nur sehr pauschal. Es bleibt die Stabilität gegenüber kleinen Verrückungen zu untersuchen. Das ist am einfachsten mit Energiebetrachtungen möglich.

Wächst die Stärke des magnetischen Feldes an, wenn man von der Grenze ausgeht und ins Feld eindringt, so wächst auch der magnetische Druck an; das mit konstantem Gasdruck ins Feld hineinleckende Plasma wird also vom höheren p_m zurückgetrieben. Analog wird das nach innen schwächer werdende Feld am Vorstoß über die ursprüngliche Grenzfläche gehindert. Unsere idealisierte Grenzfläche ist also bei nach außen zunehmender Feldstärke magnetohydrodynamisch stabil. Im Falle des nach außen schwächer werdenden Feldes kann der magnetische Druck das Plasma nicht zurückdrängen, wenn das Plasma in Form einer zu den magnetischen Feldlinien parallelen Rippe oder Rinne deformiert wird; dann wird nämlich das Feld nicht deformiert, was zu zusätzlichen Rückstellkräften führen könnte. Die Grenzfläche ist also in diesem Falle magnetohydrodynamisch instabil. Diese Rinneninstabilität ist außerordentlich gefährlich. Sie wächst sehr schnell an, weil sich auf Grund eines nicht elementar zu schildernden Prozesses an den Flanken der Deformation elektrische Raumladungen bilden, deren $\mathfrak{E}$-Feld mit dem $\mathfrak{B}$-Feld zu einer Drift der in Abb. 2b dargestellten Art führt, was die Wachstumsgeschwindigkeit der Störungen ungeheuer steigert.

Bei allen mit Spulenanordnungen erzeugten Magnetfeldern ist das Anwachsen oder Schwächerwerden des Magnetfeldes nach außen eindeutig mit der Krümmung der Feldlinien verknüpft. Nach außen anwachsende Felder sind außen konkav (Abb. 4a), nach außen schwächer werdende sind außen konvex (Abb. 4b). Die Oberfläche eines eingeschlossenen dichten Plasmas ist also in der Spiegelmaschine magnetohydrodynamisch instabil, während sie in der hyperbolischen Flasche magnetohydrodynamisch stabil ist. Das ist allerdings nicht so katastrophal, wie es zuerst scheint. Die sprunghaft abnehmende Plasmadichte in der Oberfläche ist nämlich eine sehr einschneidende Idealisierung. Man kommt der Wirklichkeit näher, wenn man mit einem wenn auch schwachen inneren Feld $\mathfrak{B}_i$ rechnet. Das führt zu einer Abschwächung der wirksamen magnetischen Kräfte; denn jetzt wirkt an der Grenze nur noch der magnetische Differenzdruck $\frac{1}{8\pi}(B_a^2 - B_i^2)$. Bedenkt man weiterhin, daß ein reales Plasma eine endliche elektrische Leitfähigkeit besitzt, so wird auch der eben betrachtete Feldsprung nicht unendlich lange existieren können; denn das $\mathfrak{B}$-Feld wird nach den Gesetzen des Skineffektes zwar langsam, aber stetig ins Innere eindringen. Ebenso wie das Feld ins Innere einwandert, diffundiert auch das Plasma langsam (mit der gleichen Zeitkonstante) ins äußere Magnetfeld. Wir erhalten also auch in magnetohydrodynamischer Näherung eine begrenzte Einschlußdauer, die vom Skineffekt (und damit im wesentlichen von der Leitfähigkeit des Plasmas) regiert wird.

Die in diesem Abschnitt bisher gemachten Aussagen gelten keineswegs nur für magnetische Flaschen, d. h. magnetische Behälter mit Enden. Wir sprachen schon von Feldformen, in denen sich die Feldlinien im Endlichen schließen. Schon ein stromdurchflossener gestreckter Leiter liefert Felder dieser Art. Leider nimmt die Feldstärke in radialer Richtung proportional zu r^{-1} ab. Der zur Feldrichtung senkrechte Gradient führt daher zu einer gefährlichen Drift, die wir im Zusammenhang mit Abb. 2c bereits kennenlernten. Deshalb kommt dieses einfache Feld als Plasmabehälter nicht in Frage. Aus den gleichen Gründen muß eine Ringspule abgelehnt werden, deren ringförmiges Feldschlauchbündel zunächst sehr brauchbar erscheint. Mit einigen Tricks wird es allerdings soweit verbessert, daß man die sog. Stellaratoren mit ringförmig geschlossenen Feldern ausrüsten kann. Es geht im wesentlichen darum, die eben genannte Drift zu kompensieren. Zu diesem Zweck läßt man die Feldlinien nicht mehr parallel nebeneinander herlaufen, sondern verwindet sie

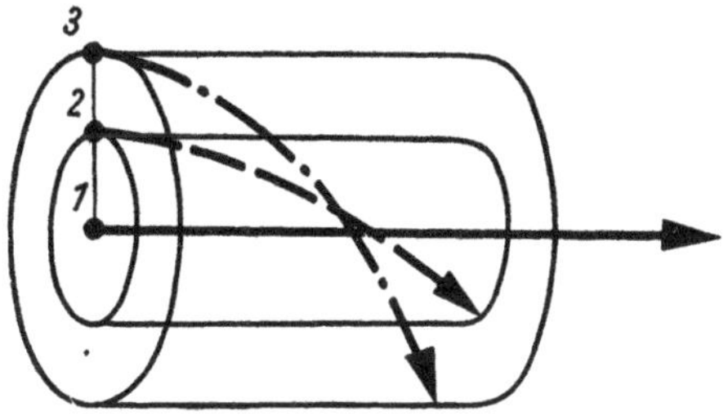

Abb. 9. Stellaratorfeld (Prinzipskizze)

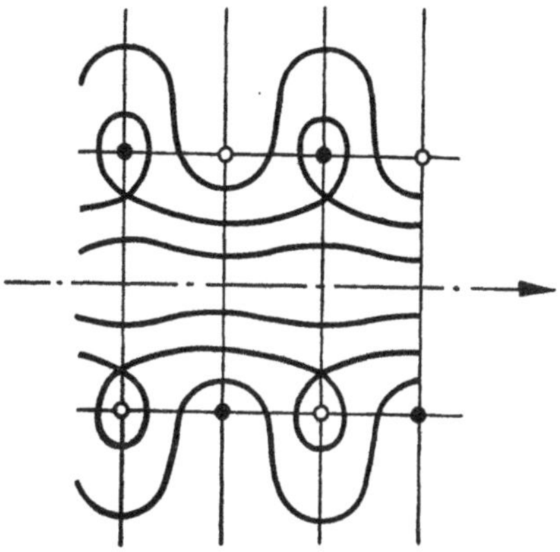

Abb. 10. Heliotronfeld

spiralig mit von innen nach außen zunehmender Neigung (Abb. 9). Auf diese Weise werden die von innen aufsteigenden Störungen „zerschert", und alle Feldlinien pendeln bei Umlauf um den großen Ringumfang auch um den kleinen Ringumfang, was ebenfalls zu einer Driftkompensation führt. Man darf auf die jetzt anlaufenden Experimente mit einem großen Stellarator in den USA (Größenordnung des Preises: Milliarde Mark) gespannt sein.

Von den interessanten Behältertypen bleibt noch das Heliotron (Japan) zu besprechen. Dort untersuchte man zunächst sehr allgemein das magnetische Feld zweier periodisch abwechselnder und jeweils in entgegengesetzter Richtung vom Strom durchflossener Leitersysteme, die ebenfalls zu einem toroidal geschlossenen Feldschlauch führen. Dabei wurde sowohl die räumliche Anordnung als auch das Verhältnis zwischen den beiden felderzeugenden Strömen variiert. Abb. 10 zeigt die beim Aufbau des Heliotrongerätes tatsächlich verwendete Konfiguration, die in der Nähe der Kammerwand ein leicht gewelltes Feld liefert. Erste experimentelle Erfahrungen zeigen, daß tatsächlich gute Behältereigenschaften vorliegen.

Alle bisherigen Überlegungen gingen stillschweigend von der Voraussetzung aus, daß das Plasma ruhig sei. In Wirklichkeit gibt es schon im Rahmen der magnetohydrodynamischen Beschreibung eine große Zahl möglicher Schwingungen und Wellen, die weitere Instabilitäten verursachen können. Hier soll nur die elektrostatische Instabilität auf Grund entlang der Feldlinien laufender Raumladungswellen erwähnt werden.

Man kann sich das Innere eines magnetischen Behälters aufgeteilt denken in einzelne Feldröhren, die voneinander praktisch unabhängig sind, wenn man ihnen einen angemessenen Querschnitt gibt. Dieser „natürliche" Querschnitt ist von der Größenordnung des Zyklotronkreises eines Ions. Innerhalb dieser Feldröhren können sich die Ladungsträger praktisch frei bewegen; denn in $\mathfrak{B}$-Richtung erfahren sie ja keinerlei Hemmung. Das gleiche gilt für eine Raumladungsstörung. Eine durch Erhöhung der Ionenkonzentration hervorgerufene elektrische Raumladung verursacht z. B. eine Ionenschallwelle längs der Feldlinien. Diese Ionenschallwellen laufen in benachbarten Feldröhren völlig unabhängig. Das führt zu statistischen lokalen Raumladungsschwankungen und damit zu statistisch schwankenden $\mathfrak{E}$-Feldern senkrecht zum $\mathfrak{B}$-Feld. Das wieder führt zu einer Drift, die die Teilchenbewegung senkrecht zum Magnetfeld ermöglicht und die Einschließungszeit verringert.

2. *Sinnvoller Temperaturbegriff*

Sie werden mit Verwunderung feststellen, daß wir uns lange Zeit damit aufgehalten haben, über die „Verpackung" zu reden. Das ist kein Zufall. Es charakterisiert vielmehr die Schwierigkeiten, mit denen man zu kämpfen hat,

Abb. 11. OGRA-Anlage

wenn man Materie bei extremen Temperaturen untersuchen will. Der nächsten Schwierigkeit begegnen wir, wenn wir fragen, was 10^8 °K eigentlich bedeuten bzw. wie eine Temperatur unter so extremen Verhältnissen zu definieren ist. Eine Definition ist immer eine Meßvorschrift. Also: Wie mißt man 10^8 °K?

Ein materielles Thermometer können wir nicht benutzen. Ein thermodynamischer Kreisprozeß ist an einer Substanz, die einem durch die Finger gleitet, d. h., die sich wegen der schlechten Behälter nach Menge und Eigenschaften schnell verändert, auch nicht möglich. Dann bleiben uns zwei Möglichkeiten, (indirekte) Aussagen über die Temperatur zu machen. Entweder schließen wir aus der Art der Plasmaerzeugung auf die Temperatur, oder wir schließen aus sekundären Erscheinungen wie Lichtemission, Emission von Röntgenstrahlung, Energie der den Behälter verlassenden Teilchen u. ä. auf die Temperatur.

Beginnen wir mit der ersten Möglichkeit. Sie läßt sich übersichtlich am Einschuß schneller Teilchen diskutieren. Das Plasma in der bekannten OGRA-Maschine (Sowjetunion) (Abb. 11) wird z. B. auf folgende Weise in der magnetischen Flasche (klassischer Typ wie Abb. 4b) erzeugt. Man schafft sich primär mit Hilfe eines Linearbeschleunigers molekulare Ionen des Wasserstoffs (H_2^+ oder D_2^+) mit einer Energie von 200 keV und schießt sie in den magnetischen Behälter ein. Dieser magnetische Behälter besteht in seinem Mittelteil aus einem homogenen Magnetfeld von etwa 5000 Gauß, der von zwei magnetischen Pfropfen mit 8000 Gauß abgeschlossen wird. (Der Abstand zwischen den Propfen beträgt etwa 12 m. Der Durchmesser des vom homogenen Magnetfeld erfüllten zylindrischen Mittelteils beträgt 1,80 m.) Auf Grund der Wechselwirkung der bewegten Ionen mit dem Magnetfeld führen diese im Felde eine Kreisbewegung aus, die sie auf den Einschußkanal zurückführt, wenn sie unterwegs nicht etwas ihre Kenngrößen Veränderndes erleben: einen Stoß mit den Teilchen des unvermeidlich in der Kammer vorhandenen neutralen Restgases. Dabei dissoziiert das Molekülion in ein Atomion und ein Atom:

$$H_2^+ \rightarrow H^+ + H \qquad \text{bzw.} \qquad D_2^+ \rightarrow D^+ + D\,.$$

Der in dieser Dissoziationsreaktion gebildete Ladungsträger hat nur die halbe Masse bei nur wenig veränderter Geschwindigkeit; sein Zyklotronradius ist wegen der Massenproportionalität also nur halb so groß. Ein Wiederauftreffen auf den Einschußkanal wird damit sicher verhindert.

Auf diese Weise bildet sich in der Mittelebene der OGRA-Flasche, in der der Ioneneinschuß tatsächlich erfolgt, ein Ring aus Ionen mit praktisch gleicher Geschwindigkeit und Bewegungsrichtung, in den auf Grund der elektrostatischen Kräfte bei Stoßionisationsprozessen entstehende sekundäre Elektronen einwandern, die die Raumladung kompensieren.

Kann man nun sagen, die Materie im Ring sei ein heißes Plasma? Welche Temperatur soll man diesem Gebilde zuordnen?

Selbstverständlich kann man formal vorgehen und zwei Gleichungen verknüpfen, die die Partikelgeschwindigkeit enthalten. Es sind dies

1. eine Gleichung der Gaskinetik:

$$\frac{m}{2} v^2 = \frac{3}{2} k T; \tag{12}$$

2. die Definitionsgleichung der „Voltgeschwindigkeit“:

$$\frac{m}{2} v^2 = e U \tag{13}$$

(k BOLTZMANN-Faktor; U vom Teilchen mit der Ladung e durchfallene Spannung).

Man erhält dann

$$T = \frac{2e}{3k} U \tag{14}$$

bzw.

$$10^4\,^\circ\mathrm{K} \mathrel{\hat{=}} 1\ \mathrm{eV}\,. \tag{14'}$$

Danach hätten die Ionen in der OGRA eine „Temperatur“ von $2 \cdot 10^9$ °K! Diese Aussage hat aber keinen Sinn, weil der Temperaturbegriff mehr voraussetzt als die Existenz einer mittleren Geschwindigkeit. Tatsächlich benehmen sich die Ionen sehr „kühl“, sie haben fast keine Relativgeschwindigkeit untereinander.

Die Temperaturbestimmung aus der mittleren Geschwindigkeit hat also nur bei relativ zum Schwerpunkt ruhendem Beobachter Sinn. Wir müssen nun danach trachten, die kinetische Energie der Teilchen im Ring in Relativbewegung überzuführen. Dieser erste Schritt heißt: Chaotisierung der ursprünglich gerichteten Bewegung. Er führt zu einer wilden Verteilung der Geschwindigkeit nach Betrag und Richtung, wobei die gerichtete Komponente möglichst klein werden soll. Leider ist es weder in der OGRA noch in der amerikanischen DCX bisher gelungen, dieses Stadium zu erreichen. (Die DCX ist eine zur OGRA analoge Maschine, in der der massenverändernde Prozeß in einem Deuteriumlichtbogen vorgenommen wird.) Der Ring schneller Ionen schnürt sich sehr schnell knotig ab, was starke elektrostatische Wirkungen hervorruft und zu einer schnellen Ausschleuderung der heißen Ionen führt.

Etwas günstiger ist der Plasmaeinschuß. Hierbei wird mit Hilfe von Plasmakanonen ein heißer Plasmaklumpen ins Flaschenfeld eingeschossen und am Neutralgas oder dem schon eingefangenen Plasma chaotisiert. Erste Experimente zeigen, daß eine Chaotisierung mindestens zum Teil realisiert werden konnte.

Noch günstiger ist der Einschuß schneller neutraler Atome, die dann räumlich verteilt in der Flasche durch Stoßionisation eingefangen werden. Bei dieser Methode ist von vornherein eine räumliche Konzentration der Ionen vermieden. Es bleibt aber die Vorzugsrichtung der Geschwindigkeit und damit der Zwang zur Chaotisierung. Doch scheint auch dieses Problem gelöst zu sein, denn die längste Einschlußzeit für heiße Plasmen wurde in einer magnetischen Flasche mit Neutralteilcheneinschuß, der ALICE in Livermore (Abb. 12), erzielt. Man erreichte Einschlußzeiten von 0,5 s.

Abb. 12. ALICE-Anlage

Mit der Chaotisierung ist aber der Einstellprozeß für ein thermisches Gleichgewicht im Teilchenensemble noch nicht abgeschlossen. Wenn auch die Vorzugsrichtung unterdrückt werden konnte, so können doch in der chaotischen Geschwindigkeitsverteilung gewisse Geschwindigkeiten bevorzugt sein. Da Stoßprozesse sehr geschwindigkeitsabhängig sind, kann die Kennzeichnung durch eine aus der mittleren Geschwindigkeit der ungeordneten Bewegung abgeleitete Temperatur irreführen. Solange sich nicht die MAXWELLsche Geschwindigkeitsverteilung eingestellt hat, im Zusammenhang mit der der Temperaturbegriff unmißverständlich wird, ist jede aus der mittleren Teilchengeschwindigkeit abgeleitete Temperaturangabe nur eine grobe Aussage über die Größe der kinetischen Energie, nicht aber über die Reaktionsfreudigkeit des Plasmas, die uns im folgenden besonders interessieren wird.

Die bisher in magnetischen Behältern eingeschlossenen Plasmen haben das Stadium der Chaotisierung oft erreicht, das Stadium der Maxwellisierung aber meist nicht überlebt. Die aus verschiedenen Prozessen indirekt hergeleiteten Temperaturen müssen daher unterschiedlich sein, weil sie nur angeben, bei welcher Temperatur ein gleichdichtes, auch in bezug auf viele Parameter sonst gleichartiges Plasma die gleichen Produkte liefern würde wie das gemessene. Das gilt besonders für die aus der Ergiebigkeit von Kernreaktionen hergeleitete Temperatur.

3. *Aufheizungsmethoden für ein eingeschlossenes Plasma*

Der Einschuß schneller Teilchen ist keineswegs das einzige Verfahren, mit dem man extrem heiße Plasmen erzeugen kann bzw. zu erzeugen hofft. Ein unvoreingenommener Betrachter würde auf diese Art der Erzeugung heißer Plasmen zu allerletzt verfallen. Viel eher würde er danach fragen, wie ein schon vorhandenes „kühles" Plasma auf hohe Temperaturen aufgeheizt werden kann. Dazu gibt es prinzipiell eine ganze Reihe von Möglichkeiten, die wir im folgenden kennenlernen wollen.

In enger Analogie zur Aufheizung eines in einem Kolben eingeschlossenen Gases durch Kompression kann ein Plasma in einer magnetischen Flasche durch eine schnelle Erhöhung der Stärke des einschließenden magnetischen Feldes aufgeheizt werden. Das Anwachsen der magnetischen Feldstärke führt zu einer Erhöhung des magnetischen Druckes, dieser höhere magnetische Druck komprimiert das Plasma, so daß dessen Temperatur ansteigt.

Wandert die Plasmagrenze unter der Wirkung des magnetischen Überdruckes schneller als der Schall nach innen, so wirkt das Magnetfeld wie ein Überschallkolben; vor ihm bildet sich eine komprimierte, heiße Plasmaschicht, die zum ungestörten Plasma hin durch die Front einer Stoßwelle abgegrenzt ist. Treffen sich die Stoßwellen im Inneren, so findet man im Konvergenzgebiet eine sehr hohe Energiedichte.

Nach diesem Prinzip arbeiten die Thetapinch-Anordnungen. Man hat mit ihnen 10^8 °K (allerdings nur im Verlauf weniger Millionstel Sekunden) erreicht. Die Temperatur wurde aus der Neutronenausbeute einer Kernreaktion bestimmt.

Wandert die Plasmagrenze langsamer als der Schall nach innen, aber immer noch so schnell, daß man innerhalb der Laufzeit von Energieverlusten absehen kann, dann wird das eingeschlossene Plasma adiabatisch komprimiert, seine Temperatur ändert sich dabei nach dem Adiabatengesetz mit der Volumenänderung:

$$T \text{ prop. } V^{1-\varkappa} \tag{15}$$

($\varkappa$ Verhältnis der spezifischen Wärmen c_p/c_v).

Tatsächlich gibt es eine experimentelle Anordnung, in der man versucht, die adiabatische Kompression schrittweise über mehrere Stufen durchzuführen. Bisher wurde bekannt, daß die erste Stufe wie erwartet arbeitet.

Neben diesen auf alle Gase anwendbaren Methoden ergeben sich auf Grund der spezifischen Eigenschaften des Plasmas noch andere Möglichkeiten. Wie schon erwähnt, kommt es bei den hohen Temperaturen im Plasma zu Kernreaktionen, deren Wärmetönung natürlich zur Aufheizung ausgenutzt werden kann. Insbesondere bei der Verschmelzung der Wasserstoffkerne werden große Energiebeträge frei, die z. B. in der Wasserstoffbombe zur Aufheizung des Deuteriumplasmas auf über 10^9 °K und Drücke bei 10^{10} at führen.

Über die Frage der friedlichen Ausnutzung dieser Energiequelle werde ich am Ende dieses Beitrages berichten. Zunächst möchte ich aber noch andere Möglichkeiten der Plasmaaufheizung behandeln, die sich aus der Tatsache ergeben, daß das Plasma aus elektrisch geladenen Teilchen aufgebaut ist. Dabei wird entscheidend sein, daß Elektronen und Ionen verschieden schwer sind. (Die Ionen sind einige tausend Mal schwerer als die Elektronen.)

Legt man eine elektrische Spannung in Richtung des einschließenden Magnetfeldes über ein Plasma, so werden alle Ladungsträger zunächst beschleunigt. Wegen ihrer geringen Masse und der größeren mittleren Anfangsgeschwindigkeit kommen die Elektronen dabei sehr schnell auf hohe Geschwindigkeit, weil die im elektrischen Feld in der Zeiteinheit aufgenommene Energie

$$W = e\,E\,v \tag{16}$$

von der Anfangsgeschwindigkeit, nicht aber von der Masse abhängt. Außerdem werden die Elektronen bei Stößen mit den viel schwereren Ionen fast elastisch reflektiert, denn wegen des extremen Massenverhältnisses wird nur ein kleiner Bruchteil des Elektronenimpulses auf die Ionen übertragen. Die Wechselwirkung zwischen Elektronen ist dagegen stark, so daß sich der im elektrischen Feld aufgenommene Impuls schnell chaotisiert und annähernd maxwellisiert. Wir können also mit Recht sagen, ein von außen angelegtes Feld erhöhe die Elektronentemperatur. Die auftretende Wärme nennt man JOULEsche Wärme. Sie unterscheidet sich nicht von der Wärme, die in einem Drahtwiderstand bei Stromdurchgang entwickelt wird. Nur wird bei den im Plasma vorhandenen geringen Ladungsträgerdichten die Wärme primär im Elektronenkollektiv erzeugt, das nur lose mit dem Kollektiv der Ionen verknüpft ist. Wir müssen also strenggenommen zwischen Elektronen- und Ionentemperatur unterscheiden.

Die aus der Intensität der Bremsstrahlung sowie aus der durch Elektronenstoßanregung des Ausgangsniveaus bestimmten Emission von Spektrallinien gemessenen Temperaturen sind Elektronentemperaturen.

Gibt es nun auch Möglichkeiten, in das Ionengas bevorzugt Energie hineinzupumpen?

Das gelingt tatsächlich, wenn man die unterschiedliche Zyklotronbewegung der Elektronen und Ionen ausnutzt. Die Ladungsträger besitzen nämlich wegen des Massenunterschiedes nicht nur unterschiedliche Bahnradien, sondern auch in der Größenordnung sich unterscheidende Umlaufsfrequenzen. Für die Zyklotronfrequenz gilt

$$\omega_{\text{Zykl.}} = \frac{v_\perp}{r_{\text{Zykl.}}} = \frac{e\,B}{m}\,. \tag{5'}$$

Erzeugt man nun ein zusätzliches magnetisches Wechselfeld parallel zum Behälterfeld mit einer Frequenz nahe bei $\omega_{Zykl.}$, so ergeben sich zwischen dem mit der gleichen Periode wechselnden elektrischen Wirbelfeld senkrecht zum Behälterfeld und der Zyklotronbewegung der Ionen Resonanzerscheinungen, die zu einer bevorzugten Energieübertragung führen, falls die von den einzelnen Ionen übernommene Zusatzenergie schnell genug wegchaotisiert wird. Wegen der günstigen Impulsübertragung bei Ion-Ion-Stößen ist das bei den z. Z. untersuchten Plasmen meist der Fall. Die Ionenzyklotronresonanzaufheizung gilt als eine der wirksamsten Aufheizungsmethoden.

Weitere Methoden, die das unterschiedliche Verhalten der Elektronen und Ionen (jetzt allerdings im Kollektiv) ausnutzen, sind die Ionenmagnetron- und die Turbulenz-Aufheizung. Im Ionenmagnetron wird ein zum Flaschenfeld senkrechtes, radiales 𝔈-Feld zur Erzeugung einer azimutalen Drift ausgenutzt, die Ionen- und Elektronenkollektiv in entgegengesetzte Richtungen treibt (s. Abb. 2b). Aus der „Reibung“ zwischen den sich durchsetzenden Ladungsträgerkollektiven ergibt sich sofort die Chaotisierung der Drift und damit die Aufheizung.

Auf diese Weise wurde das Plasma in den Experimenten von IOFFE und Mitarbeitern erzeugt, die in der Weltpresse große Beachtung fanden. Wir werden auf diese interessante Arbeit noch zurückkommen.

Bei der Turbulenzaufheizung wird ein extrem starkes elektrisches Wirbelfeld senkrecht zum Flaschenfeld erzeugt, das die Elektronen sehr schnell auf Geschwindigkeiten bringt, bei denen Stoßwechselwirkung und damit Abbremsung nicht mehr merklich auftritt. Diese Elektronen werden deshalb immer schneller, sie reißen aus, wie man sagt und bilden einen Elektronenstrom, der sich relativ zum Ionenkollektiv mit hoher, gerichteter Geschwindigkeit bewegt. Das führt wieder zu einer „Reibung“ zwischen dem Ionenkollektiv und den ausreißenden Elektronen als Kollektiv, auf Grund der sich eine Turbulenz ausbildet, die chaotisierend wirkt; das ganze ist also ebenfalls eine wirksame Aufheizungsmethode. Sie wird z. Z. genauer untersucht.

Damit ist unser Überblick über die möglichen Formen der Plasmaaufheizung vollständig, und wir können uns jetzt zum Schluß noch einer Frage zuwenden, die schon einmal kurz anklang: Warum treibt man eigentlich so intensiv und mit so großem Aufwand Hochtemperatur-Plasmaphysik?

4. *Kernfusion als Fernziel*

Die Antwort auf diese eben gestellte Frage ist einfach und bitter: weil unsere Kohlenvorräte zu Ende gehen. Nur wenn es gelingt, den auf der Sonne seit Jahrmillionen ablaufenden energiespendenden Prozeß der Verschmelzung leichter Atomkerne zu Heliumkernen auf der Erde steuer- und regelbar nachzubilden, wird die Menschheit weiterleben und arbeiten können, wenn Kohle und Erdöl aufgebraucht sind. Wann dieser Zeitpunkt erreicht wird, ist nicht präzise anzugeben. Bei groben Annahmen über das weitere Wachstum der Industrie wird ein Energiemangel aber bereits für den Beginn des nächsten Jahrhunderts vorhergesagt. Von Seiten der Kernspaltungsreaktoren ist keine wirkliche Entlastung zu erwarten, weil die „Brennstoff“-Vorräte beschränkt sind und der bisher erreichte Ausbrand, d. h. die Verwertbarkeit des Uranbrennstoffes im Reaktor, nur bei einigen Prozent liegt. Ziel der Hochtemperatur-Plasmaphysik, die man nach den gewünschten Kernverschmelzungsreaktionen auch Kernfusionsphysik nennt, muß daher sein, bis zum Ende unseres Jahrhunderts die in der Wasserstoffbombe unkontrolliert ablaufende Kernverschmelzung unter Kontrolle zu bringen und bei vernünftigem Druck großtechnisch zu beherrschen. Der in den Fusionsreaktoren benötigte Brennstoff, die schweren Isotope des Wasserstoffs, ist praktisch unbeschränkt auf der Erde vorhanden.

Welches sind nun die energiespendenden Reaktionen und bei welchen Temperaturen laufen sie ab? Tabelle 1 enthält die wichtigsten von ihnen einschließlich der pro Mol auftretenden Wärmetönung.

Tabelle 1. Fusionsreaktionen leichter Atomkerne

p — Proton; n — Neutron; D — Deuton (Deuteriumatomkern, Kern des schweren Wasserstoffs); T — Triton (Tritiumatomkern, Kern des überschweren Wasserstoffs); He — Heliumkern; Li — Lithiumkern. 1 MeV entspricht 27 MWh/Mol

R 1:	$D + D = {}^3He + n + 3{,}3\,MeV$
R 2:	$D + D = T + p + 4\,MeV$
R 3:	$D + {}^3He = {}^4He + p + 18{,}3\,MeV$
R 4:	$D + T = {}^4He + n + 17{,}6\,MeV$
R 5:	${}^6Li + D = 2\,{}^4He + 22{,}4\,MeV$
R 6:	${}^7Li + p = 2\,{}^4He + 17{,}3\,MeV$
R 7:	${}^6Li + n = {}^4He + T + 4{,}8\,MeV$

Wegen der elektrostatischen Abstoßung zwischen den (positiv geladenen) Ionen, die zur Reaktion gebracht werden sollen, sind die Wirkungsquerschnitte für die Verschmelzungsreaktion um viele Größenordnungen kleiner als die Streuquerschnitte. Erst bei extrem hohen Temperaturen können sich zwei Ionen beim zentralen Stoß so weit nähern, daß es zur Verschmelzung kommt.

Die dabei auftretende Leistungsdichte ergibt sich zu

$$p = \frac{1}{2} n^2 \overline{\sigma v}\, W \qquad [\mathrm{W/cm^3}] \qquad (17)$$

für Reaktionen zwischen gleichartigen Teilchen (z. B. D + D), während für nichtgleichartige Reaktionspartner (z. B. D + T)

$$p = n_1 n_2 \overline{\sigma v}\, W \qquad [\mathrm{W/cm^3}] \qquad (17')$$

gilt. Dabei ist n die Ionendichte in Ionen/cm³, σ der Wirkungsquerschnitt für die Reaktion in cm², v die Relativgeschwindigkeit zwischen den Partnern in cm/s und W die Wärmetönung der Einzelreaktion. Der Querstrich weist auf die Mittelung über die Geschwindigkeitsverteilung der Ionen hin. $\overline{\sigma v}$ ist die einzige temperaturabhängige Größe in (17) bzw. (17′). Unter der Annahme einer MAXWELL-Verteilung für die Ionengeschwindigkeit ist sie für die wichtigsten Reaktionen in Abb. 13 in Abhängigkeit von der thermischen Energie in Volt-

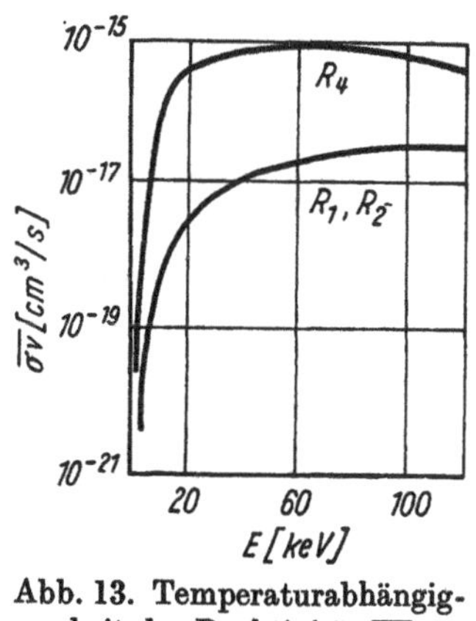

Abb. 13. Temperaturabhängigkeit der Reaktivität $\overline{\sigma v}$

äquivalenten dargestellt. Die besonders wichtige Reaktion 4 zeigt zwischen 40 und 80 keV eine etwa konstante Reaktivität. Das heißt, die Verschmelzung von D- und T-Kernen erfolgt bei $4 \cdots 8 \cdot 10^8$ °K am wirkungsvollsten. Eine weitere Temperatursteigerung verringert die Reaktivität wieder. Ein Fusionsreaktor stabilisiert sich also schon aus diesem Grunde.

Gegen eine unnötige Temperatursteigerung spricht aber auch die Tatsache, daß der Energieverlust durch Aussendung von Bremsstrahlung der Elektronen im Feld der Ionen mit wachsender Temperatur nach

$$p_{\text{Ausstrahlung}} = \frac{1}{2} \cdot 10^{-30} Z^2 n^2 T_e^{1/2} \qquad [\text{W/cm}^3] \qquad (18)$$

zunimmt. Da eine Abkühlung des Elektronenkollektivs auch zur schnellen Abkühlung des Ionenkollektivs führt, ist man bestrebt, bei der geringstmög-

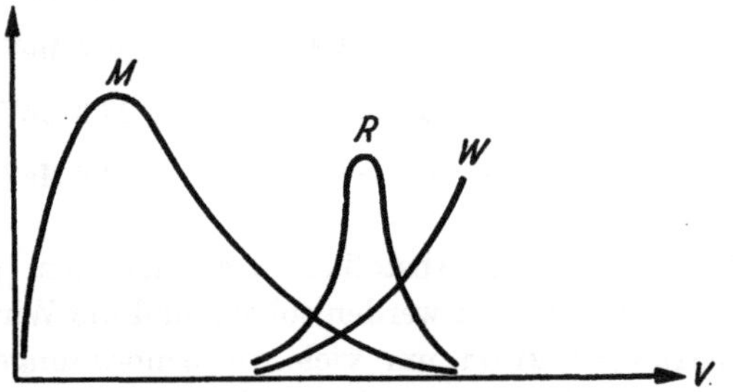

Abb. 14. MAXWELLsche Geschwindigkeitsverteilung und ihre Wirkung auf die Ausbeute von Fusionsreaktionen. *M* — MAXWELL-Verteilung; *W* — Wirkungsquerschnitt; *R* — Anzahl der zur Fusionsreaktion führenden Stöße in Abhängigkeit von der Relativgeschwindigkeit der Stoßpartner

lichen Temperatur zu bleiben. Auch da sind die Verluste durch Ausstrahlung immer noch vergleichbar mit der durch Kernreaktionen erzeugten Energie. Günstigstenfalls ergibt sich eine schwach positive Energiebilanz, weil die Reaktivität der in der Geschwindigkeitsverteilung vorhandenen schnellen Ionen im Schwanz der Verteilungsfunktion zur Wirkung kommt. Diese Situation ist in Abb. 14 schematisch dargestellt.

Die aus den oben genannten Gründen als Standardbedingungen international angestrebten Parameter sind

a) für reines Deuteriumplasma:

$$n = 10^{16}\ \text{cm}^{-3}; \quad T = 4 \cdot 10^8\ °\text{K}; \quad \tau = 10\ \text{s};$$

b) für ein D-T-Gemisch im Verhältnis 1:1:

$$n = 10^{13}\ \text{cm}^{-3}; \quad T = 5 \cdot 10^7\ °\text{K}; \quad \tau = 10\ \text{s}.$$

Der Weg, den ein Ion unter diesen Bedingungen im Mittel zurücklegt, ehe es zur Verschmelzungsreaktion kommt, ist im D–D-Reaktor (Fall a) 10^{11} cm, das ist mehr als die Entfernung Erde—Mond! Im D–T-Reaktor (Fall b) muß ein

Ion im Mittel immer noch eine Strecke von $5 \cdot 10^9$ cm, zurücklegen; das ist mehr als der Erdumfang. Aus diesen Zahlen wird verständlich, warum man sich in der Fusionsphysik so intensiv mit Behälterfragen beschäftigt. Da uns nur einschließende Felder in Meterabmessungen zur Verfügung stehen, müssen die Teilchen ungeheuer oft von den Behälterwänden reflektiert werden, damit sie nicht als Brennstoff verlorengehen. Diese Seite des Einschließungsproblems erklärt, warum man bei der Angabe der Standardbedingungen auch die mittlere Einschließungszeit τ angibt. Tatsächlich ist neben der Reaktionstemperatur für den Ausgleich zwischen Verlusten und freiwerdender Fusionsenergie das Produkt aus Dichte und Einschließungszeit $n\tau$ maßgebend.

Was wurde nun bisher international erreicht?

Ioffe und Mitarbeiter erreichten im Kurtschatow-Institut für Atomenergie der Akademie der Wissenschaften der UdSSR mit einer etwa 4 m langen magnetischen Flasche (im Prinzip wie Abb. 4b), deren Kammerwand zusätzlich gegen radial nach außen vordringende Rinneninstabilitäten durch ein nach außen anwachsendes Hilfsfeld geschützt war, Ladungsträgerdichten von 10^9 cm^{-3} bei $5 \cdot 10^7$ °K. Das nach dem Ionenmagnetronprinzip erzeugte Plasma konnte 15 Millisekunden eingeschlossen werden. Das ergibt ein $n\tau = 1{,}5 \cdot 10^7$.

Post und Mitarbeiter erreichten im Lawrence-Strahlungslaboratorium in Livermore mit der ALICE (Abb. 12) ohne Hilfsfelder bei $2 \cdot 10^7$ °K und 10^8 cm^{-3} Einschlußzeiten von einer halben Sekunde. Das ergibt ein $n\tau = 5 \cdot 10^6$.

Während die geforderten Temperaturwerte durchaus erreicht werden konnten, sind die $n\tau$-Werte noch meilenweit vom Ziel ($n\tau = 10^{14} \ldots 10^{16}$) entfernt; trotzdem konnten sie nur durch ungeheuer mühevolle Arbeit erreicht werden. Die Schilderung aller Zweige von Physik und Technik, die bei diesen Experimenten entscheidend eingriffen, ist hier nicht möglich.

Literatur

[1] Арцимович, Л. А., Управляемые термоядерные реакции. Москва 1963.
Arzimowitsch, L. A., Gesteuerte thermonukleare Reaktionen. Akademie-Verlag, Berlin 1965.
[2] Glasstone, S., Lovberg, R. H., Controlled Thermonuclear Reactions. New York 1960.
[3] Simon, A., An Introduction to Thermonuclear Research. London 1959.
[4] Spitzer, L., Physics of Fully Ionized Gases. New York 1956.
Die umfangreiche Zeitschriftenliteratur wird erfaßt und referiert in:
[5] Nuclear Science Abstracts (US Atomic Energy Commission).
[6] Реферативный Журнал: Физика (Akademie der Wissenschaften der UdSSR).

Dr. Christian-Ulrich Wagner

Geomagnetisches Institut der Deutschen Akademie der Wissenschaften zu Berlin, Potsdam

PLASMEN IM EXTRATERRESTRISCHEN UND INTERPLANETAREN RAUM

Die vorhergehenden Beiträge beschäftigen sich fast ausschließlich mit Plasmen, die vom Menschen künstlich erzeugt werden. Es gibt aber im Bereich unserer Erde auch zwei Gebiete, den Erdkern und die hohe Atmosphäre, in denen natürliche Plasmen vorkommen. Der Erdkern ist wahrscheinlich als ein Plasma hoher Temperatur unter hohem Druck aufzufassen, während die hohe Atmosphäre (oberhalb 60 km) und auch der interplanetare Raum natürliche Plasmen unter sehr geringem Druck darstellen. Der vorliegende Beitrag soll einen kurzen Abriß des Standes unserer Kenntnisse über die Plasmen in der hohen Atmosphäre und im interplanetaren Raum geben. Dabei sei gleich zu Beginn darauf hingewiesen, daß die Physik der hohen Atmosphäre eine sehr junge Wissenschaft ist, die sich bei vielen Teilfragen noch mit einer reinen Beschreibung der beobachteten Phänomene begnügen muß. Daher muß man oft selbst die Aufstellung empirischer Formeln schon als einen ersten Schritt auf dem Wege zu einem tieferen Verständnis begrüßen. Im Vergleich zu den übrigen Gebieten der Plasmaphysik befindet sich die Physik der hohen Atmosphäre auf vielen Teilgebieten in einem sehr frühen Entwicklungsstadium, während bei der Behandlung anderer Fragen der Hochatmosphärenphysik gerade die neuesten plasmaphysikalischen Theorien herangezogen werden müssen. Auch hängt die gesamte Nomenklatur noch stark von den verwendeten Meßmethoden ab.

1. Einführung in die Nomenklatur

Abb. 1 zeigt den mittleren Verlauf von Druck p, Dichte ϱ, Temperatur T, mittlerem Molekulargewicht $\overline{M}$, mittlerer freier Weglänge $\overline{l}$ und Ionisationsgrad I in Abhängigkeit von der Höhe. Man erkennt, daß Dichte und Druck mit zunehmender Höhe monoton abnehmen, während die Temperatur ein komplizierteres Verhalten zeigt. An Hand dieser Abbildung sollen nun die wichtigsten Begriffe aus der Physik der hohen Atmosphäre erläutert werden (s. rechte Seite von Abb. 1). Dabei muß man beachten, daß es manchmal für gleiche Höhenbereiche je nach dem Einteilungsprinzip unterschiedliche Bezeichnungen gibt.

Für die Betrachtung von Neutralteilchen hat sich folgende Nomenklatur eingebürgert:

Betrachtet man die Zusammensetzung, d. h. das mittlere Molekulargewicht, so muß man zwischen Homosphäre und Heterosphäre unterscheiden.

In der Homosphäre (0—85 km) ist das Molekulargewicht konstant. Betrachtet man als zusätzliches Einteilungsprinzip den Verlauf der Temperatur, so muß man zwischen der Troposphäre (negativer Temperaturgradient), Stratosphäre (positiver Temperaturgradient) und Mesosphäre (negativer Temperaturgradient) unterscheiden. Die oberen Grenzen der Bereiche werden Tropopause, Stratopause bzw. Mesopause genannt. Die hydrodynamischen Grundgleichungen sind für alle drei Bereiche praktisch identisch; die Unterschiede bestehen im wesentlichen in den Grenzbedingungen. So hängen die Temperaturverhältnisse in der Troposphäre von den Bedingungen in der Nähe der Erdoberfläche ab. Bei der Stratosphäre dagegen wird der Wärmehaushalt außer durch Konvektion wesentlich durch Strahlungsprozesse beeinflußt.

In der Heterosphäre nimmt das mittlere Molekulargewicht unter der Wirkung von Dissoziations- und Diffusionsprozessen mit der Höhe ab. Die Temperatur steigt im Gebiet von 85 bis ca. 400 km, der Thermosphäre, stark an und bleibt oberhalb 400 km konstant. Ein anderes Teilgebiet der Heterosphäre (oberhalb ca. 400 km) wird als Exosphäre bezeichnet, weil in diesem Gebiet die mittlere freie Weglänge (s. Abb. 1) der Neutralteilchen so groß ist, daß sie aus der Erdatmosphäre entkommen können.

Bisher wurde ausschließlich die neutrale Komponente des Plasmas beachtet. Bei der Betrachtung des Ionisationsgrades $I = I(h)$ (s. Abb. 1) erkennt man, daß das eigentliche Plasmagebiet erst oberhalb 60 km Höhe beginnt. Für die einzelnen Bereiche des extraterrestrischen Plasmas hat sich eine besondere Nomenklatur eingebürgert. Man spricht je nach dem Ionisationsgrad, den üblichen Meßmethoden und den hauptsächlich wirkenden Kräften von tiefer Ionosphäre, Ionosphäre, hoher Ionosphäre und Magnetosphäre. In der tiefen Ionosphäre ist die Turbulenz der wichtigste Transportprozeß. In der Ionosphäre und der hohen Ionosphäre kommen Diffusionsprozesse und die Wirkungen des Erdmagnetfeldes hinzu: Ab 120 km ist Diffusion der entscheidende Prozeß; oberhalb 100 km gewinnt das Erdmagnetfeld Einfluß auf die Bewegung der geladenen Partikeln. Späterhin ab 500—1000 km wird die Bewegung der geladenen Teilchen ausschließlich durch das geomagnetische Feld kontrolliert. Dieses Gebiet, die Magnetosphäre, erstreckt sich in Richtung auf die Sonne zu bis 10 R_e, wo sich nach den bisherigen Messungen die Grenze des stationären Magnetfeldes der Erde befindet und stärkere Schwankungen auftreten. In der Magnetosphäre liegen auch die Strahlungsgürtel. Aus der Darstellung des Ionisationsgrades $I = I(h)$ erkennt man, daß in der Ionosphäre ein schwachionisiertes Plasma existiert. Das Plasma der Magnetosphäre kann dagegen wie ein vollionisiertes Plasma behandelt werden.

Für das ganze Gebiet der hohen Atmosphäre wird Quasineutralität (s. Abschnitt 1) angenommen.

Zum Abschluß sei noch auf zwei Besonderheiten der hier zu diskutierenden Plasmen hingewiesen: Die erste besteht darin, daß wir es stets mit sehr großen

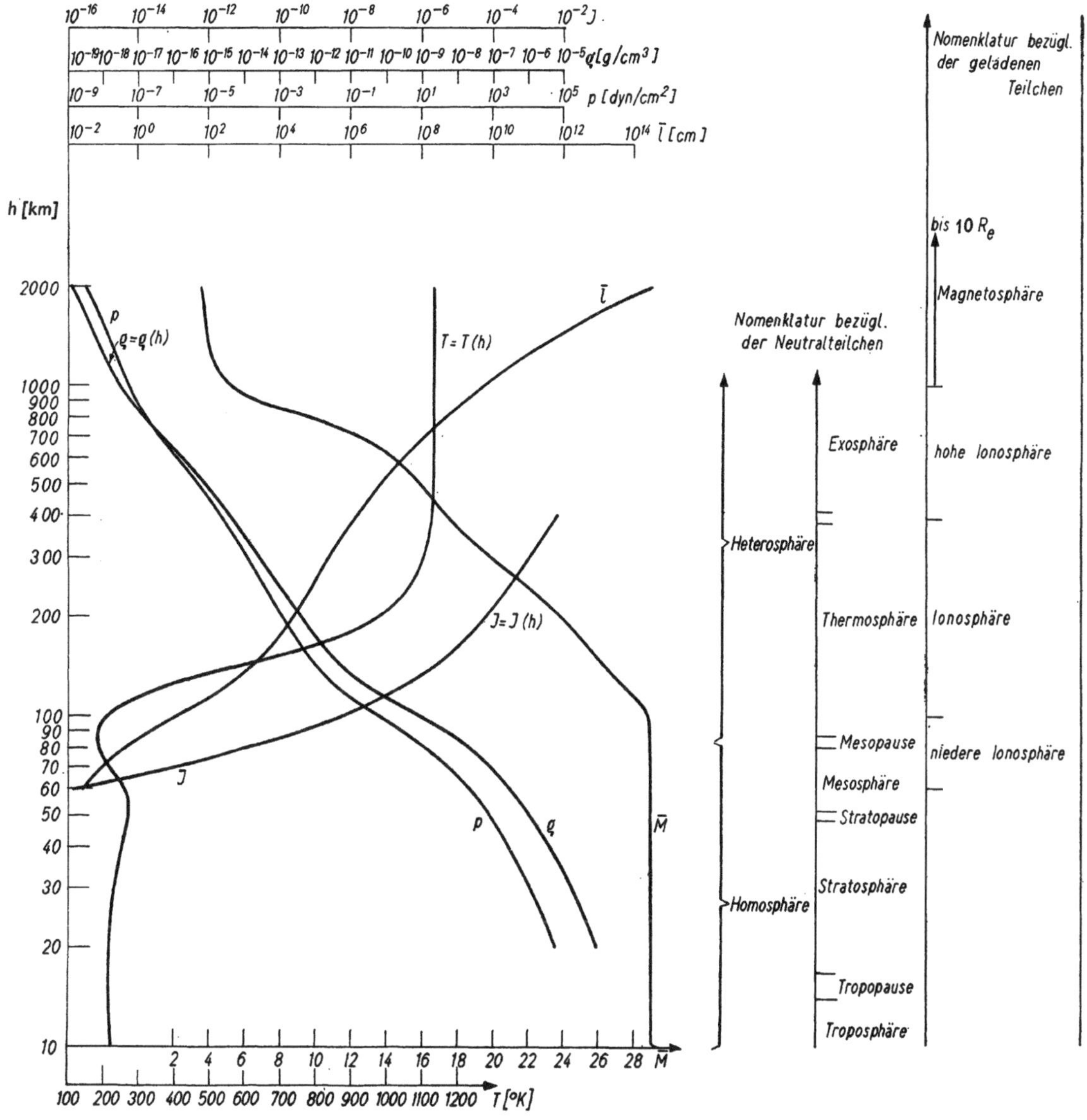

h [km]
J
ϱ [g/cm³]
p [dyn/cm²]
l̄ [cm]
p
ϱ = ϱ(h)
T = T(h)
l̄
J = J(h)
J
p
ϱ
M̄
T [°K]
Nomenklatur bezügl. der Neutralteilchen
Heterosphäre
Homosphäre
Exosphäre
Thermosphäre
Mesopause
Mesosphäre
Stratopause
Stratosphäre
Tropopause
Troposphäre
Nomenklatur bezügl. der geladenen Teilchen
bis 10 R_e
Magnetosphäre
hohe Ionosphäre
Ionosphäre
niedere Ionosphäre

Abb. 1

Dimensionen zu tun haben, so daß man von „Wandeffekten" völlig absehen und oftmals mit unendlich ausgedehnten geschichteten Plasmen rechnen kann. Aus dieser ersten Besonderheit folgt eine zweite: Man kann fast gar keine Experimente im Sinne eines üblichen physikalischen Experimentes durchführen; m. a. W., man kann keinen einzigen Parameter zielgerichtet variieren. Man ist vielmehr darauf angewiesen, die einzelnen Plasmaparameter laufend zu messen, um möglichst viele natürliche Variationen zu beobachten und dann zu versuchen, Rückschlüsse auf die Ursachen und die Mechanismen der verschiedenen, meist einander überlagernden Variationen der Plasmaparameter zu ziehen. Besonders wichtig sind daher Meßverfahren, die für Dauerregistrierung geeignet sind. Aus diesem Grunde ist für die hohe Atmosphäre eine ganze Reihe von speziellen Beobachtungs- und Meßmethoden entwickelt worden, die im folgenden kurz besprochen werden sollen.

2. *Einige spezielle Meßmethoden*

a) Indirekte, auf der Ausbreitung elektromagnetischer Wellen beruhende Methoden

Die Meßmethoden zur Bestimmung der Plasmaparameter (z. B. n_e, n_i, T_e, T_i, ν_s) lassen sich in zwei große Gruppen einteilen, in indirekte und direkte Methoden. Die indirekten Methoden arbeiten vom Erdboden aus. Da das Plasmagebiet erst oberhalb 60 km beginnt, kommen von den im Kapitel Plasmadiagnostik besprochenen Verfahren nur die in Frage, die auf der Untersuchung der Ausbreitung elektromagnetischer Wellen im Plasma aufbauen. Da diese Verfahren sehr wichtig sind, sollen kurz die in der Theorie des Plasmas behandelten Formeln für die Ausbreitung der elektromagnetischen Wellen im Plasma zusammengestellt werden.

Bei Berücksichtigung von Stößen zwischen den Partikeln des Plasmas erhält man für die Brechzahl die Beziehung

$$N^2 = 1 - \frac{1}{\varepsilon_0}\frac{e^2}{m} n_e \frac{1}{\nu_s^2 + \omega^2} - i \frac{1}{\varepsilon_0}\frac{e^2}{m} n_e \frac{\nu_s/\omega}{\nu_s^2 + \omega^2} \tag{1}$$

(N = Brechzahl, ω = Kreisfrequenz, e = Elementarladung, n_e = Elektronendichte, ν_s = Stoßzahl). In die Beziehung geht der Faktor $\frac{1}{m}$ ein. Da wegen der Quasineutralität $n_e = n^+_{\text{Ionen}}$ und ferner $m_e \ll m$ (Ionen) ist, braucht die Wirkung der positiven Ionen nicht betrachtet zu werden. Für die Dämpfungskonstante erhält man

$$k = \frac{1}{2c}\frac{1}{\varepsilon_0}\frac{e^2}{m} n_e \frac{\nu_s}{\nu_s^2 + \omega^2}\frac{1}{N_1}, \tag{2}$$

wobei N_1 der Realteil von N ist. Für $\nu_s = 0$ folgt aus (1) die Dispersionsformel (Ecclesche Beziehung)

$$N^2 = 1 - \frac{1}{\varepsilon_0}\frac{e^2}{m} n_e \frac{1}{\omega^2}, \qquad \omega_p = \frac{1}{\varepsilon_0}\frac{e^2}{m} n_e \tag{3}$$

(s. Formel (89) S. 227). ω_p ist die Plasmafrequenz. In der Theorie des Plasma wurde gezeigt, daß für $\omega > \omega_p$ die Welle durch das Plasma hindurchgehen kann und nur teilweise reflektiert wird. Für $\omega < \omega_p$ wird N in (3) imaginär, d. h., die Welle wird totalreflektiert.

Befindet sich das Plasma in einem Magnetfeld, so verhält es sich wie ein doppelbrechendes Medium. Man erhält in diesem Falle für rechts- bzw. linkszirkular polarisierte Wellen unterschiedliche Formeln. Für den allgemeinen Fall, daß das Magnetfeld mit der Wellennormalen den Winkel ϑ bildet, fanden APPLETON und HARTREE die komplizierte Dispersionsformel

$$N^2 = \frac{1 - \nu_p^2}{\nu^2 - \frac{1}{2}\sin^2\vartheta \, \frac{\nu_z^2 \nu^2}{\nu^2 - \nu_p^2} \pm \sqrt{\cos^2\vartheta \, \nu_z^2 \nu^2 + \left\{\frac{1}{2}\sin^2\vartheta \, \frac{\nu_z^2 \nu^2}{\nu^2 - \nu_p^2}\right\}}} . \tag{4}$$

Dabei bedeuten ν die Frequenz der eingestrahlten Welle, ν_z die Gyrofrequenz

$$\nu_z = \frac{e}{2\pi m} B \tag{5}$$

und

$$\nu_p^2 = \frac{1}{4\pi^2} \frac{1}{\varepsilon_0} \frac{e^2}{m} n_e . \tag{6}$$

Oftmals kommt man aber mit dem quasilongitudinalen Fall ($\vartheta \approx 0$) aus, für den sich näherungsweise ergibt

$$N_o^2 \triangleq 1 - \nu_p^2 / \{\nu^2 + \nu_z \nu\} \tag{7a}$$

O = ordentliche = linkszirkulare Komponente

$$N_x^2 \triangleq 1 - \nu_p^2 / \{\nu^2 - \nu_z \nu\} \tag{7b}$$

x = außerordentliche = rechtszirkulare Komponente.

Aus (2) und (3) erkennt man, daß man aus der Untersuchung der Ausbreitung elektromagnetischer Wellen im günstigsten Falle die Elektronendichte und die Stoßzahl ν_s bestimmen kann.

b) Die Ionosonde

Eine Ausnutzung der eben beschriebenen Wellenausbreitung in Plasmen zur Bestimmung ionosphärischer Parameter erfolgt mit der Ionosonde. Schickt man eine elektromagnetische Welle senkrecht in die Ionosphäre, so hängt die Frage, ob diese total reflektiert wird oder nicht, nach (3) von der Kreisfrequenz ω der Welle und von der Elektronendichte ab. Stellt man mittels eines Empfängers fest, daß die Welle mit der Frequenz $\nu = \frac{\omega}{2\pi}$ total reflektiert worden ist, so muß $\omega_p \geqq \omega$ sein, d. h., in der Ionosphäre muß wenigstens eine Elektronendichte

$$n_e = \left(\frac{\varepsilon_0 m}{e^2}\right) \omega^2 = 0{,}0124 \, \nu^2_{[s^{-1}]^2} \quad [\mathrm{m}^{-3}] \tag{8}$$

vorhanden sein.

Da die Elektronendichte im Bereich von 60 bis ca. 350 km ständig mit der Höhe zunimmt, kann man nach (8) im Prinzip durch Variation der Frequenz die Elektronendichten in diesem Höhenbereich bestimmen. Die Ionosonde besteht aus einem Sender, der Impulse im Frequenzbereich von 0,5 bis 20 MHz aussendet. Dabei durchläuft die Frequenz in 20 bis 30 s einmal den ganzen Bereich. Auf einem Oszillographen wird die Laufzeit t (Erde—Ionosphäre—

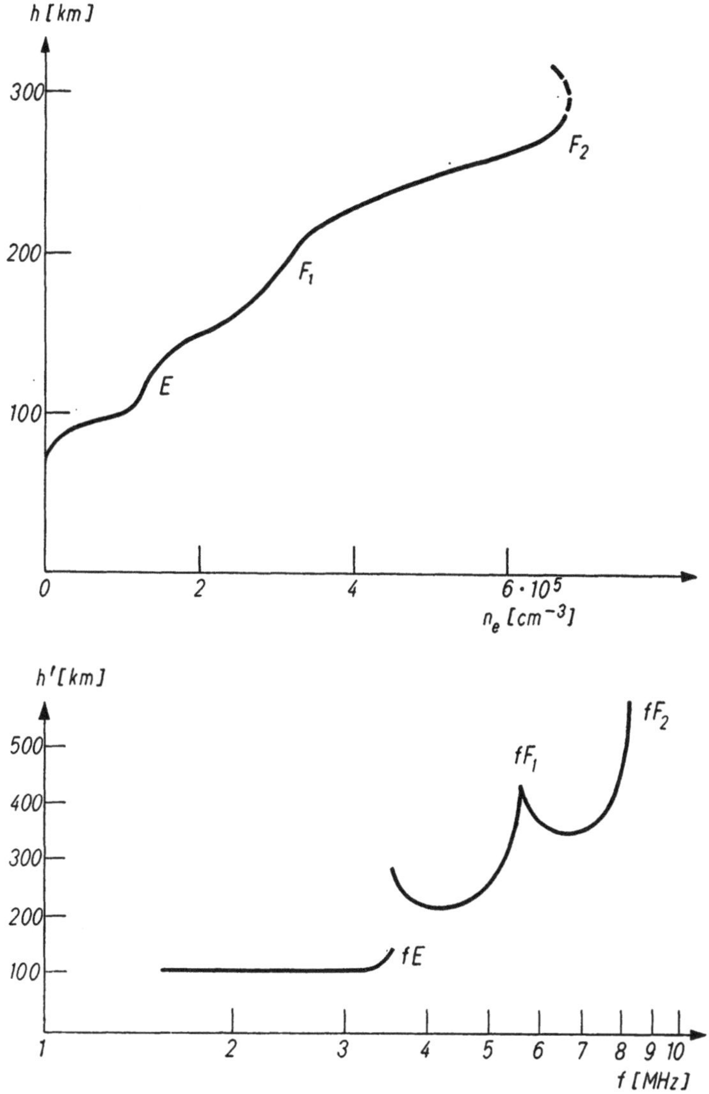

Abb. 2. Aus: Ratcliffe, J. A., Physics of the Upper Atmosphere, Academic-Press, London 1960

Erde) der Impulse in Abhängigkeit von der Frequenz beobachtet (s. Abb. 2), so daß man mit (8) ein $n_e(t)$-Diagramm konstruieren kann. Man benötigt aber die Elektronendichte in Abhängigkeit von der Höhe. Setzt man voraus, daß sich die Welle in der hohen Atmosphäre mit der Vakuumlichtgeschwindigkeit c ausbreitet, so kann der Laufzeit eine scheinbare Höhe h' zugeordnet werden nach

$$h' = \frac{1}{2} c\, t\,. \tag{9}$$

Die Gruppengeschwindigkeit (= Ausbreitungsgeschwindigkeit der Energie) der Welle im Plasma ist aber gegeben durch $v = N c$. Da für $\omega_p < \omega$ die Brechzahl stets <1 ist und in der Umgebung des Reflexionspunktes ($\omega \to \omega_p$) sehr klein wird, ist die scheinbare Höhe, für deren Berechnung man $v = c$ annahm, stets größer als die wahre Reflexionshöhe. Wäre der Verlauf der Gruppengeschwindigkeit $v_{0,x}$ in Abhängigkeit von der Höhe bekannt, so könnte man die scheinbare Reflexionshöhe für eine feste Frequenz ν berechnen nach

$$h'(\nu) = \frac{1}{2} c\, t = c \int\limits_0^{h_r(\nu)} \frac{dh}{v_{0,x}} = h_0 + \int\limits_{h = h_0}^{h_r(\nu)} \frac{c}{v_{0,x}} dh \tag{10}$$

mit $h_r(\nu)$ = Reflexionshöhe, h_0 = untere Grenzhöhe der Plasmaregion. Bezüglich der in $v_{0,x}$ enthaltenen Elektronendichte stellt (10) eine Integralgleichung dar, die nur für die speziellen Fälle polarer und äquatorialer Ionogramme in analytischer Form lösbar ist. Für andere Breiten geht man so vor, daß man eine bestimmte Form der Elektronendichteverteilung ansetzt (z. B. parabolische, cos- oder EPSTEINsche Form) und dann durch Variation der in diesem Ansatz enthaltenen Parameter eine möglichst gute Übereinstimmung zwischen dem Ionogramm und den errechneten $h'(\nu)$-Kurven zu erreichen sucht. Mit den so bestimmten Parametern kann man dann – in vorgegebener Form – die Elektronendichte in Abhängigkeit von der wahren Höhe angeben.

Aus den Ionogrammen $n_e(h')$ erkennt man, daß der Elektronendichtegradient nicht höhenunabhängig ist. An den Grenzen gewisser Regionen verläuft er erst steiler und dann wieder flacher (s. Abb. 2 und 7), so daß man für jede Region eine maximale Plasmafrequenz, die kritische Frequenz, aus dem Ionogramm entnehmen kann. In der Nähe dieser kritischen Frequenzen besteht ein besonders großer Unterschied in der Brechzahl und damit in der Laufzeit für rechts- und linkszirkular polarisierte Wellen, so daß man hier meist eine deutliche Trennung von ordentlicher und außerordentlicher Welle infolge der Doppelbrechung beobachten kann.

Mit der Ionosonde kann man also den Verlauf der Elektronendichte in Abhängigkeit von der Höhe prinzipiell bestimmen. Abb. 2 zeigt ein schematisches Ionogramm und den daraus bestimmten Elektronendichteverlauf.

Für die Anwendung der Ionosondenmethode gibt es zwei Grenzen. Aus Abb. 7 erkennt man, daß die Elektronendichte und damit die Plasmafrequenz in ca. 350 km Höhe ein absolutes Maximum erreicht. Wellen, deren Frequenz größer ist als die kritische Frequenz dieser F_2-Schicht, werden nicht mehr total reflektiert, sondern gehen durch die Ionosphäre hindurch. Dadurch ist eine obere Grenze für die Anwendbarkeit der Ionosonde gegeben. Zu niedrigen Frequenzen hin ergibt sich einmal aus sendetechnischen Gründen eine Grenze, zum anderen aber auch dadurch, daß in der tiefen Ionosphäre die Ionisation wesentlich diffuser zu sein scheint. Daher bleibt die Anwendbarkeit der Ionosonde auf einen Bereich von ca. 100—350 km beschränkt.

Für den gleichen Höhenbereich besteht auch im Prinzip die Möglichkeit, aus der Messung der Dämpfung einer senkrecht in die Ionosphäre einfallenden Welle (auf festen Frequenzen) Aussagen über die Werte der Integrale $\int_0^h n_e \nu_s \, dz$ — jeweils längs des gesamten Ausbreitungsweges — zu erhalten.

b) Wellenausbreitungsuntersuchungen zur Bestimmung von Plasmaparametern in der tiefen Ionosphäre

Besonders erwähnenswert sind die Kreuzmodulationsmethode und die Methode der partiellen Reflexionen.

Die Kreuzmodulationsmethode verwendet zwei Impulssender mit Frequenzen um 2 MHz, deren Signale in 105 bis 120 km Höhe reflektiert werden. Der eine Sender, der Störsender, ist so eingestellt, daß der Weg des Impulses den Weg des reflektierten, vom anderen Sender stammenden Impulses in der Höhe kreuzt, die untersucht werden soll (s. Abb. 3). Durch die Absorption wird die mittlere Elektronentemperatur in der Umgebung des Störimpulsweges erhöht. Damit ist für kurze Zeit nach dem Durchgang des Impulses in diesem Gebiet die Stoßzahl größer als sonst. Geht das reflektierte Signal des regulären Senders ganz kurz nach dem Störsenderimpuls durch das gleiche Gebiet, so erleidet es hier eine verstärkte Absorption. Die Impulsfolge beider Sender wird so abgestimmt, daß nur jeder zweite Impuls des regulären Senders durch ein störsendergeheiztes Höhenelement geht. Gemessen wird die Differenz zwischen gestörtem und ungestörtem Impuls des regulären Senders. Hieraus kann man $n_e \cdot \nu_s$ am Kreuzungspunkt ermitteln. Richtet man es so ein, daß der reguläre Sender rechtszirkular polarisierte Wellen aussendet, der Störsender aber wahlweise rechts- oder linkszirkular polarisierte, so kann man aus den wegen der Doppelbrechung unterschiedlichen Formeln n_e und ν_s einzeln bestimmen. Durch Variation der Höhe des Kreuzungspunktes erhält man $n_e(h)$ und $\nu_s(h)$.

Bei der Methode der partiellen Reflexionen werden die schwachen teilweisen Reflexionen eines starken Senders ($f \approx 2$ MHz) registriert, die aus der D-Schicht stammen und Reflexionskoeffizienten von 10^{-3}—10^{-5} entsprechen. Aus diesen erhält man durch Berücksichtigung der aus verschiedenen Höhen stammenden Reflexionen die Produkte $n_e \nu_s$ in Abhängigkeit von der Höhe. Durch Verwendung von rechts- und linkszirkular polarisierten Wellen erhält man dann $n_e = n_e(h)$ und $\nu_s = \nu_s(h)$.

Außer diesen beiden Methoden wurde in den letzten Jahren eine Reihe von Methoden entwickelt, mit denen man im Prinzip aus der Registrierung von

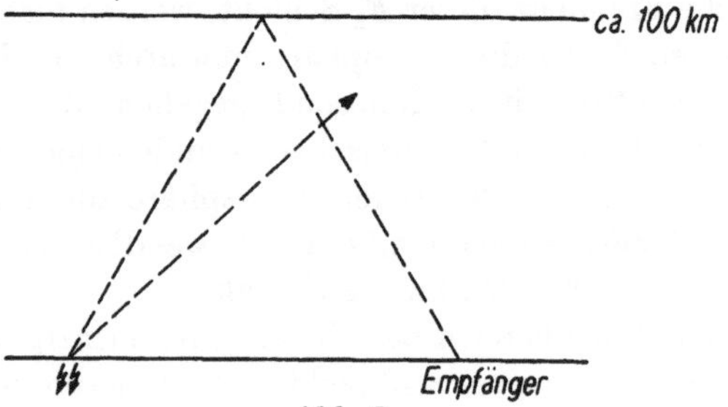

Abb. 3

kommerziellen Lang- und Längstwellensendern (16—250 kHz) bei mittleren (400—500 km) bzw. sehr großen (über 1000 km) Sender–Empfänger-Entfernungen die scheinbare Reflexionshöhe h', die Skalenhöhe $H(T) = \frac{k\,T}{m\,g}$ (T = Temperatur), den Elektronendichtegradienten $\frac{dn_e}{dh}$ und die Geschwindigkeit der horizontalen Drift von Inhomogenitäten bestimmen kann. In der Praxis stößt die Auswertung dieser Registrierungen auf einige Schwierigkeiten, die z. B. durch Mehrfachreflexionen bedingt sind.

c) Wellenausbreitungsmethoden zur Bestimmung von Plasmaparametern in der hohen Ionosphäre und der Magnetosphäre

Auch für diese Gebiete oberhalb der Ionosphäre kann man aus der Ausbreitung gewisser elektromagnetischer Wellen einige Rückschlüsse auf die Elektronendichte und ihre Variationen ziehen: Schließt man an eine gute Antenne einen empfindlichen Verstärker — ohne Gleichrichter — an, so hört man neben vielen anderen Funkstörungen gewisse Pfeiftöne, deren Höhe von der obersten Grenze des menschlichen Hörbereiches in wenigen Sekunden auf seine untere Grenze absinkt, die Whistler. Diese elektromagnetischen Wellen mit Frequenzen von 1—10 kHz entstehen bei Gewittern. Aus der allgemeinen Dispersionsformel (4) folgt für den quasilongitudinalen Fall (s. (7)), daß bei diesen Wellen ($\nu \ll \nu_z$) zwar die ordentliche Komponente reflektiert wird ($N_o^2 = 0$), die außerordentliche aber nahezu senkrecht in die Ionosphäre hineingebrochen wird. Konstruiert man die Strahlfläche, so erhält man eine enge Röhre um die am betreffenden Ort mündende magnetische Kraftlinie. Die Energie wird also längs der Kraftlinien des geomagnetischen Feldes geführt (s. Abb. 4). Für die Frequenzänderung im Laufe der Zeit (Abb. 5) fand man die einfache Relation

$$t(\nu) = \frac{D}{\sqrt{\nu}}\,. \tag{11}$$

Die Theorie liefert

$$D = \frac{1}{2\,c}\sqrt{\frac{e}{2\,\pi\,\varepsilon_0\,\mu_0}}\int\limits_{\text{Whistlerweg}}\sqrt{\frac{n_e}{H}}\,ds\,. \tag{12}$$

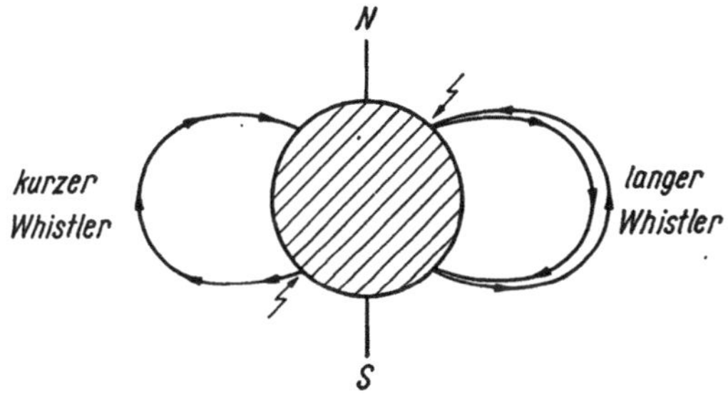

Abb. 4

Für jeden Beobachtungsort sind H und der Whistlerweg bekannt, so daß man eine mittlere Elektronendichte längs des Whistlerweges berechnen kann. Verwendet man Beobachtungen aus verschiedenen geomagnetischen Breiten, so erhält man $n_e = n_e(h)$ für Höhen bis zu mehreren Erdradien.

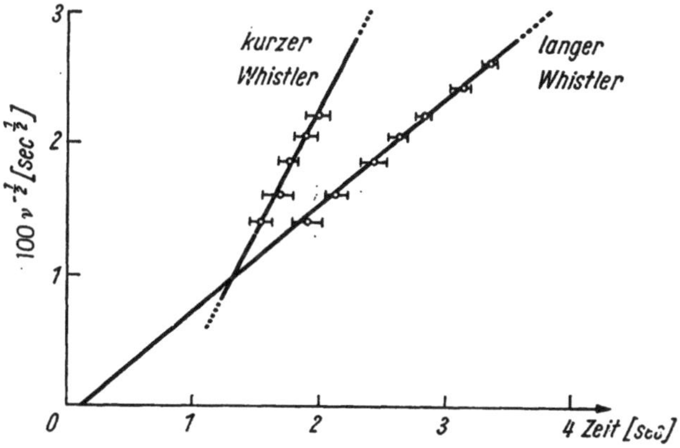

Abb. 5

Auch aus der Registrierung der von Satelliten ausgesandten Radiowellen kann man Rückschlüsse auf die Gesamtelektronendichte zwischen Satellit und Empfangsort ziehen. Infolge des Faraday-Effektes (s. S. 127, 227) tritt nämlich bei den von den Satelliten ausgesandten zum Teil polarisierten Wellen eine Drehung der Polarisationsebene ein, die proportional zu dieser Gesamtdichte ist. Aus der Doppler-Verschiebung der Signale kann man ähnliche Rückschlüsse ziehen.

3. *Direkte Meßmethoden — Meßinstrumente in Raketen und Satelliten*

In Tabelle 1 sind einige Meßgeräte aufgeführt, mit denen direkte Messungen der wichtigsten Plasmaparameter durchgeführt werden können. Die Tabelle 1

Tabelle 1. Meßgeräte in Raketen und Satelliten

Meßverfahren	Meßprinzip	Plasmaparameter	Bemerkungen
Satelliten-abbremsung	Veränderung der Umlaufzeit durch Reibungsverzögerung	Dichte	
Fallende Kugel	Messung des Bewegungsunterschiedes einer frei fallenden und einer durch den Luftwiderstand gebremsten Kugel mit einem Beschleunigungsmesser. Aus der ermittelten Reibungsverzögerung wird die Dichte berechnet.	Dichte	
Radiofrequenz-Massenspektrometer	Die Bewegung der eingefangenen Ionen in einem hochfrequenten elektrischen Feld wird zur Trennung der Massen benutzt. Die Betriebsbedingungen lassen sich so festlegen, daß nur für einen bestimmten Massenwert stabile Bahnen existieren, deren Häufigkeit ein Maß für die Intensität ist. Messung der Massen geschieht durch Änderung der Betriebsspannungen.	Zusammensetzung des Gases	
Massenspektrometer	Trennung der Ionenbahnen durch elektrische und magnetische Felder mit Fokussierung auf die Registrierebene, wo Massen und Intensität gemessen werden.	Zusammensetzung des Gases	
Ionenfalle	Ermittlung der Strom-Spannungs-Charakteristik eines konzentrischen Zylinderelektrodensystems.	Dichte geladener Partikeln niedriger Energie	Diese Verfahren liefern nur dann repräsentative Werte, wenn die freie Weglänge größer als die Abmessung des Analysators ist, d. h., die Einsatzhöhe muß >85 km sein.
Photoelektronen-analysator	Potentialanalyse der durch einfallende Partikeln ausgelösten Photoelektionen.		
Elektrostatischer Analysator	Bei konstanter Kollektorspannung wird die Zahl der den Kollektor erreichenden geladenen Partikeln registriert.		
Langmuir-Sonde	Messung der Strom-Spannungs-Charakteristik eines Elektrodensystems bei veränderlichem Elektrodenpotential.	Elektronen- u. Ionentemperatur bzw. Energie	
Energieanalysator	Messung der Strom-Spannungs-Charakteristik eines Elektrodensystems oder Faraday-Bechers bei festem Außenelektrodenpotential, aber variablem Kollektorpotential.	Energiespektrum geladener Teilchen	
Photodetektor-teleskop	Registrierung der Photoelektronen-emission.	UV-Emission der Sonne	
Spektralanalysator	Unter Benutzung eines Gitters hoher Liniendichte wird das Lyman-Alpha-Linienspektrum photographiert und anschließend ausphotometriert.	Ly-α-Spektrum	
Geiger-Zähler	Die von ionisierenden Partikeln oder Quanten in einem Gas unter der Wirkung einer geeigneten Spannung ausgelösten Entladungsstöße werden gezählt.	Partikeldichten hoher Energie je nach benutzter Abschirmung	
Proportionalzähler	Unter einer bestimmten Spannung ist der durch die ionisierenden Partikeln oder Quanten hervorgerufene Spannungsstoß der Zahl der primär erzeugten Ionen proportional.	Partikeldichten hoher Energie je nach benutzter Abschirmung	

Tabelle 1 (Fortsetzung)

Meßverfahren	Meßprinzip	Plasmaparameter	Bemerkungen
Kristallzähler	Eine an einen Kristallisolator angelegte Spannung erzeugt infolge der durch Wellen- oder Korpuskelstrahlung verbesserten Leitfähigkeit einen Stromstoß, der, verstärkt, registriert werden kann.	Partikeln hoher Energie und X-Strahlung	
Szintillationszähler	Die Szintillationsrate eines Kristalls wird über einen Photomultiplier registriert und stellt ein Maß der die Lichtblitze auslösenden Korpuskular- oder Wellenstrahlung dar.	Partikeln hoher Energie und X-Strahlung	
Ionisationskammer	Die in einem abgeschlossenen Gasvolumen durch Strahlung gebildeten Ionen werden durch ein elektrisches Feld zur Elektrometerelektrode beschleunigt und dort gemessen.	Hochenergiestrahlung	
FARADAY-Becher	Ein in besonderer Weise konstruierter FARADAY-Becher mit Außenelektrode, Modulator, Schirm- und Bremsgitter ist zur Protonenregistrierung anwendbar. Das Modulatorgitter trägt ein pulsierendes Gleichspannungspotential, so daß nur Protonen eines bestimmten Energiewertes zum Kollektor gelangen können. Photoelektronen und Plasmaelektronen können infolge des vorhandenen Bremsgitters die Messung nicht verfälschen.	Protonen	
Protonenmagnetometer	Wegen der nur schwachen Signalspannung, die das magnetische Feld bei den Protonen erzeugt, wird diesem ein Zusatzfeld überlagert und die Abfallzeit der freien Präzession im Erdfeld nach Abschaltung des Zusatzfeldes gemessen.	Magnetfeld	Meßergebnisse werden durch Taumelbewegungen des Satelliten verfälscht! Deshalb gibt man ihm einen Anfangsdrall.
Alkalidampfmagnetometer	Messung der spektralen Absorptionsrate des Alkalidampfes als funktional abhängige Größe der durch das Magnetfeld modifizierten Spektralzustände.		

erhebt keinerlei Ansprüche auf Vollständigkeit. Da viele der angeführten Meßgeräte aus anderen Gebieten der experimentellen Physik, wie z. B. der Plasmaphysik und der Kernphysik, bekannt sind, soll auf eine nähere Beschreibung verzichtet werden. Es sei nur auf die große Bedeutung der verschiedenen Plasmasonden hingewiesen. Bei den direkten Meßmethoden tritt natürlich wieder das Problem auf, daß das Plasma durch die Meßsonde möglichst wenig gestört werden darf. Durch die Anwesenheit der Trägerobjekte (Raketen, Satelliten) wird das Problem noch schwieriger. Trotzdem muß man feststellen, daß die Übereinstimmung der Ergebnisse von direkten und indirekten Methoden in den letzten Jahren ständig besser geworden ist.

Die folgenden zwei Abschnitte beschäftigen sich mit den Erkenntnissen, die wir mit diesen Meßmethoden heute über zwei Teilgebiete des extraterrestrischen Raumes, die Ionosphäre und die VAN-ALLENschen Strahlungsgürtel, gewonnen haben.

4. Das schwachionisierte Plasma im ionosphärischen Höhenbereich (60–500 km)

4.1. Die Entstehung des Ionosphärenplasmas

Als Ionisationsquelle kommt sowohl elektromagnetische Strahlung (Extrem-ultraviolett und Röntgenstrahlung) als auch Korpuskelstrahlung in Frage. Zunächst soll die Ionisation durch elektromagnetische Strahlung betrachtet werden.

Dringt von außen energiereiche Strahlung in die nach unten immer dichter werdende Erdatmosphäre ein, so erzeugt sie eine um so größere Elektronendichte, je tiefer sie kommt. Da bei diesem Prozeß aber Strahlung absorbiert wird, wird es ein Niveau maximaler Elektronenproduktion geben, unterhalb dessen die Erzeugungsrate der Elektronen trotz weiteren Dichteanstiegs der Neutralteilchen abnehmen wird. CHAPMAN berechnete diese Höhe h_m für eine Modellatmosphäre, die aus einem einzigen Gas (Molekulargewicht M) bei konstanter Temperatur T im hydrostatischen Gleichgewicht über einer ebenen Erde bestand, unter der Annahme, daß der Absorptionskoeffizient A unabhängig von der Wellenlänge ist. Die ionisierende Strahlung falle mit der Intensität I unter dem Winkel χ ein. Er fand den Ausdruck

$$\exp (h_m/H) = \varrho_0 \, A \, H \sec \chi \tag{13}$$

($H = R\,T/M\,g$, ϱ_0 = Dichte eines Bezugsniveaus). Die Erzeugungsrate der Elektronen pro Volumeneinheit (q) ergibt sich in Abhängigkeit von der Höhe zu

$$q = \frac{C \cdot I}{H \exp(1)} \cos \chi \exp [1 - z - \exp(-z)] = q_0 \cos \chi \exp [1 - z - \exp(-z)] \tag{14}$$

mit $z = (h - h_m)/H$ und C = Zahl der Elektronen pro absorbierter Energie. Die Höhe h_m hängt demnach nicht von der Intensität der Strahlung ab, während die Erzeugungsrate der Intensität proportional ist. Betrachtet man statt der ebenen Erde eine kugelförmige, so muß $\sec \chi$ durch die CHAPMAN-Funktion $\mathrm{Ch}(\chi, H)$ ersetzt werden. Das ist besonders bei Sonnenauf- und -untergang erforderlich.

Betrachtet man eine zusammengesetzte ionisierende Strahlung und mehr als ein Gas, so zeigt sich trotzdem, daß $q \sim \cos \chi$ ist. Diese einfache Theorie kann als Anhalt und Richtschnur bei der Auswertung der Beobachtungen dienen. Man kann z. B. feststellen, welche systematischen Abweichungen (= Anomalien) vom theoretisch erwarteten Verlauf auftreten.

Bei den Untersuchungen der hohen Atmosphäre mittels Radiowellenausbreitungsmethoden, besonders der Ionogramme, wurde festgestellt, daß die Ionosphäre einschließlich der tiefen Ionosphäre in drei große Regionen *D*, *E*, *F* eingeteilt werden kann, von denen die *E*- und *F*-Region sich auf den Ionogrammen deutlich abheben (s. Abb. 2). Die „tiefe Ionosphäre" umfaßt im wesentlichen die *D*-Region (60—100 km), während die *E*- (100—160 km) und die *F*-Region (160 bis ca. 400 km) die „Ionosphäre" bilden. Es soll nun untersucht werden, welche Ionisationsprozesse für die einzelnen Regionen besonders wichtig sind. Über die ionisierende elektromagnetische Strahlung kann man dank den Forschungen der letzten Jahre einen ersten Überblick geben. Durch Raketen- und Satellitenmessungen konnte festgestellt werden, welche elektromagnetische Strahlung auftritt und in welchen Höhen die einzelnen Anteile absorbiert werden.

Abb. 6 zeigt den Stand unserer Kenntnisse über die solare Strahlung im EUV und ihre ionisierende Wirkung. Danach kann man das Spektrum in mehrere Bereiche einteilen, je nach der Höhe maximaler Ionisation und der Art der gebildeten Ionen. Für die Ionisation von NO und damit für die Bildung eines Teils der Elektronen der *D*-Region am Tage ist Strahlung aus dem Wellenlängenbereich von 1027—1350 Å verantwortlich. Außerdem spielt in der *D*-Region die Ionisation durch Röntgenstrahlung mit $\lambda < 10$ Å eine bedeutende Rolle. Für die Ionisierung des unteren Teils der *E*-Region (bis 120 km) ist die Strahlung der Gruppe I (Bildung von O_2^+) und der Gruppe X_E maßgebend. Von 120 bis ca. 180 km tragen die Gruppen X_E, IV*, IV und III mit derartigen Anteilen zur Ionisation bei, daß die Dissipationsrate nahezu unabhängig von der Höhe ist. Bei der Ionisierung der *F*-Region (Bildung von O^+) scheint im Bereich von 190—250 km Gruppe III zu überwiegen, während ober-

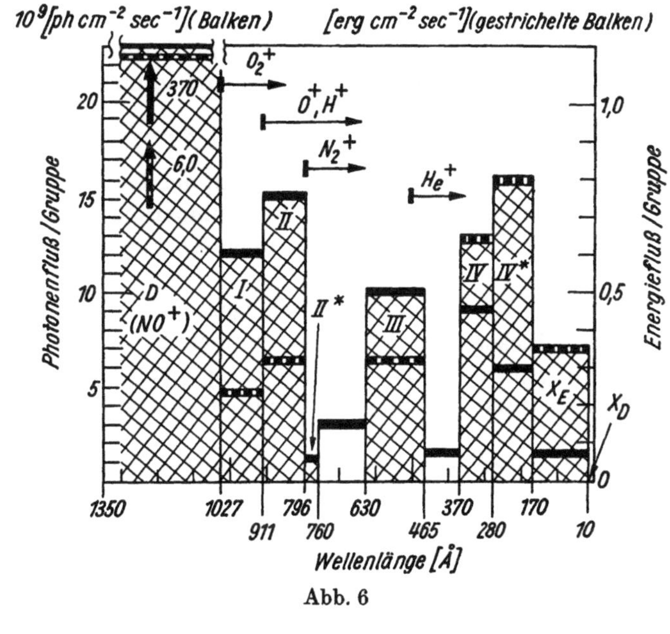

Abb. 6

halb 250 km alle Gruppen mit Ausnahme der Gruppe I zur Ionisation des atomaren Sauerstoffs entsprechend ihrem Fluß und den zugehörigen effektiven Querschnitten der Reaktion beitragen.

Außer der elektromagnetischen Strahlung trägt auch Korpuskelstrahlung zur Ionisation bei. Die an ruhigen Tagen einfallenden solaren niederenergetischen Partikeln tragen zur Ionisation in der F-Region bei. Die hochenergetischen solaren Partikeln und die Partikeln der kosmischen Strahlung können dagegen u. U. bis zur D-Region vordringen. Jedoch zeigt die Ionisation durch Korpuskel als Folge der Wirkung des geomagnetischen Feldes eine ausgeprägte Breitenabhängigkeit. In der D-Region wird die Lage der untersten Ionisationsgrenze durch die einfallende kosmische Strahlung bestimmt. In diesem Gebiet wirken also am Tage drei Ionisationsprozesse: Ionisation durch kosmische Strahlung, Ionisation durch Röntgenstrahlung und Ionisation von NO durch LYMAN-α-Strahlung nach

$$NO + h\nu \rightarrow NO^+ + e\,.$$

Insgesamt gesehen weiß man über die einzelnen bei der korpuskularen Ionisation ablaufenden Prozesse sehr wenig.

Die Zahl der durch Ionisation gebildeten Elektronen wird durch verschiedene Vernichtungsprozesse wieder verringert. Für den Rekombinationsprozeß (s. S. 44) $A^+ + e \rightarrow A'$ gilt z. B.

$$\frac{dn_e}{dt} = -\alpha\, n_e^2 \qquad (15)$$

[1])

und für den Anlagerungsprozeß $A + e \rightarrow A^- + h\nu$

$$dn_e/dt = -\beta\, n_e\,. \qquad (16)$$

In der Ionosphäre laufen aber auch kompliziertere Prozesse ab, wie z. B. die dissoziative Rekombination nach vorhergehendem Ladungsaustausch

$$A^+ + XY \rightarrow XY^+ + A, \qquad XY^+ + e \rightarrow X' + Y'\,. \qquad (17)$$

Ist der Reaktionskoeffizient $K_1\, n\,(XY)$ der ersten, der Ladungsaustauschreaktion, größer als der des anschließenden Rekombinationsprozesses $K_2\, n_e$, so erhält man ein Gesetz der Form (15), im umgekehrten Fall ein Gesetz der Form (16).

In der betrachteten Region stellt sich ein Quasigleichgewichtszustand ein, wenn genauso viele Elektronen erzeugt wie vernichtet werden. Je nach dem für den Vernichtungsprozeß geltenden Gesetz spricht man dann von einer CHAPMAN-α- bzw. CHAPMAN-β-Schicht[2]). Für die CHAPMAN-α-Schicht gilt nach

[1]) α — Rekombinationskoeffizient, nicht mit dem 1. TOWNSEND-Koeffizient verwechseln.

[2]) Die Bezeichnung „Schicht" stammt noch aus der Zeit, als man annahm, daß die Kurve $n_e = n_e(h)$ im ionosphärischen Höhenbereich mehrere sekundäre Maxima und Minima durchläuft, wodurch „Schichten" entstehen würden. Der Verfasser hält einen Verlauf, wie er in Abb. 2 gegeben wurde, für wahrscheinlicher und verwendet daher meist den Begriff „Region".

(4) und nach (15)

$$n_e = \{(q_0/\alpha) \cos \chi\}^{1/2} \exp \left\{\frac{1}{2} [1 - z - \exp(-z)]\right\} \tag{18}$$

und für das Elektronendichtemaximum

$$n_{e\,\max} = [(q_0/\alpha) \cos \chi]^{1/2} . \tag{19}$$

Für die CHAPMAN-β-Schicht findet man

$$n_e = (q_0/\beta) \cos \chi \exp [1 - z - \exp(-z)] , \tag{20}$$

$$n_{e\,\max} = (q_0/\beta) \cos \chi . \tag{21}$$

Nimmt α oder β nach oben hin ab, so erkennt man mit (14) aus (19) bzw. (21), daß das Maximum von n_e in größerer Höhe als das Maximum von q liegen kann. Ist der Unterschied beträchtlich, so spricht man von einer BRADBURY-Schicht.

Mit den vorn beschriebenen Meßmethoden kann man dann — z. B. durch eine Untersuchung der kritischen Frequenzen — prüfen, ob ein CHAPMAN-α- oder ein CHAPMAN-β-Gesetz vorliegt. So fand man, daß in der E-Region in erster Näherung ein CHAPMAN-α-Gesetz mit $\alpha = 10^{-8}$ cm^3/s erfüllt ist. Für die F-Region stellte man fest, daß das Maximum von q bei 180 km liegen muß. Als Vernichtungsprozeß wirkt der in (17) beschriebene dissoziative Rekombinationsprozeß, wobei $n(O_2) + n(NO) + n(N_2)$ für $n(XY)$ und O^+ für A^+ zu setzen ist. So entsteht bei 180 km die F_1-Schicht, eine annähernde CHAPMAN-α-Schicht mit $\alpha = 5 \cdot 10^{-9}$ cm^3/s. In dieser Höhe liefert die erste Reaktion aus (17) mehr positive molekulare Ionen, als bei der Rekombination mit Elektronen verbraucht werden. Oberhalb 200 km ist aber die Dichte von O_2, NO und N_2 so klein, daß der Reaktionskoeffizient der zweiten Reaktion überwiegt, so daß eine Art „Anlagerungsgesetz" zu wirken scheint (CHAPMAN-β-Gesetz). Für die obere F-Region zeigt die Kurve $n_e(h)$ in Abb. 7 für den Höhenbereich von 200—520 km die theoretische Kurve und einige Meßwerte. In vielen Fällen ist jedoch auf Grund der korpuskularen Ionisation und des dynamischen Verhaltens der Ionosphäre die Übereinstimmung von Theorie und Messung nicht so gut.

Alle bisherigen Überlegungen können stets nur eine ganze grobe Näherung ergeben, weil hierbei die Ionosphäre als ein statisches Gebilde behandelt wird. In Wirklichkeit spielen aber in allen Regionen der Ionosphäre dynamische Prozesse eine wesentliche Rolle. Das wirkliche Verhalten der Ionosphäre zeigt eine große Zahl verschiedenartigster Abweichungen von der obigen stark vereinfachten Theorie. Für den oberen Teil der F-Region, die F_2-Schicht, kann man z. B. nur zu einer wirklichen Übereinstimmung zwischen Theorie und Messung kommen, wenn man die Diffusion von Elektronen berücksichtigt. Durch die Diffusion entsteht das Elektronendichtemaximum in ca. 320 km Höhe (s. Abb.7).

4.2. Kurzer Überblick über die einzelnen Parameter des Plasmas im ionosphärischen Höhenbereich (60—500 km)

Neutralteilchen

Für die Neutralteilchen sind die wichtigsten Daten bereits in Abb. 1 dargestellt. Alle Werte der Abb. 1 beschreiben mittlere Tagesverhältnisse bei mittlerer Sonnenaktivität. Man erkennt u. a., daß die Temperatur im Bereich von 85 bis 300 km stark ansteigt und dann nahezu konstant bleibt. Diese Aufheizung des Plasmas erfolgt durch Absorption von Korpuskel- und Wellenstrahlung, besonders im EUV. Das Minimum in der Temperaturkurve bei 85 km und das Maximum bei 50 km werden durch die gemeinsame Wirkung der Abstrahlung von Energie im infraroten Bereich durch CO_2 und O_3 und der Absorption von UV durch O_3 erzeugt, die beide die gleiche Höhenabhängigkeit zeigen.

An der Kurve für das mittlere Molekulargewicht $\overline{M}$ erkennt man, wie sich oberhalb 85 km die Dissoziation von O_2 auszuwirken beginnt. Da aber infolge der bis ca. 105 km wirksamen Turbulenz ständig eine Durchmischung stattfindet, ändert sich $\overline{M}$ erst oberhalb dieser Höhe in stärkerem Maße. Für größere Höhen kann man die Änderung der Zusammensetzung infolge der Dissoziationsprozesse und der oberhalb 110 km einsetzenden Diffusion deutlich erkennen. Die Zusammensetzung in größeren Höhen hängt stark von der Sonnenaktivität ab.

Geladene Partikeln

Für die Elektronen zeigt Abb. 7 mittlere Tagesverhältnisse im ionosphärischen Höhenbereich während einer Periode mittlerer bis stärkerer Sonnenaktivität. Es wurden die Elektronendichte n_e, die Elektronentemperatur T_e und die Stoßzahl ν_s in Abhängigkeit von der Höhe angegeben. Die Elektronendichte steigt im Bereich von 50—100 km schnell an und nimmt dann bis ca. 350 km nochmals um eineinhalb Größenordnungen zu. Ob Minima wie das bei 85 km real sind, ist noch nicht klar. Wahrscheinlich handelt es sich stattdessen um verschieden steile Gradienten, wie sie bei der E- und F_1-Schicht angegeben sind (s. a. Abb. 2). Man erkennt weiterhin, daß die Abnahme von n_e in der hohen Ionosphäre wesentlich langsamer erfolgt als die Zunahme im Bereich der Ionosphäre. So hat man z. B. aus Whistleruntersuchungen gefunden, daß in einer Entfernung von 2 R_e ca. 600 Elektronen/cm^3 und bei 4—4,5 R_e (ca. 26000 km) durchschnittlich immer noch 200—700 Elektronen/cm^3 vorhanden sind.

Betrachtet man die Werte für die Elektronentemperatur $T_e(h)$, so stellt man bei einem Vergleich mit Abb. 1 fest, daß T_e wesentlich größer als die Gastemperatur T_g ist. Das gilt auch, wenn man für T_g die Werte bei hoher Sonnenaktivität einsetzt. Aus den bisher vorliegenden Beobachtungen folgt, daß sich die Elektronen im Höhenbereich von 100 bis ca. 400 km nicht mit den Neutralteilchen im isothermen Gleichgewicht befinden.

Für den Tag kann man wegen der geringen Dichte der negativen Ionen für den gesamten Bereich annehmen, daß die Dichte der positiven Ionen mit der der Elektronen übereinstimmt; nachts ist diese Beziehung $n_e = n^+$ erst oberhalb 120 km erfüllt.

Die Ionentemperatur stimmt für den Bereich der Ionosphäre weitgehend mit der Gastemperatur überein. Für noch größere Höhen nähert sie sich nach neueren Meßergebnissen asymptotisch der Elektronentemperatur.

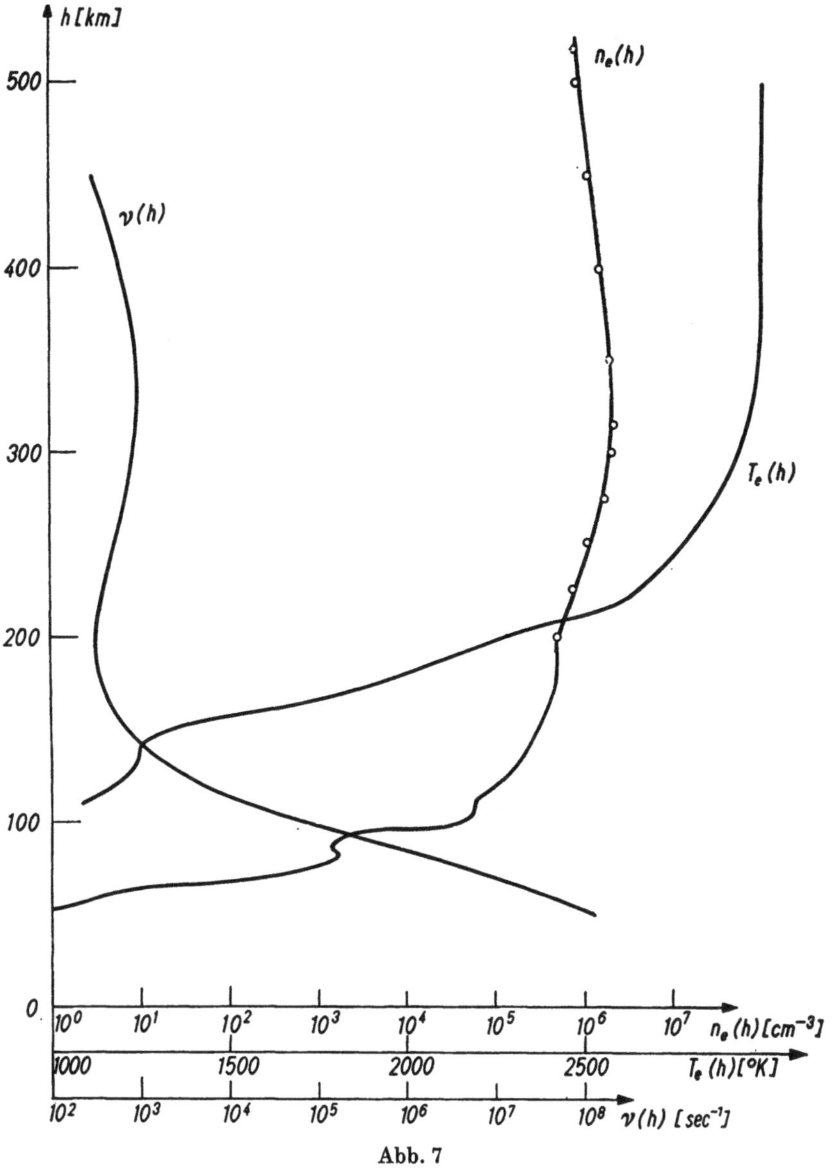

Abb. 7

Abb. 7 zeigt weiterhin die Abhängigkeit der Stoßzahl ν_s von der Höhe. Eine Analyse von Nicolet hat gezeigt, daß die Stoßeffekte in der D- und der niederen E-Region auf Stößen von Elektronen, positiven und negativen Ionen mit Neutralteilchen beruhen. In der E-Region hängt die Elektronenstoßzahl von den Stößen zwischen Neutralteilchen und Elektronen ab. Im oberen Teil der F-Region wird die Elektronenstoßzahl ausschließlich durch Stöße mit positiven

Ionen bestimmt, während im unteren Teil der F-Region auch Stöße mit Neutralteilchen einen Beitrag liefern. Die Bestimmung der Stoßzahlen aus verschiedenen Messungen ist eine wichtige, bisher nur unbefriedigend gelöste Aufgabe der Hochatmosphärenphysik.

4.3. Periodische Variationen im ionosphärischen Höhenbereich

Die bisher angeführten Tatsachen zeigen deutlich, daß alle Parameter der hohen Atmosphäre von der Intensität der einfallenden (solaren) Wellen- oder Korpuskelstrahlung abhängen. Periodische Variationen dieser Strahlung werden sich in periodischen Variationen der Parameter widerspiegeln. Für die neutrale Komponente des Plasmas konnten diese Variationen in den letzten Jahren mit Hilfe besonders zahlreicher Raketenaufstiege und vieler Satellitenbeobachtungen festgestellt werden. Für die Elektronen liegen schon für einen größeren Zeitraum indirekte Messungen vor. Trotzdem muß man sagen, daß man über die Variationen der Parameter der geladenen Komponente noch weniger weiß als über die neutrale Komponente des Plasmas.

Betrachtet man zunächst die neutrale Komponente, so erweist es sich als zweckmäßig, die Variationen der Temperatur als Leitschnur zu verwenden.

Zunächst muß man mit einer Variation in Abhängigkeit von der Tageszeit rechnen. Für Raketenmessungen, die uns Auskunft für das Gebiet von 30 bis ca. 180 km geben, liegt die Amplitude der täglichen Variation innerhalb der Schwankungsbreite der Messungen. Lediglich für eine Höhe von 50 km liegen Anzeichen für eine tägliche Variation mit einer Amplitude von 5—10 °K vor. In Höhen über 180 km ist eine deutliche tägliche Variation festgestellt worden. Da der größte Teil der Strahlung unterhalb dieser Höhe absorbiert wird, nimmt die Dichte bei Betrachtung einer festen Höhe mit zunehmender Einstrahlung zu. Man muß sich vorstellen, daß die Atmosphäre auf der Tagesseite eine Schwellung zeigt. Da die Sonne für diese Aufheizung der Atmosphäre auf der Tagesseite verantwortlich ist, liegt die Annahme nahe, daß die Erwärmung auf der Breite des Subsolarpunktes am größten ist. Dieses Zentrum wandert dem Subsolarpunkt folgend in Abhängigkeit von der Jahreszeit nordwärts bzw. südwärts über den Äquator hinweg. Zahlreiche Beobachtungen der Satellitenabbremsung scheinen diese Vorstellung zu bestätigen. Das Maximum der Schwellung findet man um 14.00 LT, das Minimum dagegen um 4.00 LT. Es tritt also eine deutliche Ost-West-Asymmetrie auf. Die aus den Beobachtungen gewonnenen Temperaturwerte folgen der Beziehung

$$T = T_0 (1 + R \sin^m \eta') \left(1 + R \frac{\cos^m \eta - \sin^m \eta'}{1 + R \sin^m \eta'}\right) \cos^n \frac{1}{2}\tau \tag{22}$$

mit

$$\eta = \frac{1}{2} |\varphi - \delta_\odot| , \quad \eta' = \frac{1}{2} |\varphi + \delta_\odot|$$

$$\tau = \tau_0 + \beta + p \sin(\tau_0 + \gamma) .$$

Dabei sind T_0 die Temperatur des Minimums, φ die geographische Breite des Ortes, $\delta_\odot$ die Deklination der Sonne, τ_0 der Stundenwinkel der Sonne und R, m, n, β, p und γ konstante Größen. Der letzte Term in der Beziehung für τ erfaßt die Ost-West-Asymmetrie. Aus den Satellitendaten erhält man für die Konstanten die Werte

$$R = 0{,}28\,, \qquad \beta = -45°\,,$$
$$m = n = 0{,}25\,, \qquad \gamma = +45°\,,$$
$$p = 12°\,.$$

Berücksichtigt man bei der Betrachtung der Aufheizung nur die elektromagnetische Strahlung, so stößt man sowohl bei der Erklärung der Lage des Maximums als auch bei der Erklärung der Amplitude auf Schwierigkeiten. Das deutet darauf hin, daß bei der Aufheizung noch eine zweite Wärmequelle berücksichtigt werden muß. Als weitere Quellen kommen entweder eine irgendwie korpuskular bedingte Aufheizung oder gewisse Transportprozesse in Betracht. Berücksichtigt man diese zweite Quelle, so folgt aus der Wärmeleitungsgleichung

$$\frac{\partial}{\partial z}\left[K(T)\,\frac{\partial T}{\partial z}\right] - \varrho\, C_p \frac{\partial T}{\partial z}\, T \int\limits_{z_0}^{z} \frac{1}{T^2}\,\frac{\partial T}{\partial z}\, dz' + Q_{\mathrm{EUV}} + Q_0 + Q_{\mathrm{corp}} = \varrho\, C_p \frac{\partial T}{\partial t} \qquad (23)$$

(C_p = spezifische Wärme bei konstantem Druck, K = Wärmeleitungskonstante, Q_0 = Wärmeverluste durch infrarote Strahlung von 0, Q_{corp} = Korpuskel- oder Transportheizquelle) die richtige Lage des Maximums und Minimums und die richtige Amplitude. Aus (22) erkennt man, daß die Tagestemperatur bis zu 35% höher als die Minimumtemperatur T_0 sein kann. Im Minimum der Sonnenaktivität erreichen die täglichen Schwankungen oberhalb 400 km ungefähr 250 °K, im Maximum 750 °K. Abb. 8 zeigt an Hand der Beobachtungen für einen Satelliten die tägliche Variation der Temperatur und ihre Änderung mit der Sonnenaktivität. Statt der Ortszeit ist die Rektaszension zwischen Satellitenperigäum und Sonne angegeben. Die Sonnenaktivität nimmt von 1958–1961 ab.

Da die Quellen der Strahlung nicht gleichmäßig auf der Sonne verteilt sind und sich mit dieser drehen (Rotationsdauer ungefähr 27 Tage), muß man weiterhin eine 27tägige Periode in der Aufheizung erwarten. Da die Strahlung ganz von der hohen Atmosphäre absorbiert wird und daher am Erdboden nicht gemessen werden kann, muß man nach einem geeigneten Indikator suchen. Als solcher kommt die Dezimeterstrahlung der Sonne in Frage, von der besonders die 10,7-cm-Strahlung von den Radioastrophysikern seit längerer Zeit registriert wird. Der mittlere Fluß der Strahlung liegt zwischen $70 \cdot 10^{-22}$ W/cm^2 s^{-1} sr (Sonnenaktivitätsminimum) und $250 \cdot 10^{-22}$ W/cm^2 s^{-1} sr (Maximum). Oberhalb 200 km ist die erwartete Abhängigkeit deutlich ausgeprägt, unterhalb nur angedeutet. Abb. 9 zeigt diese Periode an Hand der Beobachtungen für einen Satelliten. Die Amplituden der Variation sind ganz beträchtlich. Man fand, daß einer Änderung von $1 \cdot 10^{-22}$ W/cm^2 s^{-1} sr eine Temperaturänderung von 2,5 °K entspricht.

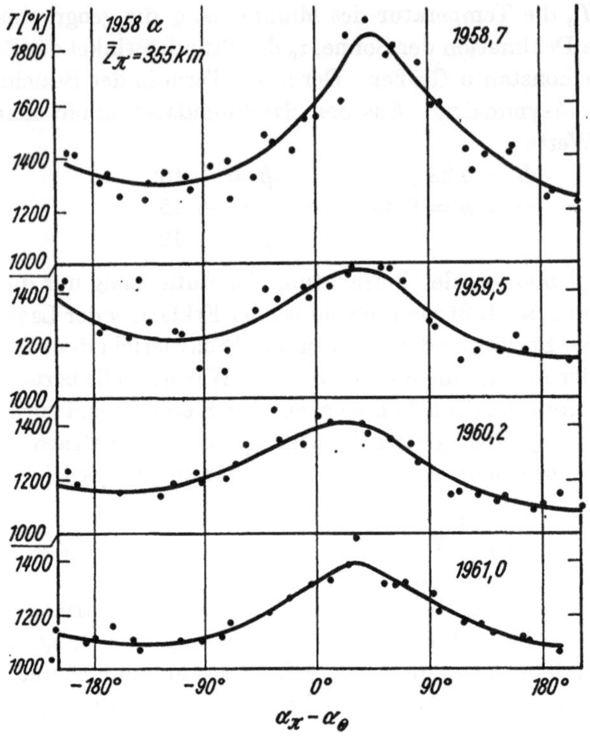

Abb. 8

Betrachtet man allein die korpuskulare Heizquelle, so muß man zwischen den von der Sonne ständig ausgesandten und ständig in den extraterrestrischen Raum gelangenden Partikeln, dem „Sonnenwind", den bei größeren Ereignissen von der Sonne ausgeschleuderten Korpuskelwolken und der kosmischen Strahlung unterscheiden. Der Begriff „Sonnenwind" kommt auf folgende Weise zustande: Die Sonne sendet ständig Plasmawolken niederenergetischer Partikeln aus, in denen Feldlinien des solaren Magnetfeldes eingefroren sind. Dieser Plasmastrom ruft eine Deformation des Magnetfeldes der Erde und des von diesem gehaltenen Magnetosphärenplasmas hervor, die so aussieht, als ob ein ständiger Wind wechselnder Stärke (ungefähr aus der Richtung der Sonne kommend) einen Teil der Magnetfeldlinien wegbläst (s. Abb. 21).

Auf Grund der geometrischen Verhältnisse beim Umlauf der Erde um die Sonne muß man mit einer halbjährigen Periode als Auswirkung des Sonnenwindes rechnen. Eine deutliche Temperaturvariation mit dieser Periode wurde beobachtet. Die Maxima der Variation liegen in der Nähe der Äquinoktien. Für die Amplitude erhält man für Höhen über 300 km

$$T = 0{,}5 \cdot F_{10,7} \cdot \cos 4\pi (t - 96)/365 \tag{24}$$

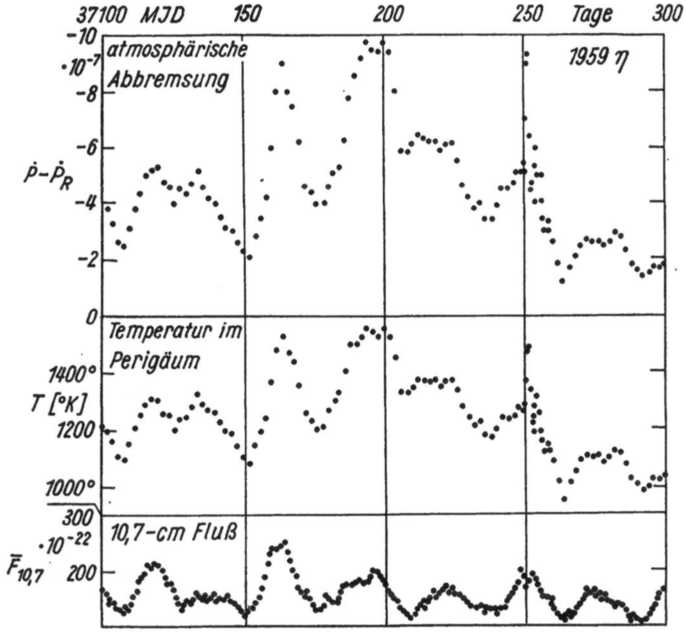

Abb. 9

(t = Nummer des betrachteten Tages im Jahr). Der mittlere Fluß der 10,7-cm-Strahlung dient hier als Indikator für die Sonnenaktivität allgemein. Abb. 10 zeigt diese Periode an Hand der Beobachtungen an Explorer IX. Die Amplitude wird für Höhen unterhalb 300 km schnell kleiner und ist ab ca. 120—140 km nicht mehr feststellbar.

Eine andere Variation rein korpuskularen Ursprungs hat eine Periode von einem Jahr. Nach Paetzold ist diese Variation auf folgende Weise deutbar: „Auf die Bahn der Sonne um das Zentrum der Milchstraße bezogen, befindet

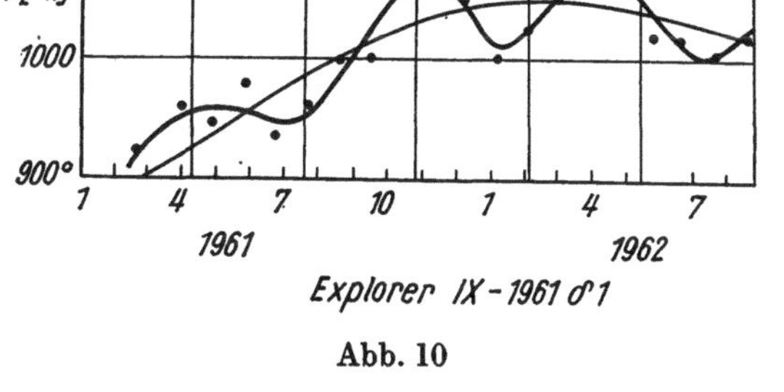

Abb. 10

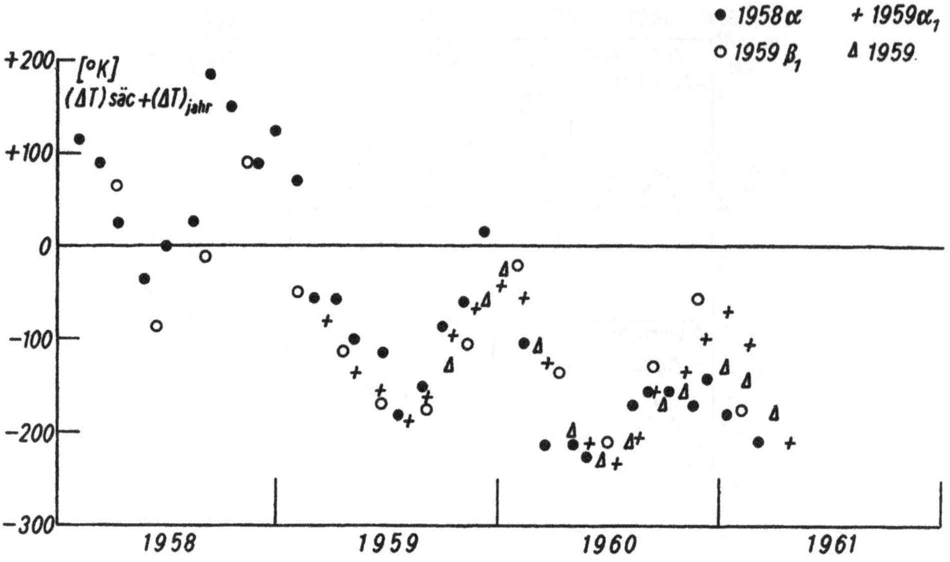

Abb. 11

sich die Erde im Nordsommer „hinter", im Nordwinter „vor" der Sonne. Die Sonne führt auf ihrer Milchstraßenbahn ihr Plasma mit sich, in dem die Erde mit den Ausläufern ihrer Atmosphäre kreist. Die Sonne führt ihr Plasma dabei gegen das relativ „ruhende" Plasma des interstellaren Raumes. Auf der Vorderseite der Sonne in ihrer Bahn kommt es daher zu einer Deformation mit Konzentration der solaren Plasmawolke. Das ist aber gleichbedeutend mit einem „interstellaren Wind". Läuft die Erde durch diesen dichteren Teil des Sonnenplasmas, so ergibt sich als Folge ein erhöhter Einfall von Teilchen des solaren Plasmas in die obere Atmosphäre. Das Maximum dieser Temperaturvariation liegt am 1. Januar. Die Amplitude ist gegeben durch $\Delta T = 1{,}1\,\overline{F}_{10,7}$ °K, wobei $\overline{F}_{10,7}$ in 10^{-22} W/cm^2 s^{-1} sr gemessen ist. Abb. 11 zeigt diese Periode als Überlagerung der 11jährigen Periode an Hand der Beobachtungen an vier Satelliten. Eine Dichte von 0,5 H-Atomen/cm^3 im interstellaren Raum würde zur Erzeugung des Effektes ausreichen.

Die andere Komponente der korpuskularen Quellen, die bei geomagnetischen Stürmen (s. Abschnitt 5) eindringenden Korpuskelwolken, ruft nur kurzzeitige starke Erwärmungen hervor. Dabei erfolgt die Absorption vorwiegend unterhalb 200 km. Der Absorptionsmechanismus (JOULEsche Wärme oder hydromagnetische Wellen) ist noch nicht bekannt. Als Indikatoren für die Größe der Aufheizung eignen sich besonders geomagnetische Aktivitätskennziffern, z. B. der a_p-Index. Dabei entspricht z. B. der Zunahme von 1 a_p-Einheit eine Temperaturzunahme von 1,0–1,2 °K. Abb. 12 und Abb. 13 zeigen die Auswirkungen dieser Aufheizung während geomagnetischer Stürme.

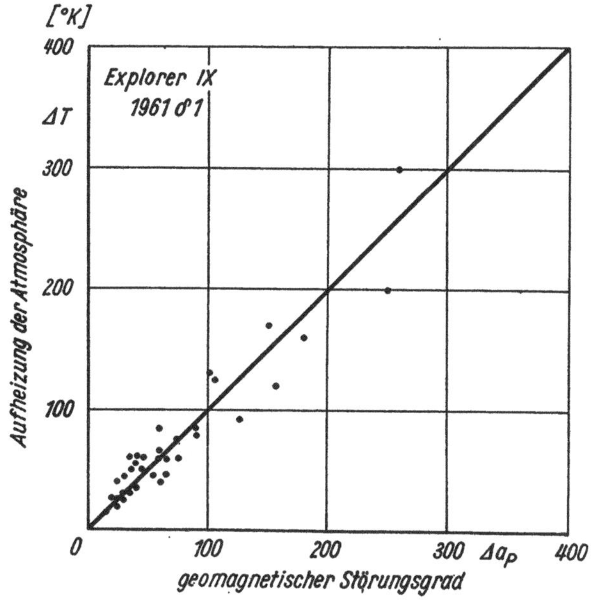

Abb. 12

Außer den bisher betrachteten periodischen Variationen gibt es noch eine Variation, die auf die seit langem bekannte 11jährige Periode der Sonnenaktivität zurückzuführen ist. Das entspricht einer 11jährigen Periode sowohl in der Wellen- als auch in der Korpuskelstrahlung. Diese Periode ist z. B. in Abb. 11 deutlich zu erkennen.

Die bisher beschriebenen periodischen Variationen treten alle erst oberhalb 100 km mit meßbaren Amplituden auf. Aber auch im Bereich von 30—100 km gibt es periodische Temperaturvariationen. So hat man festgestellt, daß unterhalb 60 km die Temperaturen zum Sommerpol hin zunehmen, oberhalb 60 km dagegen zum Winterpol hin. Dem entspricht die Tatsache, daß man in hohen Breiten je nach der Jahreszeit eine unterschiedliche Abhängigkeit $T = T(h)$ beobachtet (s. z. B. Abb. 14). In 40 km Höhe ist es im Sommer am wärmsten, in 80 km im Winter (s. Abb. 15). Diese zunächst sehr überraschende Tatsache versucht man heute mit der Annahme einer meridionalen Zirkulation zu erklären. Dabei müßte die meridionale Flußgeschwindigkeit vom Sommer- zum Winterpol in 75 km Höhe 5 m/s und die Steiggeschwindigkeit über den Polen 1 km/Tag erreichen.

Für die Neutralkomponente kann man also feststellen, daß es unter der Wirkung der verschiedenen periodischen Temperaturvariationen zu einem Aufblähen und Zusammenziehen der Atmosphäre mit unterschiedlichen Frequenzen und damit zu entsprechenden Änderungen z. B. der Dichte und des mittleren Molekulargewichtes kommt.

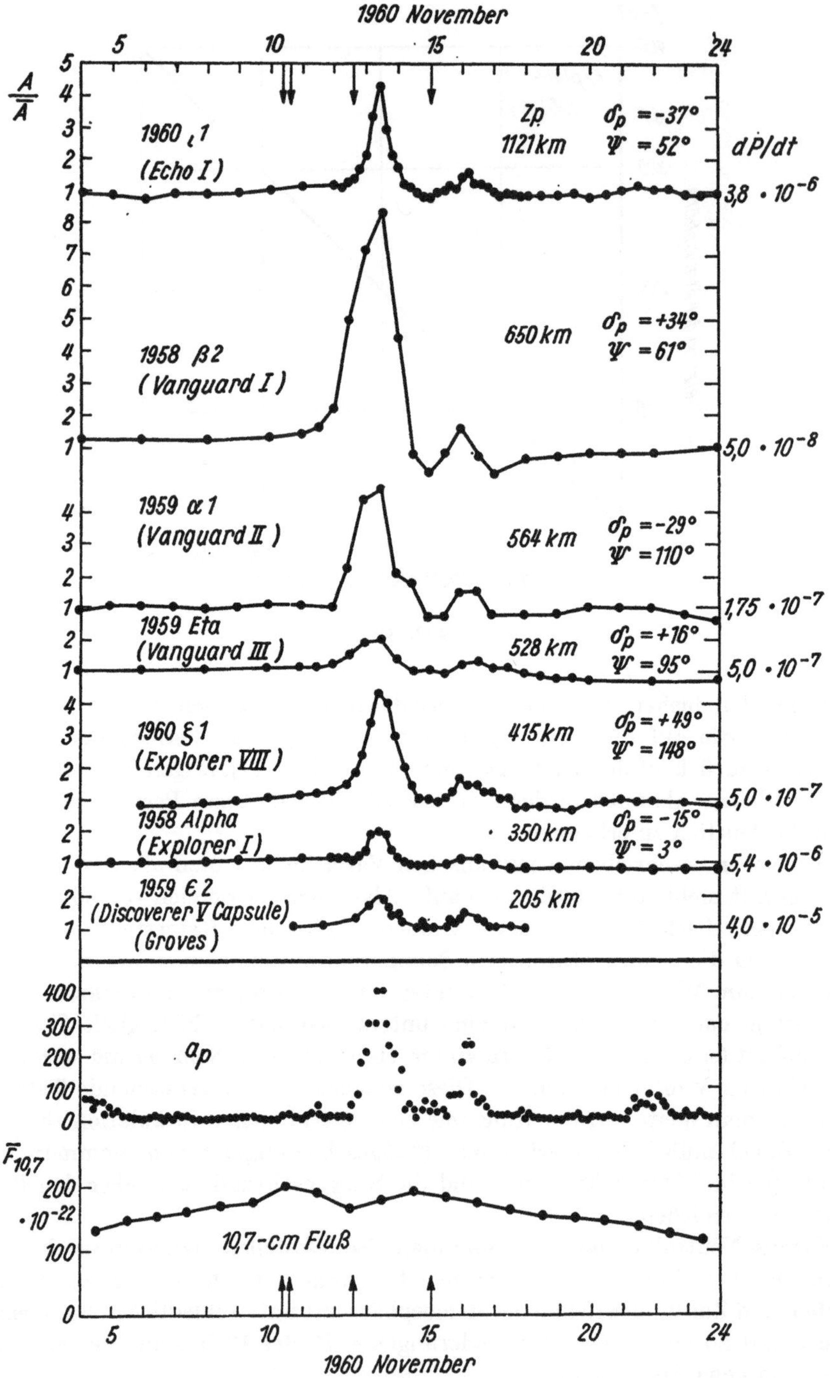
1960 November
1960 ι 1
(Echo I)
Zp
1121 km
δp = -37°
Ψ = 52°
dP/dt
3,8 · 10⁻⁶
1958 β 2
(Vanguard I)
650 km
δp = +34°
Ψ = 61°
5,0 · 10⁻⁸
1959 α 1
(Vanguard II)
564 km
δp = -29°
Ψ = 110°
1,75 · 10⁻⁷
1959 Eta
(Vanguard III)
528 km
δp = +16°
Ψ = 95°
5,0 · 10⁻⁷
1960 ξ 1
(Explorer VIII)
415 km
δp = +49°
Ψ = 148°
5,0 · 10⁻⁷
1958 Alpha
(Explorer I)
350 km
δp = -15°
Ψ = 3°
5,4 · 10⁻⁶
1959 ε 2
(Discoverer V Capsule)
(Groves)
205 km
4,0 · 10⁻⁵
ap
F10,7
· 10⁻²²
10,7-cm Fluß
1960 November

Abb. 13

Für die ionisierte Komponente des Plasmas kann man nur einige Aussagen über die Elektronendichte n_e machen, die wegen der Quasineutralität der Ionosphäre gleichzeitig Aussagen über die Dichte der positiven Ionen darstellen. Da die Wellenstrahlung den überwiegenden Teil der Ionisation bewirkt, muß man für alle Regionen mit einer Variation von n_e in Abhängigkeit von der Tageszeit rechnen. Diese Variationen werden auch in allen Regionen beobachtet. Nach dem vorn über E- und F-Region Gesagten muß nach (19) für die tägliche Variation der kritischen Frequenz der E- und F_1-Schicht gelten

$$\nu(E, F_1) = [\nu(E, F_1)]_0 (\cos \chi)^n \quad (25)$$

mit $n = 0{,}25$. Man findet aber für die E-Schicht n-Werte zwischen 0,30 und

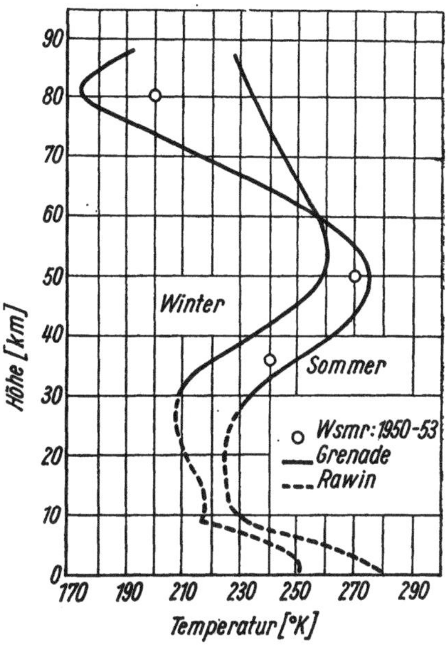

Abb. 14

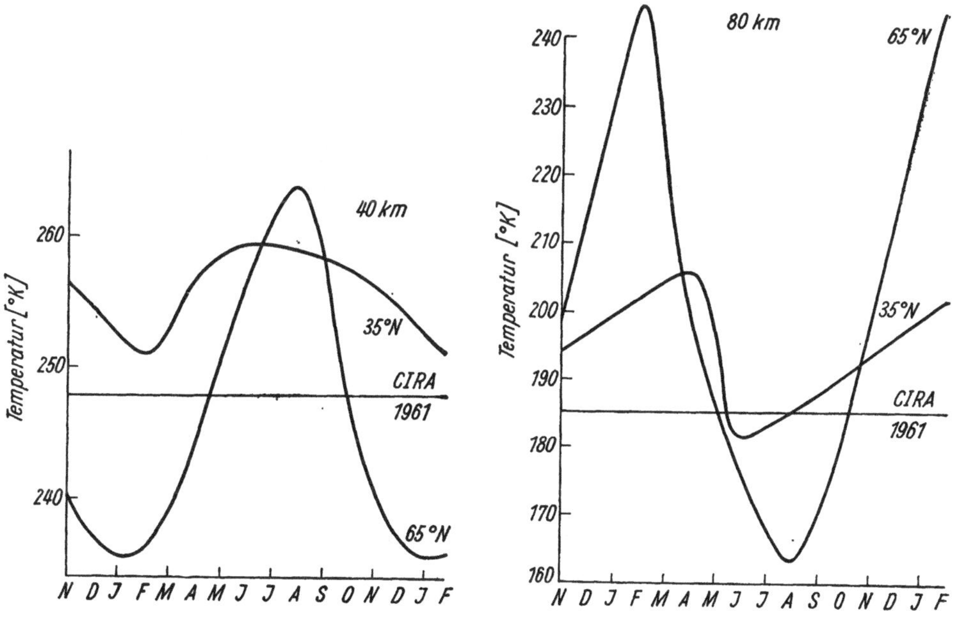

a) Abb. 15 b)

0,36 und für die F_1-Schicht von 0,18—0,25. Schon darin kommt zum Ausdruck, daß die vorn gegebene Beschreibung nur eine ganz grobe Näherung darstellt. Besonders deutlich wird das bei der F_2-Region. Hier findet man häufig, daß das Maximum bis in die späten Nachmittagsstunden hinein verschoben ist (s. Abb. 16).

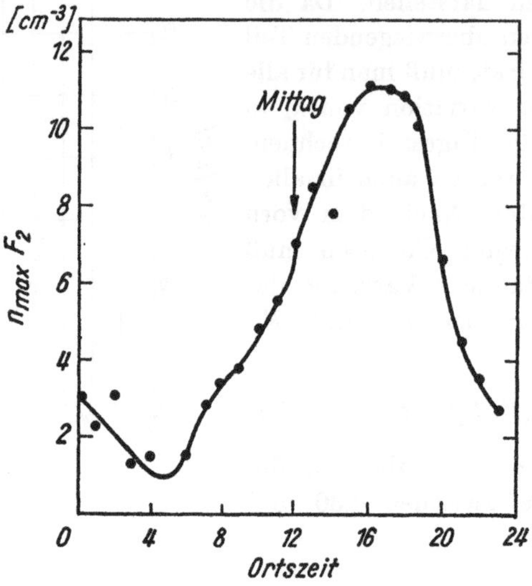

Abb. 16. Aus: RATCLIFFE, J. A., Physics of the Upper Atmosphere, Academic-Press, London 1960

Das Auftreten zahlreicher Abweichungen des wahren Verhaltens vom theoretisch vorhergesagten wird vor allem dadurch bedingt, daß in den Theorien im allgemeinen dynamische Vorgänge und die korpuskulare Ionisation nicht genügend berücksichtigt wurden. Weiterhin wurden die Rekombinationskoeffizienten stets als konstant angesehen. Nach unseren Untersuchungen ist das aber bestimmt nicht zulässig. Das gilt besonders für die F-Region.

Da Bewegungsvorgänge auch in den anderen Regionen eine Rolle spielen und die Verhältnisse insgesamt noch nicht klar durchschaubar sind, soll nur noch kurz über die Korrelationen zwischen den Variationen der ionisierenden Strahlung und den Variationen der Elektronendichte berichtet werden, die bis jetzt gefunden wurden.

Die Unterschiede von n_e von Tag zu Tag zeigen eine direkte Abhängigkeit von den Unterschieden in der EUV-Strahlung, und zwar sowohl in der E- als auch in der F-Region.

Die 27tägige Periode der EUV-Strahlung wurde z. B. auch bei der kritischen Frequenz der F_2-Schicht über Huancayo (Peru) festgestellt.

Die halbjährige Periode der korpuskularen Quelle konnte bisher in keinem Ionosphärenparameter nachgewiesen werden, wohl aber in Untersuchungen über geomagnetische Störungen (s. z. B. Abb. 26). Dagegen konnte sowohl in der

Elektronendichte der F_2-Region als auch in der Elektronendichte der hohen Ionosphäre eine einjährige Periode mit dem Maximum im Dezember festgestellt werden, die der einjährigen Periode der korpuskularen Quelle entsprechen dürfte.

Auch der 11jährige Zyklus der Sonnenaktivität ist in der Gesamtelektronendichte und in der kritischen Frequenz der F_2-Schicht deutlich nachweisbar.

Daneben gibt es eine ganze Reihe jahreszeitlicher und breitenabhängiger Variationen der Elektronendichte. Das ganze Bild wird noch dadurch kompliziert, daß man auf den Ionogrammen, aus denen die meisten Ergebnisse hergeleitet wurden, sehr häufig die Spuren weiterer sporadischer Schichten feststellen kann. Gerade für die *D*- und *E*-Region, in der besonders komplizierte Prozesse ablaufen, zeigen aber andererseits auch Vergleiche von Elektronendichteprofilen, die bei Raketenaufstiegen gemessen wurden, mit solchen, die mit indirekten Methoden ermittelt wurden, gute Übereinstimmung, so daß man hoffen kann, auf diesem Wege zu einem besseren Verständnis der Beobachtungsergebnisse zu gelangen.

5. *Das vollionisierte Plasma in der Magnetosphäre*

In Höhen oberhalb 400 km nimmt der Ionisationsgrad weiter zu. Vergleicht man die auf die geladenen Partikeln wirkenden Kräfte miteinander, so stellt man fest, daß oberhalb 500—1000 km die Bewegung der Partikeln ausschließlich durch das geomagnetische Feld bestimmt wird.

5.1. Die Bewegung geladener Teilchen im Magnetfeld der Erde

Die Bewegungsgleichung für geladene Partikeln im Magnetfeld mit der magnetischen Induktion $\mathfrak{B}$ lautet bei Abwesenheit weiterer Kräfte

$$m \frac{d\mathfrak{v}}{dt} = e\, \mathfrak{v} \times \mathfrak{B} . \tag{26}$$

Ein Teilchen, dessen Geschwindigkeit schräg zum Magnetfeld gerichtet ist, führt unter der Wirkung eines homogenen, zeitlich konstanten Magnetfeldes $\mathfrak{B}$ in der zu $\mathfrak{B}$ senkrechten Ebene eine Kreisbewegung aus. Dabei beeinflußt das Magnetfeld nur die zu $\mathfrak{B}$ senkrechte Komponente der Geschwindigkeit $\mathfrak{v}_\perp$. Die Kreisfrequenz der Bewegung ist die Gyrofrequenz ω_z, der Radius r_z ist gegeben durch

$$r_z = \frac{v_\perp}{\omega_z} = \frac{m\, v_\perp}{e\, B}, \qquad \omega_z = \frac{e\, B}{m} . \tag{27a, b}$$

Das magnetische Moment dieses kleinen Kreisstromes ist gegeben durch

$$\mu = J \cdot \pi\, r_z^2 = \frac{e\, \omega_z}{2\pi} \pi\, r_z^2 = \frac{e\, v_\perp^2}{2\, \omega_z} = \frac{\frac{1}{2} m\, v_\perp^2}{B} = \text{const} . \tag{28}$$

Die zu $\mathfrak{B}$ parallele Geschwindigkeitskomponente $\mathfrak{v}_\parallel$ wird durch das Magnetfeld nicht geändert. Das Teilchen führt also die in Abb. 17 oben gezeichnete Bewe-

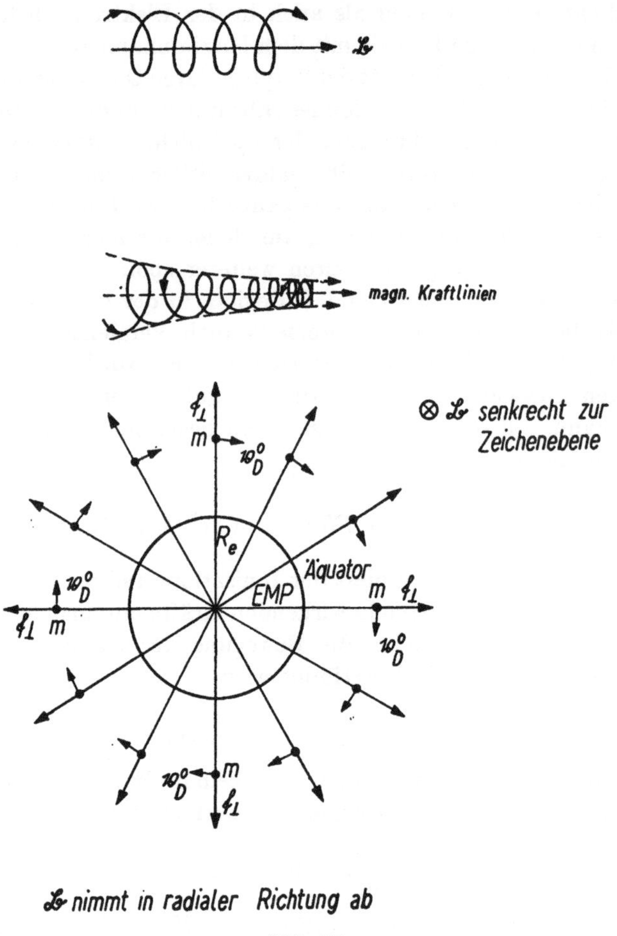

Abb. 17

gung aus. Den sich auf der magnetischen Kraftlinie bewegenden Mittelpunkt der Kreisbahn bezeichnet man als Führungszentrum.

Man kann nun zeigen, daß die Beziehung μ = const auch für örtlich und zeitlich variable Magnetfelder nahezu erfüllt ist, sofern nur die zeitlichen Änderungen des Feldes in Zeiten erfolgen, die groß gegenüber $\frac{2\pi}{\omega_z}$ sind, und die örtlichen Änderungen über Strecken, die groß gegenüber r_z sind. Man bezeichnet μ als (erste) adiabatische Invariante.

Das Erdmagnetfeld stellt bekanntlich in erster Näherung ein Dipolfeld, d. h. ein inhomogenes Feld, dar. Gelangt ein geladenes Teilchen bei seiner aus Gyration und Bewegung längs der Kraftlinie zusammengesetzten Bewegung in ein Gebiet höherer Feldstärke (Polnähe), so verkleinert sich nach (27a) der Gyrationsradius. Mit $|\mathfrak{v}_\perp| = |\mathfrak{v}| \sin\varphi$ folgt aus (28)

$$\mu = \frac{\sin^2\varphi}{B} = \text{const}\,, \qquad \sin^2\varphi = \text{const}\cdot B\,. \tag{29}$$

Da $\sin\varphi$ maximal den Wert 1 annehmen kann, kann das Teilchen nur bis zu einer bestimmten, durch (29) gegebenen Stelle in das Gebiet höherer Feldstärke eindringen. Das erkennt man deutlich, wenn man bedenkt, daß für $\sin\varphi = 1$ $\mathfrak{v}_\perp = \mathfrak{v}$, $\mathfrak{v}_\parallel = 0$ ist. Hat es diese Stelle erreicht, so läuft es wieder aus dem Bereich höherer Feldstärke heraus (s. Abb. 17); es wird gespiegelt und läuft längs der Kraftlinie bis zum anderen Pol, wo der gleiche Prozeß abläuft. Tabelle 2 zeigt den Gyrationsradius r_z, die Gyrationsperiode $\tau_z = \frac{2\pi}{\omega_z}$ und die Periode der Spiegelungsbewegung.

Wegen der hohen Geschwindigkeiten der Teilchen muß man relativistisch rechnen, d. h. τ_z berechnet sich nach

$$\tau_z = \frac{2\pi}{e\,B}\left[m_0 + \frac{E_{\text{kin}}}{c^2}\right]. \tag{27c}$$

Tabelle 2. Charakteristik der Teilchen in 2000 km Höhe über dem Äquator

	r_z [cm]	τ_z [s]	τ_s [s]	τ_D [min]
50-keV -Elektron	5×10^3	$2{,}5\times10^{-6}$	0,25	690
1-MeV-Elektron	$3{,}2\times10^4$	7×10^{-6}	0,10	53
1-MeV-Proton	1×10^6	4×10^{-3}	2,2	32
10-MeV-Proton	3×10^6	$4{,}2\times10^{-3}$	0,65	3,2
500-MeV-Proton	$2{,}5\times10^7$	6×10^{-3}	0,11	0,084

Wirkt außerdem auf die Teilchen eine Kraft $\mathfrak{F}$, die senkrecht zu den Feldlinien gerichtet ist und in der Ebene durch den Erdmittelpunkt und beide Pole liegt, so erhält man als weitere Bewegung eine Drift der Teilchen senkrecht zum Magnetfeld und zur Kraft:

$$\mathfrak{v}_D = \frac{1}{e\,B^2}(\mathfrak{F}\times\mathfrak{B})\,. \tag{30}$$

Diese Drift muß azimutal, also eine Drift in der geomagnetischen Länge der Bahn sein. Eine derartige Kraft ist einmal durch den Gradienten des Erdmagnetfeldes gegeben (s. Abb. 17 unten). Ändert sich nämlich die Stärke des Magnetfeldes senkrecht zur Richtung der Kraftlinie, so ändert sich nach (27a) der Gyrationsradius während der Gyration, so daß das Teilchen eine azimutale Drift erfährt. In gleicher Weise wirkt auch die durch die Krümmung der Kraftlinie auftretende Zentrifugalkraft. Für die Driftgeschwindigkeit findet man insgesamt

$$|\mathfrak{v}_D| = \frac{1}{\omega_z\,r_z}\left(\mathfrak{v}_\parallel^2 + \frac{1}{2}\,\mathfrak{v}_\perp^2\right). \tag{31}$$

Die Driftperiode ist ebenfalls in Tabelle 2 angegeben.

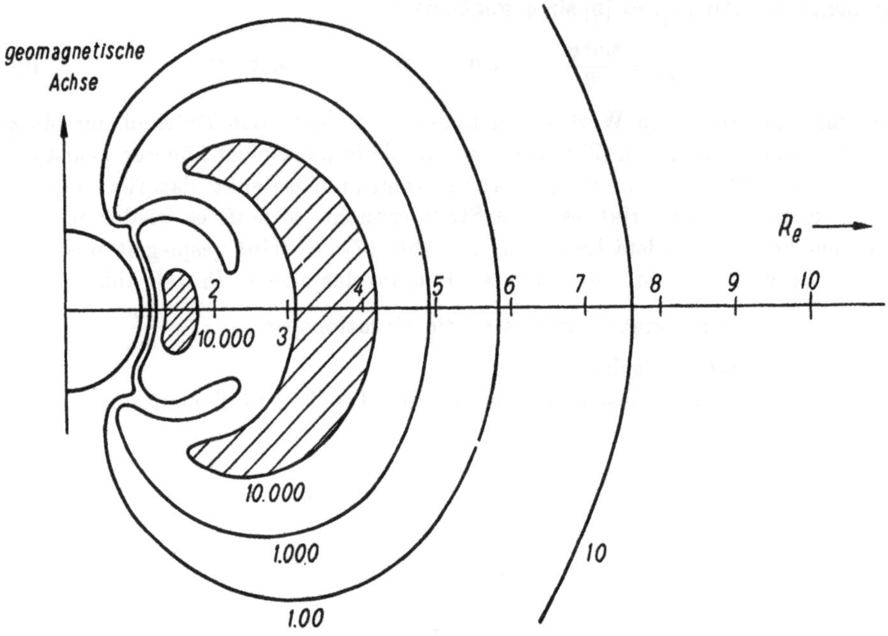

Abb. 18

Den Verlauf der Driftbewegung kann man ebenfalls als durch eine adiabatische Invariante I bestimmt ansehen:

$$I = \frac{1}{|\mathfrak{v}|} \int_{P_1}^{P_2} \mathfrak{v}_{\parallel} \, d\mathfrak{s} = \text{const} , \qquad (32)$$

wobei das Integral längs der Feldlinie zwischen zwei Spiegelpunkten zu erstrecken ist. I bleibt solange konstant, wie die Variationen lang gegen τ_s sind. Während durch (28) bzw. (29) die Lage der Spiegelpunkte bestimmt wird, kann man aus (32) berechnen, auf welchem Wege das Teilchen um die Erde driften wird. Zusammen erhält man die in Abb. 18 erkennbare nierenförmige Schale.

Die Bewegung der Teilchen setzt sich also in dieser Näherung aus einer schnellen Gyration um das Führungszentrum, einer Pendelbewegung des Führungszentrums längs der Kraftlinie und einer langsamen Drift in der Länge zusammen. Die wirkliche Bewegung wird allerdings auch noch durch kollektive Wechselwirkungen beeinflußt.

5.2. Die VAN ALLENschen Strahlungsgürtel

Mit dem Start der ersten Satelliten begann die direkte Vermessung der Magnetosphäre. Dabei stellte man fest, daß in der Magnetosphäre außer dem thermischen Plasma Bereiche mit hochenergetischen, im Magnetfeld eingefangenen

Partikeln existieren. Diese „Strahlungsgürtel" haben die oben angegebene Gestalt. Man entdeckte zunächst einen inneren Strahlungsgürtel in einer Entfernung von 1000–2000 km über dem Äquator und einen äußeren Strahlungsgürtel in 15000–20000 km (s. Abb. 18). Der Stand unserer Kenntnis über diese Gürtel soll kurz zusammengestellt werden.

a) Der innere Strahlungsgürtel

Mit Hilfe von Kernemulsionsplatten und Vermessungen des Energiespektrums konnte festgestellt werden, daß der innere Strahlungsgürtel aus drei verschiedenen Gruppen von Protonen und wenigen Elektronen besteht.

α) Die hochenergetischen Protonen ($E_p > 30$ MeV) entstehen beim Zerfall der durch die galaktische kosmische Strahlung in der tiefen Atmosphäre erzeugten und dann in die Exosphäre entkommenen Neutronen. Aus der einfallenden kosmischen Strahlung, den bekannten Vernichtungsprozessen und den Eigenschaften der Atmosphäre kann man direkt das zu erwartende Protonenenergiespek-

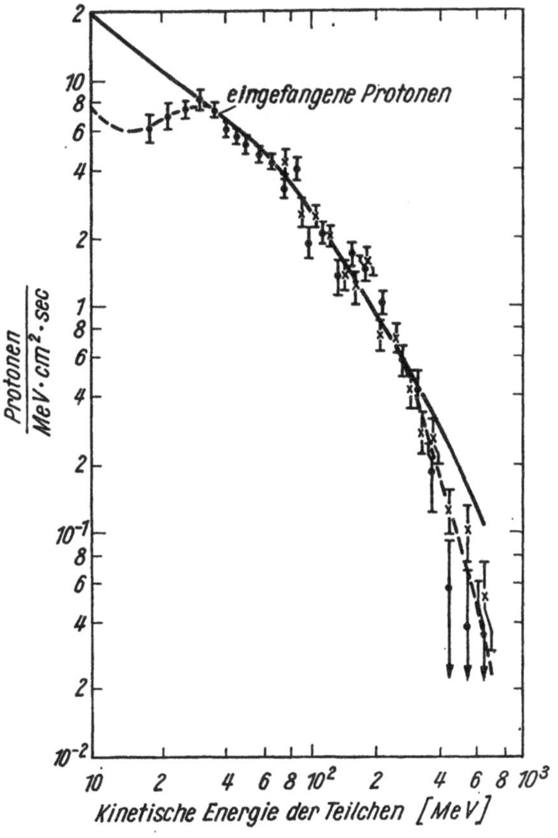

Abb. 19. Aus: HESS, W. N., NASA Technical Note D-1749

trum berechnen. Abb. 19 zeigt einen Vergleich zwischen Theorie und Messung. Es besteht eine exzellente Übereinstimmung.

Es wurde festgestellt, daß die wirkenden Verlustprozesse von der Protonenenergie abhängen. Unter „Verlust"prozeß hat man hier auch jeden Prozeß zu verstehen, der die Energie so weit vermindern kann, daß das Proton zum thermischen Plasma zu rechnen ist. Folgende Verlustprozesse kommen in Frage:

E_p	Verlustprozeß
>300 MeV	Kernstöße mit O
5–100 MeV	Anregung und Ionisation von Atomen
<100 keV	Umladungsprozeß p + H → H + p

Auch die Intensität der eingefangenen Partikeln stimmt mit dieser Theorie gut überein. Die zeitlichen Änderungen in der Besetzung des inneren Gürtels kann man leicht als Folge der Änderungen von atmosphärischer Dichte und kosmischer Strahlung mit dem Sonnenzyklus deuten.

Die räumliche Struktur des inneren Gürtels entspricht den theoretischen Berechnungen über die Bewegung der Teilchen. Es muß aber noch untersucht werden, wie die relativ scharfen oberen und unteren Begrenzungen des inneren Gürtels (s. Abb. 18) zustande kommen. Man kann zeigen, daß die untere Grenze durch die mit der Dichte nach geringeren Höhen hin zunehmende Abbremsung hervorgerufen wird. Die obere Begrenzung dürfte auf die Wirkung hydromagnetischer Wellen zurückzuführen sein. Kommt deren Frequenz in die Nähe der Gyrofrequenz, so ist μ keine adiabatische Invariante mehr, d. h., die Protonen werden nicht mehr gespiegelt, sondern in die Atmosphäre gestreut.

Wie genau die Lage der unteren Grenze und der Spiegelungspunkte den obigen Gesetzen folgt, erkennt man aus Abb. 20a, b, in der die Zählraten für verschiedene Längen bei gleicher magnetischer Breite gegeben sind. An den Orten mit verschiedener geomagnetischer Länge hat das Magnetfeld verschiedene Werte. Daher sinkt der innere Gürtel verschieden tief herab. In Abb. 20b sind dagegen dieselben Kurven in Abhängigkeit vom Magnetfeld gezeichnet.

Die Abhängigkeit der Zählraten vom Ort wird am besten in einem B–L-Diagramm dargestellt, wobei B das skalare magnetische Feld und L (im Dipolfeld) der Abstand der Feldlinie vom Äquator ist. Allerdings ist L nicht mit Hilfe des Dipolfeldes, sondern aus dem wahren geomagnetischen Feld definiert.

β) Für Protonen mit einer Energie von 5–30 MeV stellte man aus den B-L-Diagrammen fest, daß für $L < 1{,}6$ das Energiespektrum ziemlich flach, für $L > 1{,}7$ das Energiespektrum wesentlich steiler ist. Man konnte zeigen, daß die Protonen im inneren Teil des inneren Strahlungsgürtels ($L < 1{,}6$) aus Neutronen entstehen, die von galaktischer kosmischer Strahlung erzeugt wurden, während das steilere Spektrum auf Protonen zurückzuführen ist, die durch folgenden Prozeß entstehen: Protonen aus „solar flares" fallen in den Polargebieten in die Atmosphäre ein → Erzeugung von Neutronen → Neutronen entkommen → durch Neutronenzerfall entstehen Protonen (5—30 MeV).

γ) Die kürzlich entdeckten niederenergetischen Protonen (0,5 keV $< E_p$ $<$ 1 MeV) werden entweder durch einen neuen, bisher unbekannten Prozeß oder durch Beschleunigung von noch niederenergetischeren Protonen — z. B. langsamen Protonen aus dem Neutronenzerfall — auf die beobachteten Energien erzeugt. Auf keinen Fall entstehen sie direkt durch Neutronenzerfall.

Von den im inneren Strahlungsgürtel eingefangenen Elektronen weiß man bisher nur, daß der Fluß ca. 10^7 Elektronen/cm^2 s beträgt und Energien bis zu 1 MeV auftreten. Aus dem Neutronenzerfall entstehen Elektronen mit einem Fluß von 10^7/cm^2 s und einer Höchstenergie von 780 keV. Die hochenergetischen Elektronen ($E >$ 780 keV) entstehen wahrscheinlich unter der Wirkung von Beschleunigungsprozessen aus den Neutronenzerfallselektronen.

b) Der äußere Strahlungsgürtel

Da der äußere Strahlungsgürtel sich zeitlich in seiner Struktur und Lage stark ändern kann und Messungen mit verschiedenen Instrumenten sehr unterschiedliche Ergebnisse liefern, ist es trotz zahlreicher Messungen sehr schwer, einen Überblick zu erhalten.

Der äußere Strahlungsgürtel liegt in einer Entfernung von 18000—30000 km vom Äquator und hat die in Abb. 18 angegebene Form. Die Messungen zeigen jedoch, daß die Verteilung der hochenergetischen eingefangenen Partikeln eine deutliche Tag-Nacht-Asymmetrie zeigt (s. Abb. 24, 25). Auf der der Sonne zugewandten Seite, insbesondere in der Nähe des Staupunktes erstreckt sich der Bereich hochenergetischer Partikeln bis an die Magnetopause.

In Zeiten geringer Sonnenaktivität besteht der äußere Strahlungsgürtel nahezu völlig aus Elektronen mit Energien von 20 keV bis 1 MeV. Der Fluß dieser Elektronen beträgt für 20 $< E_e <$ 500 keV ungefähr $5 \cdot 10^7$ Elektronen/cm^2 s, für 500 keV $< E_e <$ 1 MeV ungefähr 10^5 Elektronen/cm^2 s. Manchmal wurden auch Elektronen mit 1,6 MeV $< E_e <$ 5 MeV beobachtet, ihr Anteil am Gesamtfluß beträgt aber weniger als 1%. Außer den Elektronen scheinen im äußeren Gürtel auch während ruhiger Perioden einige Protonen mit Energien von 100 bis 500 keV vorhanden zu sein. Einige Tage nach einer Periode erhöhter Sonnenaktivität wurden auch Protonen mit Energien von mehr als 60 MeV gemessen, allerdings nur mit einem Fluß von 10^2/cm^2 s.

Die Energie der Partikeln scheint eine große Rolle für die innere Struktur des äußeren Strahlungsgürtels zu spielen. Am weitesten außen scheinen vorwiegend Elektronen mit $E_e >$ 200 keV zu sein. In der Mitte des Gürtels überlagern sich zwei andere Energiegruppen (20 keV $< E_e <$ 100 keV (großer Fluß), 500 keV $< E_e <$ 1 MeV (kleiner Fluß)). Noch weiter innen liegen dann wieder Elektronen mit $E_e \approx$ 200 keV.

Die eingefangenen Elektronen stammen wahrscheinlich aus zwei verschiedenen Quellen: Ein Teil der Elektronen dürften Neutronenzerfallselektronen sein, die

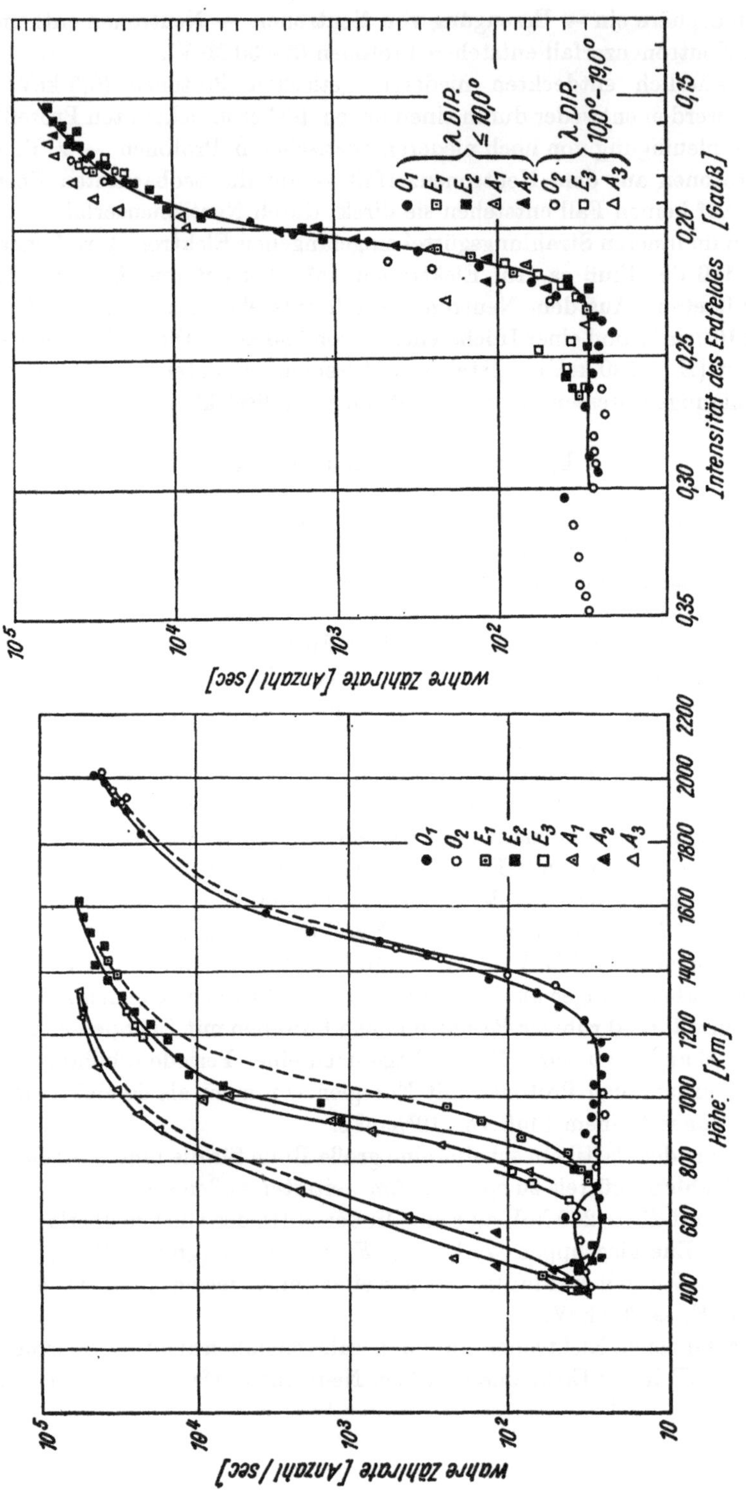

a) b)

Abb. 20. Aus: HESS, W. N., NASA Technical Note D-1749

vielleicht noch lokal etwas beschleunigt worden sind. Der andere Teil dürfte aus solaren, von außen durch verschiedene — bisher nicht genau bekannte — Mechanismen injizierte Teilchen bestehen. Diese injizierten hochenergetischen Teilchen entstehen wahrscheinlich unter der Wirkung lokaler, an der Grenze des geomagnetischen Feldes ablaufender Beschleunigungsprozesse aus dem thermischen Plasma. Als Verlustprozesse kommen in erster Linie Abbremsung durch Ionisation, Vielfachstreuung und Streuung von Elektronen an Elektronen in Frage.

Lage und Partikelfluß des äußeren Gürtels sind stark von der Sonnenaktivität abhängig.

5.3. Das Magnetfeld in der Magnetosphäre und im interplanetaren Raum

Die Betrachtung der Strahlungsgürtel hat den Beweis erbracht, daß die Bewegung der geladenen Partikeln in der Magnetosphäre weitgehend vom geomagnetischen Feld bestimmt wird. Das geomagnetische Feld wird aber ständig vom Sonnenwind deformiert (s. S. 272). Die in Abb. 21 zusammengefaßten Ergebnisse der Magnetfeldmessungen mit Hilfe von Satelliten und Raumsonden zeigen, daß man drei Gebiete zu unterscheiden hat: das vom Erdmagnetfeld beherrschte Gebiet der Magnetosphäre und des „Magnetschweifs" der Erde, den vom interplanetaren Magnetfeld erfüllten interplanetaren Raum und die Übergangsregion, die zur Magnetosphäre hin durch die Magnetopause und zum

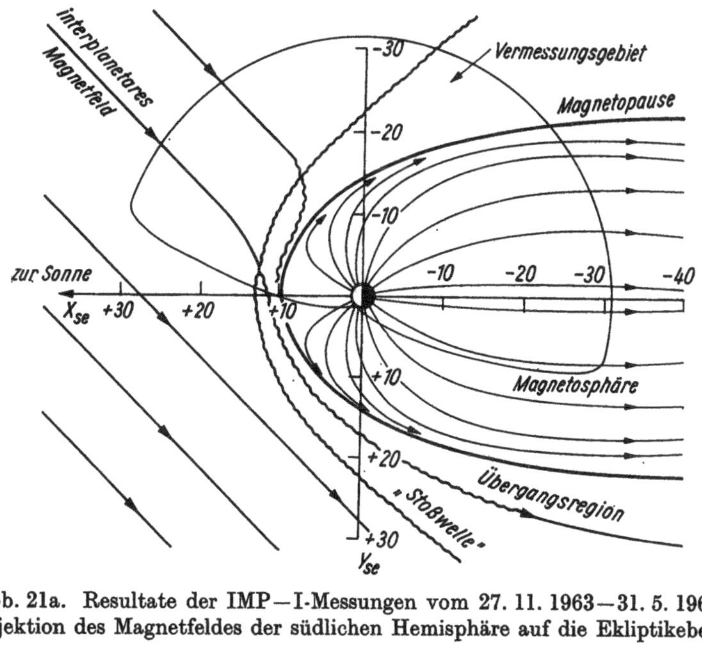

Abb. 21a. Resultate der IMP—I-Messungen vom 27. 11. 1963—31. 5. 1964
Projektion des Magnetfeldes der südlichen Hemisphäre auf die Ekliptikebene

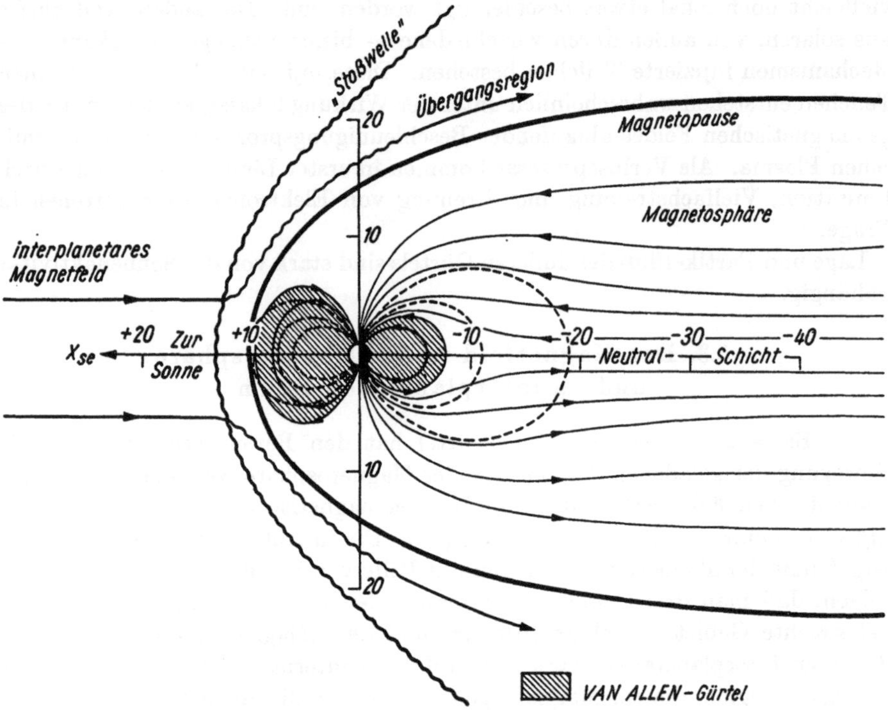

Abb. 21b. Resultate der IMP—I-Messungen vom 27. 11. 1963—31. 5. 1964
Projektion des Magnetfeldes auf die Mittags-Mitternacht-Meridianebene

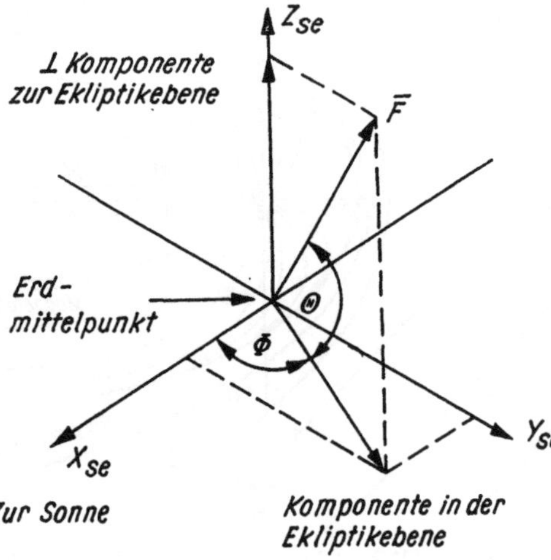

Abb. 21c

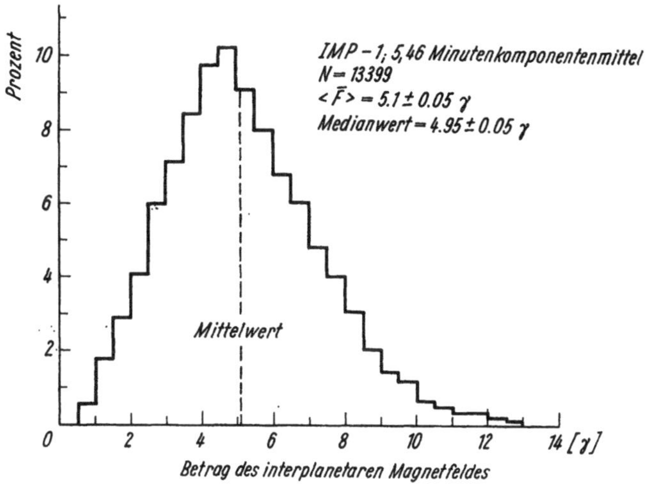

Abb. 22a

interplanetaren Raum hin durch ein als „stehende Stoßwelle" bezeichnetes Gebiet begrenzt wird. Wegen der auftretenden Asymmetrien muß man zwischen Tag- und Nachtseite unterscheiden und kann bei der Äquatorebene bezüglich der Erde-Sonne-Ebene von einer Morgen- und einer Abendseite sprechen.

Das interplanetare Magnetfeld und seine Änderungen sind direkt mit Vorgängen auf der Sonne verknüpft: Nach PARKER erfolgt ständig eine hydrodynamische Expansion des solaren Koronagases. In einiger Entfernung von der Sonne wird diese kontinuierliche Expansion nicht mehr beschleunigt, sondern mit konstanter Geschwindigkeit erfolgen. Die Leitfähigkeit des Koronaplasmas ist sehr hoch. Daher sind die magnetischen Feldlinien in das Plasma „eingefroren" (s. S. 216), sie werden vom Plasma mitgeführt. Durch die Rotation der Sonne ergibt sich bei der Expansion mit konstanter Geschwindigkeit als Bahnkurve des Plasmas und als Richtungsverlauf des Magnetfeldes eine ARCHIMEDische Spirale. Abb. 22 zeigt mittlere Werte für Betrag und Richtung des interplanetaren Magnetfeldes über längere Zeiten. Dabei wurde das in Abb. 21c angegebene geozentrische Ekliptiksystem zugrunde gelegt. Als Mittelwert für den Betrag findet man 5,1 γ. In der Ekliptikebene beträgt der Winkel, den die Feldrichtung mit der Erde-Sonne-Linie bildet, 40—45°. Das Magnetfeld besitzt außerdem eine u. U. kleine südwärts zur Ekliptikebene gerichtete Komponente. Abb. 23 zeigt ein Meßbeispiel für alle drei Gebiete. Man erkennt, daß im interplanetaren Raum das Magnetfeld verhältnismäßig stabil ist. Im Mittel über längere Zeiträume scheint die Theorie von PARKER die Verhältnisse richtig zu beschreiben.

Aus Abb. 23 entnimmt man weiterhin, daß das Magnetfeld in der Übergangsregion turbulent wird, d. h., Richtung und Betrag schwanken sehr stark. Die

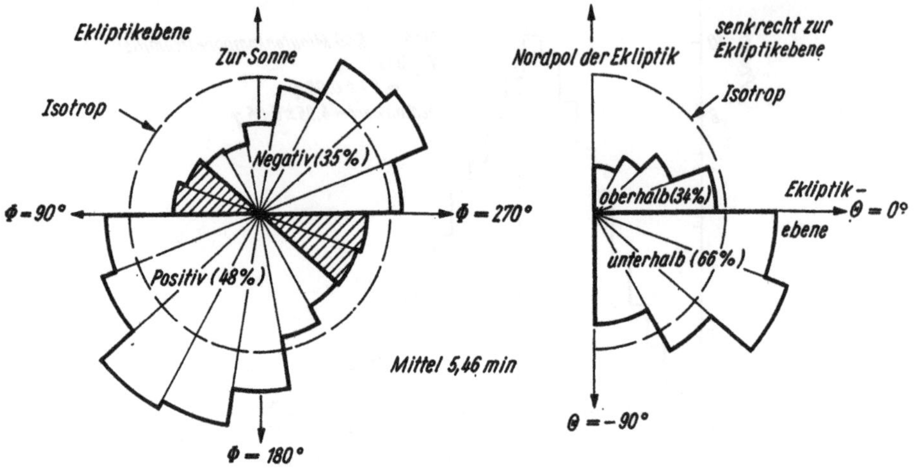

Abb. 22b

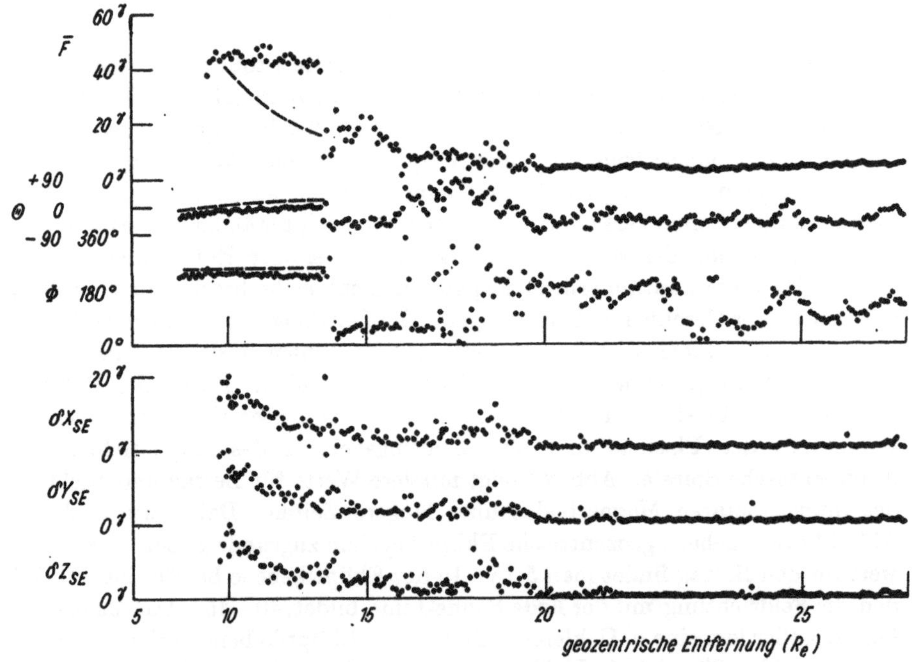

Abb. 23. Resultate der JMP-I-Messungen nach [39a]

Dicke der Übergangsschicht hängt in der in Abb. 21 angegebenen Art von der Entfernung vom Staupunkt ab.

Die Lage der Magnetopause, d. h. der äußeren Grenze der Magnetosphäre, erkennt man daran, daß die Richtung des gemessenen Feldes (s. Abb. 23) mit der Richtung des für den betrachteten Punkt erwarteten geomagnetischen Feldes (gestrichelte Linie in Abb. 23) übereinstimmt. Bei dem in Abb. 23 gezeigten Beispiel handelt es sich um eine Messung auf der Morgenseite in der Nähe des Staupunktes. Die durch den Sonnenwind hervorgerufene Kompression des Magnetfeldes äußert sich hier darin, daß der Betrag des Feldes um einen Faktor 2 über dem erwarteten Wert liegt.

Die Lage der Magnetopause ist in Abb. 21a, b dargestellt. Am Staupunkt beträgt sie 10 Erdradien. Man erkennt, daß das geomagnetische Feld auf der Tagseite bis zur Magnetopause annähernd einem Dipolfeld entspricht. (Quantitative Vergleiche zeigen allerdings, daß man noch einen durch einen Ringstrom in der Hochatmosphäre hervorgerufenen Anteil berücksichtigen muß.) Auf der Nachtseite dagegen kann das geomagnetische Feld nur bis ca. 8 Erdradien als Dipolfeld betrachtet werden. Aus Abb. 21a, b geht nämlich hervor, daß die durch den Sonnenwind zur Nachtseite geblasenen magnetischen Feldlinien eine Art „Magnetschweif" bilden. Dadurch konnte eine Begrenzung des geomagnetischen Feldes zur Nachtseite hin bisher nicht festgestellt werden. Da die aus den beiden Polgebieten kommenden magnetischen Kraftlinien entgegengesetzten Richtungssinn haben, bildet sich in der Mitte des Magnetschweifes eine feldfreie „Neutralschicht", die für das Verständnis vieler Wechselwirkungsmechanismen mit dem solaren Plasma von großer Bedeutung sein dürfte.

5.4. Plasmen in der Magnetosphäre (jenseits der Strahlungsgürtel) und an der Magnetosphärengrenze

Abb. 24 zeigt eine Zusammenstellung unserer heutigen Kenntnisse über die in der Magnetosphäre vorhandenen niederenergetischen Elektronen in der Äquatorebene. Es treten deutliche Unterschiede zwischen der Tag- und Nachtseite auf.

Elektronen mit Energien über 250 keV, wie sie für den äußeren Strahlungsgürtel charakteristisch sind, treten in der Nähe der Magnetosphärengrenze nicht mehr auf. An hochenergetischen Partikeln herrschen hier Elektronen mit Energien von 40 bis 250 keV vor. Abb. 24 zeigt eine Zusammenstellung der Ergebnisse von 7 Satelliten. Folgende Tatsachen fallen besonders auf: Es gibt eine deutliche azimutale Asymmetrie. Auf der Nachtseite gibt es jenseits von 8 R_e keine hochenergetischen Elektronen. Auf der Dämmerungsseite beobachtet man starke Fluktuationen des Elektroneneinflusses. Zur Sonne hin gibt es eine scharfe Grenze der Elektronenflüsse bis ca. 10 R_e.

Für die Deutung der deutlichen Asymmetrie werden außer anderen Driftgradienten auch Polarisationsfelder herangezogen, deren Quellen sich auf den Magnetosphärengrenzen an der Dämmerungs- und Abendseite befinden.

Betrachtet man nicht die Äquatorebene, sondern einen Meridianschnitt, so ergeben die bisherigen Messungen das in Abb. 25 gezeigte Bild. Die Tag–Nacht-Unterschiede sind wieder deutlich ausgeprägt.

Geht man in Richtung auf die Sonne über die Magnetosphärengrenze hinaus, so gelangt man durch ein Übergangsgebiet in den interplanetaren Raum, in dem

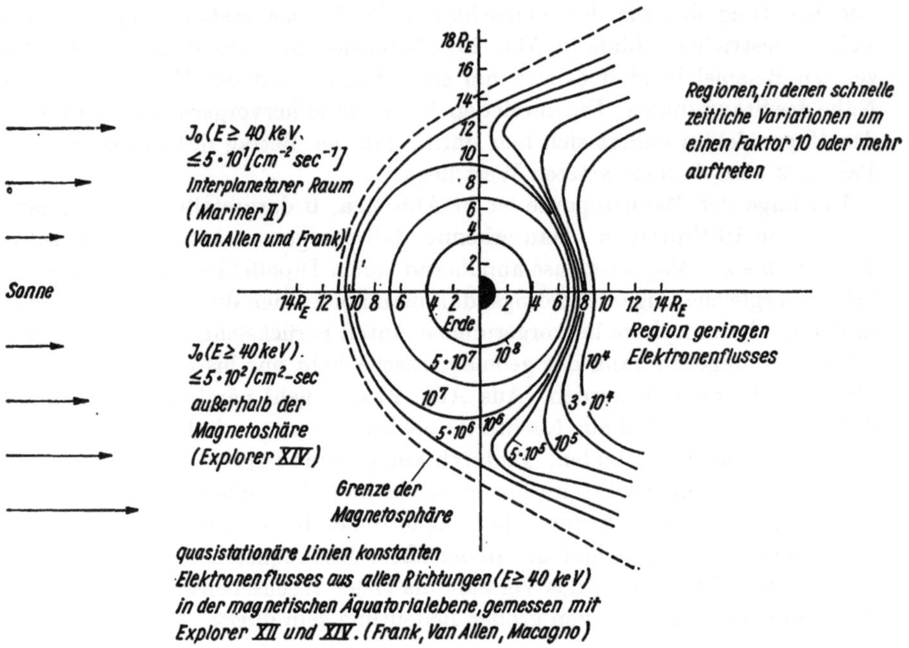

Abb. 24. Aus: FRANK, L. A., und VAN ALLEN, J. A., Department of Physics and Astronomy, State of University of Iowa, USA, Institutsveröffentlichung SU I 63–29

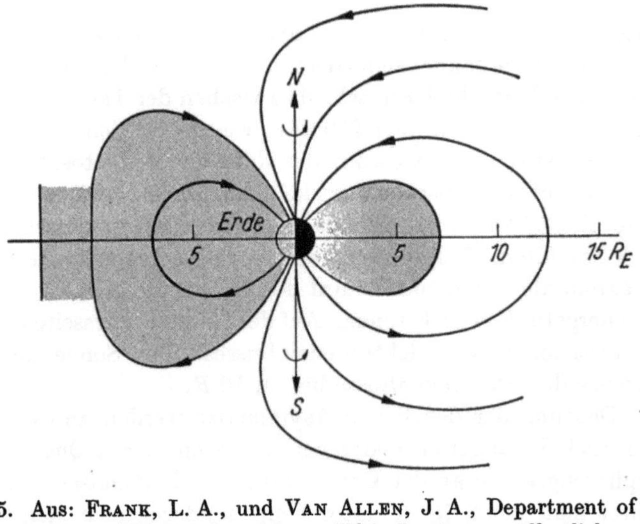

Abb. 25. Aus: FRANK, L. A., und VAN ALLEN, J. A., Department of Physics and Astronomy, State of University of Iowa, USA, Institutsveröffentlichung SU I 63–29

der Sonnenwind direkt gemessen werden kann. Für Protonen fand man folgende charakteristische Werte: $V_0 = 500-800$ km/s, $n \approx 2{,}5$ cm^{-3}, $T \approx (2 \cdots 8) \cdot 10^5$ °K.

Für Elektronen fand man ebenfalls $n \approx 2\ \mathrm{cm}^{-3}$. Setzt man diese Daten ein, so erhält man eine ALFVENsche MACH-Zahl von $M_A \approx 7$, d. h., der Sonnenwind ist ein „Überschallplasma“. Da der als charakteristische Länge anzusehende LARMOR-Radius der Ionen mit 820 km wesentlich kleiner als die Ausdehnung der Magnetosphäre ist, kann man den Sonnenwind wie eine Überschallflüssigkeitsströmung behandeln. Umströmt eine Flüssigkeit mit Überschallgeschwindigkeit einen Körper von der Form der Magnetosphäre, so bildet sich vor der Magnetopause eine stehende Stoßwelle aus.

Laufen die Plasmawolken des Sonnenwindes um die Magnetosphäre herum, so kann es an den Grenzflächen zur Ausbildung von Instabilitäten kommen, die zur Quelle hydromagnetischer Wellen oder auch zur Grundlage lokaler Beschleunigungsvorgänge werden können. Daß derartige Beschleunigungsvorgänge für die Entstehung des Plasmas in der Magnetosphäre wichtig sind, erkennt man an Hand von Abb. 24: Von Explorer XIV wurde außerhalb der Magnetosphäre für Elektronen mit $E_e \geqq 40$ keV und Protonen von $E_p \geqq 500$ keV maximal ein Fluß von $5 \cdot 10^2\ (\mathrm{cm}^2\,\mathrm{s})^{-1}$ und von Mariner II von $5 \cdot 10^1\ (\mathrm{cm}^2\,\mathrm{s})^{-1}$ gemessen, während die entsprechenden Flüsse im Inneren der Magnetosphäre um mehrere Zehnerpotenzen höher sind.

6. Störungen des terrestrischen Plasmas durch eindringende solare Plasmawolken

Unsere Kenntnisse auf diesem Gebiet sind noch äußerst lückenhaft. Daher kann es sein, daß einige Züge der im folgenden beschriebenen Vorstellungen nur die persönliche Ansicht des Autors ausdrücken.

Die als Sonnenfackeln („solar flares“) bezeichneten Ausbrüche auf der Sonne sind mit gewissen Änderungen der Radiostrahlung im cm- und m-Gebiet, den Radiobursts, verbunden. Treten dabei zwei spezielle Typen (II, IV) von Radiobursts auf, so kann man das als ein Kennzeichen dafür werten, daß die Sonne große Wolken geladener hochenergetischer Teilchen ausgeschleudert hat. Diese Wolken sind quasineutral, d. h., sie enthalten gleiche Mengen an positiven und negativen Teilchen. Die Leitfähigkeit der Wolken ist so hoch, daß die bei ihrer Entstehung vorhandenen Magnetfelder „eingefroren“ und mit der Plasmawolke mitgeführt werden. Es entstehen bei einem Ausbruch mehrere solcher Wolken. Die Gesamtausdehnung eines derartigen solaren Plasmastromes beträgt viele Millionen Kilometer. Das Plasma wird längs der radial verlaufenden Kraftlinien des Magnetfeldes der Sonne geführt und gelangt dabei u. U. auch in die Nähe der Erde. Daß keineswegs alle Plasmawolken die Erde berühren, erkennt man z. B. aus Abb. 26.

Mehrere Weltraumsonden haben außerhalb des geomagnetischen Feldes derartige Plasmawolken durchflogen. Sie scheinen aus zahlreichen niederenergetischen und wesentlich weniger hochenergetischen Partikeln zu bestehen: Man beobachtet eine Zunahme des Teilchenflusses (Faktor 2), eine Verschiebung des Maximums im Energiespektrum zu höheren Energien und deutliche Änderungen des magnetischen Feldvektors in Form eines Ansteigens des Betrages vom interplanetaren Wert bis zu 40 γ sowie ständige Richtungsänderungen des Feldvektors.

Stößt der solare Plasmastrom auf das geomagnetische Feld, so beginnt ein „magnetischer Sturm". Der Plasmastrom preßt das geomagnetische Feld zusammen (s. Abb. 22). Gleichzeitig dringen hochenergetische Partikeln aus dem Plasmastrom in die Umgebung der Erde vor. Längs der geomagnetischen Kraftlinien gelangen sie in die Polargebiete und schaffen hier durch zusätzliche Ionisationen Gebiete mit erhöhter Leitfähigkeit, in denen Ströme fließen. Sowohl die Kompression des Erdfeldes als auch diese Ströme führen zu einer plötzlichen Änderung des am Boden beobachteten Magnetfeldes, dem „sudden commencement" (SC). Aus den Untersuchungen über den SC folgt, daß die Kompression des Erdfeldes um so größer ist, je höher die Intensität der Plasmawolke ist. Die Wechselwirkung des Plasmastromes mit der Begrenzung des Magnetfeldes

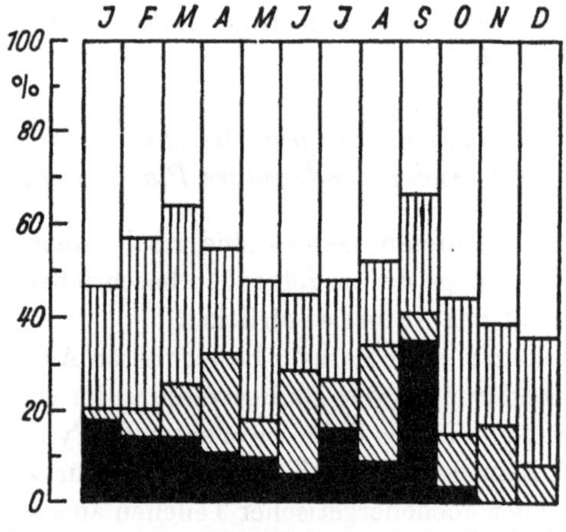

Abb. 26. Zahl der magnetischen Störungen (nach der Stärke in drei Gruppen eingeteilt) im Verhältnis zur Zahl der beobachteten größeren „flares"

der Erde führt außerdem zur Entstehung von longitudinalen und transversalen hydromagnetischen Wellen. Während der Plasmastrom die Erde umströmt, kommt es unter der Wirkung der eindringenden solaren Partikeln zu starken Änderungen in den Strahlungsgürteln, in der Ionosphäre und im geomagnetischen Feld. Nach der ersten Wechselwirkung mit dem Plasmastrom, dem SC, hat in unseren Breiten die Horizontalkomponente des geomagnetischen Feldes öfters etwas vergrößerte Werte, ohne daß stärkere Schwankungen auftreten (Anfangsphase). Danach ist die Horizontalkomponente kleiner als an ruhigen Tagen und zeigt starke Schwankungen (Hauptphase des Sturmes). Die Begriffe Anfangs- und Hauptphase können zur Charakterisierung gewisser Zeitabschnitte benutzt werden (s. Abb. 27).

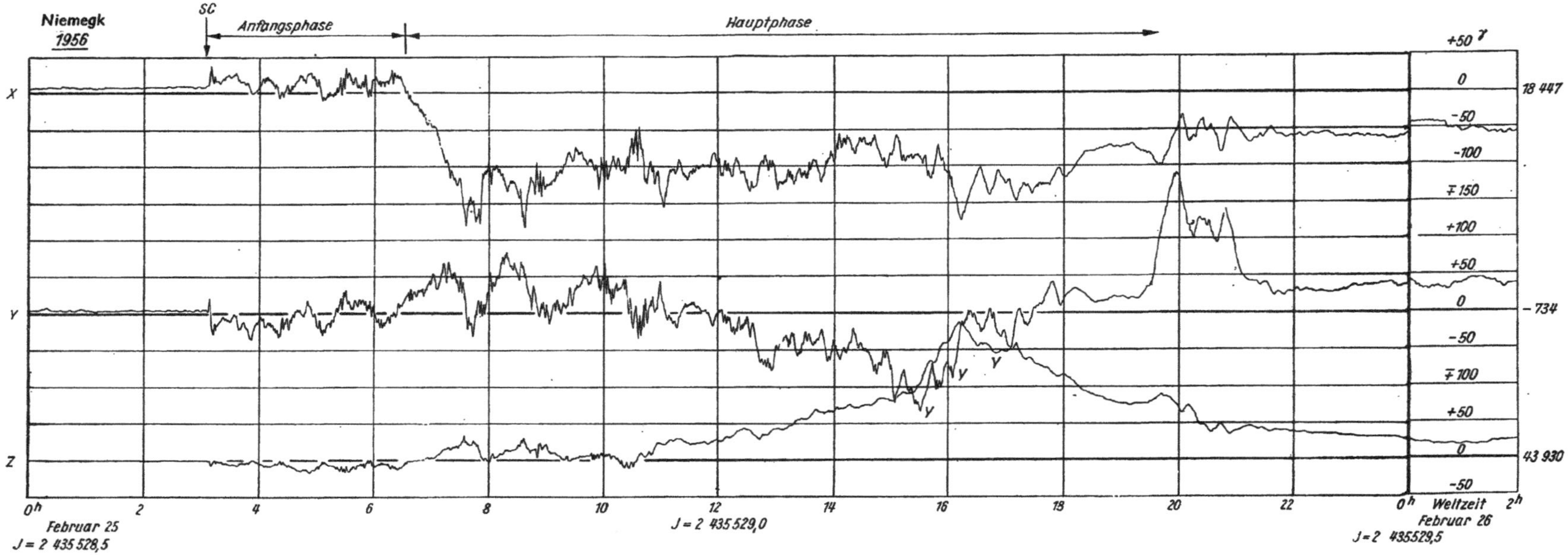
Niemegk
1956
SC
Anfangsphase
Hauptphase
+50 γ
X
Y
Z
0
-50
-100
∓150
+100
+50
0
-50
∓100
+50
0
-50
18 447
- 734
43 930
0h
2
4
6
8
10
12
14
16
18
20
22
0h
2h
Weltzeit
Februar 25
J = 2 435 528,5
J = 2 435 529,0
Februar 26
J=2 435529,5

Abb. 27

Durch die Deformation des Magnetfeldes, die — infolge einfließender Partikeln — erhöhte Teilchenenergiedichte $\frac{1}{2} m \mathfrak{v}_{\perp}^2$ und die Zunahme des diamagnetischen Druckes wird die Stabilität besonders des äußeren Teils des äußeren Strahlungsgürtels gestört. Die Teilchen werden nicht mehr gehalten und dringen in den Polarlichtzonen in die Ionosphäre ein. Daher beobachtet man während der Anfangsphase und des größten Teils der Hauptphase eine Abnahme des Teilchenflusses in fast allen Bereichen des Teilchenenergiespektrums des äußeren Gürtels. Weiterhin scheinen auch Änderungen im Energiespektrum der eingefangenen Partikeln aufzutreten. Gleichzeitig rückt der gesamte äußere Strahlungsgürtel näher an die Erde heran; die Spiegelungspunkte der Partikeln des äußeren Gürtels wandern etwas äquatorwärts.

Die aus den Strahlungsgürteln ausfließenden Partikeln rufen besonders in der tiefen Ionosphäre eine Röntgenbremsstrahlung und damit eine starke zusätzliche Ionisation hervor, die in 60—70 km um einen Faktor 10 über der normalen liegen kann. Es ist allerdings nicht ganz klar, ob alle in die Ionosphäre eindringenden Teilchen aus den Strahlungsgürteln kommen oder auf einem direkteren Wege aus den Plasmawolken. Die durch die in den ionosphärischen Höhenbereich, speziell in die Polarlichtzonen, eindringenden Partikeln hervorgerufene Ionisation kann mit den vorn beschriebenen Methoden — besonders bei Absorptionsmessungen — nachgewiesen werden. Das Eindringen der Partikeln hält während der gan-

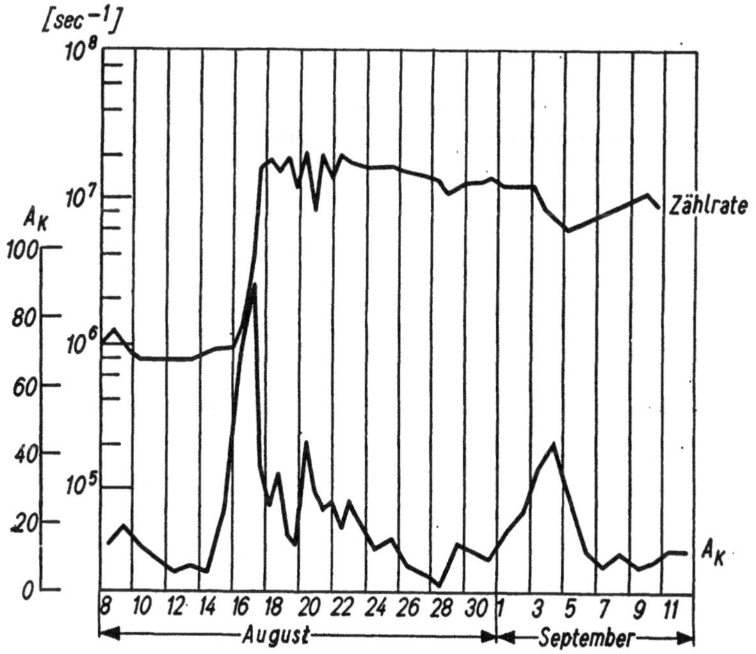

Abb. 28

zen Hauptphase an. Zahl und Energie der Teilchen zeigen aber starke Schwankungen und rufen so über die während der geomagnetischen Stürme in den Polarlichtzonen fließenden Ströme die starken Variationen in der Horizontalkomponente des geomagnetischen Feldes hervor, die in hohen und mittleren Breiten der allgemeinen Abnahme der H-Komponente überlagert sind.

Nimmt die magnetische Aktivität wieder ab (letzter Teil der Hauptphase und danach), so steigt der Teilchenfluß im äußeren Strahlungsgürtel stark an. Partikelfluß und -dichte können das 30- bis 40fache des Normalwertes erreichen (s. Abb. 28). Durch die vorn besprochenen Verlustprozesse fließen nach den geomagnetischen Stürmen im äußeren Gürtel eingefangene Partikeln so lange verstärkt aus, bis der normale Partikelfluß im Gürtel erreicht ist. Die langsame Abnahme des Flusses ist in Abb. 28 deutlich zu erkennen.

Der innere Strahlungsgürtel bleibt während der ganzen Dauer des Sturmes nahezu unverändert.

Insgesamt kann man sagen, daß man bezüglich der im letzten Kapitel beschriebenen Erscheinungen von einem tieferen Verständnis noch sehr weit entfernt ist. Dieses Gebiet erfordert noch umfangreiche theoretische und beobachtungstechnische Untersuchungen.

Literatur

I. Lehrbücher und Monographien

[1] ALPERT, JA. A., Ausbreitung von Radiowellen in der Ionosphäre (russ.). Moskau 1960.

[2] MITRA, S. K., The upper atmosphere. Calcutta 1952.

[3] RATCLIFFE, J. A., Physics of the upper atmosphere. Academic Press 1960.

[4] RAWER, K., Die Ionosphäre. Groningen/Holland 1953.

II. Einige Arbeiten zum Kapitel „Spezielle Meßmethoden"

[5] FEJER, J. A., The interaction of pulsed radio waves in the ionosphere. J. Atm. Terr. Phys. 7 (1955) 322.

[6] GARDNER, F. F., und PAWSEY, J. I., Study of the ionosphere D-region using partial reflections. J. Atm. Terr. Phys. 3 (1953) 321.

[7] PAETZOLD, H. K., Die Erforschung der terrestrischen Exosphäre. Z. f. angew. Phys. 11 (1959) 234.

[7a] Bericht über die internationale Sommerschule über Probleme der niederen Ionosphäre, Heiligendamm 1964.

III. Einige Arbeiten zum Kapitel „Das schwachionisierte Plasma im ionosphärischen Höhenbereich"

[8] BERNING, W. W., Electron densities in the ionosphere from radio DOPPLER tracking of artificial earth satellites. Annals of the IGY **XII**, 2 (1961) 570.

[9] DETWILER, C. R., u. a., The intensity in the ultraviolet solar spectrum. Ann. de Géophysique 17 (1961) 263.

[10] FAUST, H., Jahresperiode der Dichte der Hochatmosphäre. Naturwiss. Rundschau 15 (1962) 65.

[11] GALEJS, J., A further note on terrestrial extremely low frequency propagation in the presence of an isotropic ionosphere with an exponential conductivity – height profile. J. Geophys. Res. 67 (1962) 2715.
[12] HARRIS, I., und PRIESTER, W., Time dependent structure of the upper atmosphere. NASA, Goddard Space Flight Center, Greenbelt, June 1962.
[13] HARRIS, I., und PRIESTER, W., Theoretical models for the solar cycle variation of the upper atmosphere. NASA, Goddard Space Flight Center, Greenbelt, June 1962.
[14] HARRIS, I., und PRIESTER, W., Relation between theoretical and observational models of the upper atmosphere. NASA, Goddard Space Flight Center, Greenbelt, July 1963.
[15] HINES, C. O., Geomagnetism and the ionosphere. Proc. Intern. Conference Ionosphere London 1962, S. 103 u. 233.
[16] HINTEREGGER, H. E., und WATANABE, K., Photoionization rates in the *E*- and *F*-regions. J. Geophys. Res. 67 (1962) 3373.
[17] HINTEREGGER, H. E., Absorption spectrometric analysis of the upper atmosphere in the EUV-region. J. Atm. Sciences 19 (1962) 351.
[18] KALLMANN-BIJL, H. K., Daytime and nighttime atmospheric properties derived from rocket and satellite observations. J. Geophys. Res. 66 (1961) 787.
Variations of atmospheric properties with time and solar activity. J. Atm. Terr. Phys. 24 (1962) 831.
[19] LIEMOHN, H. B., und SCARF, F. L., Exospheric electron temperature from nose whistler attenuation. J. Geophys. Res. 67 (1962) 1785.
[20] LONG, A. R., The distribution of electrons in the nighttime ionosphere. J. Geophys. Res. 67 (1962) 989.
[21] DE MENDONCA, F., Ionospheric electron content and variations measured by DOPPLER shifts in satellite transmissions. J. Geophys. Res. 67 (1962) 2315.
[22] MOLER, W. F., VLF propagation effects of a *D*-region layer produced by cosmic rays. J. Geophys. Res. 65 (1960) 1459.
[23] NICOLET, M., The structure of the upper atmosphere. Los Angeles Meeting 1963.
[24] NICOLET, M., Collisional frequency of electrons in the terrestrial atmosphere. Physics Fluids 2 (1959) 95.
[25] NICOLET, M., und AIKIN, A. C., The formation of the *D*-region of the ionosphere. J. Geophys. Res. 65 (1960) 1469.
[26] PAETZOLD, H. K., New results about the annual and semi-annual variation of the upper terrestrial atmosphere. Space Research IV, COSPAR-Meeting in Warsaw 1963.
[27] PARTHASARATHY, R., u. a., Derivation of electron-density profiles in the lower ionosphere using radio absorption measurements at multiple frequencies. J. Geophys. Res. 68 (1963) 3581.
[28] PRIESTER, W. (als Chairman), Report of the Committee on Space Research (COSPAR), Working Group IV, Warsaw 1963, mit Beiträgen von G. V. GROVES, K. S. W. CHAMPION, L. G. JACCHIA.
[29] SAGALYN, R. C., und SMIDDY, M., Rocket investigation of the elctrical structure of the lower ionosphere. Space Research IV, COSPAR-Meeting, Warsaw 1963.
[30] SAGALYN, R. C., und SMIDDY, M., u. a., Measurement and interpretation of ion density distributions in the daytime *F*-region. J. Geophys. Res. 68 (1963) 199.
[31] SPENCER, N. W., u. a., Electron temperature evidence for non-thermal equilibrium in the ionosphere. J. Geophys. Res. 67 (1962) 157.

IV. Einige Arbeiten zum Kapitel: „Das vollionisierte Plasma der Magnetosphäre“

[32] FORBUSH, S. E., u. a., The morphology and temperature variations of the VAN ALLEN radiation belt. J. Geophys. Res. 67 (1962) 3651.
[33] FRANK, L. A., und VAN ALLEN, J. A., A survey of magnetosphere boundary phenomena. Dep. Phys. Astr., State University of Iowa SUI 63–29.

[34] HESS, W. N., Energetic particles in the inner VAN ALLEN belt. NASA Technical Note D – 1749.

[35] HESS, W. N., Lifetime and time histories of trapped radiation belt particles. NASA, Goddard Space Flight Center, Greenbelt, und Space Research IV.

[36] O'BRIEN, B. J., u. a., Measurements of intensity and spectrum of electrons at 1000 km altitude and high latitudes. J. Geophys. Res. **67** (1962) 1209.

[37] O'BRIEN, B. J., u. a., An extremely intense electron flux at 1000 km altitude in the aurora zone. J. Geophys. Res. **67** (1962) 2667.

[38] O'BRIEN, B. J., u. a., Lifetime of outer-zone electrons and their precipitation into the atmosphere. J. Geophys. Res. **67** (1962) 3687.

[39] ROSEN, A., und FARLEY, T. A., Characteristics of the VAN ALLEN radiation zones as measured by the scintillation counter on Explorer VI. J. Geophys. Res. **66** (1961) 2013.

[39a] NESS, N. F., u. a., A summary of results from the JMP-I magnetic field experiment. Space Research Vol. VI (1966) 581.

V. Einige Arbeiten zum Kapitel: „Störungen des terrestrischen Plasmas“

[40] BELL, B., Major flares and geomagnetic activity. Smithson. Contr. Astrophys. **5** (1961) 69.

[41] COLEMAN, P. J., u. a., On the interplanetary magnetic storm: Pioneer V. J. Geophys. Res. **66** (1961) 2043.

[42] LAUTER, E. A., Die exzessive Ionisation der unteren Ionosphäre und Instabilitäten im äußeren Strahlungsgürtel. Naturw. **48** (1961) 473.

[43] OBAYASHI, T., Morphology of storms in the ionosphere. Univ. British Columbia, Institute of Earth Sciences, October 1963.

[44] OBAYASHI, T., Interaction of solar plasma streams with the outer geomagnetic field. Space Research IV, COSPAR-Meeting, Warsaw 1963.

[45] OBAYASHI, T., The streaming of solar flare particles and plasma in interplanetary space. Space Science Review 1964.

SACHVERZEICHNIS

Bei Fragen zur Produktsicherheit wenden Sie sich bitte an:
If you have any questions regarding product safety,
please contact:

Walter de Gruyter GmbH
Genthiner Straße 13
10785 Berlin
productsafety@degruyterbrill.com